^{3판} **임상영양학**

3판 임상영양학

손숙미 · 임현숙 · 김정희 · 이종호 · 서정숙 · 손정민

CLINICAL NUTRITION

교문사

2011년 8월에 개정되어 출간한 《임상영양학》은 각 질병에서 나타나는 병리적 반응과 변화하는 영양소 대사를 서술하고, 이러한 내용을 바탕으로 영양치료의 원칙을 제시하였다. 필요한 경우에는 약물요법과 수술요법에 관한 내용도 다루었다. 또한 사례연구(case study)를 통해 각 질병에 대한 이해를 돕고 장차 임상영양사로서의 실무에 도움이 되도록 하였다.

개정판이 출간되고 7년이 지나는 동안에 한국인의 영양섭취기준이 개정되었고, 고지혈증 치료지침이 수정되었으며, 무엇보다도 환자의 영양치료에 관한 새로운 증거들이 국내외에서 많이 발표되었다. 또한 우리나라에서는 국민영양관리법(법률 제10191호)이 2010년 9월에 시행되면서 보건복지부장관은 건강관리를 위하여 영양판정, 영양상담, 영양소 모니터링 및 평가 등의 업무를 수행하는 영양사에게 영양사 면허 이외에 임상영양사 자격을 인정할 수 있게 되었다. 따라서 앞으로 병원에서 환자의 영양치료를 비롯해 질병 예방을 목표로 하는 영양관리 등 임상영양학 분야에 괄목할 만한 발전이 있을 것이라 예상된다.

이에 이번 3판에서는 영양치료와 관련해 변경된 기준치와 내용 및 각 통계자료의 최근 데이터를 반영하였으며, 사례연구로 한국인 환자를 예로 들어 구체적인 임상지표를 소개하고 이에 대해 해석하였으며, 영양치료 방안을 계획할 수 있도록 수정·보완하였다.

그동안 본서의 개정판을 교재로 이용해 주신 여러 교수님과 학생들의 성원에 감사드리며, 3판도 관심과 애정을 가지고 활용해 주시기를 부탁드린다. 보다 좋은 책으로 거듭나기 위해서는 독자 여러분의 제언이 절실하게 필요하므로 개정판에 대해서도 기탄 없는 의견이 제시되기를 기대한다.

끝으로 3판이 나오기까지 수고를 아끼지 않으신 교문사의 류제동 회장님과 편집부 여러분께 깊이 감사드린다.

2018년 3월
저자 일동

CONTENTS

차례

CHAPTER 1

임상영양관리의
이해

임상영양관리의 이해

임상영양학이란 질병의 치료, 관리 및 예방을 목적으로 행해지는 영양치료 수행에 필요한 지식을 연구하는 학문이다. 따라서 영양치료 수행을 위한 영양관리 과정으로 영양상태 평가, 진단 및 영양중재를 위한 기본 지식의 이해와 이를 구체적으로 실천할 수 있는 방안에 대하여 연구한다. 또한 효율적인 영양치료 실시를 위하여 다양한 질환의 병인론, 진단방법 및 임상치료방법에 대한 이해가 필요하다.

용어정리

임상영양사(clinical dietitian) 건강관리전문인의 일원으로 환자나 내담자들에게 최적의 영양을 공급하고 영양치료를 시행하는 전문가

영양관리과정(Nutrition Care Process : NCP) 영양전문가가 다양한 임상현장에서 대상자의 영양과 관련된 실질적인 문제를 해결하기 위해 효과적이고 과학적인 문제접근방법으로 해결하는 과정

영양판정(nutrition assessment) 환자의 영양상태 및 영양요구량의 측정을 위한 정보수집의 단계

영양진단(nutrition diagnosis) 영양문제의 원인 및 증상이나 징후 등을 고려하여 환자의 위험요인을 도출하는 단계

영양중재(nutrition intervention) 도출된 영양문제 해결을 위하여 가장 효과적인 영양치료 계획을 구체적으로 수립하여 실시하는 단계

영양 모니터링 및 평가(nutrition monitoring and evaluation) 평가를 통하여 영양치료 효과를 판정하고 목표와의 차이를 분석하는 단계

영양검색(nutrition screening) 영양불량이나 영양불량 위험요소를 지닌 환자를 선별하는 과정

1. 임상영양학이란

올바른 식사와 생활습관은 건강을 유지하는 데 중요한 역할을 한다. 먹을 것이 궁핍하던 때는 영양소의 섭취가 주로 괴혈병 혹은 구각염 같은 결핍증을 예방하기 위한 것이었으나 최근에는 당뇨, 고혈압, 고지혈증, 암 같은 만성퇴행성 질환의 예방 및 치료에 영양의 중요성이 부각되면서 영양소의 과다섭취에 관심이 모아지고 있다. 임상영양학이란 영양소와 관련되어 유발되는 질병을 치료·예방하거나, 질병으로 인해 발생하는 영양소의 대사교란으로 인해 생기는 영양소 부족 또는 과잉을 치료함으로써 질병치유에 도움을 주는 학문이다. 따라서 임상영양학에서는 질병의 원인과 증상 등의 발병과정과 이에 수반되는 생리적 변화, 생화학적 변화와 영양소 대사를 이해하고, 영양판정과정을 통해 영양계획을 세운 다음 이에 합당한 영양치료를 식사, 영양보충제, 약물, 운동처방을 사용하는 방법을 학습한다.

2. 임상영양사의 역할

임상영양사는 건강관리전문인의 일원으로 환자나 내담자들에게 최적의 영양을 공급함으로써 질병에서 회복되고 최적의 삶의 질을 유지하도록 도우는 전문인이다. 따라서 임상영양사들은 환자나 내담자들의 영양불량상태 징후에 항상 촉각을 세워야 하고 그러한 징후가 나타날 때마다 신속히 처리해야 한다.

임상영양사는 광의의 임상영양사와 협의의 임상영양사가 있다. 광의의 임상영양사는 병원영양사와 같은 의미로 쓰이며 병원에서의 급식분야와 임상영양분야 모두를 담당하게 된다. 즉, 급식분야에서는 식품을 구매관리하여 환자의 질병에 따라 최상의 식사를 환자에게 제공하는 일을 하고, 임상영양분야에서는 환자의 영양상태를 판정하고 영양관리계획을 세우며 실천하고 평가하는 일을 하게 되며 환자들의 영양상담과 교육을 주로 맡게 된다. 협의의 임상영양사는 급식업무는 거의

급식분야

급식을 위해 식품을 선택구매하고 조리원들에게 조리방법을 교육시키며 환자의 질병상태에 따른 식사요법대로 식단을 작성하여 최적의 식사를 제공하는 분야로 급식관리가 주 업무가 된다. 이때 영양사는 병원 경영의 일부를 책임지게 되며 회계관리, 인사관리, 재고관리 등 경영인의 업무를 맡게 된다.

임상영양분야(협의의 임상영양사)

환자의 영양상태를 판정하고 판정결과에 따라 영양관리계획을 세우고 실행하며 평가하게 된다. 환자의 교육이나 영양상담을 담당하며 병원에 입원한 환자뿐 아니라 외래환자, 검진센터 방문자, 건강한 지역사회주민에게 질병을 예방하기 위한 영양교육 프로그램도 실시하게 된다.

하지 않고 임상영양 분야의 일을 주로 담당하는 영양사를 말한다. 2010년 9월부터는 국민영양관리법이 시행됨에 따라 임상영양사 국가자격시험제도가 새로이 신설되어 보건복지부 장관 이름으로 임상영양사 자격증이 수여되고 있다. 병원이나 보건소에서 일하는 대부분의 임상영양사는 임상영양사 자격증을 취득한 사람이다.

표 1-1 임상영양학에서 많이 쓰이는 약어, 접두사 및 접미사

약어	의미	약어	의미
a− (ante)	before	Hs	at bed time (hour of sleep)
ac (ante cibium)	before meals	Kg	kilogram
Ad lib (ad libitum)	as much as desired	mL	millimeter
ADH	antidiuretic hormone	om (omni mone)	every morning
Alb	albumin	on	every night
BBT	basal body temperature	od	every day
bid	twice a day	PA	pernicious anemia
BMR	basal metabolic rate	PBI	protein bound iodine
BP	blood pressure	pc (post cibium)	after meals

(계속)

약어	의미	약어	의미
BUN	blood urea nitrogen	po (per os)	orally
c̄	with	pr (per rectum)	rectally
cm	centimeter	prn (pro re nata)	give as required
cc, cm³	cubic centimeter	qd	every day
CNS	central nervous system	qh (quaque hera)	every hour
FA	fatty acid	qid (quater in die)	four times daily
FBS	fasting blood sugar	qn	every night
FUO	fever of undetermined origin	SOB	shortness of breath
GBS	gall bladder series	Stat	immediately
GFR	glomerular filtration rate	qs (auaque suffiiat)	as much as necessary
GI	gastrointestinal	tid (ter in die)	three times daily
G, gm or g	gram	npo (nil per oris)	nothing by mouth
HCT	hematocrit		

접두사		접미사	
acro−	extremity	−algia	pain
bio−	living or life	−ase	enzyme
brady−	slow	−cyte	cell
cardio−	heart	−ectomy	excision of
cephalo−	head	−ectopy	displacement of
chole−	bile	−emia	presence in blood
col−	colon	−genic, −genesis	formation of
crani−	skull	−itis	inflammation of
cyst−	bladder, any fluid containing sac	−lith	stone
derma−or dermic	skin	−malacia	softening
dys−	difficult or painful	−ology	study or discourse
encephalo−	brain	−oscopy	dual inspect
endo−	within	−osis	disease, disease process
entero−	intestine	−ostomy	mount(make new opening)
erythro−	red	−pathy	disease of
eu−	well;normal	−phagia	to eat
gastro−	stomach	−pnoea or −pnea	to breathe, breath

(계속)

접두사		접미사	
hemo-, hemato-	blood	-poiesis	to make
hepato-	liver	-septic or -sepsis	decay, poisoning by products of putri factive process
hyper-	too much		
hypo-	too little, or under	-spasm	involuntary contraction of
inter-	between	-stenosis	narrow or contract
intra-	within	-stasis	halt
leuko-or leuco-	white	-trophy	growth
macro-	large, gross		
meg, megalo-	large		
myo-	muscle		
necro-	dead		
neo-	new		
nephro-	kidney		
neuro-	nerve		
oligo-	deficiency of		
osteo-, oss-	bone		
pan-	all		
para-	beside, near, side		
path-	disease		
pneumo	air, pertaining to lungs		
procto-	anus, rectum		
pulmo-	lung		
pyel-	pelvis(usually applied to pelvis of kidney)		
septic-	poison		
sero-	serum, fluid		
zachy-	excessive		
tox- or toxic	poisoning		
trache-	trachea or neck		
vaso-	vessel, usually blood vessel		

1) 임상영양관리

환자의 적절한 영양상태를 유지하여 신체기능을 정상화하고 질병에 대한 면역력을 향상시켜 주며, 영양결핍을 예방하고 교정하기 위해서는 각 질환에 대한 병태 및 영양원리의 이해를 기본으로 한 전문적인 영양관리가 필요하다. 임상영양관리는 질병의 치료를 목적으로 영양전문인에 의해 체계적인 일련의 과정을 통해 이행되는 총체적인 치료 서비스이다. 영양치료의 효과는 객관적인 증거 기반의 평가지표에 의한 구체적이고 표준화된 정의가 필요하여, 미국영양사협회에서는 4개의 단계로 이루어진 영양관리과정(Nutrition Care Process, NCP) 모델을 제시하여 정의하고 있다. NCP란 영양전문가가 다양한 임상현장에서 대상자의 영양과 관련된 실질적인 문제를 효과적이고 과학적인 문제접근방법으로 해결하는 모델이다. 이 과정의 구체적인 4개의 단계는 그림 1-1과 같다.

(1) 영양판정
영양판정(nutrition assessment)단계에서는 환자의 영양상태 및 영양요구량의 측

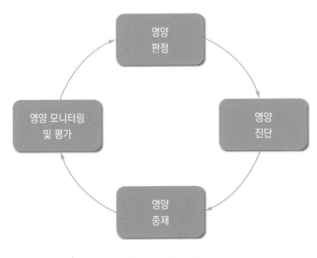

그림 **1-1** NCP 모델

정을 위한 정보수집의 단계로, 식품, 영양소와 관련된 식사력, 신체계측치, 생화학적 검사 결과, 혈압, 근육이나 피하지방의 감소, 삼킴능력, 식욕 등과 관련된 영양 관련 신체검사 결과, 교육 정도와 사회경제 정보를 포함한 환자의 과거력 등의 정보를 활용한다. 환자의 특징적인 영양문제를 분석하거나 환자의 영양불량상태를 수정하고 예방할 수 있는 영양치료계획을 세울 수 있는 구체적인 근거 자료를 확보하는 단계이다.

(2) 영양진단

영양진단(nutrition diagnosis)단계에서는 영양판정에서 발견된 영양문제의 병인 및 증상이나 징후 등을 고려하여 환자의 영양 문제점을 확인하는 단계이다. 영양 진단은 PES 문으로 기록되며, 영양문제(Problem), 병인(Etiology)과 증상이나 징후(Symptom/Sign) 등으로 구성된다.

- 영양문제 : 영양상태 변화를 표현하는 문구로, 과다, 부족, 부적절이라는 용어가 주로 사용된다.
- 병인 : 영양문제를 일으키는 원인으로, 나중에 영양중재의 근거가 된다.
- 증상·징후 : 영양문제의 근거자료로, 상태의 심각성을 나타낸다.

(3) 영양중재

영양중재(nutrition intervention)단계는 영양진단 단계에서 도출된 문제해결을 위하여 가장 적절하고 비용 면에서 효과적인 영양치료계획을 환자 개인별로 구체적으로 수립하는 단계로, 목표설정과 중재의 시행 등으로 구성된다. 중재의 시행을 위해서는 영양교육, 영양상담, 식사조정, 영양집중지원 등의 다양한 활동이 환자상태에 따라 적절하게 실시된다.

(4) 영양 모니터링 및 평가

영양 모니터링 및 평가(nutrition monitoring and evaluation)단계는 영양치료

최초 면담

영양판정
3일 식사일지를 분석한 결과, 환자는 평균 120g/일의 지방을 매일 섭취하고 있었으며 외식을 자주 했고 고지방식품을 주로 선택하였다. 환자의 BMI는 29kg/m²이고, 혈청콜레스테롤은 190mg/dL이다.

영양진단
문제는 '지방섭취 과다'로 진단되었으며 원인은 잦은 외식이었다. 섭취량 조사 결과 하루 120g의 지방을 섭취하는 것이 그 징후이다.

영양중재
하루 60g의 지방섭취를 위한 목표로 외식빈도 줄이기와 저지방식품 선택을 위한 영양상담을 실시하였다.

영양 모니터링/평가
현재의 지방섭취량은 목표섭취량의 200%로 다음 번 면담 시 지방섭취량의 변화를 살펴본다.

2차 면담

영양중재
환자는 식당에서 저지방 식품을 선택하는 데 어려움을 호소하여 외식 메뉴에서 지지방 음식을 선택할 수 있도록 집중교육을 실시하였다. 환자가 자가 모니터링 기록을 해보기로 하였다.

영양 모니터링/평가
3일 식사일지를 통해 영양처방에 가까워지는 점진적인 개선이 보이고 지방섭취량이 120g/일에서 90g/일로 감소되었다.

자료 : 김원경, 한국임상영양학회 학술대회발표집, 2010

의 정기적인 평가를 통하여 영양치료의 효과를 판정하고 계획하였던 목표와의 차이를 분석하는 단계이다.

2) 의무기록

(1) 문제지향 의무기록

문제지향 의무기록(problem oriented medical record : POMR)은 로렌스 위드(Lawrence, L. Weed) 박사에 의해 창안되었다. 문제지향 의무기록은 환자의 진단이나 증상보다는 문제에 역점을 두는 차트 기록방식으로 이는 환자의 차트를 기록하는 새로운 방법일 뿐 아니라, 병원의 건강관리팀이 환자들의 모든 문제를 항상 인식함으로써 건강관리팀 구성원들의 협력을 도모해 주는 도구로 쓰일 수 있어 많은 병원들이 문제지향 의무기록을 채택하고 있다.

① 문제의 정의

문제지향 의무기록에서는 환자를 괴롭히는 모든 것, 즉 환자가 직면하는 어떤 불편한 것이나 통증까지도 모두 문제로 인식되고 기록된다. 여기에서 문제란 건강관리팀이 다음 세 가지 중 어느 하나를 필요로 하는 것을 말한다.

- 현재 진단에 관한 정보가 부족하여 더 많은 정보가 필요한 문제
- 현재 치료가 충분하지 못하여 치료를 더 받아야 하는 문제
- 현재 환자의 교육이 부족하여 더욱 교육시켜야 하는 문제, 즉 문제지향 의무 기록은 건강상의 문제, 사회·경제적인 문제, 개인적인 문제도 포함한다.

② 구성요소

- **문제목록(problem list)** 환자에 필요한 모든 정보를 모아 기록하는 곳이다. 환자의 의학적인, 영양학적인, 신체적인, 생리학적인, 사회·경제적인 측면, 식사력,

음식에 대한 기호, 식습관 등이 포함된다. 문제목록 작성을 위해서는 다음과 같은 정보가 필요하다.

- 주관적인 정보 : 환자의 기본 생각과 지식, 일반적인 습관, 식습관과 더불어 보호자나 간병인 등의 제3자로부터 얻은 환자에 관한 정보, 환자와 인터뷰할 때 얻은 정보를 포함한다. 즉 환자의 불평이나 요구사항 등 모두를 포함한다. (예 : 환자가 자기는 우유에 대해 알레르기가 있다고 말함)

- 객관적인 정보 : 환자의 신장, 체중, 음식섭취량, 활동량, 경구용 당부하실험결과, 공복 시 혈당, 소변의 산도, 물이나 음료섭취량, 치아의 유무, 시력, 과거의 수술경력, 치료받은 경력 등을 포함한다. 즉, 각종 혈액, 소변 데이터, 신체검사 결과, 병명 등을 포함한다.

　　문제목록은 완전한 것이 아니고 항상 더해질 수 있다. 즉, 새로운 사실이 발견되면 항상 새로운 문제를 더하게 된다. 영양사는 환자에 관한 모든 정보를 모아서 데이터를 논리적으로 해석한 다음 문제를 설정하게 된다. 영양사는 환자를 방문하기 전에 환자로부터 무엇을 더 알아볼 것인가를 준비해야하며 환자를 방문하고 난 뒤 그의 영양문제가 어떤 것인가를 파악할 수 있어야 한다. 영양사는 환자의 영양문제가 발견되면 이를 의사에게 제시하여 문제목록에 올려 해결을 시도한다.

- **문제에 대한 초기계획(initial plan)**
  - 각 문제를 해결하기 위한 초기계획을 세우는 곳이다.
  - 환자가 받아야 할 교육, 검사 또는 치료 여부가 포함된다.
  - 초기계획에는 영양사가 추천하는 계획도 포함한다.
    (예 : 식사와 영양제 처방, 영양지원 경로설정, 영양교육 등)
  - 초기계획은 목적이 될 수도 있고, 목표도 될 수 있기에 명확하고 간단해야 한다.
    (예 : 문제목록에 대한 초기계획 → 향이 든 우유를 주거나 다른 유제품으로 바꿈)

- **경과기록(progress note)**　　경과기록은 환자가 치료를 통하여 나타내는 진전을 기

록하는 것으로 의사나 영양사 등의 건강관리팀 구성원 모두가 참여해서 작성할 수 있다. 이곳은 다른 부분보다 자주 쓰게 되므로 짧게 쓰도록 하며 SOAP 방식으로 기록된다. SOAP에서는 새롭게 발견된 주관적 혹은 객관적 정보에 의해 평가한 것을 기초로 새로운 계획을 세워 시행하게 된다. 환자의 특정문제에 대한 SOAP기록은 그 문제가 해결될 때까지 계속하며 특정 문제가 해결되면 문제목록에서 삭제된다.

문제지향 의무기록에 비해 질병지향 의무기록(source oriented medical record : SOMR)은 과거의 환자 차트 기록방식으로서 문제보다는 질병이 중심이 되는 기록방식이다. 이 경우 환자의 질병과 관련된 많은 문제가 무시되고 각 건강관리팀 구성 간의 협조가 제대로 되지 않아 다양한 문제를 동반하는 만성질병 환자에게는 적합하지 않으며, 중환자나 급성질병 환자에게 적합하다.

POMR에서 SOAP 구성의 예

S(Subjective data) : 환자로부터 얻은 새로운 주관적인 정보

O(Objective data) : 새로 발견된 객관적인 정보(검사치, 신체계측치 등)

A(Assessment) : 판정

- 위에서 얻은 새로운 정보에 근거한 영양판정과 새로운 정보가 이미 규명된 문제에 끼치는 영향 파악
- 현재 식사에 대한 평가와 영양치료에 대한 환자의 이해 및 순응도를 기록

P(Plan) : 위에서 얻은 판정에 근거하여 제시되는 새로운 계획 및 조언

SOAP 노트의 예

문제 : 저칼륨혈증(hypokalemia)

S(Subjective) : 환자는 칼륨이 많이 든 음식을 좋아함

O(Objective) : serum K 2.3meq/100mL(normal 3.5~5.0meq/100mL)

A(Assessment) : 현재의 칼륨의 섭취량은 하루에 약 3gm으로 정상이나 이뇨제 사용으로 인해 혈청 칼륨이 낮아 더 많은 칼륨이 필요함

P(Plan)

- 고칼륨식사 실시(나트륨 섭취 제한식도 동시에 실시)
- 고칼륨식사에 관한 영양교육 실시

표 **1-2** NCP 표준용어 의무기록 사용 예

영양판정·모니터링·평가 표준용어	용어 번호	정의	의무기록 예
식품/영양소와 관련된 식사력 영역	FH	식품과 영양소섭취, 약물/약용식물 제품 등 섭취, 지식/신념/태도, 행동, 식품이나 식재료의 이용가능 정도 혹은 영양적인 측면에서의 삶의 질	−
분류 1 : **식품과 영양소 섭취**	−	식품과 영양소섭취의 구성과 적절성, 식사와 간식 패턴, 현재나 과거의 식사나 식사조절, 식사환경	−
소분류(1.1) : **식사력**	−	규칙적으로 섭취한 식품과 음료, 과거 시행 또는 처방되었거나 상담받았던 식사요법, 식사환경에 대한 기술	−
식사처방	FH−1.1.1	의학치료계획의 일부분으로 자격 있는 사람에 의해 처방되고 의무기록에 기록된 일반식 또는 치료식	환자(고객)는 당뇨식 2,400kcal를 처방받음
식사 관련 경험	FH−1.1.2	환자의 식사섭취에 영향을 미치는 이전의 영양/식사처방, 식사교육/상담, 식사의 특징	2004년에 6주 과정의 당뇨교육을 받음
식사 관련 환경	FH−1.1.3	식품섭취에 영향을 미치는 주위 환경, 조건이나 요인	보호자가 작성한 3일간의 식사일기에서 1일 여러 차례(10회 정도) 식사하는 것을 발견. 대부분 주스, 마른 시리얼과 칩을 먹었고, 병 또는 손가락으로 집어 먹는 식품을 선호함. 식탁에 앉아 먹지 않고 집안을 돌아다니며 섭취. 원하면 수시로 간식 제공. 에너지와 영양소 섭취는 권장량의 75% 미만. 행동 전문가에게 의뢰함
소분류(1.2) : **에너지 섭취**	−	식품, 음료, 모유/조제유, 보충제, 장관영양, 정맥영양 등 모든 급원으로부터 섭취한 총 에너지	−
에너지 섭취	FH−1.2.1	식품, 음료, 모유/조제유, 보충제, 장관영양, 정맥영양 등 모든 급원으로부터 섭취한 에너지 총량	식사일기에 의하면 환자는 권장량인 1,800kcal의 144%인 2,600kcal/일 섭취. 2주 후에 에너지 섭취량 재평가 예정임

자료 : 대한영양사협회 역, 국제임상영양표준용어지침서, 2011

병원에서 주로 사용하는 영양판정지표

병력사항

- 환자의 인적사항
- 주된 증상, 진단명, 병력, 치료계획
- 합병증
- 약물복용
- 체중의 변화
- 가족력
- 식사처방

식사정보

- 식사의 문제점이나 영양섭취와 관련된 문제점
- 알레르기 식품의 유무, 저작 및 연하능력문제 여부, 구토, 설사, 변비 등
- 식욕, 최근 입맛의 변화
- 식품의 기호도, 식습관 조사
- 음주와 흡연에 관한 정보
- 병원식 섭취량 및 병원식 이외의 식품섭취량
- 외식의 빈도, 건강보조식품 사용 여부, 영양보충제 사용 여부
- 활동량이나 운동에 관한 정보
- 식사요법에 관한 교육의 정도
- 가족구성이나 경제적 상태(식품구매능력)

신체계측 정보

- 신장
- 이상체중에 대한 비율, 평상시 체중에 대한 비율, 체중변화의 비율
- 피부두겹두께(삼두근, 견갑골하부), 부위별 피부두겹두께의 표준치와 비교
- 상완둘레
- 체중, 평상시 체중, 이상체중, 체중의 변화
- 상완근육면적, 상완근육면적의 표준치에 대한 비율

생화학적 정보

- 내장단백상태 : 혈청 알부민, 혈청 트랜스페린, 프리알부민
- 체단백상태 : 혈청 크레아티닌, 크레아티닌-신장지수(CHI)
- 면역기능 : 총 임파구 수(Total Lymphocyte Count : TLC)
- 단백질섭취평가 : 24시간뇨 요소질소(Urinary Urea Nitrogen : UUN)

(2) NCP의 표준화된 의무기록

앞서 설명하였던 NCP의 핵심은 과정의 표준화와 함께 용어의 표준화가 동반된 영양치료과정 모델이다. 따라서 NCP 모델에서는 NCP의 표준화된 용어 및 과정을 통해 영양사들이 임상영양치료의 과정을 객관적인 근거 자료와 함께 의무기록을 하도록 하고 있다. 이러한 표준화된 의무기록방법은 대상자의 치료에 대해 다학제적인 의사소통을 가능하게 함으로써, 치료를 보다 효율적으로 이루어지게 할 수 있으며, 영양사에 의해 수행되는 영양치료에 대한 다학제팀 내의 이해도를 높일 수 있다. NCP에서는 영양진단 시의 영양문제(Problem), 원인(Etiology ; casue/ contributing risk factors), 증상 및 징후(Sign/Symptoms)를 표준화된 방식으로 기술하도록 하고 있다. 이러한 의무기록과정을 통하여 영양사는 영양문제를 유발하는 위험요인을 명확하게 정의할 수 있으며 영양중재 시에도 대상자가 가지는 다양한 문제 중 어떤 문제점에 집중해서 치료계획을 세워야 하는지에 대한 명확한 치료 목표를 설정할 수 있다.

3. 환자의 영양판정 : 영양관리과정의 기초

병원에 입원한 환자의 영양불량은 감염, 호흡부전, 폐색전증, 상처치유 지연 등을 일으켜 환자의 사망률, 이환율, 입원기간 등을 증가시킨다. 특히, 외과에 입원한 환자의 영양불량은 합병률 발생을 2~3배 증가시켜 의료비용을 35~75%까지 상승시키게 된다. 입원한 환자의 20~60% 정도에서 영양불량이 발생하게 되는데, 그 이유는 첫째, 몇몇 질환에서는 질병 그 자체로 인해 피할 수 없이 나타나며, 둘째, 초기에 영양불량문제를 인식하여 치료하지 않았기 때문이다.

이에 따라 적기에 영양판정을 통해 영양불량환자를 판별하여 적절한 영양계획을 하고 치료하는 영양관리과정이 중요하다. 따라서 환자의 영양상태 판정과정은 단순히 환자의 영양상태를 알아내는 것 이외에도 영양불량 위험도가 있는 환자를 판별하여 적절한 임상영양치료를 신속하게 받게 하는 과정으로도 중요하다.

1) 영양판정을 위한 정보

병원에 입원한 환자의 영양판정은 주로 단백질 영양불량에 초점이 맞추어져 있다. 환자의 영양상태를 알아내기 위해서는 환자의 주된 진단명, 증상, 병력, 가족력, 약물복용 등의 병력정보뿐 아니라 식품섭취량, 식사와 관련한 식품기호도, 식품에 대한 알레르기, 저작능력 등을 조사하는 식사정보도 중요하다. 신체계측치의 경우 현재의 신장, 체중, 최근의 체중감소, 피부두겹두께, 상완근육면적 등을 조사하고 생화학적 정보로는 주로 단백질 영양상태 및 면역기능과 관련 있는 혈청 알부민, 혈청 트랜스페린, 총 임파구 수 등을 조사하게 된다.

2) 영양판정의 단계

환자가 입원할 경우 48시간 안에 차트를 검색하고 환자를 면담하여 영양상태를 평가하게 된다. 옛날에는 치료식 환자 위주로 영양판정을 실시했으나 최근에는 일반식 환자들에게도 확대하여 일차적으로 영양선별을 실시하여 영양위험도가 높은 환자를 분류한 후 구체적인 영양판정과정을 거치게 된다(그림 1-2).

(1) 영양선별

영양선별(nutrition screening)은 영양적인 문제와 관련있는 특성들을 구별해 냄으로써 영양불량이나 영양불량 위험요소를 지니고 있는 환자를 가려내는 과정이다. 영양선별이 빨리 이루어지면 영양위험 환자들에게 신속히 영양지원을 할 수 있으므로 늦어도 48시간 안에 영양선별이 실시되는 것이 좋다. 영양선별에 사용되는 영양지표는 체위상태, 생화학적 검사자료, 임상 및 식사력 등이 활용될 수 있으며 혈청 알부민 수치, 총 임파구 수, 체중감소 정도 등이 환자의 합병증, 이환율, 사망률을 예견하는 지표로 많이 쓰이고 있다(표 1-3). 일반적으로 생화학적인 정보는 병원 내의 전산 프로그램을 검색하여 얻을 수 있으며, 체위 및 식품섭취상태는 면접을 통하여 이루어진다. 외국에서 사용되는 영양선별평가지가 표 1-4에

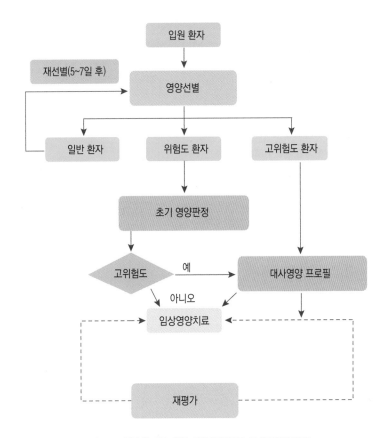

그림 **1-2** 입원 환자를 위한 임상영양치료 시 영양판정단계

표 **1-3** 영양선별 지표로 많이 사용되는 예

항목*	심한 영양불량(위험요인)	중정도 영양불량(위험요인)	양호
알부민(g/dL)	≤ 2.7	2.8~3.2	≥ 3.3
총 임파구 수 (total lymphocyte count)/ (mm³)	< 800	800~1,500	> 1,501
혈청 콜레스테롤(mg/dL)	≥ 240	220~239	< 220
이상체중비(PIBW)	< 70 혹은 (≥ 130)	70~89 혹은 (110~129)	90~109
식품섭취량(%)	< 50	50~70	≥ 70

*불량 및 위험요인이 2가지 이상인 경우를 영양불량으로 판정함
자료 : 삼성서울병원

표 **1-4** 영양선별 평가지의 예(NRS : Nutrition Risk Screening)

항목	영양상태	항목	질병
0점	영양상태 정상	0점	영양상태 정상
Mild 1점	3개월 내 체중감소가 5% 이상 또는 식사 섭취량이 지난 1주간 필요량의 50~75%	Mild 1점	골반 골절, 급성합병증이 발생한 만성질환자 : 간경변, 만성폐쇄성 폐질환, 투석, 당뇨, 암 환자
Moderate 2점	2개월 내 체중감소가 5% 이상 또는 BMI 18.5~20.5이면서 전반적인 신체상태 저하 또는 섭취량이 지난 1주간 필요량의 25~30%	Moderate 2점	주요 복부 수술, 중증의 폐렴, 뇌졸중, 혈액암
Servere 3점	1개월 내 체중감소가 5% 이상(≈3개월 내 체중감소가 15% 이상) 또는 BMI < 18.5이면서 전반적인 신체상태 저하 또는 섭취량이 지난 1주간 필요량의 0~25%	Servere 3점	두부 손상, 골수이식 APACHE* > 10의 중환자실 환자
점수 I	–	점수 II	–
평가	• 영양상태와 질병의 각 항목별 점수를 결정한다. • 두 항목의 점수를 합하여 총점을 계산한다(점수 I+II). • 대상자가 70세 이상인 경우 총점에 1을 더한다. • 연령을 고려한 총점이 3 이상인 경우 영양지원을 실시한다.		

*APACHE(Acute Physiology And Chronic Health Evaluation) : 중환자실 환자를 대상으로 질병의 심각성 정도를 측정하는 점수제

나타나 있다. 총점이 3점 이상인 경우 경장영양이나 정맥영양방법으로 영양지원을 실시한다.

(2) 초기 영양판정

초기 영양판정(initial nutrition assessment)은 영양선별에서 위험군으로 분류된 환자에게 좀 더 심도 있게 영양상태평가를 하는 것이다. 일반적으로 알부민 수치, 총 임파구 수, 트랜스페린, 체중상태, 체중감소 정도, 피하지방, 체단백량, 식욕/식품섭취상태, 식사 시의 구토, 설사, 연하곤란 유무 등을 심도 있게 조사하게 된다(그림 1-3).

등록번호 _____	초기 영양판정
이름 _____	(Initial Nutrition Assessment)
나이/성별 _____	

날짜 _____ 진료과/병실 _____ / _____ 혈압 _____

식사처방 _____

진단명 _____

약 물 _____

신장 _____cm 체중 _____kg 표준체중 _____kg 평소체중 _____kg

신체증후 : □ 몹시 여윔/근육소모   □ 비만   □ 부종/복수   □ 기타

검사항목	결과 /	검사항목	결과 /	검사항목	결과 /
Hb/Hct		FPG/PP$_2$/HbAlc*			
Cholesterol/TG		Na/K			
HDL/LDL					
Cr/BUN					

병원식 섭취상태 : □ 양호 (≥2/3)   □ 보통(1/3~2/3)   □ 불량 (<1/3)

영양교육 (경험) _____ 현재 식사요법 _____

건강식품/민간요법 _____ 식품 알레르기/불내증 _____

음주 _____ 흡연 _____ 운동 _____

영양상태 평가

척도	수치	영양불량 정도			
		없음	약함	중정도	심함
%체중감소	1개월	거의 없음	< 5%	5%	> 5%
	3개월	< 7.5%	7.5%	7.5%	> 7.5%
	6개월	< 10%	10%	10%	> 10%
%표준체중		≥ 91%	90~85%	84~75%	< 74%
알부민(g/dL)		≥ 3.3	2.8~3.2	2.1~2.7	< 2.1
식욕/식사섭취 상태(밥, 죽, 미음)		양호하며 변화 없음	약간 감소 (< 2주)	불량 (> 2주)	불량하고 계속 감소
식사문제(메스꺼움, 변비, 구토, 설사, 연하/저작곤란)		없음	간간히 약간 있음	가끔 있음 (> 2주)	자주 매일 있음 (>2주)
피하지방/근육소모		없음	약간 있음	보통 있음	심함
기타					

영양상태 : _____ 양호 _____ 약한 불량 _____ 중정도 불량 _____ 심한 불량_____

기타 영양과 관련된 문제점 : _____

약물과 관련된 문제점 : _____

*FPG : Fasting Plasma Glucose(공복 시 혈당)

PP2 : 2 hour Postprandial Plasma Glucose(식후 2시간 혈당)

HbAlc : 당화혈색소

그림 1-3 초기 영양판정 평가지의 예

자료 : 서울아산병원 영양실(초기 영양판정 평가지의 일부분임)

등록번호	
이름	
나이/성별	

대사영양 프로필
(Metabolic/Nutritional Profile)

날짜 _____ 진료과/병실 _____ / _____ 혈압 _____ mmHg
진단명 _____
약 물 _____
현재 영양요법 _____
신장 _____ cm 체중 _____ kg 표준체중 _____ kg 평소체중 _____ kg
신체증후 : □ 부종   □ 복수   □ 욕창   □ 비만
식사 문제점 : □ 구토   □ 메스꺼움   □ 식욕부진   □ 연하곤란   □ 저작곤란
식사 문제점 : □ 설사   □ 변비   □ 식품 알레르기 _____

척도	수치	영양불량 정도			
		없음	약함	중정도	심함
표준체중(현재/평소)		≥ 91%	90~81%	80~70%	< 70%
%체중감소		0~4%	5~9%	10~20%	> 20%
알부민(g/dL)		≥ 3.3	3.2~2.8	2.7~2.1	< 2.1
총 임파구 수(Count/mm^3)		≥ 1,501	1,500~1,201	1,200~800	< 800
TSF(% standard)*		≥ 91	90~51	50~30	< 30
MAMC(% standard)**		≥ 91	90~81	80~70	< 70
피하지방손실		없음	약간 있음	보통 있음	심함
근육소모		없음	약간 있음	보통 있음	심함
기타 검사항목					

평가

1. 영양상태 : □ Adequate   □ Kwashiorkor-type   □ Moderate malnutrition
              □ Marasmus-type   □ Mild malnutrition   □ Protein-calorie malnutrition
2. Metabolic Stress : □ 없음   □ 약간   □ 보통   □ 심함
3. 현재 영양섭취량 : _____ kcal, _____ g Protein
3. Calorie □ 적절   □ 과다   □ 부족   /   Protein □ 적절   □ 과다   □ 부족
4. 영양적 문제 : _____
_____

5. 영양 목표 : 체중   □ 충족   □ 유지   □ 감소
              단백질   □ 충족   □ 유지
              기타 _____
6. 지원경로 : □ Oral   □ Tube feeding   □ Parenteral
7. Enteral/ Parenteral nutrition support가 필요한 경우 :
_____
_____

*TSF : Tricep Skinfold Thickness
**MAMC : Mean Arm Muscle Cirumference

그림 **1-4** 대사영양 프로필 평가지의 예
자료 : 서울아산병원 영양실(대사영양 프로필 평가지의 일부분임)

(3) 대사영양 프로필

대사영양 프로필(metabolic nutrition profile)은 영양선별에서 고위험도 환자로 분류되었거나 초기 영양판정에서 고위험도 환자로 분류된 환자에게 실시되는 가장 심도 있고 구체적인 영양판정방법이다. 일반적으로 대사영양 프로필의 대상이 되는 환자는 식욕부진 환자, 외상, 패혈증, 대수술을 받은 중환자, 또는 완전정맥영양(TPN) 등의 영양지원을 받는 환자들이 대상이 된다. 대사영양 프로필에서는 기존의 검사치 외에도 현재 영양섭취량, 영양목표, 지원경로, 정맥영양지원, 관급식의 필요 여부에 대해서도 기록하여 평가하게 된다(그림 1-4).

CHAPTER 2

병원식과
영양지원

병원식과 영양지원

병원식은 환자의 질병 및 영양상태에 따라 적절한 영양을 공급하여 환자의 빠른 질병회복을 돕고자 제공되는 식사이다. 환자의 질병 특징에 따라 다양한 병원식이 제공되나, 질환이 중하거나 소화기장애 등의 이유로 경구로 음식을 섭취하지 못하는 환자에게는 경장영양이나 정맥영양방법을 통하여 영양을 공급한다.

용어정리

경장영양(enteral nutrition) 위장관으로 영양액을 공급하는 방법으로 경구급식과 경관급식이 있음

위조루술(gastrostomy) 위에 인공적인 구멍을 외과적으로 만들어 관을 삽입하는 방법

공장조루술(jejunostomy) 소장의 일부인 공장 위치에 수술 또는 비수술적으로 절개하여 외부에서 직접 관을 삽입하는 방법

구역반사(gag reflex) 후방 인두벽에 자극을 줄 때 인두근이 빠르게 수축하여 나타나는 구역반응으로, 인두에 분포해 있는 설인신경과 미주신경의 감각 및 운동 신경섬유들이 관여함

위무력(gastroparesis) 위의 수축력이 저하되어 나타나는 현상으로 주로 복부 팽만감, 구토, 식욕부진 등의 증상이 나타남

정맥영양(parenteral nutrition) 정맥으로 영양액을 공급하는 방법으로 중심정맥영양과 말초정맥영양방법이 있음

재급식증후군(refeeding syndrome) 기아상태에 있던 환자에게 적극적으로 영양치료를 할 때 인, 마그네슘, 칼륨 등의 농도가 급격히 저하되거나 고혈당이 발생하는 경우

1. 병원식

병원에 입원한 환자에게는 질병상태에 따른 적절한 영양 공급을 실시하여 영양불량을 방지하는 적극적인 영양관리가 필요하다. 병원식은 크게 일반식과 치료식으로 구분되는데, 일반식은 특정 영양소의 제한이나 변경이 요구되지 않는 환자에게 제공되는 식사이며, 치료식은 환자의 상태에 따라 영양소나 점도 등을 조절하는 식사이다.

표 **2-1** 일반식의 종류

종류	목적	식사원칙	권장 식품
상식	질병치료상 특별한 식사 조절이나 제한이 필요하지 않은 환자에게 이용	• 한국인 영양섭취기준에 기초 • 6가지 기초 식품군을 배합하여 균형식이 되도록 함	–
연식	• 수술 후 회복기의 환자에게 유동식에서 상식으로 넘어가는 과도기 식사 • 소화기능이 저하된 환자나 치아상태가 좋지 않은 환자에게 제공	• 강한 향신료의 사용을 제한 • 섬유질이나 결체조직이 적은 식품을 선택 • 소화되기 쉽고 부드러운 식품으로 구성 • 고섬유질 식품 및 튀김 등의 조리법 사용 자제	• 죽류 : 흰죽, 녹두죽, 감자죽, 잣죽, 깨죽, 호박죽 • 육류 : 다진 쇠고기 요리, 연한 닭고기 • 어류 : 기름기가 적은 흰살생선 • 난류 : 수란, 달걀찜, 반숙 • 채소류 : 모든 익힌 채소 • 과일류 : 과일주스, 익힌 과일
유동식	• 수술 후 회복기의 환자들에게 맑은 유동식에서 연식으로 넘어가기 전 단계 식사로 이용 • 위장관 기능감소, 급성 감염, 고열, 구강, 인후 식도장애 등이 있는 환자에게 제공	• 미음식 • 영양소의 부족이 예상되므로 영양보충 없이 3일 이상 제공하는 것은 바람직하지 않음	• 미음 및 수프류 : 조미음, 잣미음, 크림수프, 감자수프 • 육류 : 고기국물 • 난류 : 커스터드, 푸딩 • 유제품 : 우유, 요구르트, 아이스크림 • 채소류 : 채소즙 • 과일류 : 과일즙, 과일주스
맑은 유동식	• 수술 및 검사 전후 환자 또는 정맥영양 후 경구 섭취를 시작하는 환자에게 제공 • 위장관의 자극을 최소화하면서, 탈수 방지 및 갈증해소를 목적	• 주로 당질과 물로 구성 • 위장관의 자극과 잔사를 최소화하기 위하여 맑은 음료로 구성 • 영양소의 부족이 예상되므로 영양보충 없이 3일 이상 제공하는 것은 바람직하지 않음	• 음료 및 차류 : 식힌 물, 맑은 과일 주스 • 보리차, 연한 녹차 • 국 : 기름기 없는 장국, 육즙

1) 일반식

일반식은 특정한 영양소의 조절 없이 환자의 영양상태를 유지하기 위하여 공급하는 식사이다. 상식(normal diet, regular diet), 연식(soft diet), 유동식(liquid diet) 등이 있다(표 2-1).

2) 치료식

치료식은 환자의 질병상태에 수반되는 증상을 완화시키거나 질병을 치료하기 위하여 제공되는 식사이다. 개인의 질병상태를 고려하여 각 해당 질환의 식사원칙에 준하여 식단이 작성되어야 한다. 병원식의 분류는 그림 2-1과 같이 구별될 수 있다.

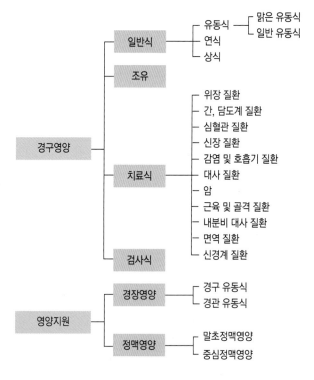

그림 **2-1** 병원식의 종류

2. 식품교환법의 활용

1940년대까지만 해도 미국의 의사, 영양사들은 환자를 위해 식단을 계획할 때 식품분석표를 사용하여 많은 시간과 노력을 투자했다. 이에 대한 고충이 제기되자 1950년경에 미국영양사협회(American Dietetic Association)는 영양가 계산을 간소화시키는 식품교환법(Food Exchange System)을 고안하였으며, 이를 당뇨병 환자 교육에도 활용하였다. 식품교환법의 계산은 편의상 유사 식품을 동일군으로 묶어 계산(rough calculation)한 것이다. 그 후 오랫동안 식품교환법은 미국 전역에서 당뇨병 환자뿐 아니라 타 질환 환자들에게도 많이 활용되었다. 식품교환법의 활용범위가 넓어짐에 따라 식품교환법의 내용이 미국영양사협회의 다년간의 연구에 따라 일부 개정되었다. 이와 때를 같이하여 우리나라의 대한영양사협회는 미국의 식품교환법을 우리의 식품사정에 맞게 보완하여 1981년 여름에 최초로 발표하였다. 그 후 1995년 5월에 대한당뇨병학회와 대한영양사협회 그리고 한국영양학회에서 공동으로 연구검토하여 개정 발표하였으며, 2010년에는 한국인의 식품 섭취 경향의 변화와 최신 식품 영양소 함량을 반영하여 재개정을 시행하였다.

1) 식품교환표의 정의

식품을 영양소 조성이 비슷한 것끼리 묶어서 곡류군, 어육류군, 채소군, 지방군, 우유군, 과일군의 6가지 식품군으로 나눈 것이다. 각 식품군 내의 식품들은 1교환단위당 에너지, 탄수화물, 단백질 및 지방을 비슷하게 함유하고 있으므로 동일한 식품군 내에서는 자유롭게 식품을 선택할 수 있다.

2) 식품교환단위당 영양성분

식품교환단위당 영양성분의 구성은 표 2-2와 같다.

표 **2-2** 식품교환표의 식품군별 영양소 기준

식품군		에너지(kcal)	당질(g)	단백질(g)	지방(g)
곡류군		100	23	2	–
어육류군	저지방	50	–	8	2
	중지방	75	–	8	5
	고지방	100	–	8	8
채소군		20	3	2	–
지방군		45	–	–	5
우유군	일반우유	125	10	6	7
	저지방우유	80	10	6	2
과일군		50	12	–	–

자료 : 대한당뇨병학회, 당뇨병식품교환표 활용지침, 2010

3. 경장영양

1) 경장영양의 장점

화학적, 효소적, 물리적 그리고 면역학적 복합 시스템인 위장관 방어벽은 우리 몸을 장내 세균과 병원균의 침입으로부터 보호하는 기능을 지니고 있다. 그러므로 장의 손상은 병원성 패혈증과 다발성 장기부전으로 인하여 사망의 주요 원인이

경장영양의 장점

- 장벽 면역기능 자극
- 생리활성상태의 영양소 흡수
- 소화관 점막 유지, 장내 박테리아 자리옮김(translocation) 방지
- 과대사반응 약화
- 전해질 및 수분 조절 용이
- 완전한 영양섭취 형태
- 감염 합병증 발생률 감소
- 저비용

될 수 있다. 경장영양방법은 영양소를 장내로 공급함으로써 위장관 방어벽의 정
상적인 유지를 도울 수 있으며, 정맥영양방법에 비하여 생리적, 대사적, 안정성 및
비용 면에서 우월하다.

2) 경장영양의 적용지침

미국경정맥영양학회(American Society of Parenteral and Enteral Nutrion : ASPEN)에서는 경장영양의 급식 적용 및 금기 지침을 표 2-3과 같이 제시하였다.

표 2-3 경장영양 적용 및 금기 대상

구분		내용
적용 대상		소화흡수기관은 정상이나 영양소섭취량이 필요량의 2/3~3/4 정도
	대사항진	• 주요 수술 후 • 패혈증/외상/화상/장기이식/후천성면역결핍증(AIDS)
	신경계 질환	• 뇌혈관 질환/연하곤란/종양/두부 외상/염증
	위장관 질환	• 단장증후군(회맹판 정상인 상태에서 공장이 최소 100cm, 회장이 최소 150cm) • 위장관 누공 시 배출량이 500mL/일 이하 • 염증성 장 질환/췌장염/식도폐색
	종양	• 화학요법/방사선요법 • 신생물(장과 신생물과의 거리가 멀어 흡수능력이 충분할 경우)
	신경정신계 질환	• 신경성 식욕부진/심한 우울증
	장기부전	• 호흡기계 부전(호흡기 의존 시)/신부전/심인성 악액질(cardiac cachexia) • 중추신경계 부전(혼수상태)/간부전 • 다발성 장기부전(multiple organ system failure)
금기 대상	위장관의 기능이 비정상이고 상당기간 장의 휴식이 필요한 경우	• 단장증후군(소장 < 100cm) • 마비성 장폐색(paralytic ileus) • 위장관 출혈이 심한 경우/설사가 심한 경우 • 매우 심한 구토 시 • 위장관 누공의 배출량이 500mL/일 이상 • 심한 소화기계 염증(심한 급성췌장염)
	경장영양의 문제점이 장점보다 더 많은 경우	• 말기 질환/의식이 거의 없는 경우 • 예후의 향상을 기대하기 어려운 경우 • 경장영양의 효과가 불확실 하거나 단기적일 경우 • 경장영양으로 인한 문제가 심각하거나 환자의 관심사항과 대치될 경우
		5~7일 이내에 식사 개시가 가능한 경우

자료 : ASPEN, Nutrition support core curriculum, 2007

3) 경장영양액의 종류

현재 시판되고 있는 상업용 경장영양액은 단백질, 당질 그리고 지방의 급원과 농도가 종류에 따라 매우 다양하여 영양액의 농도, 비단백 칼로리와 질소의 비율, 전해질과 무기질 함량, 삼투압이 각기 다르다. 상업용 영양액은 중합체 영양액, 부분 가수분해 영양액, 특수질환용 영양액 그리고 영양보충급원으로 나눌 수 있으며, 이외에도 위장관 기능의 정상화와 면역기능 향상을 위한 특수 영양소 함유제품들이 소개되고 있으나 국내에는 아직 그 종류가 다양하지 않다. 제공되는 형태로는 물을 추가해야 하는 분말형태, 액상 제품을 급식용 용기에 옮긴 후 사용하는 캔 완제품, 그대로 주입이 가능한 RTH(ready-to-hang)형 등이 있다.

(1) 혼합액화 영양액

일상 식품을 혼합, 분쇄하여 액화시킨 영양액으로 당질, 단백질, 지방이 거의 일반 식사와 동일하게 구성되어 있기 때문에 위장관 기능은 정상이나 구강 내 문제가 있거나, 삼키기 어려운 환자에게 적용된다. 이러한 영양액은 비교적 가격이 저렴하나 조제, 배선, 보관 시 오염되기 쉬우며, 입자가 너무 크고 농도가 균일하지 않아 관이 막힐 우려가 있다.

(2) 중합체 영양액

원형의 영양소를 함유하는 영양액으로 정상적인 위장관 기능이 요구된다. 대부분의 상업용 영양액이 이에 포함되며, 경구섭취 시 맛의 수용도를 증가시키기 위해 향을 첨가하기도 한다. 대부분의 영양액은 유당이 제외되어 있으며, 단백질 급원으로는 카제인염, 대두단백, 달걀 알부민이 주로 사용되고, 당질 급원으로는 말토덱스트린, 지방은 대두유, 중쇄중성지방, 옥수수유 등이 많이 이용된다. 상업용 영양액은 위생적이며 영양성분의 함량이 일정하게 구성되어 있다. 보통 1kcal/mL의 에너지를 함유하고 있으며, 비교적 삼투압이 낮고 잔사가 적다.

(3) 부분가수분해 영양액

단백질과 당질의 부분 또는 완전가수분해물로 구성된 영양액으로 위장관이 정상적 기능을 못하거나 대장의 잔사량을 최소화시킬 때 사용할 수 있다. 구성성분은 대부분 분자량이 적고 가수분해된 형태이므로 췌장이나 담낭 등의 소화기관을 자극하지 않고 쉽게 흡수될 수 있다. 단백질 급원으로는 단쇄 펩티드 또는 아미노산을, 당질급원으로는 글루코오스 중합체와 덱스트린류를 사용하며, 중쇄중성지방과 소량의 필수지방산이 지방의 급원으로 사용된다. 이러한 영양액은 분자량이 적은 영양소로 구성되어 삼투압이 높기 때문에 복부 팽만감, 메스꺼움, 구토, 설사, 탈수 등의 증상이 동반될 수 있으므로 사용 시 주의를 요한다. 또한, 이들 영양액은 영양소가 분해되어 있어 맛이 떨어지므로 대부분 관으로 공급된다.

(4) 특수 질환용 영양액

표준영양액과는 다르게 영양성분의 조정이 요구되는 질환 있는 환자를 위한 영양액이다.

① 간 질환

간성혼수 환자를 위하여 영양액 내 분지형 아미노산을 높이고 방향족 아미노산과 메티오닌을 낮춤으로써 혈청 내 방향족 아미노산에 대한 분지형 아미노산의 비율을 높이고자 만들어졌다. 그러나 간성혼수 환자에게 고분지형 저방향족 아미노산 경장영양액이 유의적인 효과가 있는지는 아직 명확하지 않다.

② 신장 질환

전해질량을 낮추고 필수아미노산과 칼로리를 높여서 만들어졌다.

③ 당뇨병

혈당의 증가를 낮추기 위해 대부분의 상업용액보다 섬유소 함량을 증가시켜 만들어졌다.

④ 호흡기 질환

탄산가스의 생성을 최소화하기 위하여 총 에너지 공급량 중에 탄수화물의 비율은 낮추고 지방의 비율을 높여서 만들어졌다.

특수영양소 함유제품

최근 위장관 기능과 면역능력과의 상호관계에 대한 연구가 활발해짐에 따라, 영양불량 환자나 중환자에 대한 약리영양학적 특질을 지닌 특수 영양소들의 공급효과에 관한 보고가 증가되고 있다.

아르기닌

면역조절과 단백질 대사에 관여하는 아르기닌은 조건적 필수아미노산으로서 평상시에 필수영양소는 아니다. 화상, 충격 패혈증 급성장과 같은 스트레스 상황하에서는 필수영양소로 생각된다.

글루타민

체내에 양적으로 가장 많은 영양소인데, 스트레스 상황하에서 다른 아미노산에 비해 장의 주요 연료원으로 많이 소비되므로 상황에 따라서는 필수아미노산으로 고려된다.

뉴클레오티드

DNA와 RNA의 전구체인 뉴클레오티드는 대사적인 조절자인 동시에 주요 조효소들의 구성요인으로서 거의 모든 세포의 면역반응에 참여하므로 면역기능을 위한 요소로 여겨진다.

지 방

중쇄중성지방과 장쇄중성지방과의 물리적 결합물인 합성지질(structured lipid), 그리고 생선기름 등이 좋은 효과가 있는 것으로 연구되고 있다.

식이섬유

식이섬유가 포함된 상업용 영양액에는 식이섬유원으로 콩의 다당류가 많이 사용되고 있는데, 이는 가용성 식이섬유와 불용성 식이섬유를 모두 포함하고 있다. 식이섬유는 배변을 좋게 하고 식후 혈당의 상승을 감소시킬 뿐 아니라 장점막을 보호하는 효과까지 기대할 수 있다.

4) 경장영양액의 선택

영양액 선택에 앞서 환자의 영양상태와 위장관 기능의 정도, 그리고 의학적인 문제에 대한 임상적 평가가 고려되어야 한다. 즉, 전해질의 상태, 당뇨병 심부전, 췌장부전, 신부전, 간 질환, 폐 질환 등의 유무와 이화적 스트레스 요인의 존재 여부가 조사되어야 한다. 일단 이러한 평가를 한 후에 그림 2-2와 같은 방법으로 적절한 영양액을 선택하게 된다.

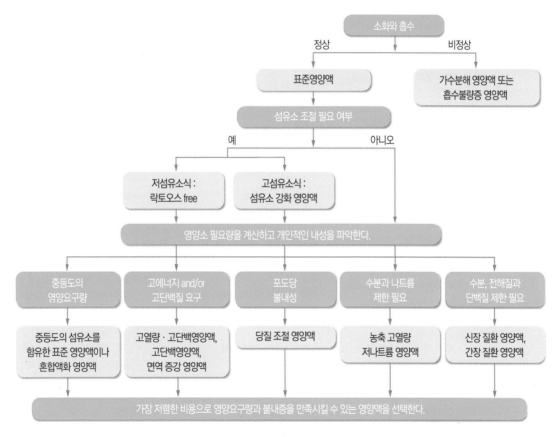

그림 **2-2** 경장영양액의 선택

자료 : Rolfes S et al. Understanding Normal and Clinical Nutrition 7ed, 2006

5) 경장영양의 투여경로

경관급식의 투여경로는 예상되는 투여기간, 흡인(aspiration)의 위험 여부에 따라 결정되며, 각각의 투여경로에 따른 적용대상과 장단점은 표 2-4와 같다. 위장관으로 관을 투입하는 방법으로는 비위관(nasogastric tube), 경피내시경 **위조루술**(percutaneous endoscopic gastrostomy : PEG), 경피내시경 **공장조루술**

표 **2-4** 경장영양 투여경로에 다른 적용대상 및 장단점

투여경로	적용	장점	단점/합병증
비위관	• **구역반사** 및 위장기능이 정상인 환자 • 식도로의 역류위험이 없고 위장관 기능이 정상인 경우	투입이 용이하고 위를 사용함으로써 저장용량이 큼(볼루스 주입이 가능)	흡인 위험이 높고 환자가 관을 의식하게 됨
비십이지장관 또는 비공장관	• 흡인 위험이 높은 환자 • **위무력**이나 식도역류가 있는 경우	• 흡인의 위험이 적음 • 비공장관은 수술 후나 외상 후의 조기 영양공급을 가능하게 해줌	• 영양액의 주입속도에 따라 위장관의 부적응이 초래될 수 있음 • 관의 위치확인을 위한 X-ray촬영 필요 • 환자가 관을 의식하게 됨 • 관의 위치가 변화함에 따라 흡인의 위험이 있음
위조루술	• 위장관 기능이 정상인 장기 경관급식 환자 • 비강으로의 관 삽입이 어려운 환자 • 구역반사가 정상이고 식도로의 역류가 없는 환자	• 위장관 수술 시 병행가능 • PEG*의 경우 수술이 필요 없고 저렴함 • 관의 지름이 커서 막힐 위험이 적음 • 위를 사용하므로 저장량이 큼 • 환자가 관을 덜 의식하게 됨	• 수술이 필요함 • 흡인이 위험 • 관 부위의 감염방지를 위한 관리 필요 • 소화액 유출로 인한 피부의 찰창과상 • 관 제거 이후에 누공이 생길 수 있음
공장조루술	• 장기 경관급식 환자 • 흡인 위험이 높은 환자 • 식도 역류 환자 • 상부 위장관으로의 관 삽입이 어려운 환자 • **위무력증** 환자	• 위장관 수술 시 병행가능 • PEJ**의 경우 수술이 필요 없어 저렴함 • 수술 후나 외상 후의 조기영양 공급을 가능하게 해줌 • 환자가 관을 덜 의식하게 됨	• 목표수준의 주입속도로 투여 시 위장관의 불내성이 나타날 수 있음 • 관 부위의 감염방지를 위한 관리 필요 • 소화액의 유출로 인한 피부의 찰과상 • 관 제거 이후의 누공 우려 • 수술이 필요함 • 관의 지름이 작아 관이 막힐 우려가 있음

*PEG : Percutaneous endoscopic gastrostomy
**PEJ : percutaneous endoscopic jejunostomy
자료 : ASPEN, The ASPEN Nutrition Support Practice Manual 2nd ed, 2005

(percutaneous endoscopic jejunostomy : PEJ) 등의 방법이 있다(그림 2-3). 경피내시경 공장수술 시에 관은 트라이즈(Treiz) 인대 뒤로 위치를 정한다. 침상에서 이루어지는 비수술적인 방법은 관을 코에서 위 또는 장으로 주입하는 것으로 가장 간단하며 일반적으로 많이 사용된다. 비위관(nasogastric tube)이나 위

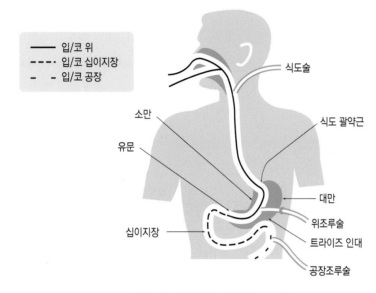

그림 **2-3** 경장영양의 투여경로

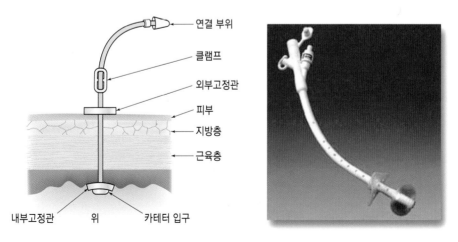

그림 **2-4** 경피내시경 위조루관의 삽입모양

조루술(gastrostomy)의 경우에는 볼루스(bolus)로 주입하는 것이 가능하나(그림 2-4), 비십이지장관이나 비공장관, 공장조루술 시에는 지속적 주입이 권장된다.

6) 경장영양의 주입방법

적절한 경관급식 주입방법의 선택은 필요한 영양소를 안전하게 공급하고 환자의 수용도를 최대화시켜 효과적인 영양지원이 가능하다. 영양액의 주입방법은 투여 경로와 환자의 안정도, 위장관의 기능 정도와 사용된 영양액의 종류, 칼로리와 단백질 요구량 그리고 환자의 운동성에 따라 달라진다. 주입방법에 따른 적용대상

표 **2-5** 경장영양액의 주입방법에 따른 적용대상과 장단점

주입방법	내 용	적 용	장 점	단 점
볼루스 주입	• 주사기 이용 • 5~10분 동안에 400~500mL 한꺼번에 투여	• 가정에서의 경관급식 • 회복기 환자	• 주입이 용이함 • 저렴 • 단시간의 주입 • 활동이 자유로움	• 흡인과 위장관 부적응의 위험 증가 • 주입 속도의 증가에 따른 위장관의 부적응 초래 가능
간헐적 주입	• 주입 펌프나 중력 이용 • 4~6시간 간격으로 매번 60분 정도에 걸쳐 최고 200~300mL 주입 • 적응 시 8~12시간마다 60~1,200mL를 추가하여 주입	• 중환자가 아닌 일반 환자 • 가정에서의 경관급식 • 회복기 환자	급식시간 이외에는 자유로움	-
지속적 주입	• 주입 펌프나 중력 이용 • 계속적으로 투여 • 20~50mL/hr에서 시작하여 8~12시간마다 10~25mL씩 증량	• 경관 급식 초기 • 중환자 • 소장으로의 주입 • 간헐적 주입 부적응 시	• 흡인의 위험과 위내 잔여물을 최소화함 • 혈당 상승과 같은 대사적 합병증의 위험을 최소화함	• 행동의 제약 • 24시간에 걸친 주입 • 퇴원 후 가정에서 사용 시 비용 증가
주기적 주입	• 주로 야간에 주입 펌프나 중력 이용 • 8~20시간 동안 주입	-	• 이동이 자유로움(8~16시간 동안) • 정상식이로의 전환에 유리함	• 짧은 시간(8~16시간) 동안 주입하므로 주입속도나 칼로리 및 단백질 농도의 증가 필요 • 주입 속도 증가에 따른 위장관이 부적응 초래 가능

과 장단점은 표 2-5와 같다. 효과적인 영양지원을 위해 최근에는 저장성 영양액 대신 등장성 영양액이나 고장성 영양액을 펌프를 이용해서 일정한 속도로 공급하는 방법이 선호된다(그림 2-5). 주입 시 급식 전후로 관을 30~60mL 정도의 물로 씻어내어 관의 막힘을 방지하여야 하며, 관의 위치와 위 내 잔여물을 확인하고 주입 시와 주입 후 30분 정도는 상체를 30~45° 정도 올리는 것이 흡인을 예방하는

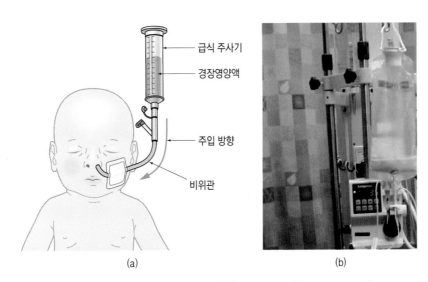

(a)   (b)

그림 **2-5** 볼루스 주입(a)과 지속적 주입(b)

경관용액 공급계획

일반적으로 영양사에 의해, 환자의 의학적인 상태와 영양소 필요량에 따라 적합한 경관용액을 결정하고 하루에 필요한 전체적인 용량이 결정된다. 하루 필요한 경관용액량이 2,000mL인 환자를 생각해 보자.

만약 하루에 6회 간헐적인 방법으로 경관용액을 공급한다면 1회에 제공되는 양은 330mL가 된다(2,000mL÷6회 = 333mL/회). 환자가 같은 분량을 하루 여덟 번 공급받기를 원한다면 한 번에 제공되는 양은 250mL가 된다(2,000mL÷8회 = 250mL/회). 이와 같이 결정된 공급량을 20~30분에 걸쳐 주입하면 되는데, 환자가 경관용액을 24시간 지속적으로 주입해야 하는 상황이라면 1시간에 약 85mL씩 공급하면 된다(2,000mL÷24시간 = 83mL/시간).

데 도움이 된다. 특히, 물리치료를 받고 있는 환자는 치료 30분 전후로는 흡인의 위험이 크므로 급식을 중단하는 것이 바람직하다.

7) 경장영양의 관리

(1) 경장영양의 관찰

경관급식은 시행 후 여러 가지 합병증의 발생이 가능하므로 이를 예방하기 위하여 적절한 관찰이 필수적이다. 지속적인 관찰 시 주로 체액상태(부종, 탈수 여부), 영양상태 및 생화학적 검사(혈당, 전해질, 알부민, 혈중요소질소 및 무기질) 등을 확인한 후 환자의 상태에 따라 적절히 조치하여야 한다(표 2-6). 또한 배변횟수나 형태와 복부 불편감 등을 검사하여 환자의 경장영양의 적응도를 평가해야 한다.

표 **2-6** 경관급식 시의 관찰지표

관찰지표	지속적 주입의 경우	간헐적 주입의 경우
복부 및 흉부 X-ray 사진을 이용한 관의 위치 확인	급식 시작 전	급식 시작 전
청진에 의한 관의 위치 점검	매 4~8시간	매 급식 시작 시*
머리 부분을 30° 이상 높게 유지	계속적인 관찰	급식 시와 주입 후 30분 정도
위 내 잔여량 조사(위장으로의 급식 시에만 해당됨)	• 급식 시작 전 • 매 4~8시간	급식 시작 전*
관의 세척(대개 30~60mL 물 이용)	• 급식 중단 시 • 약물 투여 전후 • 매 4~8시간	• 급식 중단 시 • 약물 투여 전후 • 급식 전후*
영양액 공급용기 세척	매일	매일
경관급식 주입 용기 및 관의 세척	• 매 4~8시간 • 새로운 영양액으로 교체함	매 급식 시작 시
영양액의 교체	• 매 4~8시간 • 상온에서의 영양액 제공시간이 1회에 8시간 이상 되지 않도록 함	• 매 급식 시작 시* • 상온에서의 영양액 제공 시간이 1회에 8시간 이상 되지 않도록 함

* 8시간 이상 급식되는 경우 4~8시간 공급
자료 : Gottschlich et al, Nutrition Support Dietetics Core Curriculum 2nd ed, 1993

(2) 경장영양의 합병증 관리

경관급식과 관련된 합병증은 크게 기계적 합병증, 위장관 합병증 및 대사적 합병증으로 구분할 수 있다. 이러한 합병증 발생은 영양액 및 기구의 적절한 선택, 주입 방식의 조절 및 면밀한 관찰을 통해 최소화시킬 수 있다.

① 기계적 합병증

대표적인 기계적 합병증으로는 위에 다량의 잔여물이 남아 있거나 관이 막히는 현상이 있다. 이러한 현상을 예방하기 위해서는 급식 시작 시, 그리고 지속적 주입 시에는 4시간마다 위 잔여물을 점검하고, 주입하는 동안과 주입 후 30분 정도는 머리 부분을 30° 이상 올리도록 한다. 또한 영양액 및 약물의 주입 전후로 물 20~30mL를 이용, 관을 세척하여 막힘 현상을 예방하여야 한다.

② 위장관 합병증

경장급식을 시작한 후 메스꺼움 및 구토증상과 복부팽만이나 위배출 지연, 설사 등의 문제점 등이 자주 발생한다. 설사의 주요 원인으로는 청결한 관리의 부재나 약물 등이 원인이 되어 나타나므로 주입 시 위생관리를 철저히 하고 의심이 되는 약물의 사용을 자제하며, 섬유소가 함유된 영양액을 사용하여 치료하여야 한다. 메스꺼움이나 구토 증상을 예방하기 위해서는 가능한 한 등장성 영양액을 사용하며, 최소한 머리 부분을 30° 이상 올리고 주입하며, 주입 시작 시 20~25mL/hr 정도의 낮은 속도로 주입하고, 8~24시간마다 시간당 10~25mL씩 증가시켜 원하는 속도에 도달하도록 한다.

위배출 지연이나 복부팽만은 당뇨병성 신경성 위장장애나 소화기 저하 등의 질환이 동반된 경우 흔히 나타나며 이는 흡인성 폐렴을 유발하기도 한다. 따라서 급식 전 위잔여량을 점검하고, 위잔여량이 100mL 이상이면 1시간 정도 급식 중단 후 재점검하고, 여전히 100mL 이상이면 의사에게 알려 약의 처방이나 급식방법의 변경 등 다른 조치를 취하도록 한다.

③ 대사적 합병증

대표적인 대사적 합병증으로는 탈수와 갑작스러운 영양공급으로 인한 재급식증후군(refeeding syndrome)이 있다. 장기간 영양공급이 중단된 상태에서 영양이 공급되면 세포 내에 다량 존재하던 칼륨, 마그네슘과 인 등이 세포 내로 이동하면서 혈액 내의 무기질의 농도가 갑자기 저하되어 전해질 불균형이 나타나게 된다. 따라서 이러한 전해질의 불균형을 예방하기 위해서는 지속적인 관찰과 이에 따른 교정이 요구된다. 영양공급이 재개된 경우 고혈당증이 발생하기도 하는데, 이는 감염의 위험성을 높이고 탈수를 유발할 수 있으므로 혈당조절이 용이한 영양액으로 변경하여 공급하고 필요 시 인슐린 사용이 권장된다.

4. 정맥영양

1) 정맥영양의 적용지침

정맥영양이란 영양지원의 한 방법으로 영양소를 정상적인 경로인 소화관을 사용하지 않고 정맥으로 공급하는 것을 의미한다. 위장관을 사용한 영양공급은 정맥을 이용하는 방법에 비해 안전하며, 경제적이고 또한 면역학적인 면에서도 많은 도움이 된다. 그러므로 정맥영양은 위장관의 기능이 정상인지, 이용 가능한 위장관 영양공급방법이 무엇인지 충분히 평가한 후에 이것이 불가능한 경우에만 시작하도록 한다. ASPEN에서 제시한 성인 환자의 중심정맥영양의 사용에 대한 지침은 표 2-7과 같다.

2) 정맥영양의 투여경로

정맥영양을 시행할 때는 사용 예상 기간과 영양소 공급 농도에 따라 중심 또는 말초 정맥영양의 투여경로를 선택한다. 중심정맥영양은 고농도의 영양액을 상대

표 **2-7** 중심정맥영양(TPN) 사용에 관한 지침

구분	내용

TPN이 치료의 일환으로 사용되는 경우	• 위장관으로의 영양소 흡수가 불량한 환자들
	  – 소장의 많은 부분을 절제한 환자
	  – 소장 질환 환자
	  – 방사선 치료에 의한 장염 환자(radiation enteritis)
	  – 극심한 설사 환자
	  – 조절되지 않는 심한 구토 환자
	• 다량의 화학요법, 방사선 요법을 받는 환자와 골수이식 환자들
	• 중정도 혹은 극심한 췌장 질환 환자
	• 위장관의 기능이 저하된 심한 영양불량 환자
	• 영양불량의 여부와 상관없이 5~7일 이상 위장관을 사용하지 못하는 심한 이화상태에 있는 환자

TPN 시행이 항상 도움을 주는 경우	• 대수술 환자 • 중등도의 스트레스가 있는 환자 • 장피누공 환자 • 염증성 장 질환 환자 • 임신 오조 환자 • 집중적으로 내과적 혹은 외과적 치료를 요하는 중등도의 영양불량 환자 • 7~10일간의 입원 기간 내 충분한 경장영양을 공급받지 못한 환자 • 장폐색과 함께 염증성 유착이 있는 환자 • 암치료를 위해 화학요법을 받는 환자
TPN을 제한하여 사용해야 하는 경우	• 10일 정도 위장관을 사용하지 않은 영양상태가 양호하고 스트레스가 크지 않은 환자 및 외상 환자 • 수술 직후 혹은 직전 스트레스에 처한 환자 • 치료효과가 입증되지 않았거나 의심이 가는 질병상태에 있는 환자
TPN 사용을 금해야 하는 경우	• 위장관의 기능이 정상이고 영양소의 충분한 흡수가 가능한 환자 • TPN 단독 사용이 5일 이하로 예상되는 경우 • 응급수술을 요하는 환자로 수술이 TPN 시행으로 인해 지연될 가능성이 있는 경우 • 환자 혹은 법적 대리인이 적극적 영양지원을 요구하지 않으며 이러한 행위가 병원의 정책과 현행법에 저촉되지 않는 경우 • 진단결과 영양지원을 필요로 하지 않는 경우 • TPN 시행에 따른 위험이 다른 질환의 장점을 오히려 상쇄한다고 판단될 때

적으로 큰 혈관에 삼투압 1,200mOsm/kg 이상인 영양액을 공급하는 방법이고, 말초정맥영양은 손이나 팔 등의 말초혈관을 통하여 삼투압이 상대적으로 낮은 800~900mOsm/kg 이내의 영양액을 공급하는 방법이다. 말초정맥영양은 주로 단기간 또는 일시적으로 필요할 때 이용되며, 말초정맥염의 위험이 높으므로 장기간 사용은 제한한다.

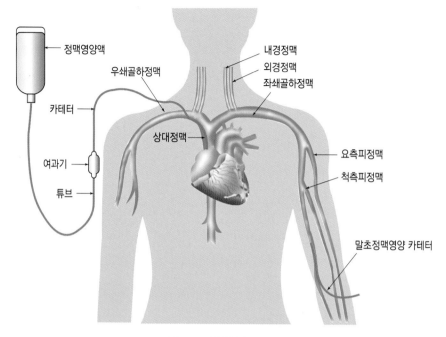

그림 **2-6** 정맥영양의 투여경로

　말초정맥영양의 예상 사용 기간은 대개 7일 정도이고, 혈관의 위치를 자주 변경해야 한다. 중심정맥영양에 주로 이용되는 혈관은 심장에서 가까운 쇄골하정맥과 내경정맥 또는 대퇴정맥 등이다(그림 2-6).

3) 정맥영양액의 구성성분

정맥영양액에는 수분, 아미노산, 덱스트로스, 전해질, 비타민과 미량 영양성분들이 포함된다. 지방 유화액은 별도로 주입하거나 직접 정맥영양액 내에 첨가하기도 한다.

(1) 아미노산
질소 급원으로는 대부분 합성된 결정 아미노산 용액이 이용되며, 전해질과 무기질이 추가될 수도 있다. 일반적인 아미노산 조성은 달걀 알부민의 아미노산 조성과 유사하다. 시판 아미노산 용액의 농도는 5~15% 다양하며 말초정맥영양 시에는 농도가 낮은 용액(3.5~5.5%)을 사용하고, 농도가 높은 아미노산 용액은 중심정맥 영양 시에 이용된다. 아미노산 용액에는 필수아미노산과 비필수아미노산이 혼합 된 표준아미노산 용액과 특정 질환의 아미노산 요구량을 충족시키기 위하여 제조 된 특수 아미노산 용액들이 있다.

(2) 덱스트로스

상업용 탄수화물은 거의 덱스트로스 일수화물(dextrose monohydrate)의 형태 로 공급되며 3.4kcal/g의 에너지를 제공한다. 10~70% 농도의 덱스트로스 용액이 사용되며 바람직한 표준용액을 만들기 위해 적절한 양의 아미노산과 혼합하여 사 용된다.

(3) 지방유화액

대두유 단독 혹은 홍화씨와 대두유의 혼합 형태의 정맥영양용 지방유화액은 장 쇄지방산, 글리세롤과 인지질로 구성되어 있다. 10%, 20%, 30%의 액은 각각 1.1kcal/mL, 2kcal/mL, 3kcal/mL의 에너지를 공급한다. 지방유화액에는 난황인 인지질이 함유되어 있으므로 달걀 알레르기가 심한 환자는 사용하지 않는 것이 좋다. 또한 지방유화액을 하루 500mL 이상 공급하면 인지질 때문에 인의 공급 이 증가하게 되므로 인의 제한이 필요한 경우에는 혈청 인의 농도를 자주 점검하 여야 한다. 지방유화액은 일반적으로 별도의 용기를 이용하여 주입하나 최근에는 3-in-1 시스템이라 하여 지방, 덱스트로스, 단백질을 하나의 정맥영양액으로 만 들어 주입하기도 한다. 지방유화액은 4시간 동안 주입하는데 혈청 중성지방 농도 가 250mL/dL 미만이거나 지속적 주입 시 400mL/dL인 경우에만 공급하며, 그 이 상인 경우에는 투여를 중단해야 한다.

(4) 전해질 및 무기질

정맥영양 시 전해질 공급은 체내 항상성 유지를 위하여 필요하며 질환상태에 따라 초과 또는 결핍되지 않도록 조정이 필요하다. 따라서 환자의 필요한 전해 질 요구량은 체중, 영양상태, 이화작용, 전해질 부족 정도, 장기 기능의 변화, 전 해질의 지속적 손실 및 질환의 진전상태 등에 따라 좌우된다. 대부분의 환자에 있어서 전해질은 아미노산 제품에 포함된 양만으로도 충분하다. 중탄산염이온 (bicarbonate)은 칼슘이나 마그네슘과 불용성 침전물을 형성하기 때문에 정맥영 양 용액에 사용하지 않는다. 과다한 양의 칼슘과 인이 정맥영양용액에 첨가되면 불용성의 침전물이 생성된다. 칼슘과 인의 용해성은 용액의 산도, 칼슘의 정도, 용액의 온도 및 영양액 혼합 순서 등에 영향을 받는다.

(5) 비타민

정맥영양용 종합비타민의 성분은 AMANAG(American Medical Association Nutrition Advisory Group)에서 제시하는 권장량에 준하여 제조된다(표 2-8).

표 **2-8** 정맥영양의 비타민 권장량

비타민 종류	1일 권장량
A(retinol)	3,300IU
D(ergocalciferol)	200IU
E(DL-alpha tocopherol acetate)	10IU
C(ascorbic acid)	200mg
B_1(thiamin)	6.0mg
B_2(riboflavin)	3.6mg
B_6(pyridoxine)	6.0mg
B_{12}(cyanocobalamin)	5μg
엽산	600μg
니아신	40mg
판토텐산	15mg
비오틴	60μg

자료 : ASPEN, Nutrition Support Core Curriculum, 2007

상당수의 정맥영양 환자가 항응고제를 공급받고 있으므로 비타민 K는 성인용 종합비타민 용액에 포함되어 있지 않다. 따라서 주 1회씩 주사로 비타민 K를 공급해 주어야 한다. 특정 비타민 요구량이 높거나 결핍된 경우에는 임상적 상태에 따라서 매일 주입량을 증량시켜야 한다.

(6) 미량무기질

체성분의 0.01% 이하를 차지하고 있는 미량무기질은 종합 성분제 혹은 단일 성분 제제로 판매되고 있다. 종합 미량무기질의 영양액에는 아연, 구리, 마그네슘, 크롬이 함유되어 있으며 권장량은 표 2-9와 같다. 철분은 정맥주입 시 과민반응의 가능성 때문에 정맥영양용액에 첨가하지 않고 근육주사로 제공된다. 그러나 최근 덱스트란철(dextran iron)의 형태로 정맥영양 용액에 소량씩 첨가되기도 한다.

4) 정맥영양의 관리

정맥영양은 대사적 합병증을 초래할 가능성이 매우 높기 때문에 안전하고 효율적인 영양지원을 위해서 주기적인 관찰이 실시되어야 한다. 주로 카테터 관련 합병증이 자주 발생하며, 이 밖에도 탈수, 저혈당, 고혈당, 각종 전해질 및 산염기 불균형 등의 대사적 합병증이 발생한다. 또한 간기능 이상, 담즙울체 등 위장관 합병증이 발생할 수 있으므로 적절한 환자 관찰 원칙에 따라 지속적인 평가가 요구된다.

표 **2-9** 정맥영양액의 미량무기질 권장량

미량무기질의 종류	1일 권장량
아연	2.5~5.0mg
철	일반적으로 추가 공급하지 않음
셀레늄	20~60μg
구리	0.3~0.5mg
크롬	10.0~15.0μg
망간	60~100μg

중심정맥영양액의 종류

• Two-in-one formula

재래식 정맥영양용액으로, 덱스트로스, 아미노산, 전해질, 미량원소, 비타민 등이 혼합된 용액이
다. 지방유화액은 별도로 piggy back 형태로 주입해야 한다.

장점

– 공급할 수 있는 덱스트로스와 아미노산 양의 융통성이 크다.

– 용액이 투명하여 침전물을 관찰할 수 있다.

– 0.22㎍ 크기의 필터를 사용하므로 박테리아를 걸러낼 수 있다.

단점

– 2가지 용액을 취급해야 하므로 시간과 비용이 TNA보다 많이 소요된다.

– 접촉감염의 위험이 높다.

• Three-in-one formula : TNA(Total Nutrient Admixture)

덱스트로즈, 아미노산, 지방, 전해질, 비타민, 미량원소 등 모두 영양소가 한 용기 내에 혼합된 용
액이다.

장점

– IV(intra venous)-set와 튜브 교환에 소요되는 시간이 짧다.

– 접촉감염의 위험이 낮다.

– 조제시간이 짧다.

– 홈 TPN 환자에게 용이하다.

– 24시간 지속적인 주입으로 지방의 이용률을 증진시
  킬 수 있다.

단점

– 지방이 다른 성분들로부터 분리될 가능성 때문에 안
  정성이 떨어진다.

– 지방용액에 혼합할 수 있는 영양소가 제한된다.

– 용액이 불투명하여, 침전물이나 불순물을 육안으로
  식별하기 어렵다.

– TNA 입자는 크기 때문에 박테리아 오염을 제거할
  수 없다.

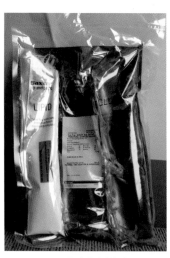

TNA 중심정맥영양액

정맥영양공급 시에도 한동안 기아상태에 있던 환자에게 영양지원을 적극적으로 재개할 때 혈액 내에 인, 마그네슘, 칼륨 등의 농도가 급격히 저하되거나 고혈당 증세가 유발되는 **재급식증후군**이 발생할 수 있다. 재급식 시 공급된 탄수화물과 분비된 인슐린이 세포 내로 이동할 때 탄수화물 에너지 대사에 관여하는 인, 마그네슘, 칼륨 등도 함께 세포 내로 이동하면서 혈액 내에 이들 무기질의 농도가 급격하게 저하된다. 그 결과 저인산혈증, 저칼륨혈증, 저마그네슘혈증에 의해 심장, 신경근육, 소화기 및 호흡기 등의 장애가 초래된다. 대표적 증상으로는 부정맥, 혼수, 심장마비, 호흡부전, 감각 이상, 장폐색, 복통 등이 나타난다. 따라서 이를 예방하기 위해서 영양소 공급을 소량으로 시작해서 환자의 상태에 따라 적절히 증량시켜야 한다.

5) 과도기 급식

과도기 급식이란 정맥영양에서 경장영양으로 전환되는 시기에 환자에게 제공되는 정맥용액, 경관용액, 경구식사 등 여러 가지 급식형태가 혼합된 것을 말한다. 과도기 급식 시에는 적절하게 영양관리를 실시하여 영양소가 결핍되지 않도록 해야 한다. 과도기 급식의 진전속도는 환자의 소화흡수능력, 영양상태 및 저작기능 등에 따라 달라진다. 경구섭취가 하루 500kcal 미만인 경우에는 단계적으로 정맥영양을 줄이면서 경구섭취를 증량하여야 한다. 경구섭취가 양호하여 1,200kcal/일 이상을 섭취하며 흡인의 위험이 없고 소화기능에 이상이 없을 경우에는 2시간 안에 정맥영양을 중단하여도 된다. 그러나 소화흡수기능에는 장애가 없으나 구강섭취가 불가능한 경우에는 정맥영양에서 경관급식으로 전환하여야 한다. 첫날은 200mL씩 경관급식을 4회에 걸쳐 공급하며 정맥영양 용량은 1/3로 줄인다. 환자의 적응상태에 따라 경관급식량을 차츰 증량하며 정맥영양 용량을 줄인다.

CHAPTER 3

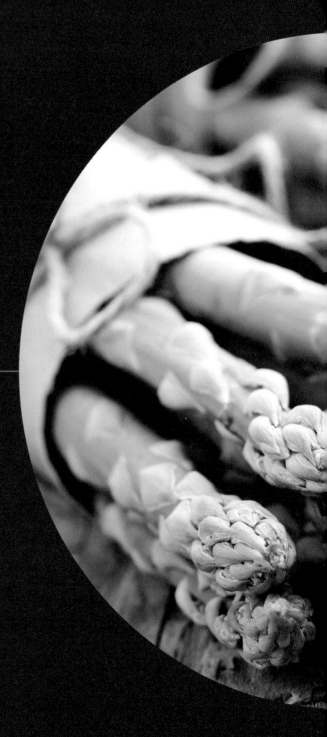

약물과 영양관리

약물과 영양관리

질병의 예방, 진단 및 치료에 쓰이는 물질을 약물이라고 한다. 작용기전에 따라 크게 세 유형으로 구별한다. 첫째는 체내에 침입한 유해균을 공격해 감염에 대항하는 약물이고, 둘째는 호르몬이나 효소 등 과다하거나 부족한 물질을 보충하여 대사속도를 촉진 또는 억제하는 약물이며, 셋째는 혈압이나 수분 또는 전해질 균형 등을 조절하는 약물이다.

이러한 약물들은 식품의 섭취나 영양소의 흡수, 수송, 대사 또는 배설과정을 변화시킬 수 있으므로 환자의 영양상태에 영향을 끼치기도 한다. 이와 반대로 환자의 영양상태는 물론, 환자가 섭취하는 식품(영양소)은 약물의 흡수나 수송, 대사 또는 배설에 영향을 끼칠 수 있다. 한편 상당수의 약물은 크고 작은 부작용을 나타낸다. 부작용이 심하지 않더라도 약물을 장기 복용하는 경우는 그 영향이 만성적으로 축적될 수 있다. 일부 약물은 알코올 또는 식품(영양소)과 급성반응을 일으켜 임상적으로 결정적인 결과를 초래하기도 한다. 이 장에서는 **약물학(phamacology)**의 기본 원리와 약물-영양소 간의 상호작용에 대해 다루고자 한다.

용어정리

약물학(phamacology) 약물의 성질이나 효과를 다루는 학문

투여-반응 지수곡선(logarithmic dose-response curve) 약물 투여량과 약효와의 관계를 나타내는 곡선

역치 투여량(threshold dose) 약효를 나타내는 최소 투여량

생전환(biotransformation) 대사과정에서 일어나는 약물의 분자구조 변화

특이체질(idiosyncrasy) 어떤 종류의 약물이나 단백질 등에 대한 감수성이 비정상적으로 항진되어 있는 체질

내성(tolerance) 약물의 반복 복용으로 약효가 저하되거나 다량의 약물에 대해 독성을 나타내지 않는 현상

모노아민산화효소억제제(Monoamine Oxidase Inhibitors : MAOIs) 모노아민의 산화적 탈아민 반응을 억제하는 효소를 이르며, 주로 항우울제로 쓰임

카테콜아민(catecholamine) 교감신경에서 분비되는 도파민, 에피네프린 및 노르에피네프린

티라민(tyramine) 티로신의 탈탄산 생성물이며, 에피네프린이나 노르에피네프린과 구조는 유사하나 작용은 약함

1. 약물의 작용기전

대부분의 약물 작용은 세포막 또는 핵이나 미토콘드리아에 존재하는 수용체에 의해 매개된다. 체내에 들어온 약물이 수용체와 결합하여 약물-수용체 복합체가 형성되면 직접적으로 특정 반응을 일으키기도 하고 호르몬이나 기타 내인성 물질을 방출시켜 간접적으로 자극하기도 한다. 반응의 정도는 약물-수용체 복합체의 수에 의존적이어서 약효는 수용체 주변의 약물 농도의 영향을 받는다(그림 3-1). 일부 약물은 수용체의 매개 없이 작용하기도 한다. 예를 들면, 중탄산소다가 위산(HCl)과 결합해 산도를 낮추거나 페니실아민이 구리와 결합해 체내에 과다하게 존재하는 구리를 제거하는 경우를 들 수 있다.

일반적으로 약물은 한 가지 이상의 수용체와 결합할 수 있어 한 가지 이상의 작용을 나타낸다. 기대하는 약효 이외에 바람직하지 않은 반응도 나타나는데, 이를 부작용(side effects)이라 한다. 대체 약물이 없는 경우 또는 위중한 질병을 치료하는 경우에는 부작용을 감수할 수밖에 없다. 메스꺼움, 구토 또는 설사를 비롯한 여러 가지 약물 부작용은 음식물의 섭취와 흡수에 영향을 끼치므로 환자의 영양치료 시에 이들 부작용을 고려해야 한다.

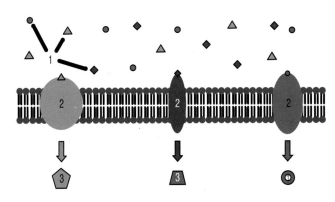

1. 여러 가지 약물
2. 다양한 수용체
3. 각각의 반응

그림 **3-1** 수용체 매개 약물 반응
자료 : Wikipedia(http://en.wikipedia.org), 2017

2. 약효에 영향을 미치는 요인

앞서 설명한 바와 같이, 약물의 효과는 해당 수용체가 존재하는 조직액의 약물 농도에 의해 결정된다. 따라서 약효는 혈중 약물 농도에 의해 영향을 받는다고 할 수 있다. 혈중 약물 농도는 약물의 투여량, 투여 빈도와 투여 경로는 물론이고 약물의 흡수와 수송, 약물의 대사와 배설 등 다양한 요인의 영향을 받는다. 이외에도 약물을 복용하는 사람의 여러 가지 조건, 예를 들면 체중이나 체지방률, 나이, 성별, 건강상태 등도 약효에 영향을 끼칠 수 있다.

1) 약물의 투여량과 투여 빈도

약효에 영향을 미치는 요인 중에 가장 결정적인 것은 약물 투여량이라고 할 수 있다. 그러나 대부분의 약물은 부작용이 있으므로 부작용 없이 질병을 효과적으로 치료하기 위한 투여량 결정이 중요하다. 얼마의 약물이 적정 투여량인가를 결정하기 위해 **투여·반응 지수곡선**(logarithmic dose-response curve)을 이용한다(그림 3-2). 약효가 처음으로 나타나는 수준을 **역치 투여량**(threshold dose)이라고 한다. 구간 A에서는 투여량을 조금 증가시키면 반응이 약간 증가한다. 구간 B에서는 투여량 증가에 비례해 반응이 크게 증가한다. 이 구간에서 최대 반응을 발휘하는 최저 투여량을 찾을 수 있는데, 이 범위를 임상적 창(therapeutic window)이라고 한다. 구간 C에서는 투여량을 늘려도 반응은 증가하지 않고 독성의 위험이 커진다. 그러나 일부 약물, 예를 들면 항암제는 구간 B에서도 독성을 나타낼 수 있다.

약물의 투여 빈도는 약물의 혈액 농도가 역치와 독성 수준 사이에서 유지되어 약물 작용이 지속되도록 결정되어야 한다. 약물의 불활성화 속도는 투여 빈도에 영향을 끼치는 중요한 요인이다. 불활성화 속도가 빠른 약물은 보다 자주 투여해야 한다.

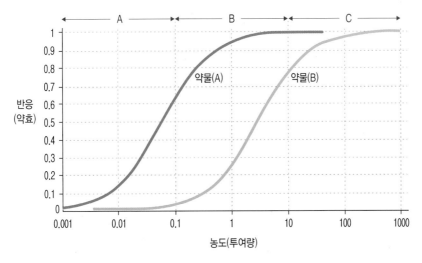

그림 **3-2** 투여-반응 지수곡선
(약물 A는 B에 비해 약효 잠재력이 큼)
자료 : Wikipedia (http://en.wikipedia.org), 2017

2) 약물의 투여 경로

약물의 투여 경로는 국소적 경로와 전신적 경로로 크게 구분한다. 투여 경로는
약물이 결합해야 할 수용체 주변에 도달하는 시간에 영향을 미친다. 전자의 예
로, 연고제나 안점액, 비강분무액 등은 피부나 점막에 국소적으로 사용된다. 그러
나 투여 부위가 아닌 다른 부위나 전신에 약효를 발휘해야 하는 대부분의 약물
은 전신적 투여 방법을 쓴다. 전신적 투여는 두 가지 방법이 있다. 하나는 경관 투
여로 소화관을 통해 흡수되도록 하는 것이고, 다른 하나는 비경관 투여로 피하
(subcutaneous), 근육(intramuscular), 정맥(intravenous), 척수액(epidural) 등에
약물을 투여하는 것이다. 이외에 마취제 등 일부 약물은 흡입으로 폐를 통해 흡
수시키기도 한다.

어떤 경로로 투여되든지 약물은 체내로 흡수되어 작용 부위로 수송된다. 일반
적으로 투여 부위에 혈관이 발달되어 있으면 흡수가 빠르다. 정맥 투여는 혈액에
약물을 직접 투여하므로 다른 어떤 투여 경로보다 신속하게 약효를 나타낸다.

3) 약물의 흡수

약물의 흡수율은 약물 작용의 속도와 정도를 결정한다. 영양소와 마찬가지로 약물도 단순확산, 여과, 촉진확산, 능동수송 또는 음세포작용 등의 기전으로 흡수된다. 흡수는 여러 생체막을 통과하는 과정이므로 약물의 용해도와 농도, 약물 분자의 성질, 위배출 시간, 투여 부위의 혈류량 등의 영향을 받는다(표 3-1).

4) 약물의 분포

약물이 투여 부위가 아닌 다른 조직이나 전신에서 약효를 발휘하려면 혈액순환이나 림프순환에 의해 수송되어야 한다. 약물이 표적세포에 도달해 수용체와 결합하기 위해서는 흡수과정에서와 마찬가지로 모세혈관벽 등 생체막을 통과해야 한다. 따라서 흡수과정에 영향을 끼치는 인자들은 분포과정에도 영향을 끼친다. 이외에 분포용적, 표적기관의 혈류량, 혈장 결합 단백질 농도, 체지방량이나 간의 크기, 혈액-뇌장벽(blood-brain barrier)이나 태반장벽(placental barrier), 감염상태 등도 분포에 영향을 미친다(표 3-2).

표 **3-1** 약물의 흡수에 영향을 미치는 요인

요인	내용
약물의 용해도	• 용해도가 클수록 흡수 빠름 • 구강 투여된 약물의 용해도는 위장 내 음식물의 영향을 받음
약물의 농도	• 구강 투여된 약물은 위장 내 약물 농도가 높을수록 흡수 빠름 • 약물의 투여량과 투여 빈도가 높으면 위장 내 약물 농도 높음 • 위장 내 음식물은 약물을 희석시킴
약물 분자의 성질	약물 분자의 크기가 작을수록, 지용성이 높을수록, 이온화 정도가 낮을수록 흡수 빠름
위배출 시간	• 위배출 시간이 긴 약물은 소장에서의 흡수 느림 • 대부분의 약물은 위배출을 억제함
투여 부위의 혈류량	• 투여 부위의 혈류량이 많을수록 흡수 빠름 • 근육에서의 흡수는 피하지방에서보다 빠름

표 **3-2** 약물의 분포에 영향을 미치는 요인

요인	내용
분포 용적	• 혈장에만 확산되는 약물 : 성인의 경우, 약 3L • 세포외액으로 확산되는 약물 : 성인의 경우, 약 12L • 세포내액으로 확산되는 약물 : 성인의 경우, 약 40L
표적기관의 혈류량	간이나 신장처럼 혈류량이 많은 기관으로는 투여된 약물이 빠르게 다량 분포됨
혈장 단백질 농도	• 혈장 단백질(알부민) 농도가 높으면 결합상태의 약물 농도를 높여, 약효를 오래 지속시키고, 독성을 낮춤 • 단백질 영양불량으로 혈장 단백질 농도가 낮으면 약물 농도가 보다 쉽게 독성 수준에 도달함
체지방량이나 간의 크기	• 지용성 약물 : 지방조직에 축적되어 약효가 연장됨 • 간 조직에 국소적으로 분포되는 약물 : 간이 크면 약효가 연장됨
혈액-뇌장벽이나 태반장벽	• 혈액-뇌 장벽 : 중추신경계나 뇌척수액 또는 안구방수로 일부 약물 의 수송을 방해함 • 태반 장벽 : 모체에서 태아로 일부 약물의 수송을 차단함
감염상태	염증은 염증 부위 생체막의 투과성을 증가시켜 약물 수송을 촉진함

5) 약물의 대사와 배설

많은 약물은 체내에서 적어도 한 번 또는 그 이상 분자구조가 바뀐다. 이러한 과정을 약물의 대사 또는 **생전환**(biotransformation)이라고 한다. 약물이 활성을 잃으면 약물의 작용이 종료된다. 약효를 나타내는 단위로 반감기(half-life)를 사용하는데, 이는 혈장의 약물 농도가 절반 수준으로 감소하는 데 걸리는 시간을 말한다.

(1) 약물의 대사

약물의 생전환반응에 특정 영양소들이 관여한다(표 3-3). 그러므로 약물의 대사는 환자의 영양상태의 영향을 받는다고 할 수 있다. 일부 약물은 생전환에 의해 활성을 나타내거나 활성이 증가하기도 하지만 대부분의 약물은 생전환에 의해 약효를 잃는다. 또한 생전환으로 인해 대부분 약물은 수용성이 되므로 소변을 통한 배설 속도가 높아진다.

표 **3-3** 약물의 산화와 포합에 쓰이는 영양소

영양소 종류	산화반응(비합성반응)	포합반응(합성반응)
탄수화물·지질	레시틴	포도당, 아세틸기(탄수화물이나 단백질에서 제공된)
아미노산·단백질	글리신, 단백질	글리신, 글루탐산, 시스틴, 메티오닌, 세린, 아르기닌, 알라닌, 일부 펩티드
무기질	철, 구리, 칼슘, 아연, 마그네슘	–
비타민	판토텐산, 니아신, 리보플라빈	판토텐산, 니아신, 엽산, 비타민 B_{12}

약물의 생전환반응은 비합성반응과 합성반응으로 구별할 수 있다. 비합성반응으로는 산화, 환원 및 가수분해가 있으며, 합성반응으로는 아세틸화, 유황화, 메틸화, 포합(conjugation)이 있다.

(2) 약물의 배설

대부분의 약물이나 이들의 대사산물은 소변으로 배설된다. 그러나 일부 약물은 담즙에 함유되어 소화관으로 분비되기도 하는데, 이들의 상당한 분량은 장-간순환(entero-hepatic circulation)으로 재흡수되고 일부만 대변으로 배설된다. 약물이 기화성 물질인 경우는 폐를 통해 배설된다. 극히 제한적이지만 땀, 눈물, 타액, 모유 등과 같은 체액을 통해 배설되는 약물도 있다. 수유 여성에게 약물을 투여할 때 모유를 통해 분비되는 약물에 대해 주의할 필요가 있다.

3. 약물의 개인별 효과

약물은 가능한 한 효과가 확실해야 한다. 그러나 약물을 복용하는 개인에 따라 약물반응이 다르게 나타나기도 한다. 또한 여러 약물을 동시에 복용할 때는 약물 간 상호작용에 의해 약효가 달라지기도 한다.

1) 개인별 약효 수정요인

약물을 복용하는 사람의 개인적 특성, 즉 연령과 성별, 체중과 체조성, 간이나 신장 등의 질병상태 등에 따라 약효가 다르게 나타날 수 있다. 영·유아는 특정 효소계의 발달이 미숙한 상태에 있을 수 있으므로 약물의 대사나 배설이 성인과 달라 약효가 오래 지속될 수 있다. 체중은 골격근이나 지방조직의 양을 결정짓기 때문에 약물의 분포 또는 혈액과 조직의 약물 농도에 영향을 미친다. 동일한 체중이라 하더라도 지방이나 수분의 비율이 다른 경우 역시 이와 같은 효과를 미칠 수 있다. 여성은 남성에 비해 상대적으로 지방이 많고 수분은 적다. 한편 부종은 체수분이 증가된 상태다. 간이나 신장에 질환이 있는 경우는 약물의 대사와 배설이 저해되어 약효가 오래 지속되거나 부작용이 크게 나타날 수 있다(표 3-4).

2) 약물반응의 개인 간 차이

어떤 환자는 일부 약물에 대해 알레르기(allergy) 반응을 일으키기도 한다. 알레르기는 과민한 면역반응으로, 이전에 동일한 약물이나 분자구조가 유사한 물질에 노출된 적이 있어야 일어난다. 알레르기반응의 정도는 복용량과 무관하다.

　일부 환자는 다른 방식으로 약물에 반응하기도 한다. 이를 **특이체질**(idiosyncrasy)

표 **3-4** 약효에 영향을 미치는 개인적 특성

특성	영향
연령	영·유아는 약효가 오래 지속됨
체중	체중이 많으면 약물 요구량이 높음
체조성	• 체지방이 많으면 지용성 약물 농도가 낮아짐 • 체수분이 많으면 수용성 약물 농도가 낮아짐
성별	여성은 남성보다 지방이 많고 수분이 적음
질병	• 간이나 신장 질환은 약물의 대사와 배설을 저해할 수 있음 • 부종은 체수분을 증가시킴

이라고 하는데, 이는 유전적 변이의 결과로 보인다. 특이체질은 독성(toxicity)과는 구별된다. 독성반응이나 특이체질반응의 정도는 알레르기 반응과 달리 약물 투여량에 따라 결정된다.

일부 약물에 반복적으로 노출되면 약물 **내성**(tolerance)이 생길 수 있다. 그러므로 동일한 약물을 지속적으로 사용하는 경우 똑같은 약효를 내기 위해서는 투여량을 증가시켜야 한다. 내성이 생기는 이유는 흡수 속도의 감소, 작용 부위로의 수송 속도 감소, 수용체와의 반응성 저하, 복합기능효소계의 효소 유도 저하 등 다양하다.

4. 약물과 영양의 상호작용

대부분의 약물은, 앞에서 설명한 것처럼, 소화관을 비롯해 여러 부위를 통해 흡수되며, 체순환이나 림프순환에 의해 수송되고, 주로 간에서 효소의 작용에 의해 구조가 달라지며, 대부분 신장을 통해 체외로 배설된다. 이러한 과정은 식품에 함유된 영양소가 흡수되고 대사되는 과정과 크게 다르지 않다. 그러므로 약물과 영양소는 각각의 흡수, 분포, 대사 및 배설과정에서 서로 영향을 끼칠 수 있다.

1) 약물이 식품(영양소)에 미치는 영향

구강으로 복용하는 약물은 영양소의 흡수단계에 영향을 끼칠 수 있으며, 체순환에 들어온 약물은 영양소의 대사나 배설과정을 변화시키기도 한다(표 3-5). 몇몇 약물은 무기질과 착염을 형성하기고 하고, 일부 약물은 지용성 비타민을 흡착하기도 하며, 일부는 위액의 pH를 변화시키거나 소화관 점막을 손상시켜 특정 영양소의 흡수를 저해하기도 한다. 단백질이나 아미노산의 대사에 영향을 끼치는 약물도 있는데 대부분은 저해 효과를 나타낸다.

표 **3-5** 약물이 영양소의 흡수, 대사 및 배설에 미치는 영향

단계	작용	영향
흡수	영양소와 복합체 형성	• Tetracycline HCl(항생제)과 Ciprofloxacin(항생제) 등은 칼슘, 마그네슘, 철, 아연 등과 착염을 형성해 무기질의 흡수 저해 • Cholestyramine(항고지혈증제) 등은 담즙산과 결합하면서 지용성 비타민 A·D·E 및 K를 흡착해 흡수 저해
	위내 산도 변화	Cimetidine HCl(항궤양제) 등은 위내 산도를 변화시켜 비타민 B_{12}나 철의 흡수 저해
	위 점막 손상	항암제 등은 위 점막을 손상시켜 각종 영양소의 흡수 저해
대사	단백질 대사 변화	• Salicylates(아스피린, 진통제) 등은 아미노산뇨증 유발 • Tetracycline HCl(항생제) 등은 단백질 합성 저해
	지질 대사 변화	진통제, 항생제, 항응고제, 항경련제, 항염제 등은 혈청 지질 농도 저하
	탄수화물 대사 변화	• Morphine sulfate(진통제), Thiazides(이뇨제) 등은 고혈당 야기 • Salicylates(아스피린, 진통제), Barbiturates(안정제) 등은 저혈당 야기
	비타민 대사 변화	Isoniazid(항결핵제) 등은 피리독신의 활성형 전변 저해
배설	무기질의 배설 증가	Furosemide(이뇨제, 항고혈압제) 등은 칼륨, 마그네슘, 아연 및 칼슘의 소변 배설 증가
	영양소의 배설 감소	Thiazide(이뇨제) 등은 칼슘의 재흡수를 증가시켜 소변을 통한 배설 감소

지질저하제는 혈중 지질 농도를 낮추지만, 일부 약물은 부작용으로 혈장의 중성지방이나 콜레스테롤 농도를 올리기도 하고 내리기도 한다. 혈당저하제는 혈당을 저하시키는데, 부작용으로 혈당을 올리거나 내리는 약물도 있다. 어떤 약물은 부작용으로 전해질이나 무기질 또는 비타민 대사를 변화시키기도 한다. 또한 특정 영양소의 배설에 영향을 미치는 약물도 있다.

이외에도 일부 약물은 미각을 변조시키고 식욕에 영향을 끼치며, 구내염을 유발하거나 소화관에 출혈을 초래하고, 변비를 유발하는 등 식욕과 소화관에 영향을 미친다(표 3-6).

표 **3-6** 약물이 식욕과 소화관에 미치는 영향

작용	영향
미각 변화	Clarithromycin(항생제) 등은 타액선에 들어가 쓴맛 야기
식욕 저하	Fluoxetine(항우울증제)나 Ibuprofen(해열제) 등은 식욕 억제
식욕 촉진	Phenothiazine(항정신병제)나 chlorpropamide(혈당강하제) 등은 식욕 항진
염증 유발	Cisplantin(항암제)이나 methotrexate(항암제)는 세포독성이 있어 설염, 식도염 또는 위염 유발
출혈 유발	Salicylates(아스피린, 진통제), ibuprofen(해열제) 및 naproxen(항염제, 항부정맥제, 진통제) 등은 심각한 급성 위출혈 야기
변비 유발	항콜린성 약물(항정신병제, 항우울증제, 항히스타민제 등)은 연동운동을 약화시켜 변비 초래

2) 식품(영양소)이 약물에 미치는 영향

구강으로 복용하는 대부분의 약물은 영양소와 같은 기전으로 흡수되므로 함께 섭취하는 음식물은 약물의 흡수나 분포, 대사 및 배설의 모든 단계에 영향을 미칠 수 있다(표 3-7). 이와 같은 이유로 식품은 약물의 작용을 증진시키거나 저해할 수 있다(표 3-8).

표 **3-7** 식품(영양소)이 약물의 흡수, 분포, 대사 및 배설에 미치는 영향

단계	작용	영향
흡수	흡수 저해	음식물은 astemizole(항히스타민제)나 amitriptyline HCl(항우울제)의 흡수 억제
	흡수 증진	음식물은 cefuroxime axetil(항생제)의 흡수 촉진
	착화물 형성	칼슘, 마그네슘, 철, 알루미늄 등 무기질은 ciprofloxacin(항생제)과 불용성 복합물을 형성해 흡수 저해
분포	결합	저알부민혈증(< 3g/dL) 시에는 phenytoin(항경련제)이나 warfarin(항응고제)의 단백질 결합형 분획이 낮아지고 유리형 분획 증가
대사	대사 변화	고단백, 저당질 식사는 간세포의 cytochrome P-450 복합산화계를 유도해 theophylline(기관지확장제)의 대사항진
배설	배설 변화	고나트륨 섭취는 lithium carbonate(항조병제)의 배설 증가

표 **3-8** 식품(영양소)이 약효에 미치는 영향

유형	작용	영향
증진	약물과 유사 작용	카페인의 다량 섭취는 theophylline(기관지확장제)의 부작용 증대
		식품에 함유된 tyramine이나 dopamine은 tranylcypromine sulfate(항우울제)의 독성 증대
저해	약물과 반대 작용	비타민 K는 warfarin(항응고제)의 작용 억제
		고지방 식사는 lovastatin(항고지혈증제)에 반대 작용

3) 알코올-약물과 식품-약물의 상호작용

알코올은 여러 약물의 대사 속도를 저하시키기도 하고 독성을 증가시키기도 한
다. 해열제, 진통제, 신경안정제, 혈당강하제, 간질치료제, 마취제 등을 알코올과
함께 섭취하면 약효가 증가한다. 해열제인 아스피린을 알코올과 동시에 섭취하면
심각한 위장출혈이 일어나기도 하는데, 이는 두 가지 성분이 모두 위 점막을 자극
하며 동시에 아스피린은 항응고작용을 하기 때문이다. 디곡신(digoxin, 강심제)을
복용하는 심장병 환자가 알코올을 과다섭취하는 경우에는 혈장 칼륨 수준이 저
하될 수 있어 위험하다. 이외에 인슐린, 디설피람(금주제), 클로르프로파미드(혈당
강하제) 등도 알코올의 상호작용으로 심각한 결과를 초래할 수 있다(표 3-9).

표 **3-9** 알코올-약물과 식품-약물의 심각한 상호작용

유형	알코올/티라민 + 약물	작용	결과	증상
저혈당 반응	알코올 + 인슐린	포도당 신생 억제	저혈당증	허약감, 정신적 혼란, 비이성적 행동, 혼수
디설피람 반응	알코올 + disulfiram(금주제)	알데히드탈수소효소 작용 억제	고아세트알데히드 혈증	홍조, 발열, 두통, 구토, 메스꺼움, 흉통, 복통
홍조 반응	알코올 + chlorprophamide (경구용 혈당강하제)	약물의 작용 시간 단축	고혈당증	홍조, 발열, 호흡곤란, 두통
티라민 반응	티라민 + MAOIs*(항우울제, 항암제, 항고혈압제, 항생제)	카테콜아민 생성 증가	고카테콜아민혈증	고혈압, 홍조, 발열, 뇌혈관 장애

*MAOIs : Monoamine oxidase inhibitors

표 **3-10** 티라민 함량이 높은 식품

식품군	식품
유제품류	숙성 치즈, 요구르트
육류, 조류, 어류	숙성 육제품, 닭간, 멸치, 연어알, 산 절임 어류나 육류
두류	두류나 두류 제품
채소류, 과일류, 버섯류	무화과, 바나나, 아보카도, 건포도, 가지, 토마토, 버섯
기타	알코올 음료, 포도주, 맥주, 카페인, 이스트 추출물

한편 **티라민**(tyramine)과 약물 간에도 결정적인 상호작용이 발생할 수 있다. 티라민은 **카테콜아민**(catecholamine)을 방출파므로 혈관을 수축시키고 혈압을 올린다. 항우울제, 항암제, 항고혈압제, 항생제 등 일부 약물에 함유된 **모노아민산화효소억제제**(monoamine oxidase inhibitors : MAOIs)는 티라민이나 카테콜아민 대사를 억제한다. 따라서, MAOIs는 혈관수축 효과를 증대시킨다. 그러므로 MAOIs 함유 약물을 티라민 함량이 높은 식품과 함께 복용하면 혈압의 과다 상승으로 인한 위기 상황이 발생할 수 있다. 이를 티라민 반응이라고 한다. 티라민은 유제품 등 다양한 식품에 함유되어 있다(표 3-10).

5. 약물복용자의 영양관리

약물을 장기 복용하는 환자의 영양관리를 위해서는 주요 영양소의 혈청 농도를 주기적으로 점검할 필요가 있다. 상승 시에는 해당 영양소의 섭취를 제한하고 저하 시에는 섭취를 늘리거나 보충제 투여를 고려해야 한다. 특히 노인 환자들은 영양상태가 저하되어 있기 쉽고, 장기간 여러 종류의 약물을 복용하고 있을 수 있으며, 간세포의 기능 손상으로 이물질을 처리하는 능력이 떨어져 약물의 독성이 증가할 수 있다는 점을 고려해야 한다.

약물복용자의 영양관리를 위한 영양평가는 약물의 흡수, 분포, 대사, 배설 등

에 영향을 끼치는 상태에 초점을 맞추고 시행한다. 우선 환자의 병력을 살펴서 신
장이나 간 또는 심장기능을 평가한다. 또한 경장영양을 하고 있는지, 투석을 받고
있는지도 살핀다. 전반적인 영양상태가 약물에 대해 적정한 반응을 일관되게 나
타낼 수 있는지 확인할 필요가 있다. 만일 환자가 단백질 영양불량으로 저알부민
혈증(hypoalbuminemia)을 보이면 단백질과 결합하는 약물의 약효가 올라가므
로 복용량을 감소시키는 조정이 필요하다.

약물복용으로 발생하는 영양 관련 부작용도 영양관리 시에 고려해야 한다. 일
반적으로 식욕 결핍, 맛과 냄새 감각 이상, 구내건조증이나 통증, 식욕항진과 체중
증가, 상복부 불편, 메스꺼움, 설사, 고장증, 변비 등이 흔히 나타나는 부작용이다.
어떤 경우는 경미하지만 어떤 경우에는 심한 증상을 보이기도 한다. 임상영양사
는 환자의 식사를 계획할 때 이러한 영양 관련 부작용을 줄일 수 있도록 노력해
야 한다. 예를 들면, 맛과 냄새 감각 이상을 보이는 환자에게는 구강위생을 잘 유
지하도록 권유하고, 약물복용 후에 껌이나 사탕, 물, 레몬주스 등으로 입안을 헹
구게 하거나 과일주스나 으깬 과일 또는 우유 등을 제공해 약물의 맛을 가리게
한 후 식사를 제공한다.

CHAPTER 4

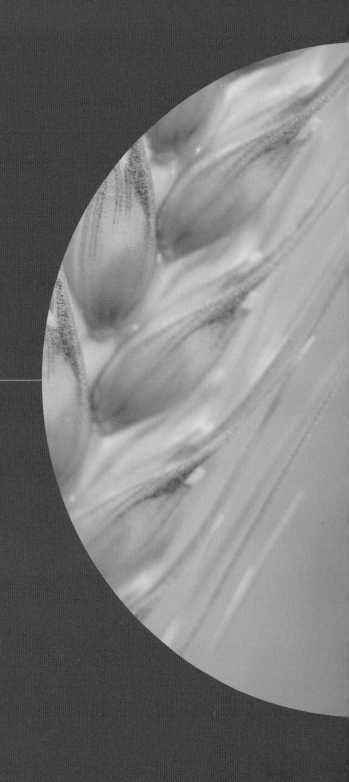

식도·위 질환

식도·위 질환

구강에서부터 항문에 이르는 일련의 소화관은 소화와 흡수기능을 효율적으로 수행하기 위한 구조로 이루어져 있다. 이 중 구강과 인두를 포함해 식도와 위를 상부 소화기관이라고 한다. 여러 가지 원인으로 구강이나 인두, 식도 또는 위의 기능이 저하되거나 기질적 병변이 초래될 수 있다. 이 장에서는 식도와 위 질환만 다루고자 한다.

용어정리

하부식도괄약근(Lower Esophageal Sphincter : LES) 식도와 위의 접합 부위에 있는 괄약근이며, 분문괄약근이라고도 함

연하곤란증(dysphagia) 음식물을 구강으로부터 인두를 통해 식도로 넘기기 어려운 상태

점성제(thickening agents) 액상 또는 반액상 혼합물에 점성을 높이기 위해 사용하는 물질이며, 음식에는 다당류(전분, 검, 펙틴)나 단백질이 사용됨

위식도역류증(gastroesophageal reflux disease : GERD) 위산을 함유하는 위 내용물이 식도로 역류해 만성적으로 통증을 일으키는 질환

위염(gastritis) 위 점막이 충혈되고 비후된 상태

위궤양(gastric ulcer) 점막층, 점막하층, 근층 등 위 조직이 침식된 상태

소화성 궤양(peptic ulcer) 위, 십이지장 또는 식도 궤양의 통칭

졸링거-엘리슨 증후군(Zollinger-Ellison syndrome) 십이지장이나 췌장에 발생한 가스트린을 분비하는 종양에 의해 나타나는 증상

장상피화생(intestinal metastasis) 위 점막세포가 장 상피세포로 변이됨

암 악액질(cancer cachexia) 암으로 인한 대사 변조로 극심한 골격근 소모와 식욕결핍 및 피로감을 나타내는 복합적 영양불량상태

덤핑증후군(dumping syndrome) 위배출이 너무 빠르게 일어나 고삼투압성 내용물이 소장으로 다량 유입되어 일어나는 증상

1. 식도·위의 구조와 기능

식도와 위는 소화기관으로서의 기본적인 구조와 기능을 공유한다. 그러나 각각 특수한 해부학적 구조를 가지며 특화된 기능도 수행한다. 다른 소화기관과 마찬가지로 부교감신경과 교감신경이 식도와 위에도 분포되어 있어 평활근의 수축과 운동 및 분비기능을 길항적으로 조절한다.

1) 식 도

식도는 인두와 위를 연결하는 섬유성근(fibromuscular)의 관으로 기관지와 심장의 뒤쪽으로 내려와 횡격막을 통과해 위 상부에 연결된다. 식도는 구강에서 인두를 거쳐 들어온 음식물을 연동운동의 도움을 받아 위로 운반하는 기능을 수행한다. 식도는 소화·흡수기능은 거의 없으며, 식도의 상부와 하부에는 각각 괄약근이 있다.

(1) 구 조

식도는 약 25cm 정도 길이와 2cm 너비의 직선적인 관상 구조를 하고 있다. 식도는 다른 소화관과 유사하게 네 층의 조직으로 구성되어 있다. 가장 안쪽은 상피세포로 이루어진 점막층이며 흡수기능은 없다. 다음은 점막하층인데, 점액을 생산하는 분비세포들이 있어 연하된 음식물 덩어리가 매끄럽게 이동하도록 돕는다. 다음은 근층으로 종주근층과 환상근층이 있어 교대로 수축하며 음식물 덩어리의 이동을 조절한다. 식도 근층의 상부 약 1/3은 횡문근(골격근)이고 나머지 부위는 평활근으로 되어 있다. 식도 상부는 골격근이지만 수의적으로 조절되지는 않는다. 가장 바깥층은 결체조직이며 장막은 없다.

식도의 상부와 하부에는 각각 괄약근(sphincter)이 있다(그림 4-1). 이들 괄약근은 기능적이다. 즉 뚜렷한 해부학적 구조를 갖추고 있지 않다. 상부식도괄약근(upper esophageal sphincter : UES)은 연하반사에 의해 열리며, 음식을 삼키는

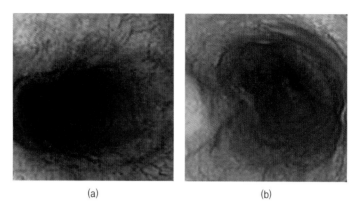

(a)   (b)

그림 **4-1** 식도의 상부(a)와 하부괄약근(b)의 내시경 사진

자료 : Wikipedia(http://en.wikipidia.org), 2010

때를 제외하고는 닫혀 있어 공기가 위로 들어가는 것을 막는다. **하부식도괄약근** (**lower esophageal sphincter : LES**)은 식도와 위 사이에 위치하며, 항상 수축하고 있어 위 내용물이 식도로 역류하는 것을 막는다. 다만, 음식물이 식도 하부에 도달하면 이완해 음식 덩어리가 위로 유입되도록 한다.

(2) 기 능

음식물이 식도로 넘어오면 근층이 연동운동을 일으켜 2~4cm/초의 속도로 위로 내려 보낸다(그림 4-2). 연동운동에 따른 음식물의 이동 속도는 횡문근으로 이루어진 상부보다 평활근인 하부에서 빠르다. 연동운동은 다른 소화관과 마찬가지로 특화된 세포(pacemaker)에 의해 자동적으로 발생하며, 부교감신경과 교감신경의 길항적 지배를 받는다. 부교감신경은 흥분성 작용을 하고 반대로 교감신경은 억제적 영향을 발휘한다.

2) 위

위는 복강의 좌측 상부에 횡격막 바로 밑에 왼쪽에서 오른쪽으로 걸쳐 자리 잡고 있는 J자 모양의 근육성 주머니다. 위는 섭취한 음식물을 일시적으로 저장하며, 위

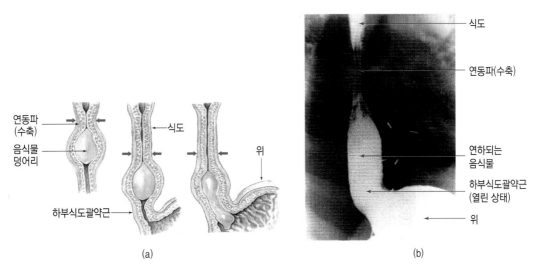

그림 **4-2** 식도의 연동운동(a)과 내시경 사진(b)
자료 : 박인국 역. 생리학, 2008

액과 잘 혼합해 미즙(chyme)으로 만들어 십이지장으로 소량씩 이동시킨다. 약간의 소화기능도 수행한다. 위의 용량은 공복 시에 50mL 정도이나 신축성이 커서 약 1L의 음식을 수용할 수 있다.

(1) 구 조

위는 해부학적으로 네 부분으로 나눈다. 식도와 위를 잇는 개구부를 분문부(cardia), 위 상단의 만곡부, 즉 식도에 연결된 부위보다 위로 올라온 부분을 위저부(fundus), 그 아래 위의 중심 부분을 위체부(corpus), 위 하단에 십이지장과 연결되어 위 내용물을 소장으로 배출하는 부위를 유문부(pylorus)라 한다. 위의 상단과 하단에는 분문괄약근(하부식도괄약근)과 유문괄약근이 있다. 이들 괄약근은 위 내용물이 식도로 역류하는 것을 방지하고 십이지장으로의 이동을 조절한다. 위벽의 근층에는 다른 소화관과 달리, 종주근과 환상근 이외에 사근이 발달해 있다. 위 점막에는 추벽이라 불리는 큰 주름이 무수히 있는데, 위에 음식물이 들어오면 이들 주름이 펴지면서 위가 팽창한다(그림 4-3).

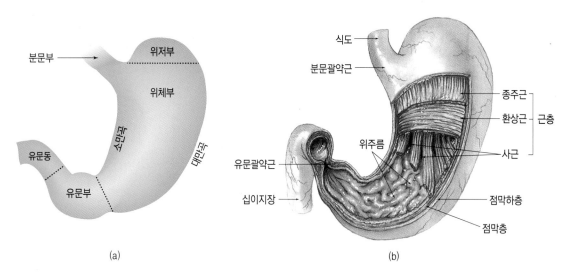

그림 **4-3** 위의 부위(a)와 해부학적 구조(b)
자료 : 박인국 역. 생리학, 2015

(2) 기 능

위는 운동, 분비 및 소화와 흡수 기능을 수행한다.

① 운동기능

위 운동은 위에 음식물을 채우고, 저장하며, 위액과 혼합하고, 소장으로 내려 보내는 일들을 가능하게 한다. 저장기능은 주로 위체부에서 수행되며, 혼합기능은 근육이 두껍게 발달한 유문동(pyloric antrum)에서 수행된다. 유문부에서는 또한 강한 연동파가 일어나 미즙을 유문괄약근을 통해 십이지장으로 이동시킨다. 위배출 속도는 위의 해부학적 구조와 위 내용물의 조성, 신경계 및 특정 호르몬의 작용에 의해 조절된다.

② 분비기능

위는 수분, 점액, 위산, 효소, 전해질 등을 함유하는 위액을 하루에 1~3L 정도 분비한다. 분문부, 위저부 및 유문부의 점막층에는 위소와라고 하는 작은 함몰 부위가 무수히 있는데, 위소와는 다양한 세포로 구성된 외분비선으로 위선이라고 한다.

점막세포(mucous cells)는 위의 내막을 보호하는 점액을 분비한다. 주세포(chief cells)는 펩시노겐과 위 리파아제(gastric lipase)를 분비한다. 펩시노겐은 위산에 의해 활성형인 펩신으로 전변되어 단백질을 가수분해하며, 리파아제는 지질의 소화를 위한 준비단계의 작용을 한다. 벽세포(parietal cells)는 위산과 내적인자(intrinsic factor)를 분비한다. 위산은 펩시노겐을 활성화하고 미생물을 사멸시키며 단백질을 변성시키고, 내적인자는 비타민 B_{12}와 결합해 흡수 부위인 회장까지 이동시킨다.

한편, 유문부에 있는 G세포는 가스트린(gastrin)을 분비하고, D세포는 소마토스타틴(somatostatin)을 생성한다. 이들은 소화기호르몬이며 인접 부위에 작용하는 측분비물질이다.

③ 소화와 흡수기능

위에서는 물리적·화학적 소화가 일어난다. 위의 수축운동은 음식물을 위액과 혼합한다. 펩신은 단백질을 아미노산 또는 펩티드로 분해하며, 위산은 펩시노겐을 활성화할 뿐만 아니라 단백질의 구조를 변성시키는 등 단백질의 소화를 보조한다. 위에서는 탄수화물이나 지질의 소화가 제한적이다. 탄수화물은 타액 아밀라아제에 의해 구강에서부터 시작되나 위산에 노출되면 이 효소의 활성이 낮아지기 때문이며, 위액에서는 지질이 용해되지 않으므로 위 리파아제가 거의 작용하지 못한다.

위에서는 약간의 물이 흡수될 뿐이며 영양소의 흡수작용은 매우 미약하다. 그러나 알코올과 아스피린은 위에서 흡수된다.

2. 식도 질환

식도 질환으로는 연하곤란증과 위식도역류증과 같은 기능성 장애와 식도염, 식도궤양, 식도암 또는 식도정맥류 등의 기질적 장애가 있다. 이들 다양한 질환 중에

표 **4-1** 연하곤란증의 유형별 원인

구강-인두 연하곤란증	식도 연하곤란증
알츠하이머 질환, 파킨슨병, 뇌졸중	무이완증
발달장애	우심방비대증
갑상선기능장애(goiter)	식도암
다발성경화증	식도경련
근위축증	식도협착(식도염, 식도궤양, 식도출혈)
회백척수염(소아마비)	폐암

서 영양관리의 중요성이 큰 연하곤란증과 위식도역류증만 다루고자 한다.

1) 연하곤란증

연하곤란증(dysphagia)은 식도 자체보다는 여러 가지 복합적인 문제로 인해 발생하지만 편의상 식도 질환에서 다루고자 한다. 연하곤란증은 손상된 연하단계에 따라 두 가지 주요 유형, 즉 구강-인두 연하곤란증(oropharyngeal dysphagia)과 식도 연하곤란증(esophageal dysphagia)으로 구분한다(표 4-1). 연하곤란의 정도는 약물이나 음식을 삼키기 어려운 정도에서부터 타액을 넘기기 어려운 경우까지 다양하다.

연하(swallowing)는 신경과 근육의 정교한 협조로 이루어지는데, 구강-준비단계, 구강단계, 인두단계 및 식도단계가 순차적으로 진행되면서 일어난다. 연하의

 연하단계

- **구강-준비단계** : 구강에서 음식물을 저작하고 타액과 혼합하며 연하를 준비하는 단계
- **구강단계** : 음식 덩어리가 수의적 운동에 의해 구강 뒤쪽으로 옮겨가는 단계
- **인두단계** : 목젖이 비강을 차단하고, 후두근이 성문을 막고, 후두개가 후두 입구를 막아 음식 덩어리가 인두로 이동하는 단계
- **식도단계** : 상부식도괄약근이 열리면서 음식 덩어리가 식도로 들어가는 단계

마지막 단계가 이루어지면 식도 근육이 자동적으로 연동운동을 개시해 음식물을 위로 이동시킨다.

(1) 원 인

연하곤란증은 구강이나 인두 또는 식도의 상해나 기계적 장애를 비롯해 신경계 질환자에서 보편적으로 나타나는 신경-근 이상으로 인해 발생한다.

구강-인두 연하곤란증은 특징적으로 신경-근 이상으로 인한 연하반사 이상이나 혀 또는 구강운동의 손상으로 초래된다. 주로 노인에서 근육의 퇴화로 호발하며 종종 알츠하이머 질환이나 파킨슨병 또는 뇌졸중(strokes)으로 인해 발생하기도 한다.

식도 연하곤란증은 식도폐색 또는 식도운동의 이상으로 초래된다. 식도는 식도협착, 식도암 또는 주위 조직에 의한 식도압박 등에 의해 폐색될 수 있다. 식도운동 이상의 전형적인 형태인 무이완증(achlasia)은 식도를 지배하는 신경의 퇴화로 인해 나타나는데, 식도의 연동운동이 손상되고 연하 시에 하부식도괄약근이 이완되지 않는다.

(2) 증상과 진단

연하곤란증의 일반적인 증상은 침흘림, 기침 및 숨막힘(choking) 등이다. 음식물이 기도로 흡입되면 기침과 숨막힘이 초래되거나 폐렴 등 호흡기계 감염이 발생할 수 있다. 이외에 식도이물감, 구강 내 음식물 잔류, 쉰 목소리나 발성장애 등을 보이기도 하며, 식도운동의 이상으로 식도가 이완되지 않는 경우는 액상 음식의 연하가 고형 음식보다도 어렵다. 그러므로 연하곤란증이 만성화되면 식품 섭취의 감소로 인해 영양불량과 체중감소가 나타나며, 액체를 삼키지 못하는 경우에는 탈수의 위험도 있다.

연하곤란증은 나타난 증상을 확인하여 원인을 추정한 다음 필요한 검사를 시행하여 진단한다. 일반적으로 먼저 발성장애를 확인하고 이후 식도내시경 등 여러 방법을 활용한다. 이중에서도 각기 다른 질감의 음식이나 음료를 섭취시키면서 시행하는 비디오X-선형광경검사(videofluoroscopy)가 대표적인 방법이다. 이를 통해 음식물이 식도에서 운반되는 데 어떤 문제점이 있는지를 비롯해 연하를 촉진하는 머리의 위치나 기타 유용한 방법에 관한 정보를 얻을 수 있다.

(3) 영양치료

연하곤란증의 영양치료 목표는 체중감소를 억제하고 영양결핍증을 예방하거나 치유하는 데 둔다. 연하곤란증의 원인이 매우 다양하므로 최적의 영양치료 계획을 한 가지로 말하기가 쉽지 않다. 환자의 연하능력을 정밀검사로 알아낸 후 적정한 음식이나 음료를 선택하되 한 가지 음식씩 연하시험을 할 필요가 있다. 또한 환자의 연하능력이 자주 변하므로 식사계획도 이에 따라 수정해야 한다.

비교적 안전한 물질, 예를 들면 한 숟가락 정도의 부순 얼음조각을 이용해 연하능력을 검사해서 성공적이면, 다음으로 미음이나 아이스크림 등 묽은 음식을 이용해 연하 훈련을 실시한다. 점차 달걀찜, 푸딩 등 된 음식을 제공하고 다음으로 저작이 필요하지만 부드러운 질감의 음식, 즉 통조림 과일이나 부드럽게 조리한 채소류, 국수 등을 시도한다. 음식을 섭취할 때 상체를 직립으로 유지하는 자세가 매우 중요하다. 음식 섭취가 부족한 경우는 비위관이나 위조루술을 통한 영양공급 또는 혈관영양을 고려한다.

미국영양사협회에서는 연하곤란증의 식사 내용을 세 단계로 구분해 표준화하였다(표 4-2). 1단계 연하곤란 퓨레식에 사용하는 음료나 유동식의 점성은 매우 묽은, 묽은, 된, 매우 된의 네 수준으로 구분한다. 환자 개개인의 연하능력에 맞게

 음료 또는 유동식의 점성

- 매우 묽은 : 물, 얼음, 우유, 주스, 커피, 차, 탄산음료, 냉동 후식과 젤라틴 등 투명한 액상 음식
- 묽은 : 불투명한 액상 음식
- 된 : 미음 정도의 액상 음식
- 매우 된 : 죽 정도의 액상 음식

표 4-2 연하곤란증의 단계별 영양치료 단계

단계	내용
1단계 : 연하곤란 퓨레식	• 증상이 심한 단계에 적용 • 삶아서 거른 동질의 점성이 있는 음식 제공 (미음과 함께 삶아서 거른 음식)
2단계 : 연하곤란 기계적 연식	• 증상이 중등 정도이고 저작능력이 어느 정도 있는 단계에 적용 • 촉촉하고 부드러우며 덩어리가 쉽게 형성되는 음식 제공 (죽과 함께 곱게 다진 반찬)
3단계 : 연하곤란 진전식	• 증상이 경미한 단계에 적용 • 촉촉하고 한 입 크기로 쉽게 나뉘는 음식 제공 (죽이나 밥과 함께 부드러운 반찬, 일부 환자는 국물 음식 가능)

점성을 조정해야 한다. 묽은 음식을 삼키려면 연하와 관련된 여러 기관의 협조와 조절이 필요하다. 음식물이 기도로 흡인되어 기도폐색이 일어나면 생명에 위협을 줄 수도 있다. 묽은 음식보다 된 음식은 입안에서도 덜 분산되며 연하가 쉽다. 입 안에서 덩어리를 형성할 정도로 응집력이 있는 음식이 적당하며, 미지근한 음식 보다는 시원하거나 따뜻한 음식이 바람직하다. 이러한 이유로 음료나 유동식의 점 성을 조절하기 위한 다양한 **점성제**(thickening agents)가 시중에 나와 있으며, 각 수준별로 점성이 조절된 연하곤란증 환자용 완제품들도 시판되고 있다.

2) 위식도역류증

위식도역류증(gastroesophageal reflux disease : GERD)은 만성적으로 위 내용 물이 식도로 역류해 특정 증상이나 합병증을 나타내는 상태를 이른다. 위식도역 류를 초래하는 원인은 다양한데, 하부식도괄약근의 기능부전을 비롯해 물리적 요 인도 있고 생활습관요인도 있다. 위액의 역류는 소화저항성이 약한 식도 점막을 손상시켜 식도염이나 식도궤양 또는 식도협착을 일으킨다(그림 4-4).

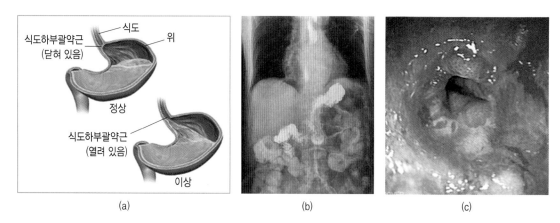

(a) (b) (c)

그림 **4-4** 위식도역류(a), 위식도역류 X-ray 소견(b), 식도협착 내시경 소견(c)
자료 : Wikipedia (http://en.wikipedia.org), 2017

(1) 원 인

하부식도괄약근(분문괄약근)의 기능부전은 위식도역류증이 가장 중요한 원인이다. 하부식도괄약근은 정상적인 조건, 즉 식도 내 압력(공기압)이 위 내 압력보다 높은 상황에서 위 내용물이 식도로 역류하는 것을 방지한다. 그러나 하부식도괄약근의 압력을 낮추는 인자들의 작용이 커지거나 역류를 촉진하는 조건이 발생

 식도하부괄약근 압력을 낮추거나 역류를 촉진하는 요인

압력저하요인

- 일부 호르몬 : 가스트린, 에스트로겐, 프로게스테론 등
- 탈식도증(hiatus hernia)
- 흡연
- 일부 약물 : 항콜린성 약물, 도파민, 칼슘채널차단제, 모르핀 등
- 일부 식품 : 알코올, 카페인, 초콜릿, 고지방 음식, 박하, 마늘, 양파 등

역류촉진요인

- 복수, 위배출지연증, 비만, 임신
- 과식, 식후 눕기
- 꼭 끼는 의복

하면 이 괄약근의 기능이 저하될 수 있다. 노화나 잦은 경관급식으로 인한 괄약근 자체의 약화도 주요한 원인이다.

(2) 증상과 진단

위식도역류증의 주 증상은 구강 뒤쪽에 신맛 느낌, 역류, 입냄새, 속쓰림, 가슴앓이 등이다. 음식물을 삼킬 때 흉골 뒤쪽에 연하통이 나타나기도 한다. 속쓰림은 밤에 잠자리에 누웠을 때 심해지고, 심한 경우는 오목가슴 부위에서 등이나 목 또는 턱 쪽으로 뻗치며 타는 것 같은 통증을 느끼는데, 이 증상을 가슴앓이(heartburn)라고 한다. 심장에서 발생하는 통증과 혼동하기 쉽다.

위식도역류증을 치료하지 않으면 합병증으로 연하곤란증이 나타난다. 위 내용물이 기도로 흡입되기도 하고, 위산, 펩신, 담즙산염 또는 트립신에 의해 식도염이나 식도궤양으로 발전하기도 하며, 식도천공으로 인해 출혈이 초래되기도 한다. 식도출혈 시에는 토혈 증상을 보인다. 바렛식도(Barrett's esophagus)도 합병증의 하나이다.

위식도역류증은 병변이 점막 표면에 국한되므로 X-선 검사만으로는 진단이 어렵다. 식도·위내시경 검사로 식도 점막 표면의 충혈이나 부종 또는 염증을 관찰해 이루어진다. 식도의 pH나 압력을 조사하기도 한다.

🔊 바렛식도

식도 점막의 싱피세포가 만성적으로 위산에 노출되어 변성된 상태로 바렛상피화생(Barrett's metaplasia)이라고도 한다. 식도암 발생 위험률을 높인다. 만성적인 심한 위식도역류증 환자에서 특히 약물치료에 반응하지 않는 경우에 발생률이 높다. 증상이 거의 없어 조직검사를 하기 전에는 발견이 쉽지 않다. 식도암이 발생하기 전에는 특별한 영양치료가 필요하지 않다.

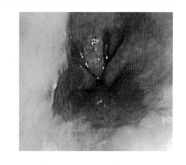

자료 : Wikipediattp://en.wikipidia.org), 2010

(3) 영양치료

위식도역류증 환자는 통증을 야기하는 음식의 섭취를 제한하므로 체중감소를 비롯해 영양결핍증을 나타나기 쉽다. 그러므로 영양치료는 체중감소나 영양결핍 등 영양문제의 해소를 포함해 하부식도괄약근의 기능을 강화하고, 위산 분비를 감소하며 점막을 보호하는 데에 중점을 둔다.

표준체중을 유지하는 적정 열량에 고단백·저지방 식사를 계획한다. 단백질은 하부식도괄약근의 기능을 개선할 수 있는 데 반해 지방은 하부식도괄약근의 압력을 낮추고 위배출을 늦추기 때문이다. 특히, 유지방의 영향력이 크므로 우유는 무지방 제품을 사용한다. 체중부족이나 영양결핍증을 보이는 환자의 영양문제 해결에 관심을 기울여야 하며, 비만한 경우는 체중을 감량해 복압의 저하를 유도한다.

하부식도괄약근의 압력을 낮추는 초콜릿, 박하, 고지방식 등을 제한하고, 위산 분비를 촉진하며 점막을 자극하는 후추, 고추, 커피, 알코올을 삼간다. 또한 가스를 발생하는 식품인 마늘, 양파, 계피, 탄산음료 등도 제한한다. 과식은 위산 분비를 자극하고 위배출을 늦추며 역류 위험을 높이므로 피한다. 그러므로 소량의 식사를 자주 제공하고 음용수는 식간에 섭취하는 것이 역류의 빈도와 양을 줄일 수 있다. 이외에 변비로 인한 복압 상승을 막기 위해 충분한 식이섬유를 제공한다. 감귤류나 토마토에 과민한 경우가 종종 있는데, 환자 개개인마다 불내성을 보

 위식도역류증의 영양치료

- 적정 열량, 고단백, 저지방의 일반식을 처방한다.
- 단, 증상이 심하면 무자극 연식을 제공한다.
- 기름진 음식, 알코올, 커피, 박하, 초콜릿, 감귤류, 토마토, 가스발생식품(마늘, 양파, 계피, 탄산음료)을 제한한다.
- 무지방 유제품을 활용한다.
- 식이섬유를 충분히 제공한다.
- 과식을 피하고 음용수는 식간에 제공한다.
- 식후 상체를 높게 유지한다.
- 껌 씹기나 흡연을 제한한다.

Q&A

하부식도괄약근의 압력을 저하시키는 요인은?

- 식품 : 박하, 초콜릿, 알코올, 고지방식, 커피, 마늘, 양파, 계피, 탄산음료, 껌 등
- 약물 : 항콜린성 약물, 칼슘통로차단제, 안정제, 진통제, 천식치료제 등
- 기타 : 흡연, 비만, 임신, 누운 자세, 꼭 끼는 옷 등

이는 음식을 확인해서 제한하는 것이 좋다.

특정 음식을 피하는 것 외에 생활습관의 변화가 요구된다. 공기 삼킴의 원인이 되는 껌 씹기 또는 식후 흡연을 제한해 위팽창을 억제하고, 식후 3시간까지는 눕지 않고, 상체를 높인 상태로 잠을 자며, 비만인 경우는 체중을 감량한다.

(4) 약물치료

위식도역류증의 치료 목표는 하부식도괄약근의 기능을 강화하고, 위산 분비를 감소시키며, 점막을 보호하는 데 있다. 제산제를 기본으로 처방하며 이외에 기포제나 위산분비억제제, 소화관운동강화제(prokinetic medicine) 등 다양한 약물을 사용한다(표 4-3).

표 **4-3** 위식도역류증의 약물치료

유 형		작용기전	부작용
제산제		마그네슘, 칼슘 또는 알루미늄의 수산염이나 중탄산염으로 위산을 중화	설사(마그네슘염), 변비(알루미늄염, 칼슘염), 저인혈증, 흡수저해(철, 엽산, 비타민 B_{12})
기포제		거품이 발생해 위 내용물을 덮어 역류 억제	–
위산분비 억제제	히스타민 H_2-길항제	히스타민의 수용체 결합을 차단해 위산 분비 억제	설사, 흡수저해(비타민 B_{12}), 졸음, 현기증, 두통, 혼란, 환각
	양자(proton) 펌프 억제제	수소이온을 분비하는 효소의 작용을 억제해 위산 분비 억제	흡수저해(철), 메스꺼움, 복통, 설사
위장운동촉진제		괄약근 기능강화, 위배출 촉진	복통, 설사, 변비, 두통, 이상 시야

제산제는 위산을 중화하여 통증을 경감시키고 점막 손상을 완화한다. 그러나 제산제를 장기간 복용하면 설사나 변비, 장기능 저하, 고칼슘혈증, 알칼리혈증, 나트륨 저류나 인 고갈 등 부작용이 나타날 수 있다.

(5) 수술치료

3~6개월의 약물치료로 효과가 나타나지 않거나 식도협착이 심한 경우는 하부식도괄약근의 기능을 강화하기 위한 수술치료를 시행한다. 위저부주름술(fundoplication)은 위저부를 떼어 식도 주위에 주름을 만들어 하부식도괄약근을 강화하는 방법이다. 합병증으로 심한 식도협착이 발생한 경우는 식도확장술이나 식도스텐트삽입술을 시행하거나 위나 결장 또는 공장의 일부를 이용해 식도를 대체하는 수술을 하기도 한다. 최근에 개발된 치료법으로는 무선주파 에너지를 하부식도괄약근이나 위저부에 전달해 하부식도괄약근의 기능을 강화하는 방법이 있다.

3. 위 질환

위에 발생하는 주요 질환으로는 소화흡수불량 등 기능적 장애로부터 위염, 위궤양 및 위암 등 기질적 질환까지 다양하다. 여기서는 위염, 위궤양 및 위암에 대해 다루고자 한다.

1) 위 염

위염(gastritis)은 위 점막에 염증이 발생한 상태를 이르며, 급성위염과 만성위염으로 구분한다. 전세계 인구의 절반이 위염에 걸릴 정도이며, 나이가 들수록 발병률이 증가한다. 위염은 감염 또는 알코올과 약물을 비롯한 화학물질에 의해 주로 발생한다. 조직의 파괴나 궤양 또는 출혈 등의 증상을 보이는 경우는 부식성위염

(erosive gastritis)이라고 한다. 조직의 파괴를 수반하면서 만성화되면 위축성위염
(atropic gastritis)이 된다.

(1) 원 인

위염을 야기하는 원인은 다양하고 복합적이나 헬리코박터 파일로리(Helicobactor
pylori)의 감염과 비스테로이드계 항염제의 장기복용이 주요 원인이다. 이외에 알코
올, 코카인, 흡연, 스트레스, 방사선 조사 또는 크론병도 위염을 일으키는 원인이다.

만성위염은 발생 원인이나 부위에 따라 유형 A와 B로 구분한다. 유형 A는 벽세
포에 대한 항체가 생성되어 발생하는 자가면역성 질환의 하나이며 주로 분문부에
나타나는데, 종종 악성빈혈을 초래한다. 유형 B는 급성위염에서 이행하는 경우가
많으나 헬리코박터 파일로리의 감염이 주요 원인이며, 이외에 장기간에 걸친 무절
제한 식사, 스트레스, 위산 분비 이상(과산증 또는 저산증)도 작용한다. 주로 노인
에서 발생률이 높으며, 위 점막이 위축·퇴화되면서 위액분비가 감소하고 내적인자
의 분비도 적어진다.

 헬리코박터 파일로리(Helicobacter pylori)

위 점막층 밑에서 점액을 분비하는 세포에
부착해 서식하는 박테리아로 나선형의 편모
가 있는 그람-음성 간균이다. 요소를 암모
니아로 분해해 주변의 산을 중화하며 생존한
다. 이 박테리아는 세계 인류의 절반 이상에
서 서식하며, 점막세포를 손상시키는 단백질
을 지속적으로 분비해 점막저항성을 약화시
켜 위와 십이지장에 염증과 궤양을 야기한

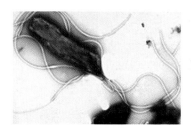

헬리코박터 파일로리
자료 : Wikipedia(http://en.wikipedia.org), 2017

다. 1981년에 배리 마셜(Barry J. Marshall)과 로빈 워렌(J. Robin Warren) 박사에 의해
발견되었으며, 이들은 2005년에 노벨상을 받았다.

(2) 증상과 진단

급성위염의 경우 위 점막이 충혈·비후되고 분비가 항진되어 상복부 통증을 느끼며, 이외에 팽만감과 압박감, 식욕부진, 소화불량, 메스꺼움, 구토 등을 호소한다. 트림이 잦고 혀에 백태가 끼기도 한다. 간혹 출혈이 일어나면 혈변이나 토혈 증상을 보인다.

만성위염의 증상은 환자에 따라 다양하다. 급성위염의 증상 중 일부를 느끼기도 하고 전혀 없기도 하다. 충혈·비후되었던 위 점막이 점차 위축·퇴화되면서 만성소화장애와 함께 위성설사를 보이기도 한다. 손상된 조직이 방대하면 위의 분비기능이 저하되어 위산분비감소증(hypochlorhydria) 또는 무산증(achlorhydria)이 초래될 수 있다. 이러한 경우 비헴철(nonheme iron)과 비타민 B_{12}의 흡수가 손상되어 이들 영양소의 결핍증이 나타난다. 위축성위염의 말기 합병증으로 악성빈혈(pernicious anemia)이 발생하는 것은 내적인자를 분비하는 세포가 파괴되기 때문이다.

위 내시경 검사로 점막의 충혈, 부종, 출혈 등의 상태를 조사해 진단한다. 만성위염 시에는 등적색의 위 점막이 황색 또는 회색으로 변색되어 있으며 위축된 점막 밑에 혈관이 투명하게 보인다. 이외에 혈액검사로 헬리코박터 파일로리의 감염을 확인하고 분변검사(잠혈반응검사)도 시행한다.

위액의 산도와 식품과의 관계
- 위액의 산도를 더 강하게 변화시키는 음식은 없다.
- 식품은 색, 모양, 냄새 또는 맛으로 위산 분비를 자극한다.
- 지방은 위산 분비를 억제한다.
- 단백질은 단기적으로 위산을 중화하나 장기적으로는 위산 분비를 촉진한다.
- 칼슘과 카페인은 위산 분비를 자극한다.

(3) 영양치료

위염의 영양치료는 위 점막의 보호와 재생 및 통증 완화에 중점을 둔다. 급성위염 환자는 발병 초기에 통증과 메스꺼움 또는 구토로 인해 음식을 섭취하기 힘들다. 그러므로 1~2일간은 비경구적으로 수분과 전해질을 공급한다. 구강영양은 맑은 유동식으로 시작해서 전 유동식을 제공하며, 잠혈반응검사에서 음성이 확인되면, 무자극 연식으로 이양하고, 환자의 수용성이 좋으면 일반식을 제공한다. 일반식은 표준체중을 유지할 수 있는 적정 에너지에 고당질, 적정 단백질, 저지방 식사를 계획한다. 가능한 한 유화지방을 활용한다. 위산 분비를 촉진하거나 위 점막을 자극하는 식품이 환자마다 다르므로 무자극 연식을 계획할 때 환자 개개인의 특성을 고려해 성가신 느낌을 유발하는 음식을 제한한다. 장기간 구강 섭취가 제한되는 상황에서는 별도의 영양지원 방안을 고려한다. 이외에 흡연을 절제하도록 해야 한다.

급성위염의 영양치료

- 1~2일간은 금식시키고 수분과 전해질을 비경구적으로 공급한다.
- 이후 맑은 유동식 > 전 유동식 > 무자극 연식 > 일반식으로 이양한다.
- 일반식은 적정 열량에 고당질, 적정 단백질, 저지방을 처방한다.
- 유화지방을 활용한다.
- 자극이 강하지 않으며 소화되기 쉽고 부드러운 식사를 마련한다.
- 환자 개개인의 특성을 고려해 수용성이 낮은 음식을 피한다.
- 구강 섭취가 장기간 제한되면 별도의 영양지원을 고려한다.
- 흡연을 절제한다.

만성위염의 영양치료

- 양질의 단백질이 풍부한 일반식을 처방한다.
- 통증 등 불편을 호소하면 알코올, 커피, 차, 탄산음료, 자극성 음식 또는 기름진 음식을 제한한다.
- 위산분비부족증을 보이면 위액 분비 촉진과 식욕 증진을 도모하고 철분과 비타민 B_{12}를 보충한다.
- 잘 씹고, 천천히, 규칙적으로 식사하는 바람직한 식습관을 실천하도록 한다.
- 흡연을 절제하도록 한다.

만성위염의 경우 증상이 없으면 특별한 영양치료 없이 일반식을 처방하되 양질의 단백질을 충분히 제공한다. 그러나 통증이나 불편을 야기하는 음식이 있으면 제한한다. 위산분비부족증이나 무산증을 보이면 위산 분비를 촉진하고 식욕을 증대하는 음식을 제공하며 이외에 철과 비타민 B_{12} 등 흡수율이 낮아지는 영양소를 보충해야 한다. 흡연은 역시 절제한다.

(4) 약물치료

급성위염의 약물치료는 증상과 원인에 따라 다르다(표 4-4). 원인물질이 위 내에 있으면 이를 제거하기 위해 우선 위세척을 실시하고 제산제나 점막보호제(coating agents) 또는 위산분비억제제를 처방한다. 헬리코박터 파일로리 등 감염이 문제인 경우에는 항생제를 사용한다. 제산제와 위산분비억제제의 작용은 위식도역류증에서 설명한 바와 같다. 점막보호제는 위 내막을 덮어 염증의 악화를 막으며, 항생제는 헬리코박터 파일로리를 박멸한다. 급성위염은 대체로 약물치료로 쉽게 호전된다. 그러나 제대로 치료하지 않으면 궤양으로 발전하며 출혈, 쇼크, 폐색, 천공 등을 일으킬 수 있다.

만성위염은 뚜렷한 자각증상이 없는 경우 치료를 요하지 않는다. 다만, 통증 등 자각 증상이 있으면 점막보호제를 투여한다.

표 **4-4** 급성위염의 약물치료

유 형		작용기전	부작용
제산제		마그네슘, 칼슘 또는 알루미늄의 수산염이나 중탄산염으로 위산을 중화	설사(마그네슘염), 변비(알루미늄염, 칼슘염), 저인혈증, 흡수 감소(철, 엽산, 비타민 B_{12} 등)
위산분비 억제제	히스타민 H_2-길항제	히스타민의 수용체 결합을 차단해 위산 분비 억제	설사, 흡수 저해(비타민 B_{12}), 졸음, 현기증, 두통, 혼란, 환각
	양자(proton) 펌프 억제제	수소이온을 분비하는 효소의 작용을 억제해 위산 분비 억제	흡수 저해(철), 메스꺼움, 복통, 설사
점막보호제		통증 경감과 상처 치유 촉진	펩신 활성 저해, 변비, 복통
항생제		헬리코박터 파일로리 등 미생물 사멸	설사, 메스꺼움, 구토, 복통, 흡수 저해(철, 엽산, 비타민 B_{12} 등)

2) 위궤양

궤양이란 피부 또는 점막의 표면조직이 손실되는 현상을 말한다. 소화관에 발생하는 궤양은 점막층뿐만 아니라 점막하층이나 근층으로 확대되는 특징적인 현상을 보인다. 조직의 침식이 점차 진행되면 종국엔 천공(perforation)이 발생한다. 궤양은 위액에 쉽게 노출되는 부위인 위나 십이지장 또는 식도에 주로 발생한다.

위궤양(gastric ulcer)은 대체로 유문부 또는 위저부에 발생한다. 궤양 병소의 주변 조직은 거의 염증을 수반한다. 위궤양, 십이지장궤양 또는 식도궤양을 함께 이를 때 **소화성궤양**(peptic ulcer)이라고 한다.

(1) 원인

위궤양의 발생 원인에는 많은 이견이 있어 분명하지 않고 유전적 소인을 비롯해 다양한 환경인자가 작용하는 것으로 생각되었다. 그런데 헬리코박터 파일로리가 발견된 이후로 이 박테리아의 감염이 앞서 설명한 위염을 비롯해 위궤양이나 십이지장궤양의 주요 원인이라고 확인되었다. 최근에는 이 박테리아가 위암의 위험인자라고도 인정되고 있다.

그러나 헬리코박터 파일로리에 감염되지 않는 소화성궤양 환자도 있다. 헬리코박터 파일로리 이외의 병인으로는 위 점막의 소화저항성 약화와 위산 분비 증가에 영향을 끼치는 여러 인자를 들 수 있다. 과다한 아스피린을 비롯한 비스테로이드계 항염제의 과다한 복용 또는 알코올의 과다 섭취는 위 점막을 손상시킨다.

헬리코박터 파일로리 진단법

- 호기 요소검사(urea breath test)
- 혈액 항체활성검사
- 분변 항원검사
- 생체조직시료 검사 : 배양검사, 유레이즈(urease) 활성검사, 조직검사

알코올은 독립적으로는 위험인자가 아니나 헬리코박터 파일로리에 의한 위험성을 높이는 것으로 보인다. 흡연의 영향은 확실하지 않다. 또한, 몇몇 질병으로 인한 신체적 스트레스도 원인으로 작용한다.

한편, 위산 분비는 가스트린이나 특정 음식물에 의해 증가한다. 일단 점막조직이 파괴되면 위 내의 높은 산성 환경과 펩신을 비롯한 여러 물질의 자극에 의해 지속적으로 손상을 입게 된다. 드물기는 하지만 **졸링거-엘리슨 증후군** (Zollinger-Ellison syndrome)처럼 십이지장이나 췌장에 가스트린을 분비하는 종양이 위산의 과다분비를 일으키는 경우 소화성 궤양이 발생하기도 한다.

이와 같은 내용을 위 점막의 방어인자와 공격인자 간의 균형론으로 설명할 수 있다. 점액분비와 점막의 국소혈류량이 충분하면 점막의 방어력이 강하나 위와 같은 여러 요인에 의해 점막의 자극이 과다해지면 침식이 일어난다. 유전적인 소인도 관련되는데, 소화성 궤양의 가족력이 있으면 3배 정도 발생률이 높으며, 이 경우 헬리코박터 파일로리에 대한 감염 감수성이 높다.

(2) 증상과 진단

위궤양의 증상은 전혀 없거나 경미한 소화기 불편감이 있고, 등으로 뻗치는 듯하며 타는 듯한 느낌의 상복부 통증이 있기도 하다. 상복부 통증은 궤양성 통증이라고 하며, 일반적으로 야간에 일어나는 공복통(hunger pain)이 흔하지만 식사 도중에도 나타난다. 통증은 대체로 음식이나 제산제 섭취로 약해지나 특정 음식에 의해서는 심해지기도 한다. 기타 증상으로 속쓰림, 팽만감, 메스꺼움, 구토, 트림 등이 있다. 일반적으로 식욕감퇴와 체중감소가 나타난다.

위궤양의 합병증으로 궤양 병소에서의 출혈이나 천공 또는 폐색을 들 수 있다. 출혈은 15~20% 환자에서 발생하는데, 토혈이나 하혈(잠혈)을 초래하며 출혈량이 많으면 혈색소(Hb) 농도나 적혈구 용적비(Hct)가 저하된다.

위궤양의 진단은 위X-선조영술로 조직 손상을 확인하거나 위내시경으로 흰 테를 덮어 쓴 함몰 부위를 관찰 또는 헬리코박터 파일로리 감염을 확인함으로써 이루어진다(그림 4-5).

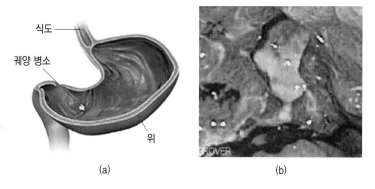

식도

궤양 병소

위

(a)   (b)

그림 **4-5** 위궤양 호발 부위(a), 부식성 병소(b)
자료 : Wikipedia(http://en.wikipedia.org), 2017

(3) 영양치료

위궤양의 영양치료 목표는 영양결핍의 해소에 두며 필요한 경우 식생활을 포함한 생활습관을 교정해 증상을 완화한다. 위궤양을 비롯한 소화성궤양의 영양치료는 긴 역사를 지니고 있다. 적절한 치료약이 없었던 과거에는 위궤양의 영양치료가 중시되었으며 주로 식품 섭취의 제한을 강조하였다. 그러나 현재는 음식물이 위궤양의 원인은 물론이고 치료에도 큰 관련성이 없다고 보아 환자의 영양상태를 호전시키는 데 초점을 두고 있다. 위에 불편을 야기하지 않는 식품은 어느 것이라도 섭취하도록 허용하는 자유식(liberal diet)을 권장한다.

환자마다 식품에 대한 반응이 다르므로 위산 분비를 증가시키거나 점막을 자극하는 식품을 확인해서 불필요한 식품을 제한하지 않는다. 다만, 알코올이나 카페인을 함유하는 식품이나 약물 또는 후추는 종종 제한한다. 식품 제한이 과도해서 초래되는 영양불량이 오히려 궤양의 치유를 방해할 수 있기 때문이다. 자유식을 기본적으로 하되 위 점막의 자극을 최소화하고, 위산 분비와 위운동을 억제하며, 궤양 병소의 치유를 돕고, 출혈이 있는 경우는 빈혈을 예방하는 데 초점을 둔다.

정상 체중을 유지할 수 있는 적정 열량에 충분한 단백질과 적정 지방을 함유하는 식사를 계획한다. 생물가가 높은 단백질은 궤양의 치유를 도우며, 지방의 급원으로 유화 지방을 활용하면 궤양 부위의 보호와 통증완화 효과를 얻을 수 있다.

우유와 크림은 일시적으로는 위산을 중화하는 효과가 있어 한때 치료식으로 사용되었으나 이후 오히려 위산과 펩신 분비를 촉진한다고 밝혀졌다. 식이섬유는 궤양의 치료에 도움이 되므로 소화기 불편감이 없는 한 충분히 공급한다. 또한 빈혈을 예방하기 위해 철을 충분하게 공급한다.

식사를 소량씩 자주 섭취하는 경우 위산을 중화하는 효과가 있으나 반면에 위산 분비를 자극한다는 의심도 받고 있다. 또한 취침하기 전에 음식을 섭취하는 것은 야간에 위산 분비를 촉진할 수 있으므로 잠자리에 들기 두 시간 이내에 음식을 섭취하지 않는다. 이외에 흡연은 치유를 지연시키고 재발 위험을 높이므로 자제하도록 권유한다. 장기간 구강 섭취가 제한되면 별도의 영양지원을 고려한다.

(4) 약물치료

위궤양 치료의 목표는 통증경감과 병소의 치유촉진 및 재발방지에 둔다. 치료용 약물에 대해 상당한 이견이 있었으나 헬리코박터 파일로리의 감염이 주요 원인이라고 알려진 이후 항생제 처방이 일반화되었다. 일반적으로 두 종류의 항생제를

 위궤양의 영양치료

- 적정 열량, 충분한 단백질, 적정 지방의 일반식(자유식)을 처방한다.
- 단, 알코올, 카페인, 초콜릿, 후추, 고추, 겨자, 카레, 식초, 신 과일 또는 과일주스 등 환자가 불편을 느끼는 식품은 제한한다.
- 유화지방을 활용한다.
- 식이섬유를 충분히 제공한다.
- 빈혈이 발생하면 철과 비타민 C를 충분히 공급한다.
- 과식이나 식후 눕기 또는 흡연을 절제한다.

카페인 함유 식품 및 약물

- 식품 : 커피, 홍차, 코코아, 콜라, 초콜릿 등
- 약물 : 일부 두통약, 진통제, 감기약, 알레르기 완화제 등

포함해 점막보호제나 위산분비억제제 또는 제산제 중 한두 가지를 함께 사용한다(표 4-4 참조). 이러한 약물치료를 시행하면 치료율이 86~98% 정도로 상당히 높다. 그러나 메스꺼움, 구토, 복통 등 부작용이 나타날 수 있다.

약물과 영양치료에 잘 반응하지 않고, 출혈, 천공, 폐색 등의 증상을 나타내는 경우에는 위절제술을 고려할 수 있다. 그러나 또 다른 부위에서 궤양이 발생하기 쉬우므로 수술치료가 반드시 효과적인 방법이라고 하기는 힘들다. 위절제술에 대해서는 위암에서 다룰 것이다.

3) 위 암

위암(stomach cancer)은 한국과 일본을 비롯한 아시아 지역에서 높은 발병률을 보인다. 위암은 위 점막의 상피세포에서 기원하는 선암(carcinoma)이 대부분이나 점막하조직에서 기원하는 육종(sarcoma) 또는 림프조직에서 기원하는 림프종이 있다.

선암은 점막에서 성장하기 시작하여 혹의 형태로 커지면서 위벽을 침범한다. 암세포가 위 주위의 림프절로 전이되는 일은 매우 흔하다. 나아가 주변 장기인 췌장, 십이지장, 식도 등을 직접 침범하기도 하며 혈관이나 림프관을 타고 간, 폐, 복막 등 멀리 떨어진 장기로 전이되기도 한다.

(1) 원인

위암은 여러 가지 요인이 복합적으로 작용하여 발생하는 것으로 보인다. 유전적 소인이 10% 정도 작용하고, 남자는 여자보다 2배 가량 발생률이 높으며, 고령도 위험인자이다. 이외에 헬리코박터 파일로리의 감염도 중요한 원인이다. 위에는 음식물이 오래 머물러 있으므로 식생활이 큰 영향을 미칠 수 있으나 명확하게 증명된 바는 없다. 그러나 음식에 포함된 아질산염이나 아플라톡신 등 발암물질을 비롯해 알코올의 과다섭취, 소금이나 짠 음식, 뜨거운 음식, 산 절임 음식또는 탄 음식, 육류나 가공육, 저단백 또는 저비타민 식사 등이 원인이라고 알려져 있다. 흡연은 위암의 진행에 상당한 영향을 끼치는 위험인자로 주로 식도 주변의 위암 발생과 관련이 있다. 또한, 위 수술이나 위궤양, 위염, 위용종, **장상피화생**(intestinal metaplasia) 등 위의 전구 질환도 원인으로 작용한다(표 4-5).

반면에 신선한 과일과 채소, 감귤류, 항산화제 및 지중해식 식사 유형은 위암 발생 위험을 낮추는 듯하다. 위암 발생 위험요인을 여러 개 지닌 사람은 최소한 매년 위내시경검사 등 위암 검진을 받는 것이 조기 발견을 위해 바람직하다.

표 **4-5** 위암의 원인

구 분	요 인
유전적 소인	가족력(위험도 3~4배)
식생활 인자	아질산염(가공된 햄, 소시지류), 아플라톡신, 알코올의 과다섭취, 짜거나 맵거나 뜨겁거나 탄 음식, 산 절임 음식, 육류나 가공육, 저단백 또는 저비타민 식사
위 전구 질환	위 수술(위험도 2~6배), 위궤양, 만성위축성위염, 장상피화생, 위용종, 헬리코박터 파일로리 감염, 악성빈혈
기타 인자	흡연, 고령, 남자(위험도 2배)

위암 발생 위험요인

45세 이상, 남자, 짜고 탄 음식을 좋아하는 식습관, 만성위축성위염이나 악성빈혈, 장상피화생 또는 위용종의 병력, 헬리코박터 파일로리 감염, 흡연

(2) 증상과 진단

위암은 조기에는 특별한 증상이 없거나 비특징적으로 소화불량, 가슴앓이, 복부 불편감이나 식욕 감퇴(특히 육류) 등이 있을 수 있다. 궤양이나 염증을 동반하는 경우는, 앞서 설명한 위염이나 위궤양의 증상인 상복부 통증, 속쓰림, 위내 이물감 등이 나타난다. 진행기에서 말기로 진행하면서 허약감, 피로감, 고장증, 체중감소, 복통, 메스꺼움이나 구토, 토혈이나 흑변, 연하곤란이 나타난다.

위암은 병태적으로 조기 위암과 진행성 위암으로 구분한다. 조기 위암은 림프절 전이가 없는 상태를 말하고 진행성 위암은 암 조직이 점막하층을 거쳐 더 깊은 곳까지 침윤되고 림프절에 전이가 일어난 상태이다. 그러나 일반적으로 위암의 병기는 암 조직의 침윤 정도, 주위 림프절에 전이된 정도 및 타 장기로의 전이 여부를 종합해 0기부터 4기로 판정한다(표 4-6).

진단을 위해 상부위장관 X-선조영술 검사나 위내시경검사(그림 4-6)를 시행

표 **4-6** 위암의 진행단계

병기		내용	
0기		• 암이 점막에 국한되고 주위 림프절에 전이되지 않은 상태 • 내시경적 점막제거술 시행	
1기	1-A	• 암이 점막하층과 근층에 침습되었으나 주위 림프절 전이가 없는 상태 • 위제거술 시행	
	1-B	• 암이 점막하층에 침습되고 주위 림프절에 전이된 상태 • 위제거술 후 화학요법과 방사선요법 시행	
2기		• 암이 점막하층에 침습되고 림프절 전이가 많은 상태, 암이 근층에 침습되고 주위 림프절에 전이된 상태 또는 암이 장막까지 침습되었으나 림프절 전이가 없는 상태 • 1기와 동일한 치료와 보조항암화학요법 시행	
3기		• 암이 근층에 침습되고 주위 림프절 전이가 많은 상태 또는 암이 장막까지 침습되었으나 림프절 전이가 있는 상태 • 2기와 동일한 치료 • 일부 사례는 완치 가능	
4기		• 암 조직이 주변 조직으로 확산되고 림프절 전이가 많은 상태 또는 다른 기관에 전이된 상태 • 생명 연장과 증상 개선을 위한 치료 시행(수술, 레이저 치료, 소화관 스텐트 삽입, 항암약물 등)	

1-A
1-B
2
3
4

점막
점막하층
근층
장막

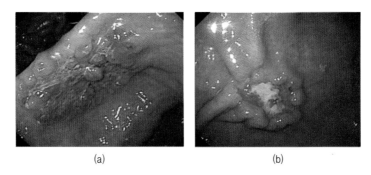

(a)   (b)

그림 **4-6** 조기 위암(a)과 진행성 위암(b)의 내시경 소견
자료 : Wikipedia(http://en.wikipidia.org), 2010

하며 조직검사로 확진한다. 전산화단층촬영술(computed tomography : CT)이나 초음파 검사로 암 세포가 림프절이나 주변 장기를 침범했는지 확인한다.

(3) 영양치료

진행성 위암 또는 말기 위암 환자는 **암 악액질**(cancer cachexia) 현상을 보인다. 이는 체조직의 소모에 따른 현저한 체중감소와 함께 쇠약감, 식욕부진, 조기만복감, 흡수불량, 여러 장기의 기능장애 등을 특징으로 하는 복합 대사장애증후군이다. 항암화학요법을 받는 환자에서는 부작용으로 설사, 구토, 메스꺼움, 위염, 장궤양, 심한 변비 등이 나타난다. 방사선요법을 받는 경우는 식욕부진, 연하곤란, 구토, 메스꺼움 등이 발생할 수 있다.

그러므로 위암 환자의 영양치료 목표는 치료에 따른 부작용을 이겨내고 삶의 질을 유지할 수 있도록 양호한 영양상태를 지속하는 데 둔다. 체중감소가 더 이상 진행되지 않도록 고열량, 고단백 식사를 계획하되 소화되기 쉽고 자극성이 적은 음식을 마련한다. 위암의 원인에서 언급한 음식은 되도록 피한다. 식사를 환자 개개인의 상태에 따라 조정하는데 식욕부진, 조기만복감, 흡수불량, 설사, 구토, 메스꺼움, 위장의 염증이나 궤양, 변비 등의 증상에 적합하게 대처한다. 식욕부진, 구토, 소화·흡수불량 등으로 인해 경구영양이 불충분하면 경장영양 또는 혈관영양을 적극적으로 시행해야 한다. 위절제술 이후의 영양치료는 수술치료에서 다룬다.

(4) 화학요법·방사선요법

암의 약물치료는 흔히 항암화학요법이라고 한다. 국소적 치료인 수술적 방법을 적용하기 어려운 경우에 항암제를 약물로 복용하거나 주사하는 화학요법을 시행한다. 화학요법은 전신적 치료라고 할 수 있다.

위암의 경우 화학요법은 표준 치료법이 아직 확립되어 있지 않다. 이는 위암의 경우 약물의 효과가 확실하지 않기 때문이다. 다만, 수술 전에 종양을 위축시키거나 수술 후 남아 있는 암세포를 파괴하거나 증상을 개선할 목적으로 보조적으로 이용한다.

방사선요법은 암의 치유 효과를 높이기 위해 수술치료 또는 화학요법과 병용한다. 고에너지파를 쏘여 암세포를 사멸시키거나 성장을 정지시키는 방법이다. 위절제술 후에 잔류 암을 치료할 목적으로 또는 통증 완화를 위해 사용한다.

(5) 수술치료

국소치료인 수술적 치료는 조기 위암의 경우 내시경이나 복강경을 이용한 점막절제술 또는 점막하층절제술도 시행하나 개복으로 이루어지는 위절제술(gastrectomy)이 대부분이다. 수술 후 5년 생존율이 조기 위암은 92%로 높으나 진행성 위암은 30~45%로 낮다. 위절제술은 앞서 설명한 것처럼 약물로 잘 치료되지 않고 출혈, 천공 또는 폐색을 보이는 위궤양에도 적용한다. 최근에는 고도비만의 치료법으로도 활용되고 있다.

① 위절제술의 유형

위절제술은 위 전부를 절제하는 위전절제술(total gastrectomy)과 일부만 절제하는 위부분절제술(partial gastrectomy)로 구분한다. 소화성 궤양으로 인한 수술은 일반적으로 미주신경절제술(vagotomy)과 유문확대술(pyloroplasty)을 함께 시행하며 절제의 정도는 궤양의 부위와 정도에 따라 결정한다. 미주신경을 절제하면 위산, 펩신 및 가스트린 분비가 감소되며 위 운동도 저하된다.

위절제술을 시행할 때 소화관을 재구성하는 방법은 영양관리에 있어 중요

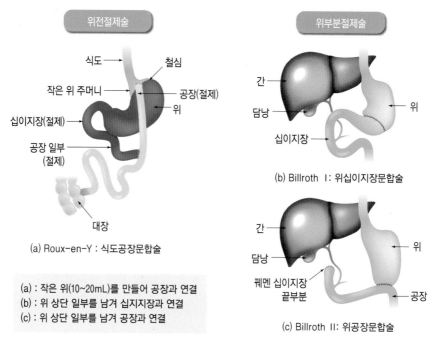

그림 **4-7** 위전절제술(a)과 위부분절제술(b, c)의 소화관 문합

자료 : Nelms M et al. Nutrition Therapy and Pathophysiology 2nd ed, 2010

하다. 위전절제술의 경우는 일반적으로 식도와 공장을 문합한다. 식도와 공장을 그대로 연결하기도 하나 공장 일부를 확대하여 음식물의 저장 기능을 갖는 주머니를 성형하기도 하는데, 이를 루와이형(Roux-en-Y) 위우회술 또는 식도공장문합술이라고 한다. 한편, 위부분절제술의 경우는 절제 후 남은 위와 십이지장을 문합(gastroduedenostomy : Billroth I)하거나 남은 위와 공장을 문합(gastrojejunostomy : Billroth II)한다(그림 4-7).

② 위절제술 후 영양관리

위절제술은 위의 용적을 크게 감소시킬 뿐만 아니라 운동이나 분비기능도 거의 소실시키므로 소화·흡수기능이 크게 손상된다. 그러므로 위절제술 환자의 영양 치료 목표는 영양필요량의 충족과 수술 부위의 치유 촉진 및 수술 후 흔히 발생

입원 중

- 1~2일 정도 비경구적으로 수분과 전해질, 포도당, 아미노산, 비타민 및 무기질을 공급한다.
- 연동운동이 재개되면 유동식으로 구강 급여를 시작해 연식과 일반식으로 이양한다.
- 부드럽고 자극성이 낮으며 소화되기 쉬운 음식을 소량씩 자주(5~6회/일) 제공한다.
- 초기에는 우유와 유제품, 단순당, 고지방, 자극성이 강한 음식, 탄산음료, 카페인 함유 음료, 알코올, 냉·온 음식, 박하, 초콜릿 등을 제한한다.
- 수분은 식간(식사 전후 45분)에 허용한다.
- 덤핑증후군이 나타나면 덤핑증후군의 영양치료 내용을 참고한다.
- 구강 섭취가 충분하지 않으면 경관영양을 시행한다.

퇴원 후

- 고열량, 양질의 충분한 단백질, 적정 지방, 적정 탄수화물, 충분한 식이섬유의 일반식을 처방한다.
- 철과 비타민 B_{12}, 엽산, 칼슘 및 비타민 D를 충분히 제공한다.
- 식사를 소량씩, 자주, 천천히 섭취한다.
- 수분은 식간(식사 전후 45분)에 허용한다.
- 고식이섬유 식품, 난소화성 음식, 짠 음식, 알코올성 음료 및 카페인 함유 식품을 제한한다.
- 흡연을 제한한다.

하는 **덤핑증후군**(dumping syndrome)의 예방에 둔다. 입원 중에는 식사에 대해 잘 적응하고 퇴원 후에는 소모된 체력과 체중을 회복하기 위해 점차 식사섭취량을 늘린다. 이외에 위절제술 환자에서 결핍되기 쉬운 철과 비타민 B_{12}, 엽산, 칼슘 및 비타민 D를 충분히 제공한다.

③ 합병증

위절제술 이후 정상적인 식사에 적응할 때까지 일부 환자는 설사나 변비 등 배변 습관의 변화를 비롯한 여러 가지 합병증을 나타낸다. 체중감소, 내적인자 분비 부

족에 의한 비타민 B_{12} 결핍증, 빈혈, 위석증 또는 칼슘 흡수부전으로 인한 골다공
증 등이다. 이외에 주요 합병증으로 덤핑증후군이 있는데, 약 10%의 환자에서 발
생한다. 위절제술로 인해 남아 있는 위가 거의 없거나 유문괄약근이 제거되었거
나 우회되었거나 손상되었기 때문에 발생하는 증상이다.

④ 덤핑증후군

덤핑증후군은 위 내용물의 배출이 유문괄약근에 의해 조절되지 않고 소장으로
급히 이동하기 때문에 발생한다. 지나치게 빠른 위배출은 소장에 삼투압 부담을
증가시키고, 소화기호르몬 분비를 부적절하게 증가시키며, 짧은 시간에 다량의 포
도당이 흡수되게 하고 또한 결장 미생물을 과다하게 증식시켜 가스 생산을 늘린
다. 조기 덤핑증후군과 후기 덤핑증후군의 두 유형이 있다(표 4-7). 덤핑증후군은
오직 식사 조정으로만 관리할 수 있다.

- **조기 덤핑증후군**　식사 도중에 또는 식후 10~20분에 발생한다. 위에서 소장
  으로 빠르게 넘어간 다량의 고삼투성 음식물이 혈장 수분을 소장으로 이동시

표 **4-7** 조기·후기 덤핑증후군 비교

조기 덤핑증후군	발생 시기	식후 10~20분경
	증상	메스꺼움, 구토, 위팽만감, 복부경련, 상기증, 발한, 허약감, 빈맥, 설 사, 저혈압
	기전	유문괄약근의 기능 손상 - 고삼투성 음식물이 위에서 소장으로 빠르게 이동 - 소장 내용물의 고삼투압으로 인한 다량의 혈장 수분의 소장 이동 - 소장 팽창, 연동운동 과다, 설사, 혈장량 감소
후기 덤핑증후군	발생 시기	식후 1시간 반~3시간경
	증상	어지러움, 허약감, 공복감, 심계항진, 발한, 두통, 혼수
	기전	유문괄약근의 기능 손상 - 소장으로 다량의 탄수화물의 빠른 이동 - 혈당 농도 과다상승 - 인슐린 과다분비 - 혈당 농도 과다저하

키기 때문이다. 혈장량이 감소하고 소장이 팽창하면서 연동운동이 과다해지고, 결장에서는 가스 발생이 많아져 설사를 일으킨다. 그러므로 메스꺼움, 구토, 복부경련, 상기증, 발한, 허약감, 빈맥, 설사, 저혈압 등의 증상이 나타난다.

- **후기 덤핑증후군**　식후 1시간 반에서 3시간 사이에 발생하는 저혈당 증상이다. 소장으로 이동한 다량의 탄수화물이 빠르게 흡수되어 혈당 농도가 상승하면 인슐린의 과다분비가 유도된다. 이후 과다한 인슐린 작용에 의해 혈당 농도가 지나치게 저하되면서 어지러움, 허약감, 공복감, 심계항진, 발한, 두통, 혼수 등이 나타난다. 위장관 증상은 보이지 않는다.

- **덤핑증후군의 영양치료**　덤핑증후군의 영양치료 목표는 위배출 지연과 혈당 포도당 농도의 급상승 억제에 둔다. 단순당이 적고 고단백과 적정 지방을 함유하는 식사를 소량씩 자주(6~9회/일) 제공한다. 단순당 제한은 혈당의 급격한 증가를 억제하고, 단백질은 혈당의 과다한 상승이나 저하를 억제하며, 적정 지방은 위배출을 지연시킨다. 그러나 저혈당 쇼크 시에는 단순당을 빨리 공급해 혈당을 올려야 한다. 유당불내성은 덤핑증후군 증상을 악화시킬 수 있으므로 우유와 유제품은 초기에는 제한한다. 1회 식사량을 줄이고, 습식 음식을 제한하며, 식사 시 음용수 섭취를 제한하면 위 팽창을 막는 데 도움이 된다. 식사를 천천히 하고 식후 15~30분간 눕거나 비스듬히 기댄 자세로 휴식을 취한다.

덤핑증후군의 영양치료

- 저단순당, 고단백, 적정 지방과 적정 탄수화물을 함유하는 일반식을 처방한다.
- 소량의 식사를 자주(6~9회/일) 제공한다.
- 우유와 유제품 섭취는 초기에 제한하다가 점차 증가한다.
- 습식 음식을 제한하고 음용수는 식전 또는 식후 45분에 허용한다.
- 후기 증후군에서 저혈당 쇼크가 발생하면 단순당을 공급한다.
- 식사는 천천히 하고 식후 15~30분간 비스듬히 기댄 자세로 휴식을 취하게 한다.

위십이지장 문합술

서양화가인 김 씨는 58세 남자로 하루 2갑 정도의 애연가였고, 음주가 잦았으며, 커피를 즐겼고, 식사가 불규칙하였다. 오래 전부터 식후에 상복부 불편감을 느꼈으나 참고 지내다가 등까지 뻗치는 통증이 있어 병원을 찾았다. 위내시경 결과 유문부에 궤양이 있었으며, 헬리코박터 파일로리 균이 확인되어 외래를 통해 약물치료를 받아 왔다. 그러나 자주 재발했고, 위통이 심해졌으며, 흑변을 보았고, 점차 체중이 줄었다. 술을 과하게 마신 어느 날 저녁 선혈을 토하게 되자 응급실로 실려 갔다. 김 씨는 위십이지장문합술(Billroth I)을 받고 현재 회복 중이다. 담당의사는 수술 후 3일간 식사를 처방하였고 이후에는 자유식을 섭취하라고 하였다. 수술 전 김 씨의 신장과 체중은 각각 172cm와 56kg이었고, 주요 검사 수치는 다음과 같았다.

항목	결과	정상	항목	결과	정상
Hb(g/dL)	8.0	12~16	Ser Alb(g/dL)	3.1	3.5
Hct(%)	28	38	NH$_3$(mg/dL)	200	9~33
WBC(mm^3)	12X10^3	5~10X10	BUN(mg/dL)	30	7~18

❶ 위궤양이 발생한 원인은 무엇인가?

❷ 변이 검었던 것과 선혈을 토한 것은 어떤 의미인가?

❸ Hb와 Hct가 낮은 이유는 무엇인가?

❹ 혈중 BUN과 NH3 수치가 정상보다 높은 이유는 무엇인가?

❺　WBC 수치가 정상보다 높은 이유가 무엇인가?

❻　Billroth Ⅰ 수술을 그림으로 그리고 설명하라.

❼　위십이지장문합술 후 3일간의 식사 이양 계획을 세워 보라.

❽　회복 이후 처방할 자유식에서 유의할 점은 무엇인가?

❾　위십이지장문합술 후 발생할 수 있는 덤핑증후군의 예방과 관련해 영양치료 원리를 설명하라.

❿　빈혈을 해결하기 위한 영양치료 방안은 무엇인가?

⓫　김 씨의 표준체중과 %표준체중을 산정하고 이에 따른 에너지와 단백질 필요량을 계산하라.

CHAPTER 5

소장·대장 질환

소장·대장 질환

소장과 대장은 음식물의 소화, 흡수 및 배설을 담당하는 소화기관이다. 따라서 소장과 대장에 질환이 있을 경우 이차적으로 영양불량을 유발할 가능성이 높으므로 식사관리가 매우 중요하다. 본 장에서는 소장과 대장의 구조와 기능을 살펴보고 이들 기관에서 주로 발생하기 쉬운 질환의 발병 원인과 증세, 영양치료 및 약물치료 방안과 수술 후에 발생하기 쉬운 단장증후군의 증세 및 관리방안을 다룬다.

용어정리

십이지장궤양(duodenum ulcer) 십이지장 점막이 흡연, 스트레스, 약제, 헬리코박터균의 감염 등에 의해 손상되어 점막층보다 깊이 패이면서 점막근층 이상으로 손상이 진행된 상태

유당불내증(lactose intolerance) 유당 가수분해 효소가 선천적 또는 후천적으로 결핍되어 복부팽만, 복부경련, 설사 등의 증세를 유발하는 것

글루텐민감성장질환(gluten-sensitive enteropathy) 밀단백인 글루텐의 성분인 글리아딘이 장 점막의 융모를 손상시켜 융모 형태가 평평해지고 소화효소가 감소되는 질환

과민성대장증후군(irritable bowel syndrome) 식사나 가벼운 스트레스 후 복통, 설사, 방귀, 복부팽만감 등 불쾌감을 호소하는 증상으로 조직손상이나 염증은 없음

비열대성 스프루(nontropical sprue) 글루텐민감성장질환을 의미

게실(diverticular) 장벽의 일부가 불룩하게 바깥쪽으로 돌출하여 풍선 모양의 주머니를 형성한 것

게실증(divericulosis) 대장벽에 게실이 많아서 포도송이 같은 집합을 이룬 것

게실염(divericulitis) 대장의 벽에 생긴 게실 내에 변이나 박테리아가 들어가 감염이나 염증이 유발된 것

단장증후군(short bowel syndrome) 작은창자를 절제함으로써 발생하는 흡수불량증세로 설사, 지방변, 영양불량 증상이 나타남

결장조루술(colostomy) 결장에서 직접 복벽으로 통로를 만들어 인공항문을 만드는 외과적 기법

회장조루술(ileostomy) 회장에서 직접 복벽으로 통로를 만들어 인공항문을 만드는 외과적 기법

복막염(peritonitis) 복강 및 복강 내 장기를 덮고 있는 얇은 막인 복막에 염증이 발생한 것

만성궤양성대장염(chronic ulcerative colitis) 대장 점막의 만성적인 염증성 질환

1. 장의 구조와 기능

1) 소장

소장은 유문괄약근과 회맹판 사이에 있는 위장관의 한 부분으로 유문괄약근에서 처음 20~30cm를 십이지장, 그 다음 2/5를 공장, 나머지 3/5을 회장이라 한다. 소장의 전체 길이는 약 6~7m가량 된다(그림 5-1). 소장의 벽은 점막층(mucosa), 근육층(muscularis), 장막층(serosa) 세 가지 층을 이루고 있고 점막층에는 내강

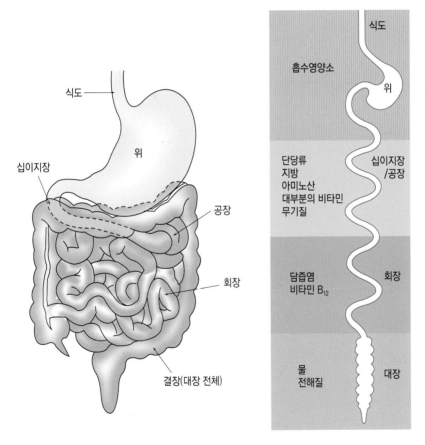

그림 **5-1** 장의 구조 및 영양소 흡수

으로 돌출해 주름을 이루고 있는 융모(villi)와 융모의 점막세포에 배열된 미세융모(microvilli)를 가지고 있다. 이들은 소장의 영양소 흡수 표면적을 증가시킨다.

소장의 기능은 위에서 넘어온 음식물을 아래로 이동시키고 소화액을 섞이게 하는 연동운동과 분절운동을 하면서 각종 영양소를 소화시키고 흡수시킨다.

위에서 산성을 띤 내용물이 십이지장으로 넘어오면 십이지장에서 세크레틴(secretin)이라는 호르몬이 분비되고 이 호르몬이 췌장의 중탄산염의 분비를 촉진하여 음식물을 중화시킨다. 또한 단백질과 지방의 일부 소화물이 십이지장에 도착하면 십이지장에서 콜레시스토키닌(cholecystokinin)이라는 호르몬도 분비되어 췌장의 소화효소 분비를 자극할 뿐만 아니라 담낭에서의 담즙분비도 촉진한다. 결국 지방은 소장에서 담즙의 도움으로 췌장의 리파아제에 의해서 지방산과 모노글리세롤로 분해되고 단백질과 당질은 췌장 및 소장의 가수분해효소에 의해서 아미노산과 단당류로 분해된다.

소화된 각종 영양소는 소장에서 흡수되나 영양소마다 흡수 부위가 다르다. 철은 십이지장, 아미노산과 단당류는 소장의 전위부, 지방은 공장, 비타민 B_{12}는 회장에서 흡수된다(그림 5-1). 음식물과 음료로 섭취된 물의 절반은 소장에서 흡수되고 나머지는 대장에서 흡수된다.

2) 대 장

대장은 회장 끝부분에서 시작하여 항문까지 이르는 장기로서 맹장, 결장(상행, 횡행, 하행), 직장 및 항문관으로 구성되며 평균 길이는 약 150cm이다.

대장의 주 기능은 수분, 나트륨, 단쇄지방산 및 질소화합물을 흡수하고 칼륨, 중탄산염을 분비하여 액체성 회장 내용물을 반고형성 변으로 전환시키고, 변을 저장하며 배변에 관여한다. 부위별로 보면 맹장, 상행결장, 횡행결장은 일시적인 지체, 흡수 및 세균성 발효가 일어나는 곳이고, 원위부 결장은 주로 고형변을 형성, 보관, 배출하는 기능을 하며, 항문 직장부는 일시적인 저장소로 적절한 시기에 용이하게 배변할 수 있도록 조직화되어 있다.

2. 소장 질환

1) 십이지장궤양

십이지장궤양은 위궤양과 함께 소화성궤양이라고 한다. 위궤양에 대한 것은 4장에서 언급된 바 있으며 본장에서는 소장의 일부분인 십이지장의 질환 중 하나인 십이지장궤양에 대한 것만 간략히 설명하고자 한다. 십이지장궤양이란 십이지장 점막에 궤양이 생겨 속이 쓰린 상태를 말하는데, 위에 인접한 십이지장 상부에서 많이 발생한다.

(1) 원 인
위궤양과 비슷한 원인에 의해서 생성된다. 정신적 불안에 의한 스트레스로 위벽세포를 자극하여 위액 및 위산 분비가 증가하거나 필수아미노산의 섭취 부족으로 위 점막이나 십이지장 점막의 방어능력 상실이나 자극성 음식, 급히 먹는 습관, 불규칙한 식사, 과식, 커피 및 알코올 섭취나 약제 복용 및 흡연 등이 십이지장을 포함한 소화성 궤양의 원인이 될 수 있다. 또한 십이지장궤양의 90~95%에서도 헬리코박터 파일로리균의 존재가 보고되었다.

십이지장궤양의 발생원인

- 기지 위산 분비 증가
- 식후 지속되는 분비 반응
- 위벽세포의 양과 민감성 증가
- 위배출시간 이상
- 십이지장 점막 방어기능 이상
- 중탄산염의 분비 감소

(2) 증상과 진단
공복 시에 명치 끝 부분의 통증이 특징적인 증상이다. 따라서 밤에 자다가 속이 쓰려 일어나는 경우가 많으며, 이때 음식이나 제산제를 먹으면 일단 통증이 가라

앉았다가 다시 시작되는 것이 반복된다. 십이지장궤양도 진행하면 출혈, 천공, 폐색을 일으킬 수 있다. 출혈, 천공, 폐색과 같은 합병증이 생기면 배변 시 대변의 색깔이 까맣게 변한다.

병력과 신체검사만으로는 정확한 진단이 어려우므로 상부위장관 X-선검사, 상부위장관 내시경검사, 위산분비 기능검사 등을 하게 된다.

(3) 영양치료

식사원칙은 규칙적인 식사와 균형 있는 영양섭취가 필요하며 제4장에서 설명한 위궤양의 영양치료 원칙을 기본적으로 적용한다. 공복은 위산분비를 촉진하므로 소량의 음식을 자주 공급해 주는 것이 중요하다. 또한 안정이 우선이며 식사요법을 약물치료와 함께 병행한다. 궤양의 원인을 방지하고 예방하며 회복을 꾀한다. 신 음식, 고섬유질, 강한 향신료도 제한한다. 튀김과 직화요리는 피하고 찜, 국, 볶음, 무침 등 자극이 적은 음식을 권장한다.

(4) 약물치료

궤양의 극복을 위해서는 제산제 복용을 통해 위산을 중화시켜 주는 것이 일차적 치료법이다. 그러나 제산제는 일시적인 증상 개선효과만 가져오므로 내시경검사 후 의사 처방에 따라 위산분비 억제제나 헬리코박터 파일로리균을 죽일 수 있는 항생제 복합치료도 필수적이다.

그러나 증세가 심할 경우 십이지장의 손상부분을 절제할 수도 있다. 이럴 경우 수술 후 철 영양불량, 체중감소, 덤핑증후군(dumping syndrome) 등 합병증이 따를 수 있다. 위궤양 및 십이지장궤양에는 연질 무자극성 식사가 도움이 되며 따라서 소화성궤양은 약물치료와 영양치료를 병행하는 것이 중요하다.

2) 만성소화장애

만성소화장애(celiac disease)는 **글루텐민감성장질환(gluten-sensitive entero** pathy), **비열대성 스프루**(nontropical sprue) 또는 특발성 지방변증으로도 불린다. 밀단백 글루텐에 의하여 장점막의 융모가 손상을 입어 영양소의 흡수가 감소되면서 설사나 지방변증이 나타나는 경우이다.

(1) 원 인

만성소화장애의 원인은 밀단백인 글루텐의 성분인 글리아딘이 장 점막의 융모에 손상을 입혀 영양소의 소화흡수가 감소되는 것이다. 글루텐이 장 점막 융모를 손상시키는 기전은 정확히 알려져 있지 않으나 유전이나 면역기능장애 등이 관련이 있다.

(2) 증 상

만성소화장애의 주 증세는 십이지장과 근위부 공장 점막에 있는 융모가 위축되어 영양소의 흡수불량으로 설사나 지방변이 나타난다. 특히 장 점막에 존재하는 이당류 가수분해효소나 디펩티드 가수분해효소의 부족으로 단백질과 유당, 서당 등의 가수분해에 문제가 있으며, 단백질, 탄수화물, 지방 지용성 비타민, 비타민 B_{12}, 엽산, 철, 칼슘 등의 영양소가 제대로 흡수되지 않는다.

따라서 체중 감소, 빈혈, 골연화증 등이 초래된다. 공장 점막이 평평해지는 특징적 병소가 보이고 글루텐 제한식에 의해 증상이 경감되면 확실하게 진단을 할 수 있다. 만성소화장애증의 증세는 영유아가 밀가루 음식을 접하면 바로 나타날 수도 있고 중년이 된 후에 나타날 수도 있다.

(3) 영양치료

만성소화장애증 영양치료의 목표는 임상적 증상을 완화시키고 흡수기능을 정상화시키며 점막 내 융모를 재생시키는 것이다. 식사에서 글루텐을 제외시키면 일정 기간 후 증상이 호전되나 완전 회복은 어렵다.

글루텐은 밀, 귀리, 보리, 호밀, 메밀 등의 곡식에만 들어 있으나 엄격하게 제한식을 하기가 어렵다. 그 이유는 자신도 모르는 사이에 글루텐을 섭취하거나 쌀,

감자녹말, 옥수수가루 같은 대체식품에 대한 혐오감이나 외식 시 적절한 음식의 선택이 어려워 글루텐을 식사에서 완전히 제외하기 어렵기 때문이다. 특히 시판되는 가공품에 많이 쓰이는 유화제, 농후제 및 이 밖의 여러 가지 첨가물에 글루텐을 함유한 곡식들이 사용된다.

상업용 시판 제품을 사용할 경우 성분표를 자세히 보고 곡분, 유화제, 전분, 안정제, 향료, 맥아, 밀의 눈, 밀가루, 조 및 위에 언급한 곡식이 함유되어 있는 경우는 피한다. 또한 성분을 확실히 알 수 없거나 의심스러운 경우에는 피한다. 그리고 일부 환자의 경우 지방과 섬유소는 위장관기능이 호전될 때까지 제한한다.

 만성소화장애의 영양치료

- 글루텐 제한식을 평생 동안 지속하게 한다.
- 점막의 반응과 흡수가 정상이 될 때까지 고에너지, 고단백식을 주고 영양 보충을 시킨다.
- 흡수불량이 있을 경우 별도의 비타민, 무기질을 보충해 준다.
- 유당불내성이 있는 환자는 적절한 칼슘을 보충해 준다.
- 대사적 골 질환이 있는 환자는 초기에 비타민 D를 보충해 준다.
- 빈혈이 있는 환자는 철, 엽산, 비타민 B_{12} 등을 보충해 준다.
- 설탕에 대한 불내성이 있는 경우는 설탕을 제한한다.

표 **5-1** 글루텐 함유식품

구 분	함유식품	함유가능식품	비함유식품
곡 류	밀, 보리, 맥아, 귀리, 호밀, 밀 눈 등이 함유된 제품(빵류, 크래커, 국수)	시판용 쌀가루, 시판용 감자가루, 시판용 수프, 육수, 수프가루	쌀, 밀 전분, 감자, 콩가루, 옥수수가루로 만든 빵, 팝콘
육 류	상업용 햄버거	즉석냉동 육류제품	쇠고기, 돼지고기, 가금류, 달걀, 코티지치즈, 땅콩버터
채소류	–	조미채소제품, 채소 통조림	모든 생채소
유지류	상업용 크림소스	샐러드 드레싱, 시판 마요네즈	버터, 마가린, 식물성 기름
우유류	–	초콜릿우유	전유, 저지방유, 탈지유
과일류	–	–	모든 생과일, 과일 통조림
후 식	케이크, 쿠키, 페스트리	아이스크림, 셔벗	젤라틴, 커스터드, 글루텐이 제거된 재료로 만든 것
음 료	곡류음료, 보리음료, 맥주	초콜릿우유, 코코아가루, 기타 가루 음료수	커피, 홍차, 탄산음료, 포도주
당 류	–	캔디, 초콜릿	–
기 타	–	케첩, 겨자, 간장, 피클, 식초, 시럽	MSG, 소금, 후추, 향신료, 효모, 인공향료

3) 유당불내증

(1) 원인과 증상

유당불내증(lactose intolerance)은 소화흡수불량군의 하나로 유당분해효소가 선천적 또는 후천적으로 결핍되어 소화되지 않은 유당이 하부 장관으로 보내져 장 내 삼투압을 증가시키고 수분을 장 내로 유입시켜 설사를 유발한다. 또한 장 내 세균에 의해 유당이 발효되어 지방산, 탄산가스 및 수소가 발생되어 복부경련, 복부팽만 등의 증세를 나타낸다.

특히 동양인, 흑인, 그리스인, 유태인, 멕시코인, 아메리칸 인디언 같은 인종에서 유당분해효소의 결핍이 많다. 또한 2차적으로 흡수불량과 관련된 급·만성 질환, 소장·위 수술 환자, 장기간의 중심정맥영양으로 장관을 이용하지 않았던 환자의 경우 유당불내증 증세를 나타낼 수 있다.

(2) 진 단

우유 및 유제품섭취 후 가스발생, 복부경련, 복통 및 설사 등 소화기계의 제반 증상이 나타나다가, 우유섭취를 중단하면 이런 증상들이 사라지는 경우 유당불내증으로 간주할 수 있다. 유당불내증의 다른 진단방법으로는 유당섭취 후에 배출 공기에 함유된 수소 가스를 측정하거나 소장조직 생검으로 유당분해효소의 활성도를 측정하여 확인한다. 또한 유당불내성 검사를 통하여 확인한다. 유당불내성 검사는 성인에게 유당 50g(우유 약 4컵)을 섭취하게 한 후 30, 60, 90, 120분 모두에서 혈당이 20mg/dL 이상 상승되지 않은 경우 유당불내성으로 진단한다.

(3) 영양치료

유당불내증의 영양치료 목표는 영양적으로 적절하고 환자가 견딜 수 있는 정도까지 증상이 완화되도록 하는 것이다. 특히 환자의 불내성 정도에 따라 개별적인 식사관리가 필요하다. 유당불내증이 심할 경우 우유 및 유제품의 섭취를 제한한다. 그러나 우유는 유당 외에 단백질, 칼슘, 리보플라빈, 칼륨, 마그네슘 등의 좋은 급원이므로 심하지 않은 경우 소량의 유제품을 다른 식품과 함께 섭취하면 증세를 완화시킬 수 있다. 치즈나 요구르트 등 유당이 많이 제거되고 활성 박테리아가 있는 유제품의 섭취도 좋은 방법이다. 또한 유당분해효소로 처리한 저락토오스 우유를 섭취해도 좋다.

소아기, 청소년기, 폐경 이후의 여성, 골다공증 위험이 있는 여성들의 경우 유당제한 정도에 따라 칼슘, 리보플라빈, 비타민 D가 부족할 수도 있으므로 비타민 D 강화우유 및 유제품을 이용하여 필요량을 충족시켜야 한다. 이들이 식품을 이용하지 못할 경우 반드시 보충을 필요로 한다.

그러나 고칼슘혈증, 고칼슘뇨증, 칼슘결석이 있는 사람에게는 칼슘 보충을 금한다. 또한 비타민 D 보충은 햇빛을 받지 못하는 경우만 실시하고 리보플라빈의 약제보충은 거의 처방되지 않는다.

3. 대장 질환

1) 과민성대장증후군

과민성대장증후군(irritable bowl syndrome : IBS)은 비정상적인 대장운동에 의해 복통, 설사, 식후 팽만감, 방귀 등 불편함을 호소한다. 그러나 조직의 심각한 손상은 없으며 염증도 나타나지 않는다.

(1) 원 인

정확한 원인은 밝혀져 있지 않으나 식품, 약물, 스트레스 등이 관련된 것으로 알려지고 있다. 청소년에 많으며 유전적·가족적 소인, 유년시절 위장이 허약했던 사람과 대장 질환에 이환된 병력이 있는 사람, 신경이 예민한 사람 등이 잘 걸린다.

(2) 증 상

과민성대장증후군은 복통, 설사, 변비, 식후 복부 팽만감 등의 증세가 나타난다. 특히 음식을 먹고 나면 대장의 운동에 의해 배변하고 싶은 느낌은 있으나 실제로는 배변이 잘 안 되는 경우가 많다. 만성적으로 피로가 자주 오고 신경이 예민하며 짜증이 늘고 성격이 급해지며 의욕이 저하된다. 변비형, 설사형, 변비설사교체형, 점액형, 가스형 등 5가지 유형으로 구분되기도 한다.

(3) 영양치료

과민성대장증후군에서는 변비와 설사를 예방하고 적절한 영양상태를 유지하기 위하여 수분과 전해질 균형을 유지하면서 고영양식사를 한다. 급성인 경우에나 지속적으로 설사가 있을 경우에는 저식이섬유 식사를 하고 증세가 완화되면 서서히 고식이섬유 식사로 전환한다. 과민성대장증후군의 영양치료와 증세를 완화시키는 방법으로는 밀가루 음식과 인스턴트 식품을 피하고 식이섬유의 섭취를 늘리며 규칙적인 운동을 한다. 과민성대장증후군의 증세 완화방법은 다음과 같다.

- 섭취 시에 장에 불편을 주는 식품을 확인하고 그 식품의 섭취를 제한한다. 대개 우유, 유제품, 지방 식품, 가스형성 식품, 음료, 카페인, 알코올, 많은 양의 과당 및 소르비톨 함유식품, 밀가루 음식, 인스턴트 식품 등이 이에 속한다.
- 과식을 피하고 소량씩 자주 규칙적으로 먹도록 한다.
- 경우에 따라 고식이섬유 식사가 가스를 형성할 수도 있으므로 식이섬유의 함량을 서서히 늘리도록 한다.
- 충분한 물을 먹도록 한다. 특히 아침 일찍 차가운 물을 마시게 한다.
- 식물성 지방과 어패류를 섭취하게 하고 동물성 지방의 섭취를 피하게 한다.
- 스트레스를 줄이기 위하여 규칙적인 운동을 하게 하고, 특히 복근운동으로 직접적으로 장의 운동을 촉진시키게 한다.
- 규칙적인 배변 습관을 기르게 하고 아랫배는 항상 따뜻하게 한다.

(4) 약물치료

치료법은 규칙적인 배변을 도와 주는 약제를 사용한다. 증세에 따라 변비약, 설사제, 안정제나 경련방지제 등을 이용한다.

2) 만성염증성장질환

만성염증성장질환(chronic inflammatory bowel disease : IBD)이란 소장이나 대장에 만성적으로 염증이나 설사, 통증 등을 유발하는 질환을 모두 의미한다. 원인과 염증이 생기는 부위에 따라 **만성궤양성대장염(chronic ulcerative colitis)**과 크론병(Crohn's disease)으로 나눌 수 있다. 두 질병은 증세나 치료방법이 비슷하다.

(1) 원 인

만성궤양성대장염이나 크론병은 정확한 원인이 아직까지 규명되지 않았다. 유전적 소인이나 스트레스에 의한 심리적 요인, 세균 감염, 식사성 알레르기, 자율신경

표 **5-2** 만성궤양성대장염과 크론병의 비교

구분	만성궤양성대장염	크론병
발생부위	• 대장과 항문 부위에만 염증이나 궤양이 생김 • 염증이나 궤양이 점막표면에 생김	• 소화기관 어디서나 발생 가능하며 소장과 대장 모두에서 나타남 • 회장 말단부가 가장 흔함 • 궤양이 점막 깊숙이 나타나고 육종이 생김
발생률	• 어느 나이에도 발생가능하나 20~40세에 가장 많이 발생 • 백인이나 유태인에서 많고 최근 동양인도 증가 추세 • 여성에서 약간 많음	• 어려서 나타나고 15~25세에 가장 많이 발생 • 백인, 유대인에 많고 동양인은 드묾 • 성별에 따른 차이 없음
임상증세	혈변, 점액질변, 복부통증, 구토, 고열, 부종	복부통증, 구토, 메스꺼움, 고열, 만성궤양성대장염과 비슷
합병증	• 대장 내 천공을 일으킴 • 대장암 발생빈도 증가	• 장폐색, 천공, 출혈 등 나타남 • 협착, 폐색, 누관형성 및 농양 등을 수반 • 대장암의 발생 빈도가 높음

장애, 자가면역현상 등에 관여하는 것으로 알려져 있으며, 전염성은 없으나 추후 대장암 발생빈도가 높아진다.

(2) 증 상

주요 임상증상으로는 피로, 복통, 식욕부진, 설사, 혈변, 발열 등이 나타난다. 이로 인해 환자들은 음식물섭취량이 줄어들고, 소화흡수불량으로 인하여 영양소 손실이 증가하게 된다. 특히, 단백질 손실이 증가하는 한편, 농양, 감염, 발열 등으로 인한 영양소 요구량이 증가되어 영양불량이 가속화된다. 적절한 치료가 이루어지지 않는 경우 철, 엽산, 비타민 B_{12} 등의 영양소 결핍으로 빈혈이 유발되며, 저알부민증, 각종 비타민 결핍, 탈수, 전해질 불균형, 면역기능 저하 등이 나타나기도 한다.

(3) 영양치료

만성염증성장질환자는 영양불량이 흔히 나타난다. 크론병 환자 및 궤양성대장염 환자의 경우 체중감소와 저알부민증이 흔히 관찰되었다. 또한 여러 가지 비타민과 아연, 셀레늄 등의 무기질 결핍이 나타나기도 한다. 이러한 영양불량의 원인은 크게 식사섭취량의 감소, 흡수불량, 영양소의 손실증가, 약물과 영양소의 상호작용, 영양요구량의 증가로 나누어 설명할 수 있다.

만성염증성장질환의 영양치료 목표는 영양불량과 관련된 제반 증상을 예방하

 만성염증성장질환의 영양불량 원인

영양소섭취량의 감소
- 식욕부진, 메스꺼움으로 인한 섭취 감소
- 환자의 의도적 식사섭취 제한
- 식후의 설사와 복부통증에 대한 두려움으로 섭취 감소
- 미각의 변화
- 특정식품에 대한 불내성 발생으로 섭취 제한

영양소 흡수불량
- 장의 영양소 흡수 부위 손실, 광범위한 절제로 인해 흡수불량과 소화불량 발생
- 회장 부위의 광범위 절제와 병변 시 담즙산 결핍으로 지방과 지용성 물질의 흡수 저해
- 장 점막에 생긴 염증 그 자체가 흡수불량의 주요 원인임

영양요구량의 증가
- 염증과정에서 안정 시 에너지 소모량이 증가
- 발열, 패혈증이 있는 환자 및 수술 환자는 장세포의 재생이 증가하여 영양요구량 증가
- 스테로이드제 치료 시 체조직 이화속도 증가

영양소의 손실 증가
- 위장관의 출혈은 철분 손실에 의한 빈혈의 원인이 됨
- 단백질이 풍부한 체액이 염증이 있는 장벽을 통해서 과다하게 손실

약물과 영양소의 상호작용
- 코르티코스테로이드(Corticosteroids) : 칼슘, 단백질 흡수 저해
- 설파살라진(Sulfasalazine) : 엽산 흡수 저해
- 콜레스티라민(Cholestyramine) : 지방, 비타민 흡수 저해

자료 : Lewis IJ & D et al, Medical Clinics North Am, 1994

는 것이다. 특히, 단백질, 철, 엽산, 비타민 B$_{12}$ 등 여러 영양소의 결핍을 방지하고 필요 시 영양 보충하여 정상적인 성장과 발달을 유지한다. 또한 장 점막의 상처를 치유하고 염증과 협소해진 장 부위에 대한 자극을 최소화시킨다.

식사관리 방안으로 영양불량을 개선하기 위하여 고열량, 고단백, 여러 영양소의 보충이 필요하다. 따라서 종합비타민이나 철보충제가 필요한 경우가 많다. 만성궤양성대장염에서 장관이 좁아지거나 협착된 경우에는 식후 하복부 통증이 심하게 나타난다. 이 경우 변에 의한 통증을 감소시키고, 염증이 생긴 장막에 물리적인 자극을 최소화하기 위해서는 저식이섬유식, 저잔사식이 필요하다. 그러나 환자개인의 기호도와 순응 정도, 수술 및 질병 정도와 형태 등을 고려하여 식사 내 식이섬유와 잔사량을 조절하며 지나친 식이섬유 제한은 피하는 것이 좋다. 또한 소장 부위의 염증이 심하여 폐색이 있는 경우 음식물의 경구섭취를 중단하고 정맥영양을 실시하여야 한다. 회장염이 있을 경우 염증이 있는 위치와 정도에 따라 영양소의 선택적 흡수불량이 나타나므로 이를 고려해야 한다. 식사의 형태는 저잔사식, 저식이섬유식, 일반식으로 이행하도록 한다. 식사에서 지방, 유당 및 수산 등을 제한하여야 할 경우가 있으며, 비타민 B$_{12}$, 엽산, 칼슘, 마그네슘, 아연 등의 손실이 증가하므로 비타민과 무기질의 보충이 필요하다(표 5-3).

표 **5-3** 만성염증성장질환의 증상과 약제 복용에 따른 보충 영양소

증 상	복용 약제	보충 영양소
야맹증	–	비타민 A
말초신경염	–	티아민
광범위한 회장 손상, 회장 절제	–	근육주사를 통한 비타민 B$_{12}$ 보충
만성수양변증	–	아연, 마그네슘
빈 혈	–	철분을 비타민 C와 함께 서서히 보충
–	장기간의 코르티코스테로이드 사용	칼슘, 비타민 D, 비타민 B$_6$
–	설파살라진	엽산

- 저식이섬유를 공급하여 대변량을 줄인다.
- 육류 중 결체조직이 많은 부위의 섭취를 제한시킨다.
- 고단백(1.5~2.5g/kg), 고에너지(35~45kcal/kg)식으로 염증치료, 영양상태를 개선시킨다.
- 1일 6회 이상 식사로 장에 자극을 줄이면서 영양소 흡수를 최대한으로 하게 한다.
- 수분을 충분히 섭취하게 하여 설사로 인한 탈수를 막는다.
- 유당불내성이 있으면 우유나 유제품의 섭취를 제한시킨다.
- 과일과 채소주스는 연동작용을 자극할 수 있으므로 제한시킨다.
- 지방변이 있으면 식사 내의 지방을 제한시킨다.
- 중쇄중성지방(MCT)과 영양보충제를 이용하여 부족되는 에너지를 보충시킨다.
- 경구섭취가 불충분하거나 성장부진이 있는 경우 경장영양 실시를 고려한다.
- 회복기에는 개인의 수용 정도에 따라 식품선택의 폭을 넓힌다.

자료 : 대한영양사협회, 임상영양관리지침서 3판 I 성인, 2008

(4) 약물치료

염증조절과 조직재생을 위한 약물치료로는 설파살라진, 코르티코스테로이드와 같은 소염제와 항균제, 면역억제제가 사용된다. 이들 약물은 일부 영양소의 흡수불량을 초래하기도 하는데, 설파살라진은 엽산의 흡수를 저해하며, 코르티코스테로이드는 소장에서의 칼슘과 단백질의 흡수율을 낮춰 장기간 복용 시 영양불량, 저단백혈증 및 골다공증을 유발할 가능성도 있다. 따라서 골다공증을 예방하기 위하여 칼슘과 비타민 D의 보충이 필요하다.

(5) 수술치료

약물요법이나 식사요법으로 염증을 치료할 수 없을 경우에는 손상 부위 절제 수술도 가능하다. 특히 궤양 부위가 한 곳에 집중되었을 경우 효과적이다.

① 결장조루술

결장조루술(colostomy)은 질환 자체 때문이거나 장폐색으로 인해 대장을 절제해야 할 때 시행을 하며 남아 있는 장 길이와 위치에 따라 위를 통과한 음식물의 흡수 정도가 달라진다. 결장조루술이 행해진 위치에 따라 식사관리가 달라지며 횡행, 하행결장을 절제한 경우는 결장의 기능이 어느 정도 남아 있으므로 수분손실이 상대적으로 적고 배변조절이 가능하다.

그러나 상행결장을 절제한 후는 묽은 변 상태로 배설하므로 수분 및 전해질의 손실이 크다. 대부분의 환자는 수술 후 일반식 섭취가 가능하며 가스발생이나 묽은 변 유발 식품만 제한한다(그림 5-2).

② 회장조루술

회장조루술(ileostomy)은 결장과 직장 전체를 제거해야 할 때 시행하며 변은 결장조루술에서보다 훨씬 묽어진다. 수술 후 초기에는 수분, 염분 기타 무기질이 많이 손실되나 남아 있는 장의 길이에 따라 흡수율이 달라지는 적응현상 때문에 결국은 수분과 전해질의 균형이 이루어진다.

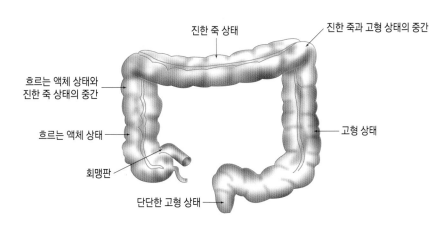

그림 **5-2** 결장의 절제 부위에 따른 배변의 형태

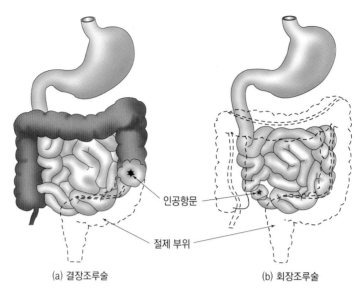

인공항문

절제 부위

(a) 결장조루술　　　　　　(b) 회장조루술

그림 **5-3** 결장조루술과 회장조루술

③ 영양치료

결장이나 회장 조루를 보유하는 자체가 질환이 아니므로 모든 음식을 골고루 섭취하는 것이 바람직하다. 수술 초기에는 고단백식사를 하고 규칙적인 배변을 위

 결장 혹은 회장조루술을 시행한 환자의 영양치료

- 하루 3끼 이상의 식사를 규칙적으로 하여 배변습관이 규칙적이 되게 한다.
- 소화흡수를 돕고 시술한 부위가 막히지 않도록 음식을 잘 씹어 먹게 한다.
- 탈수와 변비를 방지하기 위해 충분한 수분을 섭취하게 한다(1일 8~10잔 정도).
- 장기능에 지장이 없도록 과도한 체중증가를 피하게 한다.
- 가스발생 식품, 변을 묽게 하는 식품, 완전 소화가 안 되는 식품을 제한시킨다.
- 한밤중의 배변횟수를 줄일 수 있도록 저녁식사를 줄이게 한다.
- 개개 식품에 대한 순응도를 확인할 수 있도록 한 번에 한 가지씩만 새로운 식품을 섭취하게 한다.

자료 : Nelson JK et al, Mayo Clinic Diet Manual 7th ed, 1994

- 가스를 발생시키는 식품 : 콩류, 양파, 양배추, 아스파라거스, 브로콜리, 콜리플라워, 싹양배추
- 변을 묽게 하는 식품 : 사과주스, 포도주스, 프룬주스(prune juice), 양념 많은 식품
- 완전히 소화가 안 되는 식품 : 셀러리, 양송이, 조미료, 견과류(호두, 밤, 개암 등), 상추, 양배추, 오이, 코코넛, 완두, 종실류(깨, 해바라기 씨 등), 옥수수, 팝콘, 파인애플, 시금치, 건포도 또는 말린 과일, 채소 및 과일의 껍질, 올리브, 피클

하여 규칙적으로 식사를 하는 것이 필요하다. 수술 초기에는 평상시 문제 없던 식품도 소화불량이나 설사 증세 등 부작용을 가져올 수도 있으므로 한 가지씩 먹으면서 점검한다.

3) 게실염

게실(diverticular)은 장에 오랫동안 축적된 높은 압력이 장벽의 약한 부분을 밀어 내어 풍선 모양의 주머니를 형성한 것을 말하며, **게실증**(diverticulosis)은 게실이 많아져서 포도송이 같은 게실의 집합체를 말한다. 또 **게실염**(diverticulitis)은 게실에 박테리아가 들어가서 염증이 유발된 것을 말한다(그림 5-4).

(1) 원 인
저식이섬유 식사나 노화가 게실을 증가시키는 요인이다. 게실은 주로 대장의 아랫부분에 생기므로 대장 말단 부위, 즉 항문의 바로 윗부분에 대부분 밀집되어 나타난다. 게실의 상태에는 수년간 증세가 없으나 게실이 많아져 포도송이 같은 게실의 집합을 이루면 박테리아가 이 주머니 속에 들어가서 염증을 유발하여 게실염이 발생하며 심하면 천공이 발생하기도 한다.

(2) 증 상
게실은 임상증세가 나타나지 않으나 게실염으로 발전하면 다양한 증세가 나타난

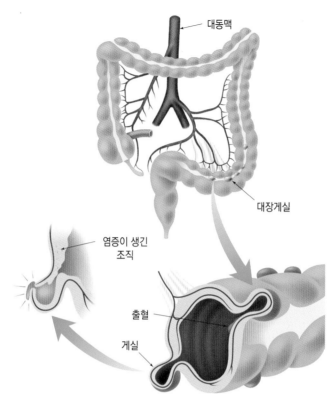

대동맥

대장게실

염증이 생긴 조직

출혈

게실

그림 **5-4** 게실과 게실염

다. 대장의 아랫부분이 강직해지고 모양이 변하며, 내면이 좁아지고 작은 변 덩어리가 생기며 변비와 때로는 설사를 유발한다. 복부팽만, 아랫배의 통증, 울혈, 대장경련, 구역질, 구토 등의 증세가 있으며 상태가 진전되면 천공이 발생되어 박테리아가 복부로 나와서 **복막염**(peritonitis)이나 종양(abscess)으로 발전하기도 한다.

(3) 영양치료

게실염은 치료보다는 예방이 중요한 질병이다. 게실염의 예방을 위해서는 고식이 섬유식사가 권장된다. 식이섬유는 장 내에서 수분과 결합하고 흡수되지 않으므로 양이 많고 부드러운 변을 형성한다. 이에 따라 대장의 압력은 낮아지게 되며 게실

형성 가능성이 낮아지게 된다.

식사를 통한 식이섬유 섭취가 어려운 경우에는 변의 양을 증가시킬 수 있는 약제를 사용하기도 한다. 아락실 등 섬유소로 만든 약제는 고식이섬유 식사와 같은 효과를 기대할 수 있다.

스트레스 같은 심리적인 요인도 대장의 압력을 증가시킬 수 있다. 따라서 스트레스를 풀고 안정을 취할 수 있는 마음가짐과 생활태도가 게실염 예방에 좋다. 이와 함께 충분한 수분을 섭취하는 것도 필요하다. 급성인 경우에는 유동식으로부터 시작하여 점진적으로 식이섬유를 공급하는 식사로 발전하여야 한다. 식사요법뿐 아니라 규칙적인 배변습관을 위하여 생활리듬을 조절하는 것이 바람직하다.

(4) 약물·수술치료

게실이나 게실염의 치료약으로는 진통제, 항생제, 변비약 등이 있다. 또한 젊은 층이나 중년의 경우에 게실이 발생할 경우 수술도 가능하다.

4) 대장암

대장암은 미국에서 흔히 발생하며 사망률도 높은 암이다. 우리나라의 경우에도 대장암에 의한 사망률은 빠른 속도로 증가 추세에 있다. 암이 가장 많이 생기는 부분은 S결장과 직장이다.

(1) 원 인

대장암은 대부분 40세 이상에서 발생하고 10년마다 발생률이 2배로 증가한다. 대장암은 가족 중에 대장암이나 용종(polyp)을 가지고 있던 사람이 있거나 만성염증성장질환, 대장용종이나 다른 장기, 특히 난소암과 자궁내막암 또는 유방암을 앓았던 사람에게서 자주 발생한다. 더욱이 대장 내에 양성 용종이 생기면 대장암으로 진행되기 쉬우므로 용종을 조기 발견하여 제거하는 것이 중요하다.

식사요인도 대장암 발생과 관계가 있는 것으로 알려지고 있는데, 특히 잦은 육식, 고지방식이나 낮은 식이섬유 섭취, 비타민 A·C의 낮은 섭취 등이 대장암의 발생 증가요인으로 보고되고 있다. 그 외에 운동이 부족한 정적인 생활습관도 관련이 있는 것으로 알려지고 있다.

(2) 증 상

자각증상은 대장암의 위치에 따라 다르다. 오른쪽 대장에 암이 있을 경우 잦은 설사, 만성빈혈, 알 수 없는 체중감소 그리고 우측 하복부 복통과 멍울이 만져지는 등의 증상이 있다. 왼쪽 대장의 암인 경우 배변장애로 변비가 심하며 복부팽만이나 복통이 잦으며 가끔 피나 진액이 대변과 섞여서 나온다. S결장이나 직장에서 생긴 암은 대장암 중 가장 흔하며 검붉은 피가 대변에 섞여서 나오고, 배변습관의 변화에 따른 항문 부위의 둔한 동통과 변을 참기 힘들며 변을 본 후에도 잔변감을 갖는다.

(3) 진 단

용종이나 대장암의 초기에는 전혀 증상이 없으므로 만 40세가 지나면 전문의의 조기 진찰을 받는 것이 매우 중요하다. 직장검사, 결장검사, 잠혈검사, 대장내시경 검사 등을 통하여 대장암을 조기에 진단하는 것이 필요하다. 내시경으로 관찰하여 용종이 있으면 절제하는 것이 대장암 예방의 지름길이다.

(4) 영양치료

대장암의 예방을 위해서는 지방의 섭취를 줄이고 채소와 과일, 콩제품, 유제품의 섭취를 증가시킨다. 특히, $\omega-3$ 지방산의 섭취를 증가시키고 대변의 배설을 도와주는 식이섬유의 섭취를 증가시킨다. 그러나 일단 대장암이 발생했을 경우에는 수술요법으로 대장암을 절제한 후에 재발을 방지하기 위하여 식사요법을 실시한다. 식사요법으로는 '암예방을 위한 식생활지침'을 활용한다.

(5) 수술치료

대장암의 완치를 위해서는 반드시 외과적 절제수술을 받아야 한다. 보조적으로 항암제 치료나 방사선 요법이 추가로 이용될 수 있다. 조기에 암을 발견할 수 있다면 90% 완치가 가능하다. 그러나 이미 병이 많이 진행된 상태에서 발견된다면 완치율이 50% 이하로 떨어진다. 최근 수술 기술과 기구의 발달로 직장암의 경우 인공항문을 만들어야 하는 경우는 현격히 줄어들었다. 대장암의 치료에는 내시경적 치료법, 외과요법, 방사선요법, 화학요법 등이 있다.

① 내시경적 치료법

내시경으로 관찰하여 용종이 있으면 절제한다. 줄기가 있는 용종은 올가미 모양으로 생긴 철사를 용종의 기부에 걸고 전기로 태워서 잘라낸다. 이런 방법을 올가미 용종절제술이라 한다. 줄기가 없고 평탄한 용종은 주변 점막을 들뜨게 하여 넓은 범위의 점막을 태워 없애는 내시경적점막절제술로 적출한다. 적출한 용종의 병리학적 검사가 중요한데, 병리학적 검사에서 병변의 깊이가 점막근판을 넘어서 깊게 퍼져 있으면 림프절 전이가 일어났을 가능성이 10% 정도 있으므로 외과요법이 필요하다.

② 외과적 치료

결장암의 수술은 조기암인 경우라도 70%는 개복수술이 필요하다. 결장암은 많이 절제해도 수술 후에 기능장애가 거의 일어나지 않는다. 림프절제술과 함께 결장 절제술이 실시된다. 직장은 골반 내부의 깊고 좁은 곳에 있으며 방광, 자궁, 난소 등 비뇨생식기가 있다. 직장암의 수술에는 진행 정도에 따라 자율신경 보존법, 항문괄약근 보존법, 국소절제, 인공항문 등의 다양한 수술법이 사용되고 있다.

5) 단장증후군

암, 궤양, 게실염, 장염 등을 치료하기 위하여 소장이나 대장의 일부를 절제하여 근육소모, 설사, 흡수불량, 탈수, 전해질 손실 등의 증세를 보이는 것을 단장증후군(short-bowel syndrome)이라고 한다.

(1) 증 상

증세는 장의 절제된 위치와 정도에 따라 달라진다. 대체로 회장을 절제하거나 회장 내에 질환이 있는 경우 당질, 단백질, 지질 등 대부분 영양소의 흡수불량이 초래된다. 회장을 100cm 이하 절제할 경우에는 담즙염의 흡수불량으로 흡수되지 않은 담즙염이 결장 점막에서 c-AMP를 자극하여 수분과 전해질 분비를 자극하여 분비성 설사를 유발하며, 100cm 이상 회장을 절제할 경우에는 담즙염, 지방산, 당질 흡수불량으로 인하여 삼투성 설사 및 지방변을 유발한다.

특히 흡수가 안 된 지방이 변에 남아 있으면 칼슘이나 마그네슘과 결합하여 이들 영양소의 결핍을 일으키게 된다. 흡수되지 않은 지방이 칼슘과 결합 시 식이 내 수산의 장 내 흡수가 촉진되어 소변을 통한 수산 배설이 증가하게 되는데, 이는 소변 내 칼슘-수산 신결석이 생길 위험을 높일 수 있다.

(2) 영양치료

식사관리 초기에는 지방을 제한하되 흡수불량 정도에 따라 중쇄중성지방의 적절한 사용이 바람직하다. 지방 흡수불량은 이차적으로 지용성 비타민의 흡수불량을 초래하므로 지용성 비타민의 보충도 필요하다. 칼슘은 지방과 결합하여 배설되므로 1일 500mg 이상의 칼슘을 보충하는 것이 권장된다. 또한 단장증후군 환자는 1일 2회 이상 전해질이 많이 포함된 분비성 설사를 하므로 경구용 재수화용액 등을 사용하여 손실되는 수분, 전해질을 보충하여야 한다.

또한 신결석 예방을 위하여 수산 급원식품의 섭취를 제한한다. 유당 및 식이섬유에 대한 조정은 개인의 적응 정도에 따라 다르나 식이섬유가 장관기능을 강화시킬 수 있으므로 지나치게 제한할 필요는 없다.

6) 변비

(1) 원인과 증상

변비(constipation)는 흔한 소화기 증상으로 전체 인구의 2~20%의 유병률을 보인다. 대장에서 수분의 흡수가 과다하게 일어나 변의 양이 적어지고 단단해져서 변을 보기가 힘들고 변의 횟수가 줄어든 경우를 말한다.

변비의 원인은 내분비 질환이나 대사성 질환 같은 전신 질환, 파킨슨병, 뇌혈관 질환 등 신경학적 질환에서도 발생할 수 있으며, 아침을 거르거나 식이섬유나 물의 섭취 부족 등 부적당한 식사와 운동부족, 나쁜 배변습관, 과다한 약물복용, 장구조의 이상 등에서도 올 수 있다.

(2) 유 형

변비는 크게 기능성 변비와 기질성 변비로 나누고, 기능성 변비는 급성변비와 만성변비로 나눈다. 또 만성변비에는 경련성, 이완성, 직장형 변비 등이 있다. 기질성 변비는 장 내가 좁아져 변이 통과하기 어렵거나 대장 형태의 이상, 항문의 기질적 질환에 의한 것이다. 급성변비는 여행을 하거나 장소를 옮기는 등 일시적으로 생기는 변비를 의미한다. 만성변비는 습관적이며 그 중 경련성 변비는 대장 내의 움직임이 강하여 장벽이 경련상태로 수축되어 변이 통과하기 어려운 경우이다. 이완성 변비는 대장의 연동운동이 저하되어 장벽의 근육 힘이 약해지면서 변이 장속에 머무는 시간이 많아져서 생긴다. 직장형 변비는 바쁜 현대인이 대변을 미루다가 변의 수분이 적어져서 배변반사를 둔하게 하여 변비가 된 경우다. 그러나 이들 변비는 혼합된 형태가 많다.

(3) 영양치료

변비의 영양관리는 변비 유형에 따라 다르다. 기질성 변비는 분변의 양을 최소화하도록 부드러운 저잔사식을 하여야 한다. 그러나 경련성 변비는 정서적 안정을 유지하고 과도한 장의 자극을 피하기 위하여 연질 무자극성 식사를 하고 호전되면 식이섬유의 양을 증가시킨다. 이완성 변비는 규칙적인 식사를 하고 장의 연동운동을 자극하기 위하여 식이섬유와 물을 충분히 섭취시킨다. 되도록 적당한 운동을 하여 복근력을 강화하고 규칙적인 배변습관을 가지도록 한다.

 고식이섬유섭취를 위한 영양치료

- 주스 대신 신선한 과일과 채소를 선택하게 한다.
- 과일과 채소는 껍질째 섭취하게 한다.
- 채소는 살짝 데쳐 색이 선명하고 질감을 아삭하게 유지시킨다.
- 도정되지 않는 통곡류와 잡곡을 많이 이용하게 한다. 밥은 현미밥으로 빵은 잡곡빵으로 섭취시킨다.
- 콩이나 콩제품을 많이 섭취시킨다.
- 필요한 경우 식이섬유 보충제를 이용하게 할 수 있다.

게실염

최 씨는 69세의 정년퇴직한 학교 선생님으로 최근 들어 생긴 복부 통증과 잦은 미열을 느껴 이에 대한 치료를 받고자 병원을 방문하였다. 그의 주 증상으로는 복부통증과 함께 변비와 설사가 반복되었으며 평상시에도 항상 복부가 팽만한 느낌이 있다고 호소하였다. 입원하여 장 엑스레이 검사결과 게실염으로 진단되었으며 이에 대한 치료가 시작되었다.

치료를 위해 경구를 통한 음식물섭취를 금하였으며 위장 안 내용물을 튜브로 빼내는 치료를 시행하였다. 탈수를 예방하고 수분과 전해질의 균형을 유지하기 위해 정맥 주사를 맞았다. 감염을 치료하기 위해 항생제를 투여하였으며 통증을 조절하는 약물, 열을 내리기 위한 약물도 투여하였다. 3~4일 후 삽입된 튜브를 빼내고 경구로 음식물섭취를 시작하였다. 적당한 수분의 공급이 가능하였을 때 정맥주사 사용을 중단하였다. 그는 현재 증상이 모두 호전되었으며 퇴원할 준비를 하고 있다.

❶ 최 씨의 게실 질환에 대해 설명하라. 게실증상과 게실염의 차이점은 무엇인가?

❷ 게실은 어떻게 형성되는 것이며 그 이후 나타나는 증상은 어떠한가?

❸ 최 씨의 증상은 게실염을 가진 다른 사람들과 유사하였는가?

❹ 최 씨에게 추천해 줄 수 있는 식사요법 내용은 무엇인가?

크론병과
회장조루술

24세의 여자 회사원인 김 양은 크론병(Crohn's disease)을 진단받았다. 그 당시 그녀의 체중은 57kg였으며 신장은 165cm이었다. 진단 후 크론병의 재발로 인해 수차례 병원에 입원하였으며 지속적인 체중감소로 현재 체중은 49kg이다. 병원에 입원하여 영양판정을 한 결과 심각한 PEM(protein energy malnutrition) 상태였다. 김 양과 면담한 결과, 먹는 것을 매우 두려워하였으며, 섭취하는 식품이 극히 제한적이었다. 담당 주치의는 영양상태 개선을 위하여 가수분해된 상태의 영양액을 관급식를 통해 제공할 것을 지시하였다.

❶ 김 양의 체중감소 이력을 살펴보라. 그녀의 이상체중은 얼마인가?

❷ 가수분해된 상태의 영양액은 김 양에게 어떤 이점을 제공할 수 있는가? 왜 주치의는 경구섭취보다 경관급식을 선호하였는가?

❸ 김 양의 장기간의 식이관리를 고찰해 보자. 그녀가 궁극적으로 도달해야 할 것은 어떤 종류의 식이인가? 체중증가를 위해 어떤 목표가 설정될 수 있는가? 그녀의 영양상태를 규칙적으로 평가하는 것이 왜 중요한가?

그 후 김 양은 크론병의 재발로 인해 이차적으로 심한 소장 폐색이 발현하였다. 외래를 통한 치료에 한계가 있어 입원하여 회장조루술을 받았다. 김 양의 입원 시 영양상태는 불량하였으며, 수술 후 정맥영양 공급을 바로 시작하였다. 며칠 후, 경구섭취를 시도하여 현재는 매우 안정된 상태이다.

❶ 회장조루술에 의해 가장 큰 영향을 받을 영양소는 어떠한 것들이 있는가?

❷ 고형식으로 식사를 진행할 경우 고려해야 할 점은 무엇인가?

CHAPTER 6

간·담낭·췌장
질환

간·담낭·췌장 질환

간은 신체 내에서 여러 가지 다양한 기능을 가진 매우 중요한 장기인데, 주로 영양소의 대사, 저장, 분배에 관한 역할을 담당한다. 담낭은 담즙 저장과 분비, 췌장은 소화액과 호르몬 분비를 통해 체내 영양소의 소화와 대사에 중요한 영향을 미친다. 간 질환 환자는 질환의 종류, 진행상태, 합병증 등에 따라서 질병치료를 위한 영양처방이 달라진다. 췌장 질환자는 영양결핍증을 예방하고 지방 섭취를 조절하는 것을 중심으로 영양치료를 한다.

용어정리

문맥 장관에서 간으로 혈액을 전달하는 큰 정맥

요소회로 아미노산의 탈아미노 반응으로 생성된 암모니아가 축적되면 산염기 평형이 깨지면서 유해반응이 생기므로 간에서 이들 암모니아를 요소로 전환시키는 과정

항지방간성 인자 간에서 합성된 지방을 말초조직으로 운반하여 간에 일정량의 지방만 유지되도록 도와주는 인자로 콜린, 메티오닌, 레시틴 등이 있음

케톤체 탄수화물이 부족하여 과도한 지방산 분해로 에너지를 취해야 할 경우에 간세포에서 지방산의 불완전연소로 케톤체가 생성되며 아세토아세트산, β-히드록시부티르산 등이 있음

장간순환(entero-hepatic circulation) 음식물 소화과정에서 장으로 배출된 담즙의 대부분은 문맥으로 흡수되어 간으로 들어가고 필요시에 다시 담즙으로 배출되는 현상

지방간 지방이 간 중량의 5% 이상을 초과하여 축적된 경우로 대부분 중성지방으로 존재함

간경변증 간세포가 지속적으로 파괴되어 섬유화됨으로써 간이 위축되고 경화되어 정상적인 기능을 하지 못하게 된 질환

간성뇌증 간경변증이나 급성간부전 등으로 간기능이 심하게 손상되었을 때 혈액 내 암모니아를 요소로 전환하여 제거하는 기능이 저하되어 중추신경계 기능장애를 동반하는 합병증으로 간성혼수라고도 함

담석증 간, 담낭이나 담도에 결석이 형성된 것을 말함

1. 간 질환

간의 기능에 손상이 오면 광범위한 대사 이상을 초래하여 영양상태에 심각한 이상이 생긴다. 따라서 간 질환 환자는 간세포의 재생을 촉진시키고 단백질 조직의 분해를 억제하며 영양상태를 개선하여 간 기능을 회복할 수 있도록 영양치료를 하여야 한다.

1) 간의 구조와 기능

(1) 간의 구조
간은 우리 몸에서 가장 큰 장기로 무게가 성인 남자의 경우 약 1~1.5kg, 성인 여자의 경우에는 약 0.9~1.3kg을 차지한다. 신체 내의 위치는 횡격막 밑의 오른쪽 상복부에 자리 잡고 있다.

간은 우엽과 좌엽으로 구성되어 있으며 그 중 우엽이 전체의 3/4을 구성하고 있다. 중앙 하부에는 간문(hepatic porta)이 있고 그곳으로 **문맥**(portal vein), 간동맥(hepatic artery), 간관(hepatic duct)과 림프관이 출입하고 있으며 간문 후방에 간정맥(hepatic vein)이 나와 있다. 간 문맥은 소화관에서 흡수된 영양소를 간으

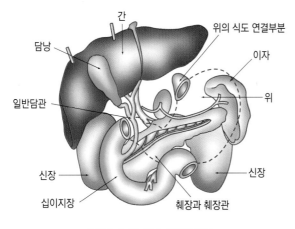

그림 **6-1** 간·담낭·췌장의 구조

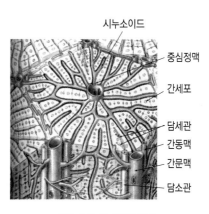

그림 **6-2** 간 소엽의 구조

로 운반하고, 비장에서 파괴된 적혈구에서 생성된 혈색소를 간으로 운반하는 역할을 한다. 간 소엽에 위치한 모세혈관 형태인 시누소이드(sinusoid)는 체내에서 필요로 하는 영양소를 온몸에 공급하고 대사작용의 결과로 생성된 노폐물을 대정맥으로 보내는 역할을 한다.

(2) 간의 기능

① 영양소 대사

소화 흡수된 영양소는 대부분 문맥을 통해 간으로 운반되어 체내 여러 조직에 필요한 물질을 합성 또는 저장하는 대사작용을 거치게 된다.

- **당질 대사** 당으로 흡수되어 문맥을 통해 간으로 운반된다. 간으로 유입된 포도당은 소량만이 혈액으로 방출되고 대부분 글리코겐으로 합성(glycogenesis)되어 저장되며 필요에 따라 다시 포도당으로 분해(glycogenolysis)되어 혈당 농도를 일정하게 조절한다. 간이 글리코겐 분해작용을 통해서도 정상적인 혈당을 유지하기 어려울 경우에는 젖산, 당 생성 아미노산, 글리세롤 등 당 이외의 성분을 이용하여 포도당을 생성하는 포도당신생작용(gluconeogenesis)에 의해 혈당 농도를 일정하게 유지시킨다.

  이와 같이 간은 글리코겐의 합성 및 분해, 포도당신생작용, 당질 중간 대사물의 합성 등을 통해 당질 대사 및 혈당조절에 매우 중요한 기능을 수행하고 있으며, 이러한 과정에는 여러 효소와 호르몬이 중요한 역할을 한다.
- **단백질 대사** 간은 체내 단백질 대사에서 중심적인 역할을 수행하고 있다. 주요 단백질 대사과정으로는 체단백질의 저장, 아미노산 대사, 비필수아미노산의 합성, 혈액 단백질 합성, 요소 합성 등을 들 수 있다. 간에서의 아미노산 대사는 탈아미노반응(deamination)과 아미노기전이반응(transamination)을 통해 아미노산을 분해하거나 상호전환하여 비필수아미노산을 합성하고 에너지와 포도당 생성에 이용되는 기질로 전환시키기도 한다. 혈액 단백질

합성과정에서는 아미노산을 이용하여 혈액 단백질 성분인 알부민(albumin)과 글로불린(globulin), 혈액 응고인자인 피브리노겐(fibrinogen), 프로트롬빈(prothrombin) 등을 합성한다. 그러므로 간 질환 환자의 경우에는 알부민 및 혈액응고인자의 합성 저하로 인해 부종이 나타나서 복수가 차며 출혈이 잘 일어나게 된다. 또한, 간은 급성 스트레스 상태에서 분비되는 급성기 반응 단백질과 트렌스페린(transferrin), 레티놀결합단백질(retinol-binding protein), 지단백질(lipoprotein) 등의 영양소 운반단백질도 합성한다.

단백질 대사과정에서 생성된 암모니아는 간에서 요소회로를 통해 무독성의 요소로 전환되어 소변으로 배설된다. 그러므로 간 기능이 저하된 상태에서 단백질 섭취를 조절하지 않으면 암모니아가 혈액 중에 고농도로 존재하여 간성혼수 증상을 나타내게 된다.

- **지질 대사** 간에서의 대표적인 지질 대사는 지방 합성, 인지질과 콜레스테롤 합성, 지단백질 합성, 지방산 대사, 담즙산 합성 등을 들 수 있다. 식사를 통해 섭취된 지방은 소장에서 지방산과 글리세롤 등으로 소화된 후 문맥을 통해 간으로 운반된다. 간으로 이동된 지방산은 β-산화(β-oxidation)에 의해 아세틸-CoA로 분해되어 에너지를 생성한다.

간은 과량의 당질 섭취 시에 중성지방을 합성하는데, 정상적인 경우에는 지단백질을 형성하여 지방을 체내 지방조직으로 이동시킨다. 건강한 사람의 경우 지방을 많이 섭취하여도 **항지방간성 인자**인 콜린, 메티오닌, 레시틴 등에 의해 간에는 일정량의 지방만 유지되지만, 간 기능에 장애가 생기게 되면 지방 대사의 균형이 깨져 간에 지방이 다량 축적되면서 지방간이 생기기 쉽다.

간은 콜레스테롤도 합성하는데, 합성된 콜레스테롤의 대부분은 담즙산염으로 전환되고, 나머지는 지단백질의 형태로 간 이외의 조직으로 이동한다. 간은 당뇨병이나 단식 등으로 인해 체지방의 분해가 급속하게 일어나면 지방산 분해에 의해 생성된 아세틸-CoA로부터 **케톤체**를 생성한다.

- **비타민 및 무기질 대사** 간은 여러 비타민과 무기질의 대사 및 저장에 중요한 역할을 한다. 간에는 특히 대부분의 지용성 비타민과 비타민 B군, 비타민 C

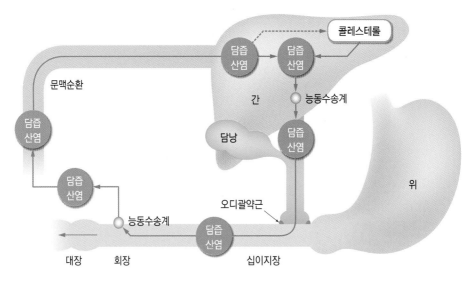

그림 **6-3** 담즙의 장간순환

와 같은 수용성 비타민이 저장되며, 일부 비타민은 간에서 활성화된다. 간에서 카로틴의 일부가 비타민 A로 전환되고, 비타민 D도 25(OH)D로 전환되어 활성화된다. 또한 비타민 K는 간에서 프로트롬빈 합성에 이용된다. 간은 적혈구 형성에 필수적인 요소인 철분과 구리를 각각 페리틴과 세룰로플라즈민(ceruloplasmin)의 형태로 저장한다. 또한, 아연, 마그네슘, 망간 등도 간에 저장되므로 간 기능이 저하되면 비타민 및 무기질이 결핍될 수 있다.

② **담즙 합성**

간은 1일 약 500~1,000mL의 담즙을 생산하는데, 담즙은 수많은 모세담관을 통해 간관에 배출된 후 담낭으로 들어가 저장된다. 담즙은 담관을 통해 십이지장으로 분비되어 지방이 쉽게 소화·흡수될 수 있도록 지방을 유화시키는 작용을 한다.

담즙은 담즙산염, 콜레스테롤, 지방산, 레시틴, 빌리루빈, 무기질, 수분 등으로 구성된다. 담즙산염은 지방뿐만 아니라 다른 지용성 영양소의 소화·흡수에도 매우 중요한 작용을 한다. 간에서 합성된 담즙은 대부분 간관을 거쳐 담낭으로 이동되어 10배 정도의 농축된 상태로 저장되었다가 필요하면 소장으로 배출되어 지방의 소화와 흡수를 도와준다. 그러나 장으로 배출된 담즙의 대부분은 문맥으로 흡수되어 간으로 들어가고 필요 시에 다시 담즙으로 배출되며 이를 **장간순환**(entero-hepatic circulation)이라 한다. 간 질환이 심해지면 담즙산염의 합성이나 배설에 장애가 생겨 지방변증이 초래되기도 한다.

③ 해독작용

간은 체내에서 생성된 여러 종류의 유해물질과 외부에서 들어온 약물이나 음식, 박테리아로부터 생성된 독소, 식품첨가물과 같은 여러 화합물에 포함된 독성을 제거하는 역할을 한다. 따라서 다양한 반응을 통해 이러한 독성물질을 유독성이 적은 물질로 변화시키거나 배설하기 쉬운 수용성 물질로 만들어서 신체를 보호하게 된다. 예를 들면, 알도스테론, 에스트로겐, 프로게스테론과 같은 스테로이드계 호르몬을 글루쿠론산(glucuronic acid)과 결합시켜 독성물질을 제거한 후 체외로 배설되도록 한다.

④ 면역작용

간의 모세혈관에는 쿠퍼세포(Kupffer cell)라는 특수세포가 있어 식작용에 의해 혈액 속의 이물질을 제거하고 면역글로불린이나 면역체 형성 등에 관여한다.

2) 간 질환의 진단

(1) 간기능검사

간 질환을 진단하기 위해 가장 일반적으로 사용하는 방법은 간에서 대사되는 성분과 효소 활성을 측정함으로써 간기능을 검사하는 방법이다. 대표적인 간기능검사 방법은 다음과 같다.

① 간 효소 활성

간에서 아미노산 대사에 관여하는 효소인 GOT(Glutamic-Oxaloacetic Transaminase)와 GPT(Glutamic-Pyruvic Transaminase)의 혈청 내 활성도를 측정하여 간기능을 평가하는 방법이다. 이들 혈청 효소는 각각 AST(Aspartate amino Transferase)와 ALT(Alanine amino Transferase)로 표현되기도 한다. 간세포가 손상되어 간기능이 저하되면 이들 효소의 활성은 증가하게 된다.

② 혈청 단백질 농도

간에서는 여러 가지 혈청 단백질이 대사되기 때문에 주요 혈청 단백질인 알부민과 글로불린의 함량을 측정하여 간 기능의 지표로 사용한다. 간기능이 저하되면 혈액 단백질의 합성이 감소하므로 혈청 알부민 농도는 감소된다. 그러나 간 질환 시에 면역단백질인 글로불린의 합성은 증가하므로 알부민과 글로불린 비율(A/G)은 저하된다.

③ 빌리루빈 농도

적혈구의 평균 수명은 120일 정도인데, 노폐화된 적혈구의 혈색소는 방출되어 간으로 운반된다. 혈색소는 간에서 파괴되어 빌리루빈이 된 후 담즙 합성 시에 구성성분이 되어 십이지장으로 운반되고 대변을 통해 체외로 배설된다. 그러나 간에서 빌리루빈이 과다하게 생성되거나 간 기능이 저하되어 빌리루빈 대사에 장애가 생기게 되면 혈청 총 빌리루빈 또는 간접형 빌리루빈 농도가 증가하게 된다.

(2) 간 질환 판정 기준치

간 질환 환자의 상태를 평가하기 위해서는 객관적인 판정 기준치가 필요하다. 표 6-1은 이러한 판정 기준치의 예를 제시한 것이다.

(3) 간 질환 환자의 영양판정

간 질환 환자는 질환의 종류, 진행상태나 합병증 등에 따라 질병치료를 위한 영양

표 **6-1** 간 질환 판정 기준치

측정 항목	정상치	간 질환상태
알부민(g/dL)	3.4~4.8	감소
알칼린포스포타제(U/L)	25~100	정상 또는 증가
ALT(GPT)(U/L)	남자 : 10~40, 여자 : 7~35	증가
AST(GOT)(U/L)	10~30	증가
암모니아(μg N/dL)	15~45	증가
총빌리루빈(mg/dL)	0.3~1.2	증가
프로트롬빈시간(sec)	10~13	지연

자료 : Rolfes SR et al, Understanding Normal and Clinical Nutrition 8th ed, 2008

처방이 달라지게 된다. 따라서 간 질환 환자를 위한 영양판정 결과에 따라 환자의 영양치료계획을 수립해야 한다. 그림 6-4에 간 질환 환자의 영양판정을 위한 체크리스트의 예를 제시하였다.

3) 알코올성 간 질환

(1) 알코올 대사

섭취된 알코올(에탄올)은 위와 소장의 상부에서 확산작용에 의하여 쉽게 흡수되는데, 흡수속도는 함유된 에탄올 함량, 식품 섭취 등에 의하여 영향을 받는다. 섭취된 에탄올은 거의 완전히 흡수되어 각 조직으로 운반되지만, 일부는 대사되지 않은 채 폐를 통하거나 소변 및 땀으로 배설된다. 에탄올은 저장되지 않고 완전히 대사된다.

에탄올의 대사는 주로 간조직에서 일어나는데, 에탄올 대사의 첫 단계는 에탄올이 아세트알데히드(acetaldehyde)로 산화되는 단계로서 알코올 디히드로게나아제(Alcohol Dehydrogenase : ADH), 마이크로솜 에탄올 산화체계(Microsomal Ethanol-Oxidizing System : MEOS) 및 카탈라아제(catalase) 등의 효소계에 의해 에탄올을 산화시킨다.

1. 질병력
- 해당 사항에 체크
  - □ 간 질환 형태
  - □ 간 질환 원인
  - □ 간 이식 수술을 받았는지 여부
- 합병증 기록을 체크
  - □ 영양불량
  - □ 식도 정맥류
  - □ 복수
  - □ 간성 뇌증
  - □ 간성 혼수
  - □ 인슐린저항성/당뇨병
  - □ 심부전
  - □ 췌장염
  - □ 흡수불량
  - □ 신부전

2. 약물처방
- 식사와 약물의 상호작용 주의
  - □ 복수
  - □ 신부전
  - □ 영양불량
  - □ 복합 약물처방, 만성복용

3. 영양소/식품 섭취
- 지방간 환자에서 섭취 주의
  - □ 에너지(체중과다, 저영양, 당뇨, TPN 처방 시)
  - □ 당질(당뇨, TPN 처방 시)
  - □ 음주
- 간염·간경변 환자에서 주의
  - □ 식욕
  - □ 적정량의 에너지, 영양소
  - □ 음주
- 간성혼수 환자에서 주의
  - □ 적정한 총에너지 섭취
  - □ 단백질 제한 수준 주의
  - □ 과잉 에너지 섭취 주의

4. 신장과 체중
- 복수, 부종 시 규칙적으로 체중 측정
  - □ 체액 보유량 측정 위해 체중 사용
  - □ 과체중 시에도 영양실조 우려에 주의

5. 생화학적 검사
- 간기능검사 시 사용 지표
  - □ 알부민
  - □ Akaline phosphatase
  - □ ALT
  - □ 암모니아
  - □ AST
  - □ 빌리루빈
  - □ 프로트롬빈시간
- 간 질환과 관련된 합병증에서 오는 생화학적 검사치 확인
  - □ 빈혈
  - □ 체액 보유량
  - □ 고혈당
  - □ 신기능 검사

6. 신체적 증상
- 신체적 증상을 체크
  - □ 체액 보유(복수, 부종)
  - □ PEM(근육량, 체중감소)
  - □ 비타민 B군 결핍증
  - □ 지용성 비타민 결핍증
  - □ 칼슘 결핍증
  - □ 마그네슘 결핍증
  - □ 칼륨 불균형
  - □ 아연 결핍증

그림 **6-4** 간 질환 환자의 영양판정 체크리스트
자료 : Whitney EN et al. Nutrition for Health and Health Care 2nd ed, 2001

흡수된 에탄올은 우선 위장의 ADH에 의해서 일부가 대사되는데, 대사량은 남자의 경우 약 20~30%, 여자의 경우에는 10% 정도를 차지한다. 간에서의 에탄올 대사는 주로 NAD-linked enzymes, 즉 ADH와 아세트알데히드 디히드로게나아제(Acetaldehyde Dehydrogenase : ALDH)에 의해서 이루어진다. 이들 효소는 각각 아세트알데히드와 아세테이트(acetate)를 생성하며, 아세테이트는 아세틸-CoA로 전환되어 TCA 회로를 거쳐 에너지를 발생하거나 또는 콜레스테롤과 지방산을 합성하는 데 이용된다. 에탄올의 산화과정에서 생성되는 대사산물인 아세트알데히드는 에탄올에 의한 간 손상을 유발하는 주요 인자로 지적되고 있다.

MEOS는 간세포의 활면소포체(smooth endoplasmic reticulum)에 결합되어 있는데, 시토크롬 P450, NADPH-시토크롬 c reductase, 레시틴과 포스포티딜콜린(phosphatidylcholine)으로 구성되며, 시토크롬 P450이 이 반응계의 중심적인 역할을 한다. 시토크롬 P450에 의한 마이크로솜 반응은 간 소엽의 중심 부분에서 일어나며, 여기서는 ATP를 생성하는 대신 오히려 NADPH를 소모하게 된다. MEOS는 대사되는 에탄올의 10~20% 정도를 처리하는 것으로 알려져 있으며, 만성적인 알코올 섭취자의 경우처럼 체내 알코올 농도가 높을 때 활성을 가진다.

(2) 원인

만성적으로 과량의 알코올을 섭취하면 체내 대사에서 중요한 역할을 하는 간세포의 장애를 가져올 뿐만 아니라 위장, 췌장, 뇌, 신경, 조혈기관 및 면역계에도 치명적인 영향을 줄 수 있다. 알코올성 간 질환은 알코올 자체의 독성작용 외에도 음주와 동반되는 영양장애, 유전자의 영향, 면역학적 기전 등 다양한 인자들에 의해 영향을 받는다. 다량의 알코올 섭취는 영양소의 소화, 흡수, 대사에 장애를 일으키고 식사량을 감소시켜 영양불량을 유발시킬 수 있다. 장기간의 알코올 섭취자에게 지방간, 알코올성간염, 간

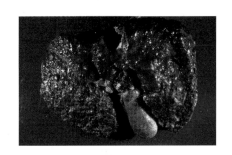

그림 **6-5** 알코올성간경변증

경변 등의 간 질환이 나타날 가능성이 있다. 알코올성간경변은 간암으로 이환될 위험이 있으며 간경변 환자 중 5~10%가 간암으로 이환된다.

(3) 증 상

만성적인 알코올 섭취는 알코올성지방간, 알코올성간염, 알코올성간경변의 형태로 나타난다. 알코올성 간 질환의 약 10~15%가 간경변으로 진행된다. 만성알코올중독의 80% 이상에서 알코올성지방간이 관찰되고 초기에는 불안, 구토, 식욕부진, 무력감, 간 비대 등의 증상을 보이며 증상이 심해질수록 간 문맥의 고혈압, 체액의 보유, 출혈, 정맥류 등의 증상이 나타난다.

알코올성간염은 만성알코올중독의 30% 정도에서 나타나고 피로, 식욕부진, 무

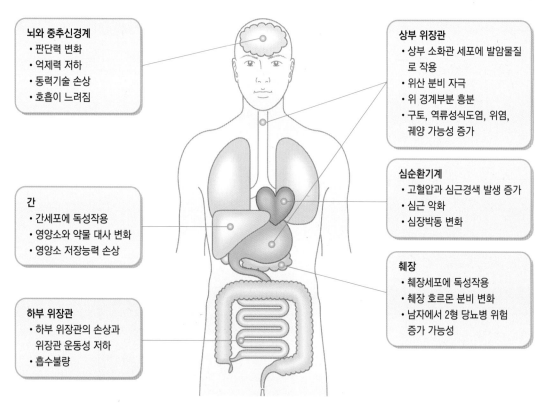

뇌와 중추신경계
• 판단력 변화
• 억제력 저하
• 동력기술 손상
• 호흡이 느려짐

상부 위장관
• 상부 소화관 세포에 발암물질로 작용
• 위산 분비 자극
• 위 경계부분 흥분
• 구토, 역류성식도염, 위염, 궤양 가능성 증가

간
• 간세포에 독성작용
• 영양소와 약물 대사 변화
• 영양소 저장능력 손상

심순환기계
• 고혈압과 심근경색 발생 증가
• 심근 악화
• 심장박동 변화

췌장
• 췌장세포에 독성작용
• 췌장 호르몬 분비 변화
• 남자에서 2형 당뇨병 위험 증가 가능성

하부 위장관
• 하부 위장관의 손상과 위장관 운동성 저하
• 흡수불량

그림 **6-6** 알코올이 체내 기관에 미치는 영향

력감, 체중 감소, 고열, 간 비대 등의 증상이 있으며, 심할 경우 황달, 구토 등의 증상이 동반된다.

알코올성간경변은 대부분 심한 영양결핍 증상을 보인다. 부적절한 식사 섭취, 흡수불량, 간 내 저장능력 감소, 대사 이상, 체성분 과다 배설 등의 복합적인 원인에 의해 영양불량이 초래된다.

여성은 왜 술에 더 약한가?

여성은 남성에 비해 술에 의한 영향을 더 크게 받는다. 그 이유 중에는 주로 간에서 대사되는 것으로 알려진 알코올이 위장 점막에 존재하는 알코올탈수소효소들에 의해 먼저 상당량 대사되는 것으로 밝혀졌는데, 여성은 남성에 비해 이 대사효소의 활성이 훨씬 낮기 때문이다. 이러한 위장에서의 알코올 대사는 일차 통과 대사 후 나타나는 혈중 알코올 농도의 상승을 억제함으로써 전체적인 알코올의 효과를 감소시켜 우리 몸을 보호하는 장벽의 역할을 하는 셈이다. 그런데 여성의 경우 일차 통과 대사량이 감소하여 알코올에 의한 영향을 더 크게 받으므로 생리적으로 술에 약한 결과를 가져오게 된다.

(4) 영양치료

금주가 필수적이며, 간세포 재생을 위해 체중 kg당 1.5g 정도의 충분한 단백질을 섭취시킨다. 간성혼수가 있으면 단백질 섭취를 제한한다. 정상체중을 유지시키고 동물성 지방의 섭취는 가급적 제한한다. 비타민과 무기질을 충분히 섭취시킨다.

알코올성 간 질환의 영양치료

- 충분한 단백질을 제공한다(1.5g/체중 kg). 단, 간성혼수가 있을 경우에는 단백질을 제한한다.
- 정상체중을 유지시킨다.
- 동물성 지방 섭취를 가급적 제한한다.
- 비타민과 무기질 섭취를 충분하게 한다.
- 반드시 금주를 하도록 한다.

4) 지방간

(1) 원 인

지방간(fatty liver)이란 지방이 간의 총 중량의 5% 이상을 초과하는 경우로 대부분 중성지방이 축적된 형태이다. 간에 중성지방이 축적되는 기전은 미토콘드리아 내 지방산의 합성이 증가하거나 산화율이 감소되면서 중성지방 생성이 증가하기 때문이다. 또한 간세포에서 중성지방의 방출이 감소하면서 간 내 축적량이 증가되거나 당질의 과잉 섭취로 인해 지방산 합성이 증가되어 중성지방이 증가하게 되는 것이다.

지방간이 생기는 원인은 매우 다양한데, 과도한 음주, 비만, 서구화된 식생활, 빈혈 등의 영양불량, 폐결핵 등의 감염성 질환, 약물, 뇌하수체 전엽의 기능 항진 등을 들 수 있다. 또한 콜린, 메티오닌, 비타민 E, 셀레늄 등의 항지방간성 인자 부족에 의해서도 지방간이 발생한다.

(2) 증 상

지방간은 간 비대, 피로감, 식욕부진, 메스꺼움, 복부 팽만감 등의 증상이 있으나 대부분은 무증상이다. 지방간은 간세포 안에 중성지방이 축적된 것이므로 원인만 제거하면 정상으로 회복할 수 있다. 지방간의 정도가 심해지면 간기능이 저하되기도 한다. 특히, 알코올성지방간의 경우 술을 계속 마시면 알코올성간경화로 진행될 수 있고, 술을 안 마시는 사람도 비만에 의해 지방간이 생긴 경우 장기간 방치하면 간경화로 진행될 수 있다.

(3) 영양치료

정상체중을 유지하기 위해 필요한 에너지를 섭취하며, 비만인 경우에는 체중을 감량한다. 결식이나 과식을 하지 않고 알코올 섭취를 금지한다. 지방 섭취를 줄이고 단순당의 섭취를 제한한다. 다양한 식품을 섭취하게 하고 매일 규칙적인 운동을 하도록 한다.

5) 간 염

(1) 원 인

간염(hepatitis) 중 급성간염은 대개 바이러스, 약물, 알코올 등으로 인해 발병한다. 가장 일반적인 원인은 바이러스의 감염으로 바이러스에 따라 A형, B형, C형, D형, E형 간염으로 구분된다. 우리나라에서는 B형 간염이 가장 많이 발생하는 것으로 알려져 있고, 최근에는 젊은 층에서 급성 C형 간염 환자가 증가하고 있으며 주로 혈액을 통해 감염된다. 장기간 B형 간염 바이러스의 감염이 지속되면 만성간염, 간경변증, 간암 등의 만성 간 질환으로 진행될 수 있다.

(2) 증 상

급성간염상태에서는 심한 피로감과 황달이 심해지고 오심, 구토, 식욕부진, 미열 등으로 인해 식사 섭취 상태가 불량하여 체중 감소 및 영양불량 상태를 초래할 수 있다. 간 질환의 치료 시에는 안정을 취하여 간조직에 충분한 산소와 영양분이 공급되어 간세포가 재생될 수 있게 해야 한다.

급성간염은 대개 3~4개월이면 완전히 회복되지만 간의 염증 및 조직 괴사가 6개월 이상 지속될 때는 만성간염으로 진행된 것으로 볼 수 있다. 만성간염 시에는 적극적인 영양지원을 해야 하지만 지나친 열량 섭취는 비만이나 지방간을 유발할 수 있으므로 주의해야 한다. 고단백 식사는 바이러스성 간염에 대한 저항력을 높이고 손상된 간세포를 빠르게 재생시키며 간의 혈류량을 증가시킨다.

(3) 영양치료

손상된 간세포의 재생을 촉진시켜 간조직의 기능을 정상적으로 유지할 수 있도록 영양상태를 개선한다. 간염 환자의 영양치료를 위해서는 체중 감소를 예방하기 위해 에너지를 충분히 제공하며, 식사 섭취가 불충분할 경우 정맥주사나 경장영양을 고려한다. 단백질은 충분히 제공하며 지방은 적당량 섭취시킨다. 음주를 하지 못하게 하고 필요에 따라 비타민 B군, 비타민 C, 비타민 K, 아연을 보충한다. 충분한 휴식을 취하도록 하고 식사는 소량씩 자주 섭취한다. 식사처방 기준은 에너지 34~45kcal/kg, 단백질 1.5~2.0g/kg, 당질 400~500g/일, 비타민 및 무기질은 비타민 복합체, 비타민 C, 칼륨, 아연을 중심으로 섭취하게 한다.

간염의 영양치료

- 충분한 에너지를 공급한다. 필요한 경우 경장영양이나 정맥영양으로 지원한다.
- 충분한 단백질을 제공한다.
- 지방은 적당량을 섭취시킨다.
- 동물성 지방 섭취를 가급적 제한한다.
- 비타민과 무기질을 충분히 공급한다.
- 금주하게 한다.
- 식사는 소량씩 자주 제공한다.

6) 간경변증

(1) 원 인

간경변증(liver cirrhosis)은 간세포가 지속적으로 파괴되어 섬유조직과 재생 결절이 형성됨으로써 간이 위축되고 경화되어 정상적인 기능을 하지 못하게 된 질환이다. 발병 원인은 간염 바이러스와 과량의 알코올 섭취가 가장 일반적인 경우이고, 약물, 영양불량, 대사 이상, 담도 폐쇄 등도 원인으로 들 수 있다.

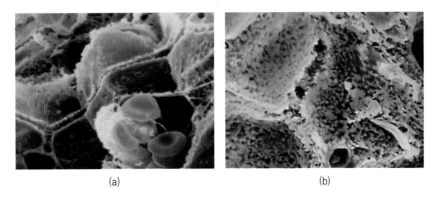

(a)   (b)

그림 **6-7** 정상 간세포(a)와 간경변증으로 손상된 간세포(b)

(2) 증 상

주된 증상은 피로, 소화불량, 오심, 구토, 식욕부진, 부종, 황달, 체중감소 등이며 합병증으로는 문맥 고혈압(portal hypertension)으로 인한 비장 비대 (splenomegaly), 복수, 식도정맥류, 원발성 세균성 복막염, 간-신증후군(hepato-renal syndrome), 간성혼수 등이 발생될 수 있다.

그림 **6-8** 안구의 황달증상
자료 : Rolfes SR et al.
Understanding Normal and Clinical
Nutrition 8th ed, 2008

간경변증 환자에 있어서 대사적 변화, 식욕부진, 구토, 소화 및 흡수불량 등에 의해 단백질-에너지 결핍증(PEM)이 많이 발생한다.

간경변증 환자는 수분 과잉, 단백질 합성 저하 및 면역기능의 저하로 영양상태의 지표가 되는 %표준체중, 혈청 알부민 및 트랜스페린, 총 임파구 수 등이 영양상태와는 무관하게 변화되는 경우가 많다.

(3) 대 사

간경변증 환자들의 에너지 대사율은 일정치 않은 것으로 알려져 있다. 즉, 간 이식 예정인 간경변증 환자 중 20%는 에너지 대사율의 증가를 보이는 반면 30%는 대사율의 저하를 나타내는 것으로 보고되었다. 복수가 있는 경우에는 기초대사량이 10% 정도 증가된다.

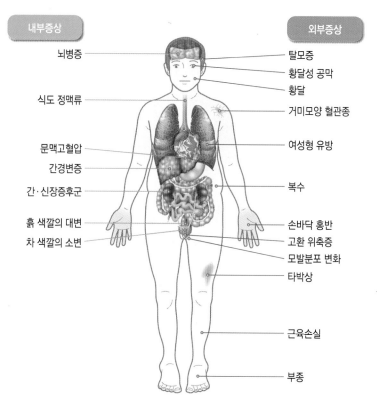

뇌병증　　　　　　　　　　　　　　　　　탈모증
　　　　　　　　　　　　　　　　　　　황달성 공막
　　　　　　　　　　　　　　　　　　　황달
식도 정맥류　　　　　　　　　　　　거미모양 혈관종

문맥고혈압　　　　　　　　　　　　여성형 유방
간경변증
간·신장증후군　　　　　　　　　　복수

흙 색깔의 대변　　　　　　　　　손바닥 홍반
차 색깔의 소변　　　　　　　　　고환 위축증
　　　　　　　　　　　　　　　　　모발분포 변화
　　　　　　　　　　　　　　　　　타박상

　　　　　　　　　　　　　　　　　근육손실

　　　　　　　　　　　　　　　　　부종

그림 **6-9** 간경변증의 체내외 증상

　　간경변증 환자들은 비타민 A, 비타민 E 및 B군, 아연 등이 결핍되기 쉽기 때문에 이들 영양소의 결핍으로 인한 합병증(빈혈, 신경병증, 운동실조증, 야맹증 등)이 발생될 수 있다.

　　간경변증 환자들에게 야식을 제공함으로써 질소 균형이 개선되고, 에너지 대사에 있어서 탄수화물 이용이 증가되며 단백질과 지방의 산화가 감소되었다고 한다. 따라서 식사 사이의 시간이 너무 길거나 끼니를 거르는 것은 바람직하지 않으며 적절한 종류와 양의 야식을 포함해서 자주 먹는 것이 좋다.

(4) 영양치료

영양결핍증을 예방하기 위해 에너지를 충분히 공급하고, 양질의 단백질을 적당히 섭취하게 한다(1~1.5g/kg). 지방을 적당량 제공하고 부종이나 복수가 있는 경우에는 염분 섭취를 제한한다. 식도정맥류가 있을 경우에는 식이섬유가 많은 음식을 제한한다. 금주를 하도록 하고 필요시에는 취침 전 야식을 먹게 한다. 필요에 따라 비타민 B군, 비타민 K 등을 보충한다.

영양처방 기준은 에너지 34~45kcal/kg, 단백질은 1.0~1.5g/kg으로서 2/3는 양질의 단백질로 섭취하게 한다. 당질 300~350g/일, 지방 50g/일, 비타민 및 무기질은 비타민 복합체, 비타민 C, 칼륨, 마그네슘 중심으로 섭취시킨다. 복수가 있을 때는 염분과 수분을 제한하고 이뇨제를 사용할 때는 혈중 칼륨 농도에 주의한다.

간성뇌증

간성뇌증(hepatic encephalopathy)은 간성혼수(hepatic coma)라고도 하며 간경변증이나 급성 간부전 등으로 간기능이 심하게 손상되었을 때 발생되는 합병증인 중추신경계의 기능장애를 말한다. 간성뇌증의 정확한 원인은 알려져 있지 않으나 혈청 암모니아 농도의 증가와 가장 밀접하게 관련되어 있다. 그 외에 전해질 불균형, 이뇨제 과다 복용, 감염 등에 의해서도 나타날 수 있다.

간성뇌증은 초기에는 집중력이 떨어지고 불안해하는 것에서부터 의식 및 행동장애, 인격과 신경상태의 변화가 나타나고 나아가 혼수 또는 사망으로 진행한다. 간성뇌증 환자는 혈청 메티오닌 및 방향족 아미노산(Aromatic Amino Acids : AAA)의 농도가 증가하는 반면에 분지아미노산(Branched-Chain Amino Acids : BCAA) 농도는 감소한다.

간에서 혈액 내 암모니아를 요소로 전환시켜 제거해 주는 능력이 저하된 경우에 적용되는 식사는 간기능에 맞는 단백질의 양 및 종류를 조절하는 것을 목표로 한다. 저단백 식사의 경우 양질의 단백질 공급이 어렵고 에너지 보충을 위해 단순당의 사용이 많아진다.

- 환자에게 혼수가 있는 경우 경장영양이나 정맥주사를 고려한다.
- 영양지원 시에는 분지아미노산이 많은 용액을 선택한다.
- 단백질 섭취를 줄이고 에너지를 충분히 섭취하게 한다.
- 복수와 부종이 동반된 경우에는 나트륨 제한이 필요하다.
- 소량씩 자주 식사하게 하고 임상적 상태에 따라서 적절한 영양치료를 한다.
- 영양처방기준은 에너지 30kcal/kg, 단백질 0.5~0.7g/kg, 당질 300g/일, 지방은 40~50g/일로 적당량 섭취하게 하고, 비타민 복합체, 비타민 C, 칼륨을 보충한다.
- 이뇨제를 사용할 때는 혈중 칼륨 농도에 주의한다.

표 **6-2** 말기 간 질환자의 증상별 영양치료

임상상태	원 인	영양치료
악액질	• 식욕부진 • 지나친 식사 제한 • 잘못된 식품 선택 • 조기 만복감 • 흡수불량 • 요구량 증가	• 충분한 에너지 공급 • 소량씩 자주 공급 • 식사 제한 완화 • 영양소 농축식품 권장 • 경구보충제 • 관급식
간성뇌증	• 감염 • 수분 및 전해질 불균형 • 약물(안정제, 마약 등) • 소화관 출혈 • 질소 과부하 • 아미노산 불균형	• Lactulose, Neomycine • 적절한 에너지 공급 • 단백질 섭취 제한 후 상태가 호전되면 점진적으로 증가 • 분지아미노산은 강화되고 방향족아미노산은 메티오닌이 제한된 용액 고려
복수/수분 보유	• 문맥고혈압 • 교질삼투압 감소(저알부민혈증) • 나트륨과 수분의 비정상적 보유	• 염분 제한 • 적절한 단백질 섭취 • 이뇨제에 의한 전해질 이상 검토
저나트륨혈증	• 과다한 수분 보유 • 나트륨 손실(설사) • 이뇨제	수분 제한(1~1.5L/일)
지방변	• 췌장 부전 • 담즙산염 부족	MCT 기름을 적당량 사용
고혈당	• 인슐린 수용체에 대한 결합 능력 감소 • 혈중 글루카곤 농도 증가 • 인슐린 농도 감소 • Corticosteroids	당뇨식 제공
저혈당	• 고인슐린혈증 • 글리코겐 저장 감소 • 당신생능력 저하	• 소량씩 자주 섭취 • 지속적으로 포도당 주입
출혈과 타박상	• 혈액응고요소의 생성 감소 • 비타민 K 결핍	비타민 K 주사
빈혈	• 혈액 손실 • 적혈구의 용혈 증가 • 엽산, 비타민 B나 철분 결핍	결핍증 유무 검토 후 결핍된 영양소 보충
골다공증	• 비타민 D 활성화 능력 부족 • 지방변으로 칼슘, 비타민 D 손실	• 비타민 D 보충 • 칼슘 보충

자료 : 서울아산병원

2. 담낭 질환

담낭에 저장된 담즙은 담관을 통해 십이지장으로 배출되어 지방 소화에 중요한 역할을 한다. 담낭 질환인 담낭염과 담석증의 영양치료에서는 지방 섭취를 조절하는 것이 가장 중요하다.

1) 담낭의 구조와 기능

담낭은 간 아래쪽에 위치하고 있는 간의 부속기관으로서 간에서 생성된 담즙을 농축하여 저장하는 기능을 한다. 간에서 생성된 담즙은 담낭에 저장되었다가 담관을 통해 십이지장으로 배출된다. 담낭과 십이지장의 연결부에는 오디괄약근이 있어 십이지장으로 배출되는 담즙의 양을 조절한다. 고지방식을 섭취하거나 십이지장 부위로 지방이 도달하면 소장 점막에서 호르몬인 콜레시스토키닌(cholesistokinine)이 분비되어 담낭을 수축시키고 오디괄약근을 이완시켜 담즙의 분비가 촉진된다.

담즙은 약알칼리성의 녹갈색 액체로 담즙산염, 담즙색소, 콜레스테롤을 주성분으로 하고, 무기염, 지방산, 인지질 등을 함유하고 있다. 담즙성분 중 담즙색소는 빌리루빈으로 헤모글로빈의 분해산물이며 담즙산은 간에서 콜레스테롤로부터 합성된다.

담즙산은 십이지장에서 지방의 유화 및 지방분해효소의 작용을 촉진시킴으로써 지방의 소화·흡수를 돕는 역할을 한 후 대부분 회장에서 재흡수되어 간으로 돌아가는 장-간 순환을 한다. 지방의 소화·흡수 촉진작용 이외에도 지용성 비타민의 흡수 촉진, 소장운동 촉진, 소장 내에서의 비정상적인 세균 번식 억제 등의 역할을 한다.

2) 담낭염

담낭염(cholecystitis)은 담낭 또는 담관에 염증이 생긴 것이다. 대부분의 환자들

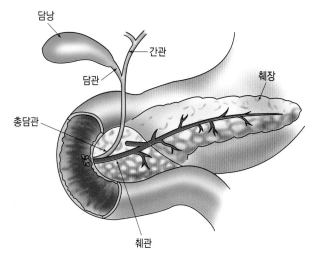

담낭 · 간관 · 담관 · 췌장 · 총담관 · 췌관

그림 **6-10** 담낭과 췌장

은 자각증상은 전혀 없으나 경우에 따라서는 심한 복통과 메스꺼움, 구토를 동반
한다. 급성담낭염은 주로 담석에 의해 담낭벽에 염증이 발생하여 심한 복통, 메스
꺼움, 구토, 미열 등의 증상을 나타낸다. 만성담낭염은 박테리아나 화학적 자극제,
결석 등에 의해 담낭벽에 염증이 생겨서 벽이 두꺼워지고 섬유질화된 것이다. 증
상은 미열과 함께 간헐적인 복통이 나타난다.

3) 담석증

담석증(cholelithiasis)은 간, 담낭 혹은 담도에 결석이 형성된 것을 말하며, 여성
이나 비만 환자에게서 많이 발생한다. 담석은 콜레스테롤계 결석과 빌리루빈계 결
석으로 나눌 수 있는데, 콜레스테롤계 결석은 주로 담낭 내에, 빌리루빈계 결석은
주로 담도계에 발생한다. 담석은 담도계의 염증 및 담즙 성분의 농도 변화 등으로
인해 담즙 내에 있던 콜레스테롤이나 담즙색소인 빌리루빈이 침전하여 결정화됨
으로써 결석을 형성한 것이다. 담석증은 자각증상이 전혀 없는 경우가 대부분이
나 갑자기 심한 복통과 메스꺼움, 구토 등을 나타내는 발작을 일으키기도 한다.

담석증의 진단으로는 X선 검사법, 담도조영법, 초음파진단법 등으로 담석의 존재를 확인하는 방법이 이용되고 있다. 치료법으로는 담즙배출촉진제를 이용하거나 담즙제제를 이용하여 담석을 용해시키는 방법, 초음파나 레이저를 이용하여 담석을 파괴하는 방법 또는 담낭을 외과적으로 제거하는 수술을 하기도 한다.

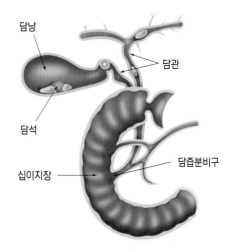

담낭
담관
담석
담즙분비구
십이지장

그림 **6-11** 담석증

4) 영양치료

담낭염과 담석증의 경우 급성기에는 절식을 하다가 증상이 회복되는 단계에 따라 이양식을 하는데, 지방의 흡수불량을 완화시키기 위해 저지방식을 원칙으로 한다. 에너지원으로 양질의 단백질과 탄수화물을 주로 공급하는데, 저지방식으로 인해 나타날 수 있는 지용성 비타민의 결핍을 예방하도록 주의한다. 자극성 음식이나 식이섬유가 많은 음식, 가스 발생 음식들은 피하는 것이 좋다.

각 식품군을 골고루 섭취하게 하고 급성으로 통증이 올 때는 금식을 한다. 급성담낭염에서는 저지방식을 공급하고 자극적이거나 가스를 형성하는 식품은 제한한다. 담석증인 경우 식이섬유 섭취를 증가시키고 필요시 에너지 섭취를 감소시

 담석증의 F4

최근 식생활의 서구화로 지방의 섭취량이 증가하면서 발생률이 증가하고 있는 콜레스테롤계 결석은 여성(female), 비만(fatness), 임신(fertility), 40대(forty)에 주로 발생한다고 하여 그 요인을 4F로 말한다. 반면 빌리루빈계 결석은 용혈성 빈혈 등으로 인해 빌리루빈의 형성이 증가하는 경우에 주로 발생한다.

- 급성기에는 절식시킨다.
- 저지방식을 원칙으로 한다. 단, 지용성 비타민이 결핍되지 않도록 한다.
- 비만인 경우에는 에너지 섭취를 감소시킨다.
- 자극성 음식이나 식이섬유가 많은 음식, 가스 발생 음식들은 피하는 것이 좋다. 담석증인 경우에는 식이섬유 섭취를 증가시킨다.
- 비만인 경우에는 에너지 섭취량을 감소시킨다.
- 포화지방 및 콜레스테롤의 섭취를 제한한다.

킨다. 담낭 절제 후 일정 기간 동안 지방 섭취를 제한한 후 점차적으로 지방량을 증가시킨다. 지용성 비타민이 결핍되지 않도록 충분히 공급하고 비만인 경우에는 에너지 섭취량을 줄인다. 포화지방 및 콜레스테롤의 섭취를 줄인다.

3. 췌장 질환

췌장은 내분비기능과 외분비기능을 가지고 있어 췌장 질환에서는 호르몬 조절과 소화기능에 문제가 생긴다. 췌장 질환에서는 영양결핍증을 예방하고 지방 섭취를 조절하는 것을 중심으로 영양치료를 시행한다.

1) 췌장의 구조와 기능

췌장은 복강 내 가장 깊숙한 곳에 위치하고 있는 기관으로 위의 뒤쪽에 좌우에 걸쳐 위치하고 있다. 췌장은 다수의 소엽으로 구성되어 있으며 각 소엽의 도관은 췌장의 중심을 통하는 췌관에 합쳐지게 된다. 이 췌관은 십이지장의 유두부로 통하며 췌액의 외분비 경로가 되고 있다.

췌장은 외분비조직과 내분비조직으로 구성되어 있다. 외분비조직에는 영양소의 소화작용에 중요한 역할을 하는 소화효소를 분비하는 선 세포와 물과 중탄산염 등을 분비하는 췌관 상피세포가 있다. 내분비조직에 있는 랑게르한스섬은 글루카곤을 분비하는 α-세포, 인슐린을 분비하는 β-세포, 소마토스타틴(somatostatin)을 분비하는 δ-세포 등으로 구성되어 있으며, 호르몬 분비의 중심적인 역할을 담당하고 있다.

췌장의 외분비선에서 십이지장으로 분비되는 췌액은 중탄산염이 함유된 알칼리액으로서 소화관 점막에서 분비되는 세크레틴과 콜레시스토키닌(cholecystokinin)에 의해 조절된다. 췌장의 내분비선에서 분비되는 인슐린은 혈당치가 상승되었을 때 분비되어 간에서의 글리코겐 합성, 지방 합성 촉진, 지방 및 단백질의 분해 억제, 근육으로의 아미노산 수송을 촉진함으로써 혈당 저하작용을 한다. 글루카곤은 혈당치가 저하되었을 때 분비되어 간의 글리코겐 분해, 포도당 신생합성 등을 통해 혈당 상승작용을 함으로써 체내 탄수화물 대사를 조절하는 작용을 한다. 소마토스타틴은 인슐린과 글루카곤의 상반된 혈당조절작용을 견제하는 역할을 통해 당 대사를 조절하는 작용을 한다.

2) 췌장기능검사

췌장기능을 진단하는 방법으로는 세크레틴 자극검사법, 내당능검사법, 분변검사법 등이 있다(표 6-3). 세크레틴 자극검사법은 세크레틴에 의해 분비되는 췌장액 분비능력을 측정하는 것이고 포도당 부하 실험법은 인슐린 분비에 의한 췌장의 내분비기능을 측정하는 방법이다. 분변검사법은 일정량의 지방 섭취 후에 흡수된 지방량을 측정하여 췌장의 외분비기능을 평가하는 방법이다.

표 6-3 췌장기능검사법

검사명	췌장기능
세크레틴 자극검사법	세크레틴 자극에 대한 췌장 분비능검사
내당능검사법	포도당 부하에 대한 인슐린 반응검사
분변검사법(72시간)	지방 흡수능력 측정

3) 급성췌장염

(1) 원 인

급성췌장염은 췌장에 염증이 생겨 췌액의 분비가 원활하지 않을 때 췌장의 각종 소화효소가 췌장세포 내에서 활성화되어 췌장조직 자체를 자가소화하여 발생하는 급성 염증성 질환이다. 급성췌장염의 원인으로는 담석증, 담낭염, 알코올 남용, 지방성 음식의 과식, 약물 남용, 복부의 심한 외상 등을 들 수 있으며 원인이 뚜렷하지 않은 경우도 있다.

(2) 증 상

증상으로는 심한 상복부 통증, 발열, 설사, 구토, 복수 등이 있으며, 당뇨 증세가 나타나기도 한다. 백혈구 증가, 혈청 아밀라아제 상승, 혈중 요소질소의 증가가 나타날 수 있다.

(3) 영양치료

패혈증을 방지하고 췌장의 자극을 최소화하도록 영양치료 목표를 세운다. 영양처방기준은 에너지 25~35kcal/kg, 단백질 1.5~2.0kg/kg, 지방 50g 미만/일이다. 알코올과 카페인의 섭취를 제한하고 식이섬유 섭취를 감소시킨다. 심한 급성췌장염 환자는 영양결핍에 의한 부작용을 예방하기 위해 조기 영양지원이 필요하다.

급성췌장염의 영양치료

- 증세가 심한 경우에는 정맥영양 등으로 영양지원을 실시한다.
- 소화가 잘되는 저지방식을 원칙으로 한다.
- 식이섬유 섭취를 제한한다.
- 식사는 소량씩 여러 번에 나누어 제공한다.
- 금주시킨다.

4) 만성췌장염

(1) 원 인

만성췌장염은 췌장조직에 섬유질이 증가되고 지방 침착이 일어남으로써 췌장의 분비기능이 저하되고 췌액의 변성이 일어나서 만성적인 소화장애가 생기는 질환이다. 급성췌장염에서 이행되는 경우와 처음부터 만성형으로 진행한 경우가 있다. 주된 원인은 알코올의 상습적인 과음, 담낭염, 담석증, 십이지장염, 간염, 당뇨병 등을 들 수 있다.

(2) 증 상

증상은 급성췌장염과 유사하며 복통, 허리 통증, 식욕부진, 구토, 설사 등을 들 수 있다.

(3) 영양치료

영양결핍증을 예방하고 정상 혈당을 유지하도록 영양치료계획을 세운다. 영양처방기준은 에너지 30kcal/kg, 단백질 1.5~2.0g/kg으로 하고 지방은 가급적 저지방식을 한다. 소량씩 자주 먹게 하고 지방변이 있을 때는 중쇄지방산(MCT) 기름을 사용한다. 고혈당인 경우에는 당뇨식을 제공한다. 알코올을 절대 섭취하지 않도록 하고 종합비타민과 무기질을 보충 급여한다.

 만성췌장염의 영양치료

- 단백질은 충분히 제공한다.
- 소화가 잘되는 저지방식을 원칙으로 한다.
- 고혈당인 경우에는 당뇨식을 제공한다.
- 식사는 소량씩 여러 번에 나누어 제공한다.
- 비타민과 무기질을 충분히 공급한다.
- 금주시킨다.

간경변증

이 씨는 건설 현장에서 근무하고 있는 50세의 중년 남성으로, 10년 전에 급성간염으로 10일간 치료를 받았으나 그 후 치료를 중단하였다. 최근 심한 복수가 생겨 병원을 방문하여 검사한 결과 만성간경화 진단을 받고 현재 입원하여 치료를 받고 있다. 신장 168cm, 평소 체중이 57kg이었으나 현재 체중은 64kg이다. 매우 마른 상태로 복수로 인하여 복부는 팽만되어 있고 황달이 심한 상태이다. 가끔 간성혼수 증상도 보이고 있다. 임상결과는 AST, ALT, alkaline phosphates, blood ammonia가 모두 상승되어 있었다.

❶ 위 환자의 실제체중을 판단하는 데 어렵게 하는 요인은 무엇인가?

❷ 지속적인 체중 측정이 환자의 질환상태 개선을 평가하는 데 어떻게 도움을 줄 수 있는가?

❸ 복부 팽만의 이유는 무엇이며, 간 질환에서 복수가 생기는 기전을 설명하라.

❹ 일반적으로 간경화 환자의 경우 지방 섭취에 대해 설명하고 이 씨와 같이 혼수 상태가 반복되는 경우 식사 조절은 어떻게 해야 하는가?

사례연구

췌장염

김 씨는 52세 주부로서 심각한 복부 통증, 오심과 구토 증세로 입원하였다. 검사 결과 혈청 아밀라아제가 정상수치 이상이고, 혈청 알부민은 낮게 나타났으며, 적혈구는 엽산결핍성빈혈에 해당하는 것으로 나타나 췌장염으로 진단되었다. 신장은 155cm이고, 체중은 45kg이었다. 김 씨의 가족들은 의료진에게 그녀가 알코올 중독의 가능성이 있음을 알렸다. 의료진은 췌장염의 치료뿐만 아니라 영양상태 개선과 알코올 중독치료를 고려하였다.

❶ 췌장염과 영양불량의 관련성에 대하여 설명하라.

❷ 어떠한 경우에 김 씨의 영양보급방법으로 식사 대신 경관급식 또는 정맥영양방법을 선택하는가?

❸ 췌장기능을 확인하기 위하여 어떠한 지표를 측정해야 하는가?

CHAPTER 7

당뇨병

당뇨병

영양소는 위장을 통해 흡수되어 혈액으로 이동한 뒤 우리 몸의 조직 및 세포에서 생명활동을 위해 사용된다. 이 중 포도당은 체내 주요 에너지원으로 사용되며, 세포 내로 유입되기 위해서는 인슐린의 도움이 필요하다. 그러나 인슐린이 부족하거나 제 기능을 못하면 포도당이 세포로 들어가지 못하고 혈액에 남게 된다. 이로 인해 포도당의 혈중 수치가 정상범위(70~100mg/dL)보다 높아지고, 결국 소변으로 빠져나가게 된다.

당뇨병은 인슐린 작용이 정상적으로 이루어지지 않아서 일어나는 대표적 내분비 질환으로, 2015년 국민건강영양조사에 의하면 우리나라 30세 이상 성인 10명 중 1명은 당뇨병이다. 당뇨병은 완치가 불가능하지만 식사, 운동, 약물 등으로 조절하면 정상적인 생활이 가능하다. 그러나 방치할 경우 각종 심혈관질환, 말초혈관질환, 당뇨병성 망막병증, 당뇨병성 신증, 당뇨병성 말초신경병증 등의 합병증으로 발전할 수 있기 때문에 정확한 진단과 적절한 치료가 무엇보다도 중요하다.

용어정리

당뇨병(diabetes mellitus, DM) 비정상적인 인슐린 작용 또는 인슐린 저항성에 의한 높은 혈당을 특징으로 하면서 여러 특징적인 대사 이상을 수반하는 질환이다. 당뇨병은 포도당 대사의 이상이 기본적인 문제이나, 이로 인해 체내의 모든 영양소 대사가 영향을 받게 되므로, 총체적인 대사성 질병이라고 할 수 있다. 당뇨병은 현대에서 가장 중요한 만성 질병으로 꼽히며, 특히 선진국일수록 발생 빈도가 높은 특징이 있다.

인슐린(insulin) 췌장의 랑게르한스섬 β-세포에서 분비되며, 혈액 속의 포도당 수치인 혈당을 일정하게 유지시키는 역할을 한다.

인슐린 저항성(insulin resistance, IR) 세포의 인슐린에 대한 민감도가 저하(저항성이 상승)되는 것을 의미한다. 인슐린 저항성이 높을 경우 췌장에서 인슐린이 제대로 분비되더라도 세포가 인슐린의 작용을 인지하지 못해 포도당을 효과적으로 흡수하지 못한다. 이로 인해 췌장에서는 평소보다 더 많은 인슐린을 분비하게 된다. 인슐린 저항성은 당뇨병뿐만 아니라 각종 만성질환(고혈압, 심혈관질환, 이상지혈증 등)을 초래한다.

케토시스(ketosis) 당뇨병성 케톤산혈증(diabetic ketoacidosis, DKA)은 높은 혈중 케톤 수치로 인해 혈중 pH 수치가 감소하는 것이 특징이다. 이 경우 매우 높은 혈당 수치와 혈관 및 세포의 심한 탈수증으로 인해 생명에 위협이 올 수 있다.

당화혈색소(HbA1c) 혈당이 즉각적인 체내 혈당 상태를 반영하는 지표라면, 당화혈색소는 장기적인 체내 혈당 상태(약 3개월간의 혈중 혈당 농도)를 반영하는 지표이다. 높은 혈당상태에 노출된 적혈구의 혈색소는 포도당과 결합하면서 당화혈색소를 형성한다. 고혈당 상태가 특징인 당뇨 환자에서는 당화혈색소 수치가 증가되는 것이 일반적이다.

1. 분 류

당뇨병은 크게 임상적 분류와 통계적 위험군으로 나눌 수 있다. 당뇨병이 있거나 내당능장애 또는 공복혈당장애, 임신성 당뇨병이 있으면 임상적 분류에 해당한다. 내당능장애 경력이 있거나 내당능장애 잠재성이 있는 경우는 통계적 위험군에 해당된다.

1) 당뇨병

(1) 제1형 당뇨병(type 1 diabetes mellitus, T1DM)

제1형 당뇨병은 췌장의 랑게르한스섬 β-세포에서 인슐린을 합성하여 분비시키는 능력이 감소되어 발생하는 **인슐린 의존형 당뇨병**(insulin dependent DM, IDDM)으로, 주로 40세 이전에 발생한다. 인슐린의 절대량이 부족하여 발생하기 때문에 반드시 인슐린으로 치료해야 한다.

초기에는 어느 정도 남아 있는 β-세포에서 인슐린이 합성되어 분비된다. 그러나 시간이 경과할수록 β-세포의 파괴가 진행되어, 결국에는 인슐린의 합성 및 분비가 전혀 되지 않는 것이 특징이다. 제1형 당뇨병은 전체 β-세포의 75% 이상 파괴 시 증상이 발현되며, 증상 발현 후 약 5년이 경과하면 거의 모든 β-세포가 파괴된다.

(2) 제2형 당뇨병(type 2 diabetes mellitus, T2DM)

인슐린이 어느 정도 분비되지만 세포가 인슐린에 대하여 반응하지 못하는 **인슐린 저항성**의 증가로 발생한다. 따라서 치료 시 반드시 인슐린이 필요한 것은 아닌 **인슐린 비의존형 당뇨병**(non-insulin dependent DM, NIDDM)으로, 주로 체중 조절과 적절한 운동으로 혈당 조절이 가능하다. 제2형 당뇨병의 발병 위험도는 나이, 비만도, 운동부족에 비례하여 증가되며 제1형 당뇨병에 비하여 더 강한 유전적 소인을 가진다.

표 **7-1** 제1형 당뇨병과 제2형 당뇨병의 특징

특징	제1형 당뇨병	제2형 당뇨병
발병 비율	전체 당뇨병의 5~10%	전체 당뇨병의 90~95%
발생 연령	보통 40세 이전(유년기, 청소년기)	보통 40세 이후에 발생
발병 형태	갑자기	서서히
체중	정상 또는 저체중	일반적으로 과체중, 비만
혈장인슐린	0~극소량	적정량, 과량, 또는 서서히 감소하나 존재
증상	다뇨, 다갈, 다식증	
혈당치 변동	췌장 β-세포 감염 정도, 인슐린 투여량	제1형보다 변동폭 적음, 인슐린에 거의 좌우되지 않음
인슐린 치료	반드시 필요	경우에 따라 필요(20~30%)
조절	어려움	비교적 쉬움
케톤증	흔함	드묾
식사요법	필요하나 불충분	식사조절만으로도 치료가능
구강 혈당강하제	효과가 적음	효과적임
유전	자주	항상

(3) 영양실조형 당뇨병

영양실조형 당뇨병(malnutrition-related DM)은 저개발도상국가의 영양실조, 특히 단백질섭취가 부족할 경우 나타나는데, 저체중이며 젊은 층에서 주로 발생한다. 인슐린 분비 부족뿐만 아니라 환경적인 요인에 영향을 받으며, 다뇨, 다갈, 체중 감소 증상이 나타나고, 영양균형섭취 외에도 반드시 인슐린 투여가 필요하다.

(4) 이차성 당뇨병

이차성 당뇨병(secondary DM)은 췌장 질환(인슐린 분비 부족), 갑상선, 부신, 뇌하수체 등 내분비계 이상(인슐린에 길항작용 및 작용방해), 약물에 의한 영향(인슐린 분비 방해: 페니토인, 작용 저해: 글루코코르티코이드, 에스트로겐, 카테콜아민) 등 이차적 원인에 의해서 발생된다. 원인을 제거하면 회복이 가능하나, 그렇지 않을 경우 당뇨병 치료가 필요하다.

2) 임신성 당뇨병

임신성 당뇨병(gestational DM)은 임신 중 인슐린 저항성 증가에 의한 포도당 내성저하로 발생하며, 정상인이라도 임신 후반기에는 내당능장애 가능성이 있다. 출산 후 대부분 정상으로 회복되나 당뇨병 발생위험이 30~60%로 높아진다.

태아는 거체구증, 선천적 기형, 심한 저혈당, 호흡곤란 등의 증세가 나타나기도 하며, 모체의 경우, 불임증, 저혈당, 고혈당, 유산, 고혈압 발생 가능성이 있으며, 출산 6주 후에 재검사를 실시해야 한다.

임신성 당뇨병의 진단은 25세 이상, 비만, 직계 가족에서 당뇨의 가족력, 고위험 인종군에 속할 경우 반드시 실시해야 하며, 검사 전일 밤부터 금식하고 오전 8~9시에 실시해 금식시간이 8시간 이상 14시간 이하가 되도록 한다. 검사 전 3일간은 탄수화물을 제한하지 않도록 한다.

표 **7-2** 임신성 당뇨병의 검사단계

구분	1단계(선별검사)	2단계(2차 검사)
시기	임신 24~28주	
공복 혈당농도	≥ 92mg/dL	≥ 95mg/dL
당부하 검사	2시간 75g 포도당 경구당부하 검사	100g 포도당 경구당부하검사
1시간 후	≥ 180mg/dL	≥ 180mg/dL
2시간 후	≥ 153mg/dL	≥ 155mg/dL
3시간 후	-	≥ 140mg/dL
유의사항	고위험군은 선별검사를 1회 더 실시(병적 비만, 당뇨병의 직계 가족력, 당불내성, 과체중아 출산경험, 요당검출)	2번 이상 시간별 한계치 상회 시 임신성 당뇨병으로 진단 1번만 상회 시 임신 33주에 재검

3) 내당능장애와 공복혈당장애

당불내성에는 내당능장애(impaired glucose tolerance, IGT)와 공복혈당장애 (impaired fasting glucose, IFG)가 있다. 당불내성은 정상과 당뇨병의 중간 형태로 제2형 당뇨병의 위험요인이다. 고인슐린혈증, 비만증, 고중성지방혈증, 저HDL-콜레스테롤혈증, 고혈압 등과 관련성이 높고 노화, 운동부족, 약물복용 등과 상관성을 보인다.

표 7-3처럼 혈장 포도당 농도를 기준으로 하는 이유는, 정맥 포도당 부하에 의한 급성 인슐린 반응(acute insulin response, AIR)이 포도당 부하 전 혈당 수치에 영향을 받지 않기 때문이며, 혈당이 높을수록 거대혈관 합병증의 위험도가 점차 증가하기 때문이다.

표 **7-3** 내당능장애와 공복혈당장애의 혈장 포도당 농도 기준치

구분	혈장 포도당 농도(mg/dL) 기준치
내당능장애	140 ≤ 당 부하 2시간 후 < 200
공복혈당장애	100 ≤ 공복혈당 < 126

알아두기

급성 인슐린 반응(acute insulin response, AIR)

췌장 β-세포의 초기 인슐린 분비능 지표이다. 급성 인슐린 반응은 기존 포도당 농도 수치에 영향을 받지 않는다. 제2형 당뇨병 환자에서 급성 인슐린 반응의 소실은 췌장 β-세포 기능부전을 의미하며, 인슐린 저항성이 높은 비만인에서는 포도당 부하에 의한 AIR이 증가한다. 즉, 포도당에 의한 급성 인슐린 반응을 통해 췌장 β-세포의 수 및 기능부전, 인슐린 저항성을 예측할 수 있다.

2. 위험요인·증상·합병증

제1형 당뇨병은 유전인자와는 별다른 관련이 없는 것으로 되어 있으나, 가족력이 있는 경우에는 당뇨병 발병 확률이 가족력이 없는 경우보다 높다. 제2형 당뇨병은 부모 또는 형제 중 1명의 가족력이 있다면 발병 위험률이 5% 정도이나, 부모 모두가 당뇨병이고 비만하다면 위험률은 50% 이상이 된다.

1) 위험요인

당뇨병은 유전적 요인과 환경적 요인 모두에 의해서 발병한다. 유전적 요인을 가진 사람에게 비만, 노화, 감염 및 약물복용, 임신, 스트레스와 같은 환경적 요인이 있을 때 당뇨병의 발생 위험률은 더욱 증가한다(표 7-4).

표 **7-4** 당뇨병 위험요인

위험요인	특징
유전적	직계가족력(특히 제2형 당뇨병), 흑인, 라틴아메리카, 미국 원주민, 아시아인 순
연령과 성별	• 45세 이상(특히 65세 이상인 경우) • 25세 이전 무관, 25세 이후 여성 유병률 높음(우리나라는 남성이 3배 높음)
비만	표준체중의 120% ↑ 또는 BMI 27 ↑
스트레스	부신피질 호르몬 분비 촉진으로 당내성 저하
임신	임신성 당뇨병 병력 또는 4kg 이상의 아기를 낳은 여성
감염 및 약물복용	• 고혈압치료제, 이뇨제, 부신피질 호르몬제(당내성 손상) • 다낭성난소증후군(polycystic ovarian syndrome), 반복적인 피부 및 생식기 감염증
기타	• 죽상동맥경화증의 위험요인 : 고혈압(140/90mmHg↑), HDL 콜레스테롤(35mg/dL↓), TG(250mg/dL↑), 콜레스테롤(240mg/dL↑) • 이전에 내당능장애로 판정된 환자의 경우 • 단백질, Zn, Cr, Fe 부족 시 β-세포 기능저하

2) 증 상

당뇨병 환자는 그림 7-1과 같은 대사의 변화로 표 7-5에 제시된 증상을 보인다.

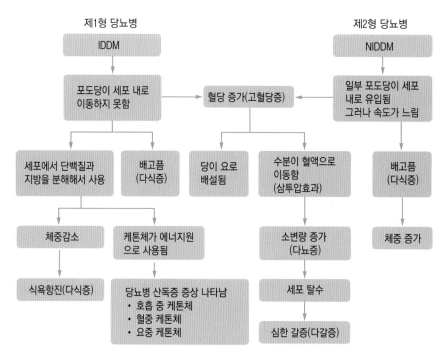

그림 **7-1** 제1형과 제2형의 대사적 변화에 따른 증상

표 **7-5** 당뇨병의 대표적인 증상

증상	기전
당뇨	신장역치(170~180mg/dL)를 기준으로 혈당이 그 이하면 여과된 당이 대부분 흡수되나, 역치 이상이면 모든 당이 재흡수되지 못하고 소변으로 배설됨
다뇨	당과 케톤체가 소변으로 배설될 때 다량의 수분을 동반하게 됨. 따라서 당뇨병 환자는 많은 양의 소변을 보게 되며, 잠을 자는 도중에도 여러 번 소변을 보고 항상 소변의 색이 맑음
다음	당과 함께 다량의 수분이 배설되면 상대적으로 체내수분이 부족하게 되어 갈증을 느끼게 되고 다량의 물을 섭취하게 됨. 즉, 수분이 부족하면 혈액 삼투압이 증가하고, 뇌에서 혈액 농도 증가를 감지하여 정상적 신체활동을 위해 많은 양의 수분이 필요하다는 것을 느끼게 됨
다식	혈당은 상승되어 있는 반면, 인슐린 부족 및 저항성으로 인해 세포 내로 혈당이 공급되지 않으므로 세포 내 에너지 부족과 조직의 영양소 부족을 초래함. 이로 인해 심한 공복감과 함께 많이 먹게 됨(polyphagia)
체중감소	식사단백질과 근육단백질로부터 포도당을 합성하는 당신생이 활발하게 일어나 체근육손실이 나타남. 또한 조직의 영양소 저장부족, 세포의 에너지원 결핍으로 지방조직이 분해되며, 탈수 증상도 나타나 체중감소(weight loss)가 초래됨
피로감	세포의 활동 부족으로 인해 심한 피로감(fatigue)을 느낌
케톤증	당질 부족으로 지방이 산화 시 불완전 연소로 인해 케톤체가 과잉 형성되어 케톤증(ketosis)을 유발함

당뇨병과 대사증후군

대사증후군(metabolic syndrome, MS)이란 고혈압, 당뇨, 비만, 이상지혈증 등이 인슐린 저항성을 동반하면서 나타나는 질병으로, 대사적으로 상호관련성이 높아 복합적으로 치료해야 한다는 개념에서 시작되었다. 과거에는 인슐린 저항성 증후군, 또는 X 증후군으로 혼용되었다. 인슐린 저항성은 과거에는 당뇨병 치료에서 적정량의 인슐린에 잘 반응하지 않는 상태를 일컬었으나, 최근에는 당뇨병 환자뿐 아니라 정상인에게서도 인슐린 저항성이 존재함이 밝혀지면서 뇌심혈관 질환과 여러 가지 대사 질환의 원인으로 주목받게 되었다.

아래 표 대사증후군의 진단 기준 중 3개 이상 해당되면 대사증후군이며, 각각의 요소를 적절히 관리하는 것이 대사증후군의 예방과 치료에 효과적이다.

대사증후군 진단 기준

항목			진단 기준
혈당			≥ 100mg/dL
혈압(수축기/이완기)			≥ 130/85mmHg
이상지혈증	중성지방		≥ 150mg/dL
	HDL-콜레스테롤	남 자	< 40mg/dL
	HDL-콜레스테롤	여 자	< 50mg/dL
비 만	허리엉덩이둘레(WHR)	남 자	> 90cm
	허리엉덩이둘레(WHR)	여 자	> 80cm

3) 합병증

합병증은 크게 급성과 만성합병증으로 나뉜다.

(1) 급성합병증

급성합병증은 고혈당, 저혈당, 고삼투압성 고혈당성 비케톤성 증후군, 당뇨병성 케톤산혈증 등이 있다.

① 고혈당

고혈당의 원인은 크게 식사 요인, 인슐린 요인, 대사적 요인으로 나눌 수 있다.

표 **7-6** 고혈당의 보편적인 원인

식사 요인	인슐린 요인	대사적 요인
• 과식 • 단순당 및 열량섭취 증가 • 가공식품 • 고지방 식사 • 과다한 간식	• 주사 부위 카테터가 막힐 때 • 반동성 고혈당증 • 인슐린 보관 잘못 • 잘못된 인슐린 처방	• 스트레스 • 생리주기 • 임신 • 운동 • 감염 • 여명현상

② 저혈당

췌장의 비정상적 기능에 의해 혈당량이 감소되는 증상으로 혈액 속의 포도당 농도가 60mg/dL 이하로 내려가 여러 가지 신경 및 정신 증세를 나타낸다. 인슐린 주사나 경구혈당 강하제를 복용하지 않고 단순히 식사요법이나 운동요법만으로 치료하는 당뇨병 환자에게 저혈당은 거의 나타나지 않으며, 정상인은 며칠 이상 단식을 해도 혈당이 50mg/dL 이하로 잘 내려가지 않는다.

표 **7-7** 저혈당의 원인, 증상, 대처방법

분류	특징
증상	• 초기 : 배고픔, 떨림, 식은땀, 가슴 두근거림, 불안감, 어지러움, 창백함, 손끝 저림, 메스꺼움 • 진행기 : 심한 피로감, 시력저하, 두통, 졸음, 어눌한 언어, 집중력과 기억력 저하 • 말기 : 경련, 의식 상실, 혼수
원인	• 약물요법을 사용하는 당뇨병 환자: 불규칙한 식사, 섭취부족, 식사시간 지연, 운동량 부족, 과도한 운동, 과도한 인슐린 주사, 스트레스, 흡연, 음주, 피로, 과로 • 경구혈당 강하제 복용 시: 복용 사실을 잊고 또 다시 복용하는 경우 • 혈당감소 가능요인: 카페인, 아스피린, Sulfonurea제(당뇨병 치료제), Haloperidol(항정신병약), Propoxyphene(진통제), Chlorpromazine(항정신병약)

(계속)

분류	특징
치료	• 혈당측정 후 : 필요한 양의 당질 섭취(측정 불가능 시 즉시 당질 섭취) • 10~15분 후 : 혈당 재측정, 계속 60mg/dL 이하일 경우 1회 더 15g 정도 당질섭취 • 혈당조절 후 : 혈당을 120~130mg/dL 정도로 유지할 수 있도록 알맞은 양 섭취 • 다음 식사까지 1시간 이상 남았다면 복합당질과 단백질식품을 추가로 섭취 • 의식불명 시 기도가 막힐 수 있으므로 빨리 병원으로 후송
예방	• 규칙적이고 균형적인 식사, 운동 • 식사시간이나 간식시간을 30분 이상 미루지 않음 • 예정에 없던 운동이나 장시간 운동을 하게 되는 경우, 혈당을 자주 측정하여 필요하다면 운동 전후에 추가로 음식을 섭취하도록 함 • 규칙적으로 혈당을 측정하고 기록함 • 처방받은 대로 약물을 투여함 • 가족, 친구, 동료들에게 저혈당의 증상과 치료법을 알려줌 • 외출 시 반드시 당뇨병 인식표와 당질함유 식품(표 7–8)을 가지고 다님

표 **7-8** 음식별 당질 함량

음식	15g 당질	20g 당질	30g 당질
사과/오렌지주스	120mL	180mL	240mL
포도주스	90mL	120mL	180mL
우유	270mL	260mL	550mL
사탕	5개	7개	10개

③ 고삼투압성 고혈당성 비케톤성 증후군

고삼투압성 고혈당성 비케톤성 증후군(hyperosmolar hyperglycemic nonketotic syndrome)은 주로 고령의 제2형 당뇨병 환자에서 흔히 나타난다. 과분비된 길항 호르몬에 의해 당생성이 증가되어 혈당이 증가(최고 600~1,200mg/dL)하면 중추신경계에 장애가 나타나고, 수분섭취가 결여되어 있는 경우 혈당이 더욱 급격히 상승하게 되어 고혈당과 고삼투압 현상이 초래되는 것을 말한다. 이 증후군은 고혈당, 탈수, 고삼투압이 나타나지만 케톤증은 거의 없다. 급성 합병증이지만 증상이 서서히 진행되므로 자칫 간과하기 쉽고 사망률도 훨씬 높다. 일부 환자에서 반신마비나 경련, 언어장애 등의 국소적 신경학적 증상을 보여서 뇌졸중으로 오인되기도 한다.

반동현상(소모지현상)

- 저혈당이 생겼다가 혈당을 올리는 호르몬들에 의해 반대로 혈당이 급상승되는 현상을 말하는 것으로 마이클 소모지 박사에 의해 처음으로 알려져서 종종 소모지현상이라고도 한다.
- 저혈당이 오면 우리 몸에서 아드레날린, 글루카곤, 부신피질 호르몬, 성장호르몬과 같은 혈당을 올리는 호르몬들을 분비하기 시작한다. 이 호르몬들은 심한 저혈당을 예방하는 데 아주 중요한 역할을 하고 있지만 반대로 작용이 지나쳐 혈당을 정상 이상으로 상승시키는 효과를 나타내기도 한다. 만일 혈당이 올라가는 원인이 반동현상 때문인데도 인슐린을 추가하게 되면, 혈당이 더 떨어지게 되고 심각한 문제가 야기된다.
- 반동현상을 찾아내기 위해서는 두 시간마다 혈당을 측정, 어느 시점에서 혈당이 떨어지는지를 찾아내는 것이 중요한데, 계속 혈당을 재어보았는데도 저혈당이 되는 일이 없다면 인슐린의 용량을 올리면 되지만 반대로 저혈당이 되었다가 다시 혈당이 올라가는 일이 목격되면 인슐린 양을 줄이거나 분할해서 맞는 것이 좋다.

모든 고삼투압성 고혈당성 비케톤성 증후군 환자는 병원치료를 원칙으로 한다. 환자는 병원치료를 통해 정맥수액 공급을 받아 수분과 전해질 불균형을 교정받고, 혈당저하를 위해 정맥으로 인슐린을 투여받는다. 치료를 통해 이 증후군으로 인한 혼미, 발작, 쇼크 같은 증상 발생을 예방하고, 발생 시 적절히 대응한다. 또한 질병이나 기타 문제가 있는지 살펴본다.

이 증후군으로 인해 나타난 증상이 사라지기까지 3~5일 정도 걸린다는 것을 환자와 가족에게 알려준다. 또한 고혈당의 증상과 징후 등에 대해 환자와 가족에게 지도하고, 고삼투압성 고혈당성 비케톤성 증후군의 원인에 대해 설명한다.

④ 당뇨병성 케톤산증

당뇨병성 케톤산증(diabetic ketosis)은 제1형 당뇨병에서 인슐린 주사를 중단하거나 처방된 식사량 및 내용을 지키지 않을 때 인슐린이 절대적으로 부족하여 케톤이 과량으로 생기는 현상으로 치명적인 결과를 초래할 수 있다. 체내의 포도당이 에너지원으로 이용되지 못하는 대신 체내에 저장된 지방이나 단백질이 에너지원으로 이용되는데, 이 과정에서 완전히 연소되지 못한 중간 대사산물인 케톤체의 생성이 증가하면서 혈중 케톤체 농도가 증가하여 초래되는 일종의 산독증이다. 증상은 무기력함, 구토, 탈수, 식욕부진, 다뇨, 호흡곤란 등이 나타나고 호흡 시에 아세톤 냄새가 심하게 나며 얼굴이 붉어진다. 심해지면 혼수상태에 빠지고 사망에 이를 수 있다.

당뇨병성 케톤산증의 증상인 삼투성 이뇨, 구토 등으로 인해 소실된 수분을 보충하기 위해 정맥에 수액을 공급한다. 또한 레귤러(regular) 인슐린을 정맥에 투여하고, 염화나트륨과 인의 요구량에 맞춰 전해질을 공급한다.

표 **7-9** 고삼투압성 고혈당성 비케톤성 증후군과 당뇨병성 케톤산증의 비교

구분	고삼투압성 고혈당성 비케톤성 증후군	당뇨병성 케톤산증
발병	제2형 당뇨병 환자(주로 노인층)	주로 제1형 당뇨병 환자
원인	• 저수분섭취 • 심근경색, 뇌졸중, 감염성 질환(폐렴, 독감), 심한 스트레스 등과 탈수 동반 시 혈당의 지속적 상승으로 발병 • 인슐린/경구혈당 강하제 사용 환자가 어떤 원인에 의해 치료를 중단하는 경우	• 인슐린 부족으로 케톤의 과량생성 • 인슐린 투여량 부족 혹은 주사 중단 • 처방대로 식사섭취를 하지 않은 경우
기전	길항 호르몬(스트레스 호르몬)의 과분비 → 세포외액 및 혈장용량↓ → 소변량 및 포도당 배설↓ → 간의 당생성↑ → 혈당↑ → 중추신경계 장애 → 고혈당, 고삼투압 현상 → 탈수	인슐린 부족 → 체지방, 체단백분해 → 아세틸 CoA 과잉생성 → 케톤체 형성 → 케톤증
증세	• 초기 : 다뇨, 탈수, 피로, 권태, 오심, 구토 • 후기 : 저체온, 발작, 혼미, 혼수, 근육쇠약, 패혈증, 출혈, 위장관계 증상(복통, 설사)	• 초기 : 다갈, 다뇨, 피로, 권태, 졸림, 식욕부진, 오심, 구토, 복통, 근육위축 • 후기 : 쿠스마울 호흡, 달콤한 아세톤 냄새 호흡, 저혈압, 약한 맥박, 혼미, 혼수
병태 생리	• 혈당조절 어려움(내인성/외인성 인슐린의 부적절한 용량) • 요당, 삼투성 이뇨(지속된 고혈당) • 탈수(저체액증, 혈액농축) • 고삼투압(혈당, 나트륨 농도 상승) • 조직 저산소증(혈액점성↑ → 혈류↓) • 신경징후, 증상(세포 내 수분/전해질 이동) • 혈중 요산질소(BUN)와 크레아틴 상승	• 혈당조절 어려움(내인성/외인성 인슐린 양 부족) • 대사성 산독증(케톤체) • 당뇨병성 케톤산증 악화(글루카곤, 카테콜아민, 성장호르몬, 코티솔 분비↑) • 삼투성 배뇨(칼륨, 나트륨, 인 같은 전해질과 수분 소실)
인슐린	케톤증을 예방할 정도의 인슐린은 분비됨	절대적으로 부족

⑤ 랑게르한스섬 기능 증가증(인슐린 과다 분비증)

랑게르한스섬에서 인슐린이 과다 분비되어 혈당이 비정상으로 낮아지면서 저혈당 시 올 수 있는 배고픔, 떨림, 발한 등의 증상이 나타난다. 따라서 환자나 가족에게 저혈당의 증후나 중재방법, 예방법 등을 가르쳐야 한다.

(2) 만성합병증

① 당뇨병성 신경병증

당뇨병 환자는 신경 조직이 손상되어 신경 자극 전달이 둔화된다. 특히, 말초신경의 손상은 팔, 다리로의 신경자극의 전달이 저하되어 감각을 잃는 경우가 생긴다.

따라서 발과 다리가 부패하는 괴저(gangrene) 현상을 보이고 심하면 다리 절단까지 유도하게 된다. 자율신경의 저하는 소화기계, 방광, 심장, 혈관 등에 영향을 미친다. 신경세포 대사 이상은 인슐린치료와 혈당을 잘 조절하면 억제될 수 있다. 위장관계에 있는 자율신경계에 문제가 발생하면 위 마비와 위 배출 지연이 나타나고 이는 혈당조절에 나쁜 영향을 미친다.

② 당뇨병성 신증

신장의 모세혈관 손상으로 생기는 질환으로, 단백질이 소변으로 배설되는 단백뇨 현상을 보이다가 더 진행되면 사구체경화를 초래한다. 이로 인해 노폐물이 배설되지 않아 혈중에 쌓이는 요독증이 나타나며, 결국 신장기능이 정지된 만성 신부전 상태가 된다.

당뇨병성 신증을 예방하거나 지연하기 위해서는 혈당과 혈압을 정상으로 유지하는 것이 치료의 주축이며, 이때 식사 내 단백질 제한이 도움이 될 수 있다. 단백질 섭취는 표준체중을 기준으로 1일 체중(kg)당 0.6~0.8g으로 제한하며, 부족한 칼로리는 당질이나 지방으로 보충한다.

③ 망막병증

망막 모세혈관에 생기는 병변으로 약해진 모세혈관 부분에 늘어진 미세동맥류가 나타나고 손상된 모세혈관은 지질이나 단백질의 투과도를 높여 모세혈관으로부터 나온 경성삼출액을 형성하게 된다. 이러한 상태가 지속되면 산소 공급 부족으로 인한 조직괴사가 일어나고 이를 보상하기 위하여 새로운 혈관이 형성된다. 이와 같이 대체된 혈관은 초자체 안으로 자라나는 경향이 있고, 따라서 초자체 출혈과 망막박리를 초래해 시력을 상실한다.

④ 혈관계 질환

대부분의 당뇨병 환자는 지질대사 및 상체지방분해 이상으로 혈중 중성지방과 총 콜레스테롤 농도가 증가하고, HDL-콜레스테롤 수준이 감소하는 경향이 있다. 이

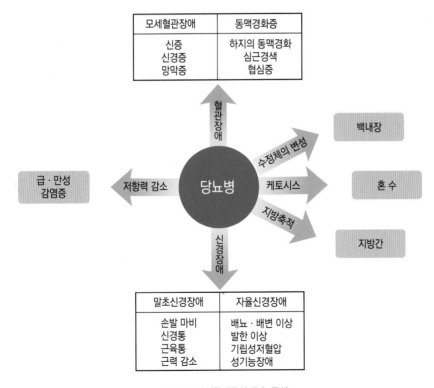

그림 **7-2** 만성합병증의 주요 증상

는 죽상경화성 혈관질병과 관상동맥질환 발생을 증가시킨다.

저혈당상태에서는 아드레날린과 카테콜아민(catecholamine)의 증가로 심부정맥을 초래할 수 있고, 고혈당은 탈수를 유발하여 혈소판 응집에 영향을 주어 혈관계 질환 발생을 초래한다. 혈관계 질환의 예방 및 조절방법으로는 혈당유지를 최우선 목표로 하고, 흡연, 고혈압, 고지혈증 등을 완화시킬 수 있도록 식사와 생활습관을 수정한다.

3. 대 사

1) 호르몬의 분비작용

호르몬을 분비하는 랑게르한스섬(Langerhan's island)은 췌장 무게(성인 기준 75~100g)의 5% 정도로 지름은 0.3mm이며, 췌장에 100~200만 개 정도 들어 있다. 그 중 α-세포는 30%로 글루카곤을 생산·분비하고, β-세포는 60%로 인슐린을 생산·분비하며, γ-세포는 10%로 혈당농도에 알맞게 두 호르몬의 분비량을

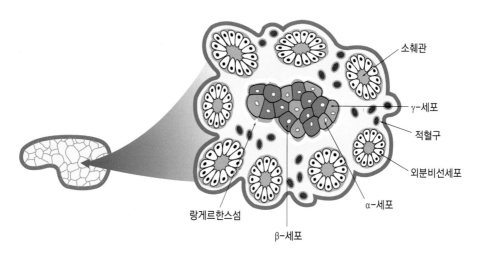

그림 **7-3** 랑게르한스섬 단면도

조절하는 소마토스타틴을 분비한다(그림 7-3).

2) 혈당조절작용

췌장에서 분비되는 호르몬은 인슐린과 글루카곤, 소마토스타틴이 있다. 인슐린은 고혈당일 때 혈당을 저하시키고, 글루카곤은 저혈당일 때 혈당을 높이는 기능을 한다. 소마토스타틴은 인슐린과 글루카곤의 과잉분비를 막아주는 견제역할을 한다.

포도당은 세포의 가장 기본적인 에너지원으로, 체내에는 혈당을 일정하게 유지하려는 여러 대사상의 작용이 존재한다. 이러한 과정에서 중요한 역할을 하는 호르몬이 인슐린과 글루카곤이다.

인슐린이 분비되면 혈액 내 포도당을 조직으로 운반하고, 지방산 분해를 억제하며, 글리코겐의 합성을 증진시키는 직접적인 기능뿐만 아니라 포도당 대사를 억제하는 간접적인 기능까지 가진다(표 7-10).

인슐린 분비 이상으로 포도당이 세포 내로 유입되지 못하면 공복 및 식후 혈당이 증가하게 된다. 이로 인해 공복 시 혈당 126mg/dL 이상, 식사 2시간 후 혈당이 200mg/dL 이상이 되면 당뇨병으로 진단한다. 혈당이 신장역치인 170mg/dL 이상이 되면 신세뇨관에서 포도당을 재흡수하지 못해 소변으로 당이 배설되고, 당이 배설될 때 많은 수분과 나트륨이 배설되므로 다뇨·다갈증상이 나타난다(그림 7-4).

표 **7-10** 인슐린의 효과

직접적인 효과	간접적인 효과
• 포도당을 간, 골격근육, 지방조직으로 운반 • 골격근으로 아미노산 이동증진 • 지방산 분해 억제 : 지방조직의 호르몬 민감성 리파아제(HSL) 활성을 감소시킴 • 단백질, 지방, 글리코겐 합성 증진	• 간 내 cAMP dependent protein kinase에 의한 포도당 대사 억제(항글루카곤 기능) • 간세포에서 cAMP 수준 저하 • 유전자 발현 저하로 혈중 글루카곤 수준 감소

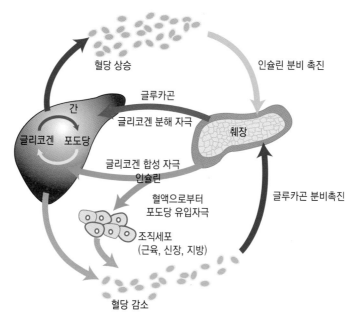

그림 **7-4** 인슐린과 글루카곤에 의한 혈당조절기전

3) 당질 대사

간에서 글리코겐 합성 저하와 분해 증가로 혈액으로 포도당 방출이 증가되며, 인슐린 부족과 인슐린 저항성으로 인해 말초조직으로 포도당 이동과 유입이 잘 이루어지지 않으면, 고혈당과 포도당 내인성 저하가 유발되고, 결국 포도당이 소변으로 배설된다. 포도당 이용 저하로 해당과정과 TCA 회로에 관여하는 효소활성의 저하, 혈중 피루브산과 젖산이 상승한다.

4) 지질 대사

포도당 이용 감소, 글리코겐 합성 저하, 간의 글리코겐 저장량 감소로 인해 당 대사로부터 오는 에너지 공급이 부족하여 지방분해가 촉진된다. 이로 인한 혈중 유리지방산 증가, 혈중 지단백 분해효소(lipoprotein lipase, LPL) 활성 저하, 혈중

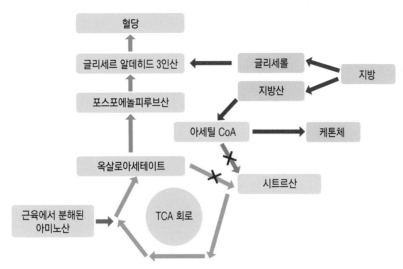

당뇨병 환자는 당질 부족으로 체지방 분해 시 지방산에서 생성된 아세틸 CoA가 완전 산화되지 못해서 아세톤(acetone), 아세토아세테이트(acetoacetate), β-하이드록시 뷰트릭산(β-hydroxy butyric acids)과 같은 케톤체를 형성한다.

　케톤체가 혈중에 증가하면 혈액이 산성으로 변해 케톤증을 유발한다. 이때 호흡 시 아세톤 냄새, 호흡곤란, 피로감, 메스꺼움, 식욕감퇴 등이 나타나며 심하면 당뇨병성 혼수(diabetic coma)에 이른다.

콜레스테롤 증가가 초래되어 동맥경화증 유발 가능성이 증가한다. 또한 지방의 불완전 연소로 인한 케톤체가 형성되어 **케토시스(ketosis)**가 유발된다.

5) 단백질 대사

당뇨병 환자는 인슐린 부족이나 저항성으로 포도당을 에너지원으로 이용하지 못하므로 간과 근육에서 지방 분해뿐 아니라 단백질 분해도 촉진되어 에너지원으로 이용된다. 알라닌과 같은 일부 아미노산은 당신생(gluconeogenesis)을 통해 포도당으로 전환되고, 나머지는 혈중으로 방출된다. 아미노산이 에너지원으로 사용되

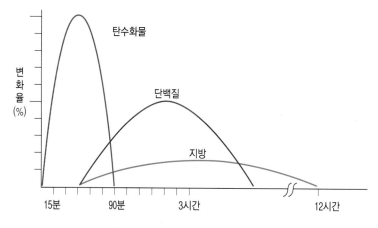

그림 **7-5** 시간경과에 따른 영양소별 혈당 변화

면, 아미노기가 간으로 운반되면서 요소합성이 촉진되어 요 중 질소배설량이 증가한다. 체단백이 많이 분해되면 신체쇠약, 성장저하, 면역력 감소가 일어난다.

6) 전해질 대사

당뇨병 환자의 혈당 상승은 혈액 삼투압 증가를 일으켜 수분을 세포에서 혈액으로 이동시킨다. 이로 인해 요량이 증가하고 혈중 케톤체 배설을 위한 다량의 수분도 배설되며, 전해질도 다량 배설된다. 즉, 전해질 불균형과 함께 탈수현상, 갈증이 일어난다.

Q&A

당뇨병 환자는 왜 혈중 콜레스테롤이 높아지나?

당뇨병 환자는 포도당 이용이 용이하지 않기 때문에 에너지를 공급하기 위해 체지방을 분해시킨다. 이때 분해되면서 유리지방산과 아세틸 CoA가 나오는데, 아세틸 CoA는 콜레스테롤 합성의 중요한 성분이다. 따라서 분해되어 나온 아세틸 CoA가 콜레스테롤 합성에 사용되므로 혈중 콜레스테롤 농도가 상승한다.

> **당뇨병과 염증반응**
>
> 최신 연구보고에 따르면 만성적 기저 염증반응(chronic low-grade inflammation)이 비만, 인슐린 저항성, 대사증후군, 제2형 당뇨병, 심혈관계 질환 등의 대사성 질환의 발병 및 진행에 중요한 역할을 하는 것으로 밝혀졌다. 인슐린 저항성 및 제2형 당뇨병의 경우 췌장의 β-세포가 더 많은 인슐린을 만들어 내려고 하는 과정에서 대사적 스트레스 신호들이 죽어가는 β-세포를 청소하도록 단핵구세포(monocyte)를 모은다. 이렇게 모인 단핵구는 염증반응의 사이토카인(cytokine)인 TNF-α(tumor necrosis factor-α), IL-6(interleukin-6), IL-1을 만들어 내는 대식세포(macrophage)로 분화되어 β-세포 기능 이상과 사멸을 더욱 초래한다. TNF-α는 인슐린 신호전달과 민감도를 방해하는데, 인슐린 저항성이 있는 경우 말초 조직 및 혈중에서 TNF-α 농도가 더 높은 것으로 나타났다. 또한 지방세포와 간세포를 포함한 인슐린 반응 세포들도 TNF-α, IL-6, IL-1 등의 사이토카인을 생산하는데, 조직과 혈중 내 사이토카인 농도는 고지방식이에서 더 증가하는 것으로 보고되었다.

4. 진 단

당뇨병의 진단 기준으로 첫째, 물을 많이 마시고 소변을 많이 보며, 다른 특별한 이유 없이 체중이 감소하고 식사와 관계없이 측정한 혈당이 200mg/dL 이상인 경우, 둘째, 8시간 이상 동안 열량 섭취가 없는 공복상태에서 측정한 혈당이 126mg/dL 이상인 경우, 셋째, 75g의 포도당을 이용한 경구당부하검사에서 2시간째 혈당이 200mg/dL 이상인 경우 중 어느 한 기준만 만족하면 당뇨병으로 진단을 내릴 수 있다.

1) 혈당 측정 검사

당뇨병 검사는 40세 이상 성인이거나 위험인자가 있는 30세 이상 성인에서 매년 시행하는 것이 좋다. 혈장 포도당 농도를 이용한 당뇨병 검사는 보통 8~12시간 금식 후 실시한다. 공복혈당장애 또는 **당화혈색소** 수치가 정상 이상일 경우 추가적인 검사가 필요하다. 당뇨병과 당불내성의 진단기준은 표 7-11과 같다.

정상인은 포도당을 섭취하여 혈당이 올라가면 인슐린이 분비되고 이에 따라 혈당이 세포 내로 이동되므로 혈당이 정상수준으로 돌아가게 된다. 경구당부하검사(oral glucose tolerance test, OGTT)는 일정량의 포도당(성인의 경우 75g, 어린이의 경우 체중 당 1.75g)을 경구 투여한 후 2~5시간 동안 30분~1시간 간격으로 혈액을 채취하여 혈당을 측정하여 시간에 따른 혈중 포도당 농도를 곡선으로 그린다.

공복 시 혈당치가 100mg/dL 이상 126mg/dL 미만이거나, 식후 혈당치가 140mg/dL 이상이면 12시간 공복 후 경구당부하검사를 실시한다. 최소한 3일 동안 식사를 제한하지 않고 정상적인 육체활동을 하고 있는 상태에서 검사 전날 10~16시간 동안 금식하며 당일 아침은 금연해야 한다.

표 **7-11** 혈당 측정을 통한 당뇨병 진단기준

구분	진단 기준
정상혈당	1. 최소 8시간 이상 음식을 섭취하지 않은 상태에서 공복 혈장혈당 100mg/dL 미만 2. 75g 경구포도당부하 2시간 후 혈장혈당 140mg/dL 미만
당뇨병	1. 당화혈색소 ≥ 6.5% 또는 2. 8시간 이상 공복혈장혈당 ≥ 126mg/dL 또는 3. 75g 경구포도당부하검사 후 2시간 혈장혈당 ≥ 200mg/dL 또는 4. 당뇨병의 전형적인 증상(다뇨, 다음, 설명되지 않는 체중감소)과 임의 혈장혈당 ≥ 200mg/dL
당뇨병 위험군	1. 공복혈당장애 : 공복혈장혈당 100~125mg/dL 2. 내당능장애 : 75g 경구포도당부하 2시간 후 혈장혈당 140~199mg/dL 3. 당화혈색소 5.7~6.4%

*당뇨병의 1, 2, 3인 경우 다른 날 동일한 검사를 반복하여 확인한다.
*당화혈색소는 표준화된 방법으로 측정되어야 한다.
자료 : 대한당뇨병학회(2015), 당뇨병 진료지침

2) C-펩타이드 측정

C-펩타이드(C-peptide)는 인슐린의 전구체인 프로인슐린이 단백질 가수분해효소에 의해 분해되는 과정에서 생기는 부산물로, 프로인슐린 1분자 분해 시 인슐린 1분자와 C-펩타이드 1분자가 생성된다. 당 섭취 후 C-펩타이드의 연속적인 측정을 통

해 인슐린 분비 시간과 양을 예측할 수 있다. 공복 혈청 인슐린과 C-펩타이드 농도 측정을 통해 제1형 당뇨병 진단에 사용된다. 정상범위는 공복 시 1~2ng/mL, 당부하 검사 시 2시간 후 4~6ng/mL이다.

3) 당 뇨

혈당이 신장의 포도당 재흡수 역치(170~180mg/dL) 이상인 경우, 정상인은 포도당이 소변으로 배설되지 않지만, 당뇨병 환자의 경우 신세뇨관에서 포도당 재흡수가 불가능하여 당뇨(glucosuria)가 나타난다.

요당검사는 검사 시약띠에 소변을 묻혀 색의 변화를 관찰함으로써 포도당 유무를 검사하는 간단한 방법으로 당뇨병 선별검사에 많이 사용된다.

이 밖에 당뇨인 경우 소변의 비중(d1.008~1.030 이상), 요량(1.2~2L 이상), 요당(5~10g 이상), 케톤체(3~15mg 이상)가 정상범위보다 증가된다.

4) 당화혈색소

당화혈색소(glycated Hb: glycosylated Hb, HbA1c)는 적혈구 내에 존재하는 생분자로 적혈구의 헤모글로빈이 포도당과 결합하여 생긴 분자이며, 이 반응은 비가역적이다. 혈당이 높아지면 헤모글로빈 중 A1c 분자구조 끝에 포도당이 비효소적으로 결합하여 당화 혈색소가 증가한다.

HbA1c가 ADA 당뇨병 진단기준에 포함되지 않은 이유

HbA1c는 현재 ADA의 당뇨병 진단기준에서 제외되었는데, 표준화된 수치에 대한 합의가 없고 검사법과 정상치가 서로 다르며, 개발도상국에서는 잘 시행되지 않아 국제적인 기준으로 채택하기에 적합하지 않았기 때문이다. 특히, 임신 중에는 혈액생성이 증가하고 적혈구의 반감기가 짧아 HbA1c의 측정은 선별검사로는 부적절하다.

정상범위는 6~7.5%이지만, 당뇨병의 경우 11% 이상으로 증가되며, 당화혈색소는 비교적 장기간에 걸친 혈당수준을 반영한다. 특히 고위험군에서 선별검사가 용이하고 환자가 방문했을 경우 바로 검사 가능한 장점이 있다.

5. 치 료

당뇨병 영양관리의 전반적인 목표는 당뇨병 환자가 적절한 식사와 생활습관을 갖게 함으로써 대사 이상을 최대한 정상화시키고 합병증을 예방 또는 지연시켜 좋은 영양 상태를 유지하도록 하는 것이다. 당뇨병의 치료는 약물요법, 식사요법, 운동요법으로 구분되며, 환자의 연령, 동반 질환, 생활양식, 경제력, 자기관리능력, 동기유발 정도에 따라 개별화되어야 한다.

1) 영양치료

(1) 제1형 당뇨병

제1형 당뇨병 환자의 경우 대부분 저체중이므로 이상체중 유지를 위한 충분한 에너지 공급이 필요하다. 평상시의 식사패턴을 바탕으로 운동 그리고 인슐린요법을 통합적으로 실시하도록 한다. 식품섭취가 투여되는 인슐린의 작용시간과 일관성 있도록 조절하고, 야식, 갑작스런 간식 또는 운동량 변화 시 인슐린 투여량을 조절해야 한다.

강화인슐린요법 사용 시 체중 증가의 우려가 있으므로 과체중인 경우 에너지 섭취에 주의하도록 한다.

당뇨병 식사요법의 목표

- 정상 혈당 유지
- 표준체중 유지와 정상 혈압 유지
- 급성 및 만성합병증 예방
- 정상 혈청 지질 수준 유지

(2) 제2형 당뇨병

제2형 당뇨병 환자의 경우 과체중 또는 비만인 경우가 많으므로 체중 감소 식사요법을 실시하도록 한다. 체중 감소 및 혈압, 혈청 당질과 지질 농도에 따라 영양소 구성이 다른 식사요법을 권장한다.

식사요법과 운동요법의 순응도 평가를 위해 혈당, 지질, HbA1c, 혈압을 정기적으로 검사하는 것이 필요하다. 이러한 체중감소, 운동, 식사요법으로 개선되지 않을 경우 혈당강하제 또는 인슐린 사용이 권장된다.

소아당뇨병 환자의 치료 목표는 비만은 예방하면서 아동이 정상적으로 성장하고 발달할 수 있도록 에너지와 필수영양소를 충분히 공급하는 것이다. 소아당뇨병 환자의 영양관리는 인슐린요법, 규칙적인 운동과 활동 및 정서적 안정이 함께 이루어지도록 하여 정신적으로나 신체적으로 합병증이 없는 건강한 성인이 되도록 해야 한다.

소아당뇨병은 사춘기 전후로 많이 발병되며, 90% 정도는 제1형 당뇨병 환자이다. 주요 치료원칙은 다음 표와 같다.

소아당뇨병의 특징과 치료 원칙

분류	특징
발생	사춘기 전후에 가장 많이 발병되며, 그 다음이 6~7세에 많이 발병
종류	• 90%는 제1형 당뇨병(인슐린 의존형) • 10%는 비만에 의한 제2형 당뇨병(인슐린 비의존형) 또는 글루코키나아제 결핍에 의한 MODY(maturity onset diabetes of youth)
치료 원칙	• 혈당의 상한치를 성인보다 높게 정함 　– 저혈당증으로 뇌손상의 위험방지 　– 식전 혈당 조절목표 70~180mg/dL 　– 영·유아의 저혈당 방지를 위해 100~200mg/dL • 성장에 필요한 적절한 열량섭취 　– 정상아동의 권장량에 기준하거나 트리스만법 이용 　　[열량(kcal) = 1,000 + (나이 × 100)] • 총 열량 중 당질 55~60%, 단백질 15~20% • 총 열량 중 지방 30% 이하 　– 포화지방 : 단일불포화지방:다불포화지방 = 1 : 1 : 1 　– 콜레스테롤 300mg/dL 이하

혈당지수(glycemic index, GI)

순수 포도당을 100이라고 했을 때 섭취한 식품의 혈당 상승 정도와 인슐린 반응을 유도하는 정도를 비교하여 수치로 표시한 지수가 혈당지수이다. 높은 혈당지수의 식품은 낮은 혈당지수의 식품보다 혈당을 빨리 상승시킨다. 아래 표는 주요 식품의 혈당지수를 정리한 것이다. 당부하(glycemic load, GL)란 1회 섭취량에 들어 있는 총 탄수화물이 혈당에 미치는 영향을 나타낸 것으로 혈당지수와 당부하를 모두 고려하여 식품을 섭취하는 것이 효과적이다.

혈당지수에 영향을 미치는 요인

식이섬유소의 함유량이 많을수록 당 흡수를 느리게 하여 혈당지수를 낮춘다. 또한 콜레스테롤 흡수를 방해하여 혈청 콜레스테롤 감소에도 효과가 있다.

소화흡수가 빠를수록 혈당지수가 높아진다. 으깬 감자는 소화가 잘 되어 혈당이 빨리 상승하는 반면, 오트밀 등은 소화가 천천히 진행되므로 혈당이 천천히 상승한다.

당뇨병 환자가 고려해야 할 사항

튀김이나 단 음식, 가공 식품은 일반적으로 혈당지수가 높으므로 제한하고, 되도록 자연 식품을 섭취한다.

같은 식품이라도 날것으로 먹는 것이 좋으며, 조리하거나 으깬 것은 혈당지수가 높아지므로 주의해서 섭취하도록 한다. 생과일주스보다는 생과일로 먹어 혈당지수를 낮추고, 설탕보다는 과일의 당분을 섭취하는 것이 바람직하다.

해조류는 혈당지수와 열량이 낮기 때문에 체중감량이 필요한 경우 도움이 된다. 육류, 생선, 어패류는 혈당지수가 60 이하지만 동물성 지방이 함유되어 있으므로 너무 많이 섭취하지 않도록 한다. 혈당지수가 높은 식품은 되도록 제한하는 것이 좋지만 먹게 된다면 식후 바로 먹기보다는 3~4시간 정도 지난 후 혈당치가 떨어진 후에 따로 먹는 것이 적당하다. 즉, 식후에 바로 혈당지수가 높은 후식을 먹는 것은 피한다.

혈당지수 범위와 식품의 종류

혈당지수 범위		식품 종류
고혈당지수 식품	70 이상	포도당(100), 꿀(87), 감자(90), 떡(80~87), 백미(70~90), 콘플레이크(72~92), 호박(75), 수박(72), 옥수수(70~75), 흰식빵(70), 크로와상(70)
중혈당지수 식품	56~69	보리빵(67), 요구르트(64), 다이제스티브(62), 초콜릿(60), 바나나(58), 현미(56), 요거트(56)
저혈당지수 식품	55 이하	전곡빵(51), 고구마(48), 오렌지주스(46~53), 요거트(46), 오트밀(42), 우유(31~34), 사과(34), 대두(15), 채소(10~15), 초콜릿바(14~23)

당질계산법

식사 시 섭취하는 총 당질의 양에 중점을 두는 식사계획 방법으로 당질의 종류보다 총 당질량의 중요성이 강조되기는 하지만 단백질과 지방에서 오는 총 에너지 섭취 역시 고려되어야 한다. 당질 계산법(carbohydrate counting)을 이용하면 식품과 혈당과의 관계를 정확히 이해하고, 식품을 비교적 쉽게 선택할 수 있다. 이 방법은 동기 유발된 환자에게 적합하지만, 사전에 식사계획, 식품 속 당질 함량과 혈당 측정이라는 기본개념에 대한 지식이 있어야 한다.

당질계산법의 3단계

- 1단계 : 당질계산의 개념을 설명하고 일정량의 당질을 식사와 간식으로 배분·섭취한다.
- 2단계 : 음식, 약물, 활동, 혈당과의 관계를 살펴보고 혈당 변화 패턴을 설명한다.
- 3단계 : 인슐린을 여러 번 주사하거나 인슐린 펌프를 사용하는 환자를 대상으로 당질과 인슐린의 비율을 이용하여 섭취한 당질에 따라 인슐린 양을 조절한다.

현행 식품교환표를 이용하면 곡류군의 1교환단위는 당질을 23g, 우유군의 한 교환단위는 당질을 11g, 과일군의 한 교환단위는 당질을 12g 각각 함유하고 있어 곡류군 0.5교환단위, 우유군 1교환단위, 과일군 1교환단위는 당질 1선택 단위로 조정하여 이용할 수 있다.

당뇨병 환자의 회식, 어떻게 하면 좋을까?

- 알코올은 케톤체 합성 증가, 저혈당증, 혈중 중성지방 상승 등을 유발하므로 제한하는 것이 좋다. 또한 알코올의 섭취로 인한 칼로리(7kcal/g)도 유의하여야 한다.
- 술은 일주일에 1~2번, 한 번에 2단위 이하로 제한하도록 한다. 알코올 2단위는 맥주로 2컵(720cc), 포도주로 2잔(300cc), 소주나 위스키로 2잔(90cc)에 해당한다.
- 인슐린 또는 혈당강하제를 사용하는 당뇨병 환자에서의 알코올 섭취는 저혈당의 위험을 증가시키므로 반드시 식사와 함께 섭취하도록 한다.
- 튀김, 삼겹살 등의 고열량, 고지방 식품은 혈중 지질 농도를 높이고, 체지방을 증가시키므로 피하도록 한다.
- 설폰요소제를 복용하는 당뇨병 환자가 만성적으로 음주를 하면 대사가 촉진되어 고혈당, 홍조, 빈맥, 메스꺼움이 발생하므로 제한한다.
- 췌장염, 신장 및 심장 질환, 이상지단백혈증 등의 합병증을 갖는 당뇨병 환자와 임산부는 알코올 섭취를 제한한다.

2) 약물요법

치료 시 식사요법과 운동요법에 의해 치료가 안 되는 경우 약물요법과 병행하여 치료한다. 대체적으로 제1형 당뇨병 치료에는 인슐린을 사용하고, 제2형 당뇨병에는 경구용 혈당강하제를 사용한다.

(1) 인슐린

① 대 상

제1형 당뇨병, 식사요법과 운동 및 경구혈당강하제로 조절되지 않는 제2형 당뇨병, 임신성 당뇨병, 케톤산증이나 고삼투압성 비케톤성 혼수 등의 응급 환자 등에 주로 적용된다. 또한 식사요법이나 경구혈당강하제로 조절하는 제2형 당뇨병 환자가 대수술이나 감염 등의 스트레스로 인슐린 요구량이 급증하는 때에도 일시적으로 적용된다.

② 종 류

인슐린은 작용시간에 따라 즉효성, 속효성, 중간형, 지속형으로 구분된다(그림

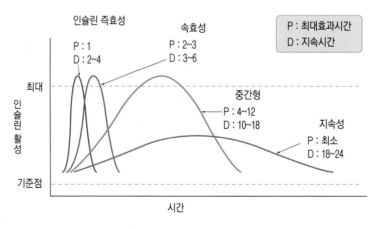

그림 **7-6** 인슐린 종류에 따른 작용

표 **7-12** 당뇨병 환자의 적절한 영양소 필요량

구분	필요량
에너지	• 1일에 필요한 에너지 = 표준체중 × 1kg 당 필요한 에너지 • 표준체중 1kg에 필요한 에너지 　– 침상에만 누워만 있는 사람 : 25kcal/kg 　– 누웠다 일어났다 하는 사람 : 30kcal/kg 　– 아주 가벼운 운동을 하는 사람 : 35kcal/kg 　– 중간 정도의 노동을 하는 사람 : 40kcal/kg 　　(단, 65세 이상 및 비만인 사람은 각각 5kcal 줄여서 계산한다.)
지방질	• 총 에너지의 20~25% 정도 • 불포화지방산:포화지방산 = 1.0 이상, 콜레스테롤은 200mg 이하
단백질	• 총 에너지의 20~25% 정도 • 보통 단위체중(kg) 당 1~1.2g 권장 • 동물성 단백질을 총 단백질량의 1/2~1/3 정도
섬유소	하루 20~35g 정도
감미료	• 에너지 발생 감미료 : 과당은 총 에너지의 20% 미만 당알코올류는 하루 30~50g 미만 • 에너지 미발생 인공감미료 : 사카린 1.0g 미만, 아스파탐 50mg/kg
식염	• 정상혈압의 당뇨병 환자 : 식염 6~8g/d(Na 2,400~3,000mg), 1ts • 중정도 고혈압인 당뇨병 환자 : 식염 6g/d 미만(Na 2,400mg 미만) • 고혈압, 당뇨병성 신증 : 식염 5g/d 이하(Na 2,000mg 이하)

7-6). 인슐린 치료 시 인슐린의 특성, 효과 발현시간과 지속시간에 따라 혈당변화의 정도가 달라지므로 이에 따라 식사관리를 조정하여야 한다(표 7-12).

③ 방 법

전통적인 인슐린 투여법은 하루 1~2회 투여하는 것이다. 강화 인슐린 투여법은 하루 3회 이상 나눠 투여하거나 인슐린 펌프로 지속적으로 투여하는 것이다.

　다회 인슐린요법은 하루 여러 번 인슐린을 주입하며 혈당조절을 엄격히 할 때 사용한다. 매 식전에 속효성 인슐린을 주사하고 취침 전에 중간형 인슐린을 주는 방법이다. 이 방법은 중간형 인슐린을 아침에 주사하지 않으므로 오후에 인슐린 최고작용이 나타나는 것을 피할 수 있고, 식사 종류와 양에 따라 속효성 인슐린 투여량을 변화시킬 수 있으며, 양을 조절함으로써 하루 동안의 혈당조절을 상대

적으로 원만하게 할 수 있다.

　지속적 피하 인슐린 주입법은 인슐린 펌프를 이용해 인슐린을 주입하는 방법으로서 환자가 혈당조절을 철저하게 하고자 할 때 사용한다. 정상인에서의 인슐린 분비와 같이 지속적으로 소량의 속효성 또는 즉효성 인슐린이 복부피하지방을 통해 주입되고 매 식사 전에 식사량에 맞추어 속효성 또는 즉효성 인슐린을 투여한다. 식사 전 인슐린 투여는 섭취하는 음식의 칼로리보다는 당질을 예측하여 주입해야 하므로 환자에게 적절한 교육이 필요하며 자가혈당 측정을 계속하면서 인슐린 투여량 등을 조절할 수 있어야 한다(그림 7-8).

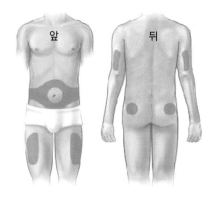

그림 **7-7** 인슐린 주사 부위
자료 : 세브란스병원 당뇨병 교실

그림 **7-8** 인슐린 펌프
자료 : 베스트 라이프 홈페이지

표 **7-13** 시판되고 있는 인슐린 제품 및 특성

종류	상품명	효과발현시간	최대효과시간	지속시간
초속효성 인슐린	Humalon(lispro)	< 15분	0.5~1.5시간	3~5시간
	Novolog(Aspart)	–	–	–
속효성 인슐린	DS insulin	30~60분	2~5시간	6~8시간
	Volosulin	30분	2~4시간	6~8시간
	Velosulin HM	30분	2~4시간	6~8시간
	Actrapid	30분	2~4시간	6~8시간

(계속)

종류	상품명	효과발현시간	최대효과시간	지속시간
속효성 인슐린	Novolin R	30분	2.4~5시간	8시간
	Novolin R penfill	30분	2.4~5시간	8시간
	Humulin R	30분	2~4시간	6~8시간
중간형 인슐린	NPH	1~4시간	6~14시간	16~24시간
	Insulatard	1.5시간	6~12시간	24시간
	Insulatard HM	2시간	6~12시간	24시간
	Protaphan	1.5시간	6~12시간	24시간
	Novolin N	1.5시간	6~12시간	24시간
	Novolin N penfill	1.5시간	6~12시간	24시간
	Humulin N	1.5시간	6~12시간	24시간
혼합형 인슐린	70% NPH/30% regular (Humulin, Nobvolin 70/30)	30~60분	Dual	10~16시간
	50% NPH/50% regular (Humulin 50/50)	30~60분	Dual	10~16시간
	75% NPL/25% lispro (Humalog mix 75/25)	5~15분	Dual	10~16시간
	70% NP/30% aspart(Novo mix 30)	5~15분	Dual	10~16시간
지속형 인슐린	Ultralente(Isulin zinc extended)	5~15분	10~16시간	20~24시간
장기간 지속형 인슐린	Lantus(Glargine)	5~15분	–	20~24시간
	Levermir(Determir)	–	–	–

(2) 경구용 혈당강하제

① 대 상

제2형 당뇨병 환자의 혈당조절에 필요하고, 식사요법을 충실히 시행해도 고혈당이 지속되는 경우 사용하며, 사용기간에도 그 유효성을 확인할 필요가 있다.

② 종 류

현재 임상에서 사용되는 경구용 혈당강하제는 설폰요소제(sulfonylurea), 비구아나이드제(biguanide), α-글루코시다아제 억제제(α-Glucosidase inhibitor)이며, 이들 약제들은 그 작용이 서로 다르기 때문에 단독으로뿐 아니라 병합요법으로 도 널리 사용하고 있다(표 7-14, 15).

- **설폰요소제** 췌장 β-세포를 자극하면 인슐린 분비가 증가하고, 간에서 당 신생이 억제되어 말초조직의 인슐린 저항성이 감소한다.

표 **7-14** 혈당강하 작용이 있는 약제의 효과

약제	일차적인 작용기전				혈당에 대한 일차효과	
	탄수화물 흡수지연	인슐린 분비 증가	간의 당신생 감소	말초조직 당흡수 증가	공복혈당 감소	식후혈당 감소
설폰요소제	0	+++	+++	+++	+++	+
비구아나이드제	±	0	+++	+	+++	+
α-글루코시다아제 억제제	+++	0	+	0	+	+++

표 **7-15** 국내에서 시판되고 있는 경구용 혈당강하제

종류		상품명	투여횟수	작용시간	배설
설폰요소제	Gilbenclamide	Daonil	1~2	12~24	신장 50%, 담즙 50%
	(glyburide)	Euglucon	1~2	12~24	신장 50%, 담즙 50%
	Gliclazide	Diamicorn	1~2	16~24	신장 65%, 담즙 35%
	Glimepride	Amaryl	1	–	신장 60%, 담즙 40%
	Glipizide	Digrin	1~2	14~16	신장 80%, 담즙 20%
	Gliquidone	Gluremorm	1~3	5~7	신장 50%, 담즙 50%
	Chlorpropamide	Diabinese	1	60	신장 5%, 담즙 95%
비구아나이드제	Metformin	Glucophage	2~3	2~4	신장
α-글루코시다 아제 억제제	Acarbose	Glucobay	3	–	–
	Voglibose	Basen	3	–	–

- **비구아나이드제**   간에서 당신생과 장 내 당흡수를 억제하여, 말초조직에서 인슐린감수성이 증가한다.
- **α-글루코시다아제 억제제**   α-글루코시다아제 활성을 저해하여, 장 내 당질 소화와 당흡수를 지연시킨다.

3) 운동요법

운동요법은 식사요법, 약물요법과 함께 당뇨병치료에서 기본이 된다. 제2형 당뇨병 환자에게는 혈당을 개선시키고, 내당능력을 향상시키며, 제1형 당뇨병 환자에게는 인슐린 요구량을 감소시킨다. 운동을 통한 체중감소는 인슐린 민감성을 향상시키고 VLDL-, LDL-콜레스테롤 수준을 낮추는 효과가 있다.

그러나 경우에 따라 운동으로 인해 혈당이 상승될 수 있고, 혈당조절이 불량한 제1형 당뇨병 환자의 경우 케톤산증을 유발하며, 심한 운동이 지속적인 고혈당을 야기할 수 있음이 보고되고 있다. 따라서, 운동요법을 시행할 때에는 운동의 방법과 종류, 시간, 횟수, 강도 등을 고려해야 한다.

(1) 운동 시 주의사항

운동 전후, 운동 중에 혈당을 측정하여 운동에 따른 혈당변화를 파악하고, 저혈당에 대비하여 사탕, 당분이 든 음식을 지니고 다니도록 한다.

발이 편하고 통풍이 잘되는 운동화를 준비하고, 운동 후 발 상태를 관찰해 합병증을 예방하도록 한다. 너무 강한 운동이나 장시간 운동은 혈당이 급증하거나 케톤체가 생성될 위험이 높으므로 삼가도록 한다. 공복상태이거나 고혈당(250mg/dL 이상), 케토시스, 인슐린 최대작용시간일 경우에는 운동을 금하도록 한다.

(2) 운동 중 당질 섭취량

운동 전 혈당에 따라 당질 섭취량이 변하는데, 중등도 운동 시 운동 전 혈당이

표 **7-16** 중등도 운동 중 혈당 유지를 위한 당질 섭취량

운동 전 혈당	중등도 운동에 필요한 당질 섭취량
80mg/dL	운동 전 20~50g , 시작 후 매 시간마다 10~15g
80~180mg/dL	매 시간 10~15g
180~300mg/dL	1시간 운동 시에는 필요 없음

80mg/dL일 때 매 시간 10~15g의 당질을 섭취하는 것이 좋다(표 7-16). 당질 15g
에 해당하는 식품은 과일 1조각, 요구르트 1컵, 건포도 2큰술, 미니 크래커 3~4
개, 머핀 또는 바게트 1/2개, 과일주스 1/2컵, 스포츠 음료 200mL 등이다.

제2형 당뇨병

상담교사 김 씨(41)는 여성으로 최근 제2형 당뇨병으로 진단받았다. 둘째아이 임신 기간 동안 임신성 당뇨병이 발생하였고, 혈당은 이후 정상으로 돌아왔다. 그리고 병원에서 정기검진과 적정체중을 유지, 규칙적인 활동을 할 것을 권고받았다.

김 씨는 1년에 최소 한 번 의사를 방문하였지만, 정상체중을 유지하는 것은 어려웠다. 현재 신장 161cm에 체중이 70kg이었으므로 의사는 체중감량을 권했다. 김 씨는 인슐린 주사가 필요할지도 모른다는 두려움 때문에 활동계획 작성을 시작했고, 남편과 아이들도 과체중이기 때문에 걱정했다. 의사는 영양사에게 그녀와 상담하여 식사계획을 작성하도록 했다.

❶ 김 씨의 병력 중 어떤 요소가 당뇨병의 위험을 증가시키는가? 그녀의 남편과 아이들도 위험에 노출되어 있는가?

❷ 김 씨가 따라할 수 있는 적절한 식사의 일반적 특성을 설명하라. 어떤 방식이 체중감량과 활동량에 좋을까? 영양사는 어떤 식사계획 전략이 가장 최적인지 어떻게 결정할 것인가?

❸ 김 씨가 현 상태에서는 왜 인슐린이 필요하지 않은지 설명하라.

❹ 영양사는 왜 전 가족에게 영양상담을 제안해야 하는가?

CHAPTER 8

심뇌혈관계 질환

심뇌혈관계 질환

한국인의 질병 양상이 식생활을 비롯한 생활습관의 변화로 크게 달라지고 있는 가운데 허혈성 심장 질환의 증가 추세가 뚜렷하다. 이들 심뇌혈관계 질환의 주요 원인은 고혈압과 동맥경화증이며, 동맥경화증은 혈액 중 LDL-콜레스테롤 농도의 상승이나 HDL-콜레스테롤 농도의 저하와 밀접한 관련이 있다. 이 장에서는 고혈압, 죽상동맥경화증과 이상지질혈증, 허혈성심장 질환, 심부전 및 뇌졸중에 관한 내용을 다루고자 한다.

용어정리

관상혈관(coronary vessels) 심장에 분포된 혈관으로 관상동맥과 관상정맥으로 구성됨

윌리스환(circle of Willis) 뇌기저부에 있는 둥근 형태의 소동맥

고혈압(hypertension) 혈압이 정상보다 높아진 상태

레닌-안지오텐신계(renin-angiotensin system) 신장의 레닌 분비에 의해 나트륨 평형, 체액량, 혈압 등을 조절하는 체계

산화질소(nitrite oxide, NO) 혈관 내피세포 등에서 분비되며 평활근 이완, 백혈구 부착, 혈소판 응집 또는 혈전 형성 등을 조절하는 물질

죽상동맥경화증(atherosclerosis) 죽상종으로 인해 발생한 동맥경화증

협심증(angina) 산소결핍으로 인해 흉통이 발생하는 상태

심근경색(myocardial infarction, MI) 산소결핍으로 인해 심근세포가 괴사되어 심장기능이 저하된 상태

뇌졸중(stroke; cerebrovascular accident, CVA) 뇌혈관이 막히거나 터져 뇌조직에 손상이 초래되어 신체장애를 나타내는 질환

이상지질혈증(dyslipidemia) 혈액의 지질 또는 지단백 양상이 정상 범위를 벗어나 높거나 낮은 상태

포말세포(form cells) 콜레스테롤 등 지질이 가득차 부풀어 오른 대식세포로 죽상종의 발달 중 지방선조에서 발견됨

PET/CT 검사 양전자방사단층촬영/전산단층조영술 검사

울혈성심부전(congestive heart failure, CHF) 심장의 수축기능이 저하되어 심장에 혈액이 과다하게 고여 있는 상태

심 악액질 심혈관계 질환과 관련해 나타나는 골격근의 극심한 소모와 피로감 및 식욕부진을 보이는 영양불량상태

동맥류(aneurysm) 동맥벽이 꽈리처럼 부풀어 올라온 것

1. 심장과 혈관의 구조와 기능

심장과 혈관으로 구성된 순환계는 각 조직으로 산소와 영양물질, 호르몬 등을 수송하며, 세포에서 생성된 이산화탄소 등 대사산물을 체외로 배출하는 기관으로 운반한다. 이외에 체온조절기능도 수행한다. 심혈관계는 혈관으로 이루어진 폐쇄 순환계이며, 좌심실과 우심실이 각각 펌프 작용을 해서 체순환과 폐순환을 이룬다.

1) 심 장

심장은 흉강의 좌우 폐 사이에 위치한다. 심실중격에 의해 좌우 심장으로 구분되며, 좌우 심장은 다시 좌심실과 좌심방 및 우심실과 우심방으로 분리되어 네 개의 구획을 이룬다. 심실의 입구와 출구에는 판막이 있어 심장 내에서 혈류는 한 방향으로만 흐른다(그림 8-1).

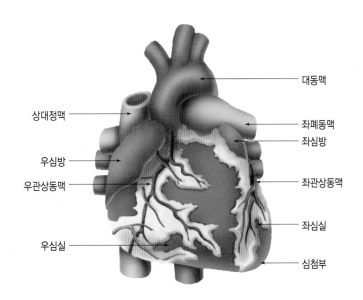

상대정맥
우심방
우관상동맥
우심실

대동맥
좌폐동맥
좌심방
좌관상동맥
좌심실
심첨부

그림 **8-1** 심장의 구조
자료 : Wikipedia(http://en.wikipedia.org), 2010

심장벽은 내막, 중막 및 외막의 세 층으로 이루어져 있다. 중막은 심근층이라 하는데, 혈액을 구출하는 좌심실은 강한 수축력이 필요하므로 중막이 두껍게 발달해 있다. 심내막은 판막을 형성한다. 심외막에는 심근조직에 혈액을 공급하는 관상혈관(coronary vessels)이 분포하고 있다.

심장은 각 조직으로의 혈류량을 조절해 영양소와 산소를 수송하고 또한 세포에서 생산된 대사산물을 운반한다. 심근세포(myocardial cells)는 수축과 이완에 필요한 에너지를 포도당과 지방산의 산화과정에서 ATP를 얻어 사용한다. 심근의 수축력은 관상동맥(coronary arteries)을 통해 공급되는 산소와 영양소의 영향을 받으므로 관상동맥이 경화되고 좁아지면 심장의 기능이 약해진다.

2) 혈 관

혈관은 크기와 구조에 따라 동맥, 소동맥, 말초혈관, 소정맥 및 정맥 등으로 구분한다. 이들 혈관은 심장에서 구출된 동맥혈을 전신의 각 조직으로 운반하며, 모세혈관에서 물질교환을 이룬 후, 정맥혈을 다시 심장으로 수송한다. 대동맥은 직경이 넓으나 혈류에 대한 저항을 크게 받는 반면에 소동맥은 좁으나 혈류저항이 적다. 정맥은 혈류저항을 거의 받지 않는다.

(1) 동 맥

동맥의 구조는 일부 심혈관계 질환을 이해하는 데 있어 중요하다. 혈관벽은 내막과 중막 그리고 외막의 세 층으로 구성되어 있다. 내막은 한 층의 상피세포와 느슨한 결합조직인 상피세포 하층 및 탄성섬유층인 내탄력판으로 세분된다. 중막은 평활근층이고, 외막은 탄성 결체조직이다(그림 8-2).

대동맥은 평활근층이 발달되어 있다. 소동맥의 구조는 근본적으로 대동맥과 같으나 중막이 덜 발달되어 얇다. 말초혈관은 한 층의 상피세포로 이루어져 있다.

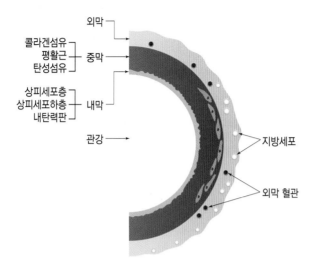

그림 **8-2** 동맥벽의 구조

(2) 관상혈관

대동맥에서 바로 분지되어 심장에 분포된 혈관을 **관상혈관**이라 한다. 관상혈관이란
표현은 이들 혈관이 왕관 모양을 하고 있어 붙여진 이름이다. 관상혈관은 관상동맥
과 관상정맥으로 구분된다. 관상동맥은 좌우 관상동맥으로 나뉘어 좌우 심장에 혈
액을 공급한다. 관상정맥은 우심방에 연결된다(그림 8-3).

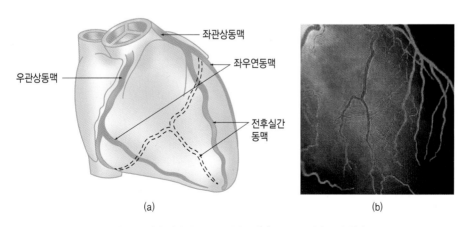

그림 **8-3** 심장 외막에 분포된 관상동맥(a)과 관상동맥의 조영상(b)

(3) 뇌혈관

대동맥에서 분지된 내경동맥과 추골동맥이 뇌 기저부에서 **윌리스환**(circle of Willis)을 이루고, 여기에서 전뇌동맥, 중뇌동맥 및 후뇌동맥이 시작되어 두뇌의 각 부위에 혈액을 공급한다. 혈압의 변동 또는 신체활동의 변화에도 불구하고 뇌 조직으로의 혈류량은 거의 일정하게 유지된다. 그러나 혈액 내 탄산가스 농도가 높거나 수소이온 농도가 높으면 뇌 혈류량이 많아진다.

(4) 정 맥

정맥의 기본 구조는 동맥과 같으나 두 가지 큰 차이점이 있다. 하나는 중막인 평활근층이 얇아 탄성이 적다는 점이고, 다른 하나는 판막이 있다는 점이다. 판막은 혈액의 역류를 방지하며, 주변의 골격근이 수축할 때 혈액을 심장 방향으로 진행시키는 작용을 한다. 정맥은 직경이 크고 혈류저항이 적어 압력의 증가 없이 많은 양의

심뇌혈관계 질환의 위험요인과 표적장기 손상

고혈압이나 죽상동맥경화증, 이상지질혈증은 심뇌혈관계 질환의 주요 위험요인이며 이외에도 가족력을 비롯해 다양한 인자들이 작용한다. 미국의 국립보건원(NIH)에서는 고혈압의 예방과 치료 지침에서 이들 심뇌혈관계 질환의 위험요인과 표적장기 손상에 대한 평가가 필요하다고 하였다.

주 위험요인	표적장기 손상
1. 고혈압*	1. 심장
2. 흡연	1) 좌심실 비대
3. 비만*(BMI ≥ 30kg/m^2)	2) 협심증/심근경색
4. 신체활동부족	3) 관상동맥의 혈관재건술
5. 이상지질혈증*	과거력
6. 당뇨병*	4) 심부전
7. 미세알부민뇨증 또는 사구체여과율(< 60mL/min)	2. 뇌졸중 또는 일시적 뇌허혈
8. 성별(남자, ≥ 55세 ; 여자, ≥ 65세)	3. 만성신장 질환
9. 조기 심혈관계 질환 가족력	4. 말초동맥 질환
(남자, < 55세 ; 여자, < 65세)	5. 망막변증

*대사증후군의 요소
자료 : NIH publication No 03-5233, 2003

혈액을 받아들일 수 있다. 총 혈액의 75% 정도가 정맥에 존재한다.

2. 고혈압

혈압이란 혈관에 흐르는 혈액의 압력을 말하며, 혈압이 정상 이상으로 지속적으로 상승해 있는 상태를 **고혈압**(hypertension)이라고 한다. 고혈압을 관리하지 않으면 혈관 내피가 손상되면서 동맥경화증이 촉진된다. 이는 허혈성 심장질환이나 뇌졸중의 위험인자로 작용하며 심부전을 초래하기도 한다. 이러한 이유로 최근에는 경미한 고혈압도 적극적으로 관리한다.

1) 분류와 진단

고혈압은 일차성과 이차성 고혈압으로 분류한다. 혈압을 상승시킨 원인이 명확하지 않은 경우를 일차성 고혈압이라 하며, 신장 질환 등 일차적 질환에 의해 혈압이 상승한 경우를 이차성 고혈압이라고 한다. 고혈압 사례의 90% 정도는 일차성인데, 이를 본태성 고혈압이라고도 한다. 이차성 고혈압은 10% 미만이다.

혈압은 신체적 또는 정신적 상태나 환경조건에 따라 쉽게 변하므로 몸과 마음이 안정된 상태에서 적어도 두 번 이상 측정하여 진단한다. 성인의 경우 심실의 수축기와 확장기 혈압이 각각 120/80mmHg 미만인 경우를 적정하다고 본다. 임상에서는

표 **8-1** 정상 혈압과 고혈압의 기준

분류		수축기 혈압(mmHg)	확장기 혈압(mmHg)
정상 혈압		< 120	< 80
고혈압	경계성 고혈압	120~139	80~89
	1단계	140~159	90~99
	2단계	≥ 160	≥ 100

140/90mmHg 이상을 고혈압으로 진단하며, 1단계와 2단계 고혈압으로 구분한다. 혈압 수치가 정상과 고혈압 사이에 있는 경우 경계성 고혈압으로 정의한다(표 8-1).

2) 원 인

일차성 고혈압의 원인은 분명하지 않으나 다양한 여러 요인이 복합적으로 작용하는 것으로 보인다. 이차성 고혈압의 원인은 신장 질환, 대동맥협착증, 내분비계 또는 신경계 이상 등이다.

(1) 일차성 고혈압의 원인

일차성 고혈압의 경우 유전적 소인을 비롯해 고령, 식생활 요인, 생활습관 요인 또는 병리적 요인 등 다양한 원인이 작용한다(표 8-2).

① 유전적 소인과 고령

인종에 따라 고혈압 발생률이 다른데, 흑인이 백인에 비해 높다. 고혈압의 가족력이 있으면 혈압이 상승할 위험이 더 높다. 고혈압과 관련된 유전적 소인은 환경적

표 **8-2** 일차성 고혈압의 원인

구분	요인
유전적 소인과 고령	• 인종 • 순환기계 질환 가족력 • 고령
식생활 요인	• 에너지 과다 섭취 • 나트륨 과다 섭취 • 칼륨, 마그네슘 또는 칼슘섭취 부족
생활습관 요인	• 알코올 과다 섭취 • 신체활동 부족 • 스트레스 과다
병리적 요인	• 나트륨 배설 조절 이상 • 교감신경계 과민 • 레닌-안지오텐신계 비정상

요인에 의해 활성화되거나 억제되는 것으로 보인다. 연령의 증가는 소금 문화권 인구집단에서 혈압을 올린다.

② 식생활요인

에너지와 나트륨 이외에 몇몇 무기질의 섭취가 혈압과 관련된다. 에너지 섭취 과다로 초래되는 비만은 혈압을 높인다. 이는 과다한 체지방이 인슐린 저항성을 증가시키며 또한 혈액량 증가가 심박출량을 증대해 혈압을 올리는 것으로 보인다.

　나트륨의 과다 섭취는 특히 소금민감성(salt-sensitive) 유전적 소인을 지닌 사람에서 혈압을 높인다. 한편, 칼륨은 섭취가 부족한 경우에 혈압을 올린다. 이외에 칼슘과 마그네슘 섭취부족도 혈압을 상승시킨다는 일부 증거가 있다. 그러나 아직 이들 무기질의 작용기전은 확실하게 밝혀지지 않았다.

　이외에 총 지방, 특히 포화지방의 과다 섭취나 식이섬유의 섭취부족 또는 카페인이나 설탕이 혈압을 올린다는 주장도 있으나 아직 확실하지 않다.

③ 생활습관요인

음주나 운동, 스트레스 등이 고혈압과 관련되는 것으로 보인다. 하루 1~2잔(알코올, 15~30g) 정도의 일상적인 음주는 큰 영향이 없으나 과다한 알코올 섭취와 신체활동의 부족은 혈압을 높인다. 스트레스도 일시적으로 혈압을 상승시킨다.

　이외에 흡연은 심혈관계 질환의 주요 위험요인이며 고혈압 환자의 사망률을 높인다. 카페인 섭취는 단기적으로 급격하게 혈압을 올리나 장기적인 영향은 없는 것으로 이해된다.

음주·흡연과 고혈압

알코올은 교감신경을 활성화하고, 레닌이나 인슐린 분비를 증가시키며, 혈관 내피세포를 이완시키는 산화질소(nitrous oxide, NO)의 작용을 방해하고 또한 압력에 대한 민감성을 저하시키므로 혈압을 올리는 것으로 보인다. 흡연은 기전이 확실하지는 않지만, 역시 산화질소의 작용을 저해함으로써 혈관을 수축시켜 혈압을 상승시키는 것으로 보인다.

④ 병리적 요인

혈압의 항상성은 교감신경계, **레닌-안지오텐신계** 및 신장이 관여하므로 이들 조절작용의 이상은 고혈압을 일으킨다. 이외에 혈관의 수축과 이완을 조절하는 에이코사노이드(eicosanoids) 간의 균형 이상도 일차성 고혈압의 원인이 될 수 있다.

 에이코사노이드의 종류별 생성 부위와 순환기계에 미치는 작용

종류	생성 부위	작용
프로스타글란딘(prostaglandin, PG)	거의 모든 조직	혈관 이완, 혈소판 응집력 약화
프로스타사이클린(prostacyclin, PC)	혈관내피	혈관 이완, 혈소판 응집력 약화
트롬복산(thromboxane, TX)	혈소판	혈관 수축, 혈소판 부착력 증가
류코트리엔(leucotriene, LT)	거의 모든 조직	혈관 수축, 혈관벽 투과성 증가

(2) 이차성 고혈압의 원인

신동맥경화증을 비롯한 만성 신장질환, 대동맥협착증, 부신의 기능 이상인 알도스

표 **8-3** 이차성 고혈압의 원인

구분	질환명	기전
신장질환	신동맥경화증	신장의 혈류량 감소로 레닌-안지오텐신계를 작동시킴
	만성 신장질환	나트륨 배설 감소로 체수분을 늘려 혈장량을 증가시킴
동맥질환	대동맥협착증	좁아진 내강이 혈류 저항을 높임
부신질환	알도스테론증	알도스테론이 체내에 나트륨과 수분 보유를 늘려 혈장량을 증가시킴
	크롬친화성 세포종	부신수질에서 에피네프린 분비 증가로 심박이 촉진되고 혈관이 수축함
내분비 이상	쿠싱증후군	부신피질자극 호르몬(ACTH)이 알도스테론과 코티솔 분비량을 늘림
임신	임신유발성고혈압	—

테론증, 부신 수질에 발생하는 종양인 크롬친화성 세포종 및 쿠싱증후군 등은 각
각 다양한 기전으로 혈압을 올린다(표 8-3). 한편, 임신부의 약 10%는 고혈압을
나타내는데, 이를 임신유발성고혈압(pregnancy induced hypertension)이라고
한다.

3) 증 상

고혈압 자체의 증상으로 두통이나 현기증 또는 코피흘림 등을 들 수 있다. 그러
나 경도 고혈압은 물론 중등도 고혈압의 경우도 아침에 뒷머리가 아프거나 당기
는 느낌 또는 어지럼증을 호소하는 정도로 증상이 약하다.

4) 영양치료

고혈압의 영양치료 목표는 심혈관계 질환과 신장질환의 위험을 감소시키고, 혈압
을 140/80mmHg(당뇨병이나 만성신장 질환자의 경우는 130/80mmHg) 미만으로
낮추는 데 있다. 이러한 목표는 영양치료 이외에 운동요법과 절주와 금연을 포함
하는 생활습관 수정을 통해 달성할 수 있다. 생활습관의 수정은 분명하게 혈압을
떨어뜨린다(표 8-4). 경도 고혈압 환자에게는 우선 이와 같은 비약물치료가 권장
되는데, 대략 40%의 환자에서 효과가 나타난다.

　영양치료의 주 목표는 체중조절과 나트륨 제한이며, 이외에 알코올과 포화지방
의 제한과 칼륨, 칼슘 및 마그네슘의 충분한 제공을 통해 혈압을 정상화시킬 수
있도록 하는 것이다. 이러한 영양치료의 효과는 DASH(Dietary Approaches to
Stop Hypertension)와 DASH-sodium의 임상시험을 통해 확인되었다.

표 **8-4** 생활습관 수정의 혈압저하 효과

생활습관	수정 내용	수축기 혈압 강하
체중감소	정상체중 유지(18.5 < BMI(kg/m²) ≤ 25)	5~20mmHg/10kg 감소
식사조절(DASH)	• 풍부한 과일과 채소 및 저지방 유제품 • 총 지방과 포화지방 제한	8~14mmHg
싱겁게 먹기	나트륨 제한(< 2,400mg/일)	2~8mmHg
신체활동 증가	매일 30분 이상, 유산소 운동	4~9mmHg
음주 제한	• 남자 : < 2잔/일 • 여자 또는 마른 남자 : < 1잔/일	2~4mmHg

자료 : NIH publication No 03-5233, 2003

고혈압의 영양치료

- 체중조절을 위해 에너지를 제한하는 일반식을 처방한다.
- 나트륨을 제한한다.
- 칼륨, 칼슘 및 마그네슘을 충분하게 제공한다.
- 총 지방과 포화지방을 제한한다.
- 알코올을 제한한다.
- 유산소 운동을 규칙적으로 수행한다.
- 금연한다.

DASH와 DASH-sodium의 내용

DASH는 8~10단위의 과일과 채소류를 포함하며, 저지방의 우유와 유제품, 전곡류, 어류, 조류 및 견과류를 적극 활용하고, 육류와 단순당 섭취를 제한하는 식사계획으로 총 지방과 포화지방 및 콜레스테롤 함량이 낮다. 나트륨 함량은 DASH와 일상식사 모두 3,000mg으로 동일하다. DASH는 미국인의 일상식사에 비해 혈압을 낮추는 효과가 있음이 확인되었다.

DASH-sodium은 DASH 식사에 나트륨을 1,500mg 또는 2,400mg으로 제한하는 식사계획으로 미국인의 평균 나트륨 섭취량인 3,300mg보다 혈압저하효과가 크며, 1,500mg의 효과가 더 크다고 증명되었다. 체중감소가 없는 경우에도 혈압이 저하되었으며 항고혈압 약물을 복용하는 경우와 저하효과가 비슷하였다.

(1) 에너지 제한

고혈압 환자의 체중이 정상인 경우는 적정 체중을 유지하는 데 필요한 에너지를 처방한다. 그러나 비만이거나 과체중인 경우는 체중감량을 위해 에너지를 제한한다. 약간의 체중감소만으로도 혈압저하와 함께 심혈관계 질환의 발생률이 감소하는 효과를 얻을 수 있다.

(2) 나트륨 제한

경도 고혈압 환자에게 하루 나트륨 섭취량을 2,000mg(소금 5g)으로 제한하면 혈압강하효과를 보이는 소금민감성 사례가 많다. 나트륨 제한에 반응을 나타내지 않는 소금둔감성(salt-resistant) 환자에게도 이 정도의 제한은 권장된다. 나트륨 제한이 칼륨 손실을 저하시키며 이뇨제 사용량을 감소시킬 수 있기 때문이다. 한국인 영양섭취기준은 혈압이 정상인 사람에게도 나트륨의 목표섭취량을 2,000mg 미만으로 정하고 있다. 나트륨의 제한 수준은 고혈압의 상태에 따라 두 단계로 구분한다(표 8-5).

표 **8-5** 고혈압 상태에 따른 나트륨 제한단계

분류	나트륨(mg)	내용
1단계 고혈압	< 2,000	나트륨 함량이 높은 가공식품이나 음료 제한, 식탁염 사용 제한, 우유 및 유제품 제한(< 2컵), 가능한 한 저염제품 활용
2단계 고혈압	1,300~2,000	저염 또는 무염제품 활용(통조림, 치즈, 마가린, 샐러드 드레싱 등), 냉동식품과 패스트푸드 사용금지, 제빵류 제한(< 2회)

(3) 알코올 제한

고혈압의 치료 초기에는 금주를 권장하나, 알코올과 혈압과의 관계를 평가한 후 1~2잔(< 10~30g 알코올/일) 정도의 음주를 허용할 수 있다. 이는 소량의 알코올 섭취가 관상동맥심장 질환의 발생률이나 사망률을 낮추기 때문이다.

(4) 기 타

나트륨 이외에 칼륨과 칼슘 및 마그네슘 등 무기질을 조절한다. 이외에도 총 지방을 제한하며 지방산을 조절한다.

① 칼륨, 칼슘 및 마그네슘의 충분한 공급

2,000~5,500mg의 충분한 칼륨을 제공해 나트륨 대 칼륨 비율을 낮추도록 한다. 칼륨 배설을 촉진하는 이뇨제를 복용하는 환자는 특히 저칼륨혈증을 나타내기 쉽다. 저칼륨혈증 시에는 심장마비의 위험이 있다. 칼슘이나 마그네슘은 혈압을 낮추는 기전이 아직 충분하게 이해되지 않아 보충제 처방을 하지는 않으나 권장섭취량 수준으로 충분히 섭취하도록 권장한다.

② 총 지방 제한과 지방산조절

총 지방을 제한하되 포화지방을 줄여 포화지방 대 불포화지방 비율을 낮춘다. 이는 포화지방산이 고콜레스테롤혈증을 유발해 관상동맥심장 질환의 위험률을 높이며, 일부 항고혈압 약물은 혈장 지질 양상을 악화시키기도 하기 때문이다. 반면에 리놀레산(18 : 2)이나 ω-3계 지방산은 혈관 이완작용을 하는 프로스타글란딘의 합성을 촉진해 혈압을 낮추는 효과를 나타낸다. 그러나 총 불포화지방산의 섭취 증가를 권장하지는 않는다.

5) 약물치료

비약물요법에 효과를 보이지 않는 사람에게는 약물을 처방한다. 고혈압을 위한 약물치료의 최근 경향은 환자 개개인의 상태에 적합하게 여러 종류의 약물을 혼합해 약효를 최대화하려는 추세이다. 일차적으로 이뇨제를 사용하며 이외에 교감신경차단제나 혈관이완제 등을 처방한다(표 8-6).

표 8-6 고혈압 치료 약물의 종류와 특성

종류	제품명	작용	부작용
이뇨제	티아지드	나트륨 배설 촉진으로 혈장량과 심박출량 감소 및 말초혈관 저항 저하	저칼륨혈증, 부정맥, 고지혈증, 혈당 상승
	루프이뇨제	강력한 이뇨 효과로 혈장량 및 심박출량 감소(그러나 항고혈압 효과는 약하므로 신부전이나 응급 환자에만 사용함)	저칼륨혈증
	칼륨절약이뇨제	나트륨 배설 촉진으로 혈장량 및 심박출량 감소	고칼륨혈증 유발
교감신경 차단제	β-1-차단제	심근의 β-수용체 차단으로 심박 저하와 심박출량 감소	오조, 설사, 칼슘 흡수저해, 위통, 구내건조증, 고장증, 가슴앓이
	α-차단제	교감신경 자극에 대한 혈관의 반응 차단과 심박출량 감소	• 메스꺼움, 구토, 구내건조증 • 금기 : 감초
혈관 이완제	평활근이완제	혈관 평활근 이완(작용시간이 짧아 긴급한 상황에서만 사용함)	오조, 구토, 복통, 구내건조증
	안지오텐신 전환효소 억제제	• 안지오텐신 전환효소의 활성을 억제해 안지오텐신 Ⅱ 생산 저하로 말초혈관저항 감소 • 브래디키닌 분해를 억제해 평활근 이완	• 저혈압(특히 노인에서), 신기능 악화, 고칼륨혈증 • 금기 : 감초, 소금대체물
	칼슘채널차단제	칼슘채널 차단으로 혈관 이완	• 부종, 오조, 가슴앓이 • 금기 : 감초, 카페인, 알코올
기타	안지오텐신 수용체 차단제	레닌-안지오텐신계를 방해해 나트륨과 수분 배설 증가	고칼륨혈증, 메스꺼움
	항알도스테론제	알도스테론 작용을 방해해 나트륨과 수분 배설 증가	고칼륨혈증, 메스꺼움, 위불편감, 위통, 구토, 설사

3. 죽상동맥경화증 · 이상지질혈증

죽상동맥경화증(atherosclerosis)은 동맥벽에 지질과 평활근세포 및 섬유상 결체조직이 퇴적되어 죽상종(plaque)을 형성하면서 동맥의 내강이 점차 좁아지고 딱딱해지며 두꺼워져서 탄력성을 잃은 상태를 말한다. 죽상종은 아동기 또는 사춘기부터 동맥이 갈라지거나 굽은 부분에서 시작되어 수십 년에 걸쳐 소리 없이 발달한다(그림 8-4). 죽상종은 혈류를 제한하므로 주변 조직에 허혈상태를 야기해

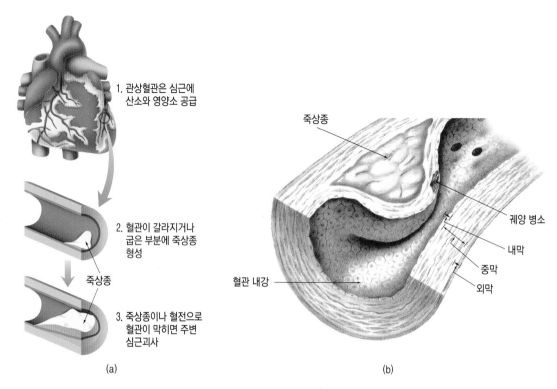

그림 **8-4** 관상동맥에 죽상종 발달(a) 및 죽상종(b)

자료 : Whitney E et al. Nutrition for Health and Health Care 3rd ed, 2007

협심증(angina)이나 **심근경색**(myocardial infarction, MI) 또는 **뇌졸중**(stroke)을 일으킨다.

이상지질혈증(dyslipidemia)은 혈액의 지질 또는 지단백 양상이 정상 범위를 벗어나 높거나(그림 8-5) 낮은 상태를 말한다. 고LDL혈증과 저HDL혈증 및 고중성지방혈증이 죽상동맥경화증 발생의 주요 원인이다.

 동맥경화성 식사

고에너지 식사는 동맥경화증 발생에 직·간접적으로 영향을 미치는 비만을 일으킨다. 또한 포화지방이 높고 채소류, 과일류 및 전곡류의 이용이 적어 식이섬유가 낮은 소위 '서구화된 식사'는 동맥경화증을 촉진한다. 그러므로 이러한 식사를 동맥경화성 식사라고 한다.

죽상종 발생과 만성염증 및 산화질소 부족

동맥 내막에 발생하는 죽상종(atheroma)의 초기 병변인 지방선조(fatty streaks)는 순수한 염증반응이다. 염증성 치주 질환까지도 죽상동맥경화증 발생과 관련되는 것은 이러한 이유이다. 산화질소(nitrite oxide, NO)의 분비 부족 등으로 혈관의 이완작용이 손상되면 혈관 내막 손상이 초래되기 쉽다. 손상된 혈관 내막에는 혈소판이 모여들어 미세혈전을 형성하고, 이어 단핵구가 유인되어 대식세포로 전변되어 산화 LDL을 탐식해 포말세포(form cells)로 변하며, 포말세포에 축적된 지질로 인해 지방선조가 형성된다. 이어 평활근세포 및 섬유아세포가 증식하고 칼슘 등이 침착되면서 지방선조는 죽상종으로 발전한다.

1) 위험인자

죽상동맥경화증의 발생에는 다양한 위험인자가 복합적으로 관여하는 것으로 보인다(표 8-7). 남성과 고령 및 당뇨병이나 허혈성 심장질환의 가족력은 조절할 수 없는 요인이다. 이외에 여성의 경우는 폐경을 들 수 있다. 조절할 수 있는 요인은 비만, 이상지질혈증, 고혈압, 당뇨병, 동맥경화성 식사, 신체활동 부족, 흡연, 고호모시스테인혈증 등이고, 여성의 경우 경구피임제의 장기 복용을 들 수 있다. 이들 중에서 고LDL혈증이나 저HDL혈증 또는 고중성지방혈증 등 이상지질혈증이 가장 영향력 있는 위험요인이다. 최근에는 만성적인 염증상태도 중요한 위험인자의 하나로 인식되고 있다.

이상지질혈증은 식사를 통한 지질의 과다 섭취 또는 지질 또는 지단백 대사의 이상으로 발생한다. 포화지방과 콜레스테롤의 과다 섭취나 비만 등은 고LDL혈증을 야기하고, 반면에 기아, 비만, 흡연, 고혈당, 만성신부전, 갑상선기능저하증 등은 저HDL혈증을 초래한다.

그림 **8-5** 고지혈증
환자의 혈청
자료 : Wikipedi

표 **8-7** 죽상동맥경화증의 위험인자

구분	내용
조절불가능 원인	• 남성, ≥ 45세 • 여성, ≥ 55세 또는 폐경 • 가족력(당뇨병, 협심증, 심근경색)
조절가능 원인	• 비만 • 이상지혈증(고LDL혈증, 저HDL혈증, 고중성지방혈증) • 고혈압 • 당뇨병 • 동맥경화성 식사(고포화지방, 저채소류, 저과일류 및 저전곡류 식사) • 신체활동 부족 • 흡연 • 고호모시스테인혈증 • 만성 염증 • 여성, 경구피임제 장기 복용

2) 이상지질혈증의 분류와 진단

이상지질혈증은 대체로 혈액 중 지질 농도가 증가하므로 어떤 지질이 상승했느냐에 따라 고콜레스테롤혈증, 고중성지방혈증 또는 콜레스테롤과 중성지방이 함께 증가한 혼합형 고지혈증으로 분류한다. 한편, 이상지단백혈증은 어떤 지단백이 상승했느냐에 따라 프레드릭슨의 여섯 가지 유형으로 구분한다(표 8-8). 임상적으로는 고LDL혈증과 저HDL혈증 및 고중성지방혈증이 중요하다.

이상지질혈증은 공복 시 혈장 또는 혈청의 콜레스테롤과 중성지방 농도를 측정해 진단하며, 이상지단백혈증은 지단백을 분석해 진단한다. 진단기준은 절대적이 아니어서 인구집단에 따라 다소 다른데, 이는 혈중 지질 농도에 따른 유병률이나 사망률에 관한 역학적인 근거가 인종마다 다르기 때문이다.

한국지질·동맥경화학회의 이상지질혈증 치료지침 제정위원회에서는 국민건강·영양조사(보건복지부, 2015)에서 얻은 성인의 총 콜레스테롤, LDL-콜레스테롤 및 중성지방 농도 각각 90백분위수인 240mg/dL, 160mg/dL 및 200mg/dL 이상을 높은 수준이라고 정했고, HDL 농도는 25백분위수인 40mg/dL 미만을 낮은 수준이라고 정했다(표 8-9).

표 **8-8** 고지단백혈증의 분류(프레드릭슨 표현형)

유형	상승한 지단백	죽상경화증과의 상관성	발생 빈도	대사 이상	증가한 지질
I	킬로미크론	–	< 1%	지단백분해효소 결핍	콜레스테롤 : ↑ 중성지방 : ↑↑↑
IIa	LDL	+++	10%	LDL 수용체 이상 또는 부족, 가족성 고콜레스테롤혈증	콜레스테롤 : ↑↑ 중성지방 : ↔
IIb	LDL + VLDL	+++	40%	가족성 복합형 고지혈증	콜레스테롤 : ↑↑ 중성지방 : ↑↑
III	IDL	+++	< 1%	VLDL 이화 잔유물 제거 결함, 가족성 이상 β-지단백혈증	콜레스테롤 : ↑↑ 중성지방 : ↑↑
IV	VLDL	+	45%	VLDL 합성 과다, 가족성 고중성지방혈증	콜레스테롤 : ↑ 중성지방 : ↑↑
V	킬로미크론 + VLDL	+	5%	불명	콜레스테롤 : ↑ 중성지방 : ↑↑

표 **8-9** 한국인의 이상지질혈증 진단기준

구분	분류	농도(mg/dL)
총 콜레스테롤	높음 경계치 정상	≥ 240 200~239 < 200
LDL-콜레스테롤	매우 높음 높음 경계치 정상 적정	≥ 190 160~189 130~159 100~129 < 100
HDL-콜레스테롤	낮음 높음	< 40 ≥ 60
중성지방	매우 높음 높음 경계치 정상	≥ 500 200~499 150~199 < 150

자료 : 한국지질·동맥경화학회, 이상지질혈증 치료지침 제정위원회, 2015

3) 영양치료

LDL-콜레스테롤 농도가 아주 높지 않거나 관상동맥심장 질환이 아직 발병하지 않은 경우라면, 약물을 처방하기 전에 적어도 6주 이상 영양치료와 체중관리 및 신체활동 증가에 초점을 둔 비약물요법을 시행한다.

세계 각국은 자국민을 위한 이상지질혈증 치료지침을 제정하고 있는데, 이는 식생활이 각기 다르기 때문이다. 우리나라도 고콜레스테롤혈증과 고중성지방혈증에 대해 각각 식사지침을 제정하고 있다. 고콜레스테롤혈증의 경우 총 지방과 포화지방산 및 콜레스테롤 섭취를 줄이고, 불포화지방산과 단일불포화지방산의 섭취는 늘리며, 탄수화물과 단백질을 적정하게 섭취하면서 정상 체중을 유지하는 것이 원칙이다. 고중성지방혈증의 경우는 탄수화물 섭취량을 제한하고, 총 지방과 단백질을 적정하게 섭취하며, 정상 체중을 유지한다. 이러한 내용은 미국의 고지

표 **8-10** 한국과 미국의 이상지질혈증의 영양치료

한국		식사 성분	미국
고콜레스테롤혈증	고중성지방혈증		고지혈증
정상체중 유지*		에너지	정상체중 유지*, **
15~20%	20~25%	총 지방	25~35%
< 6%	–	포화지방산	< 7%***
~6%	–	불포화지방산	≥ 10%
< 10%	–	단일불포화지방산	≥ 20%
60~65%	50~55%	탄수화물	50~60%****
15~20%	–	단백질	~15%
< 100mg/1,000kcal (< 200mg/일)	–	콜레스테롤	< 200mg/일
–	–	식이섬유	25~30g

*비만이면 체중조절 필요
**적어도 중등 정도의 운동으로 200kcal/일이 소비되어야 함
***트랜스지방산은 추가적으로 LDL 콜레스테롤을 높이므로 제한해야 함
****복합당질이 풍부한 식품, 즉 전곡류, 과일류 및 채소류가 추가 되어야 함
자료 : 한국지질·동맥경화학회. 이상지질혈증 치료지침 제정위원회, 2015; National Cholesterol Education Program Adult Treatment Panel III(NECP ATP III)

혈중 치료지침과 비교해 총 지방과 지방산 함량은 낮은 반면에 당질 함량이 높은 편이다(표 8-10).

이와 같은 치료지침은 과일류와 채소류 및 곡류 함량이 높은 식사로 달성할 수 있다. 이러한 식사는 포화지방산과 콜레스테롤이 적고 식이섬유, 특히 수용성 식이섬유와 식물성 스테롤이 충분하고 나트륨 함량도 낮아 이상지질혈증을 교정하고 동맥경화증의 진행을 막는 데 바람직하며 혈압 저하에도 효과적이다.

(1) 에너지 제한

과다한 에너지 섭취는 VLDL의 상승을 통해 중성지방 농도를 올린다. 잉여 에너지원, 즉 과잉의 당질이나 지방은 간에서 VLDL 분비를 늘리기 때문이다. 그러므로 에너지 제한 식사는 VLDL-중성지방을 낮출 뿐만 아니라 HDL-콜레스테롤을 높이는 효과를 보인다. 비만한 경우는 에너지 제한이 체중감소를 가져오므로 혈압 저하를 비롯해 심뇌혈관계 질환을 예방하는 효과를 나타낸다. 그러므로 죽상동맥경화증이나 이상지질혈증 환자에 있어 체중조절은 영양치료의 제1원칙이 되어야 한다.

(2) 총 지방 제한과 지방산 조절

총 지방의 과다한 섭취는 관상동맥심장 질환에 위험요인이다. 그러나 총 지방을 당질로 대체한 저지방 식사(지방 에너지 비, < 25%)는 LDL-콜레스테롤을 낮추지만 중성지방을 증가시키고 HDL-콜레스테롤을 저하시킨다. 그러므로 총 지방의 제한과 함께 지방산 조성의 조절, 즉 포화지방산을 제한하고 단일불포화지방산을 충분하게 그리고 다가불포화지방산을 적정하게 제공하는 것이 바람직하다.

(3) 콜레스테롤

식사 콜레스테롤이 혈청 콜레스테롤 농도에 미치는 영향은 지방산의 종류가 나타내는 효과에 비해 크지 않다. 콜레스테롤을 과다 섭취하면 콜레스테롤의 흡수율을 낮추고 내인성 콜레스테롤의 합성을 줄이는 등 음성되먹이 기전(negative

지방산의 종류와 혈청 콜레스테롤 농도

포화지방산 섭취량이 1% 증가하면 LDL-콜레스테롤 농도가 2% 상승한다고 알려져 있으나 혈청 콜레스테롤 농도를 올리는 지방산은 주로 팔미트산(16:0)과 미리스틴산(14:0)이며 스테아르산(18:0)의 영향은 거의 없다. ω-9 지방산인 올레산(18:1)은 LDL-콜레스테롤을 저하시킨다. ω-6 지방산인 리놀레산(18:2)은 LDL-콜레스테롤을 저하시키나 HDL-콜레스테롤도 낮춘다. ω-3 지방산인 에이코사펜타엔산(20:5, EPA)과 도코사헥사엔산(22:6, DHA)은 콜레스테롤보다는 중성지방을 낮추는 효과가 강하다. 한편, 트랜스지방산은 LDL-콜레스테롤을 상승시키고 HDL-콜레스테롤을 감소시킨다.

어유가 관상동맥심장 질환을 예방하나?

어유에 다량 함유된 ω-3계 지방산인 EPA와 DHA는 VLDL 분비를 감소시킴으로써 혈청 중성지방 농도를 크게 낮춘다. 뿐만 아니라 혈소판의 응집을 억제하는 프로스타사이클린 생성을 증가시켜 항혈전 효과도 발휘한다. 그러나 피브린의 분해를 억제하는 작용은 부정적이다. 현재 1g의 ω-3 지방산 섭취는 심근경색이나 뇌졸중을 감소시키고, 3~8g은 별다른 위해를 끼치지 않는다고 이해된다. 이러한 이유로 미국심장협회는 생선섭취는 권장하지만 어유의 보충·섭취는 권장하지 않고 있다.

feedback)이 작동해 혈장 콜레스테롤 농도가 오르는 것을 억제하기 때문이다. 그러나 지속적으로 외인성 콜레스테롤 공급이 많으면 혈청 콜레스테롤 농도가 올라갈 수 있다. 그러므로 난황, 오징어, 육류의 내장, 가금류의 껍질 등 콜레스테롤 함량이 높은 식품섭취를 제한하는 것이 바람직하다.

(4) 식이섬유

식이섬유는 콜레스테롤이나 담즙산의 배설을 촉진해 혈청 콜레스테롤 농도를 낮춘다. 펙틴이나 알긴산 등 수용성 식이섬유의 효과를 하루에 5~10g 섭취하면 LDL-콜레스테롤이 5% 정도 낮아진다고 한다. 반면에 불용성 식이섬유는 거의 영향을 미치지 않는다.

(5) 알코올

알코올은 HDL-콜레스테롤과 VLDL-중성지방 농도를 높이나 LDL-콜레스테롤 농도에는 거의 영향을 미치지 않는다. HDL-콜레스테롤 농도의 상승은 관상동맥 심장 질환을 예방하는 효과가 있으므로 고중성지방혈증을 유발하지 않는 적정량 (< 2잔/일)의 알코올 섭취는 바람직하다고 이해된다. 알코올 섭취와 사망률과의 관계가 J형으로 표현되는 것은 이러한 이유이다. 그러나 개인차가 크므로 알코올의 효과를 단정하기는 어렵다.

(6) 기 타

식물성 스테롤, 칼슘, 항산화 영양소, 엽산과 비타민 B_{12}, 대두 단백질과 이소플라본, 카페인 등도 혈청 지질 농도에 영향을 미친다. 식물성 스테롤은 장내에서 콜레스테롤 흡수를 저해하며, 칼슘은 지방산 흡수를 방해한다는 점에서, 혈청 콜레스테롤 농도를 낮추는 것으로 생각된다. 비타민 C와 E 및 β-카로틴 등 항산화 영양소는 LDL의 산화를 예방한다는 점에서, 엽산과 비타민 B_{12} 부족은 심혈관계 질환의 독립적 위험인자로 알려진 혈청 호모시스테인 농도를 높인다는 점에서 그 효과가 이해된다. 대두 단백질과 이소플라본은 혈청 콜레스테롤 농도를 낮추고 혈관 내피세포의 기능을 증진하며 혈전 형성을 억제한다고 알려져 있다. 한편, 카페인은 일부 사람에서 부정맥이나 심계항진 등을 일으키고 콜레스테롤 농도를 높

LDL-콜레스테롤 이외의 심혈관 질환의 위험인자

- 흡연
- 고혈압(≥ 140/90mmHg) 또는 고혈압 약물 복용
- 저HDL-콜레스테롤혈증(< 40mmHg)
- 조기 관상동맥심장 질환 가족력(부모, 형제자매 중 남자, < 55세; 형제자매 중 여자, < 65세에 심근경색 또는 심장마비)
- 고령(남자, ≥ 45세; 여자, ≥ 55세)

자료 : National Cholesterol Education Program Adult Treatment Panel III(NECP ATP III)

인다. 그러나 이들 성분의 효과에 대한 증거가 아직은 확실하지 않아 보충제섭취를 처방하지는 않으며, 이들 함량이 높은 식품을 통한 충분한 섭취 혹은 제한을 권장한다.

4) 약물치료

동맥경화증이나 이상지질혈증의 경우 적어도 6주 이상 비약물적 방법을 먼저 실시하고 효과가 없으면 약물치료를 시행한다. 약물을 처방하는 기준과 목표로 하는 LDL-콜레스테롤 농도는 관상동맥심장 질환의 유무나 심혈관 질환의 위험인자(BOX)를 몇 개 가지고 있느냐에 따라 다르게 적용한다(표 8-11).

동맥경화증이나 이상지질혈증에 사용하는 약물은 여러 가지가 있으며 각각 작용이 다르다(표 8-12). 그러므로 이들 약물을 이상지질혈증의 유형에 따라 선택해 단독 또는 병합 사용한다. 즉, LDL-콜레스테롤이 높으면 스타틴, 에제티미브, 담즙산 수지 또는 니코틴산을 사용하며, LDL-콜레스테롤과 중성지방이 함께 높으면 스타틴이나 니코틴산으로 비HDL-콜레스테롤을 낮추고 이후 이들 약물과 함께 피브르산이나 ω-3 지방산을 사용하며, 중성지방만 높으면 스타틴, 피브르산, 니코틴산 또는 ω-3 지방산을 사용한다.

표 **8-11** 위험단계별 혈청 LDL-콜레스테롤 농도(mg/dL) 목표와 생활습관 수정 또는 약물치료 기준

분류	위험 내용	목표	생활습관 수정	약물치료
고위험군	관상동맥심장 질환 혹은 위험인자 ≥ 2개 및 10년 내 관상동맥심장 질환 위험 ≥ 20%	< 100 (초고위험군은 < 70)	≥ 100	≥ 100(100 미만인 경우 선택적)
중고위험군	위험인자 ≥ 2개 및 10년 내 관상동맥심장 질환 위험 10~20%	< 130	≥ 130	≥ 130(100~129인 경우 선택적)
중위험군	위험인자 ≥ 2개 및 10년 내 관상동맥심장 질환 위험 < 10%	< 130	≥ 130	≥ 160
저위험군	위험인자 < 1개	< 160	≥ 160	≥ 190(160~189인 경우 선택적)

자료 : National Cholesterol Education Program Adult Treatment Panel III(NECP ATP III)

표 **8-12** 고지혈증 치료 약물

약물	작용	효과	부작용
스타틴	HMG-CoA 환원효소 활성 저해로 콜레스테롤 합성 감소	• LDL-C : 18~55% 감소 • HDL-C : 5~15% 상승 • 중성지방 : 7~30% 감소	근육병증, 간독성
담즙산 수지	소화관에서 담즙산과 결합해 담즙산 재흡수 억제	• LDL-C : 15~30% 감소 • HDL-C : 3~5% 상승 • 중성지방 : 불변 또는 증가	위장관 불편감, 변비, 타 약물 흡수장애
니코틴산	지방조직에서 지방분해 억제로 간에서 VLDL 생산 저해	• LDL-C : 5~25% 감소 • HDL-C : 15~35% 상승 • 중성지방 : 20~50% 감소	안면홍조, 고혈당증, 고요산혈증, 상부 위장관 불편감, 간독성
피브르산	지단백질 분해효소 억제 및 간에서 지방산 유입 및 산화 촉진으로 VLDL 생산 억제	• LDL-C : 5~20% 감소 • HDL-C : 10~20% 상승 • 중성지방 : 20~50% 감소	소화불량, 담석, 근육병증
에제티미브	콜레스테롤 흡수 저해	• LDL-C : 20% 감소 • HDL-C : 1~2% 상승 • 중성지방 : 10% 감소	–
ω-3 지방산	중성지방 합성 약화, 장쇄지방산의 산화 촉진 및 CoA 전이효소 활성 저해로 VLDL 분비 억제	• 중성지방 : 8~30% 감소	생선 비린내, 피부 발진

4. 허혈성심장 질환

동맥경화증이나 고혈압을 치료하지 않아 계속 악화되면 심장마비(heart attacks)나 뇌졸중이 발생할 수 있으며 그 결과는 치명적이다. 협심증이나 심근경색은 심근에 혈액 공급이 부족해 발생하므로 이들 질환을 허혈성 심장질환(ischemic heart disease, IHD)이라 하며, 관상동맥의 경화가 가장 중요한 원인이므로 관상동맥심장 질환(coronary heart disease, CHD)이라고도 부른다(그림 8-6).

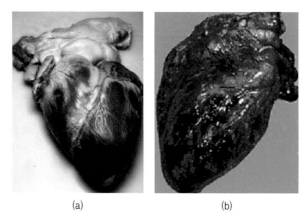

그림 **8-6** 정상 심장(a)과 심근경색이 발생한 심장(b)
자료 : Wikipedia(http://en.wikipidia.org), 2010

1) 원 인

협심증이나 심근경색은 관상동맥이 좁아지거나 또는 막히거나, 죽상종 안에서 출혈이 발생해 혈전을 형성하거나, 혈관경련(vasospasm)이 일어나거나 또는 심근에 산소 요구량이 많아지는 상황에 발생한다. 그러므로 허혈성심장 질환의 위험인자는 앞서 설명한 동맥경화증의 위험인자와 같다(표 8-7 참조).

2) 증상, 분류 및 진단

협심증이나 심근경색의 특징적 증상은 왼쪽 아래 앞쪽 흉부에 나타나는 가슴을 짓누르고 쥐어짜는 것 같은 통증으로 목, 턱, 등 또는 팔 쪽으로 뻗치는 흉통이다(그림 8-7). 협심증의 통증은 일반적으로 2~3분 후에 사라지거나 길어도 10~15분 정도이지만, 심근경색의 경우는 협심증보다 심하고 길어 30분 이상 지속되기도 한다. 초기에는 심한 운동을 할 때만 통증이 오다가 점차 가벼운 운동 혹은 일상생활 중에도 발생한다. 전자의 경우를 안정형 협심증(stable angina)이라 하고, 휴식 시에도 흉통이 발생하면 불안정형 협심증(unstable angina)이라고 한다. 드물

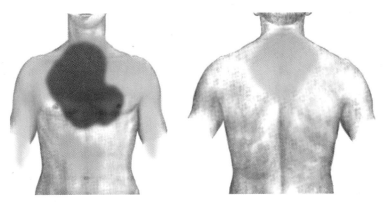

그림 **8-7** 협심증 및 심근경색의 통증 부위 및 방사
자료 : Wikipedia(http://en.wikipidia.org). 2010

지만 흉통이 없는 경우도 있다. 전조 증상은 비특징적이지만 협심증과 심근경색 모두 피로, 초조감, 불면증 또는 고장증 등이 나타난다.

협심증이나 심근경색의 진단은 임상증상과 함께 흉부X-선검사, 심전도검사 (elec-trocardiogram, ECG/EKG), **PET/CT(positron emission tomograph/ computerized tompgraphy)검사**, 심장초음파, 관상동맥조영술 또는 심근핵의학 검사 등을 통해 이루어진다. 심근경색은 혈액에 나타난 심근 효소나 단백질의 농도를 측정해 진단하기도 한다. 심근세포가 사멸하면 세포 내에 있던 효소나 단백질이 새어나와 혈액에 나타나기 때문이다. WHO는 흉통과 심전도 이상 또는 혈청에 심근세포에서 유래한 효소 농도의 상승 중 두 가지가 나타나면 심근경색이라고 진단할 수 있다고 하였다.

 혈청 심근세포 유래 효소와 단백질

- 효소 : MB isoenzyme creatine kinase(CK-MB), creatine phosphokinase(CPK), lactate dehydrogenase isoenzyme(LD-I), glutamine-oxalate transferase(GOT), glutamine-pyruvate transferase(GPT)
- 단백질 : cardiac troponin I(cTvI), cardiac troponin T(cTvT), myoglobin

3) 영양치료

심근경색 발작 후의 치료는 심장의 휴식과 통증완화를 위해 즉각적이어야 하며 점차 심장기능의 안정을 기해야 한다. 영양치료는 발작 직후와 이후의 재활기로 구분해 시행한다. 협심증의 경우는 재활기의 영양치료에 준한다.

(1) 발작 직후(입원 환자)

심근경색 환자는 관상동맥집중치료병동에 입원하게 된다. 발작 직후에는 통증과 불안감, 피로감 또는 호흡곤란 등으로 인해 음식에 대한 욕구가 매우 저하되어 있다. 6~24시간 절식 후 나트륨 및 콜레스테롤을 제한한 무카페인의 유동식으로 시작해 점차 연식으로 이양한다. 카페인 제한은 부정맥 예방과 구토 또는 흡인 위험을 감소시키기 위함이다. 부드럽고 씹기 쉬운 음식을 소량씩 자주 제공하되 환자의 상태에 따라 식사의 제공시기, 분량, 횟수, 음식의 농도와 온도 등을 세밀하게 관리해야 한다. 식사 섭취가 1,200kcal 미만인 경우는 종합비타민제의 보충이 필요하다.

(2) 재활기(외래 환자)

적어도 2개월 정도 지난 후에야 일반 식사를 포함해 일상적인 활동을 허용한다. 이때에도 영양치료의 목표는 여전히 심장의 휴식과 통증완화이지만 환자 개개인이 지닌 위험인자를 고려해 영양치료를 포함한 생활습관 수정을 계획한다.

비만한 경우는 에너지를 제한해서 체중감소를 유도해 표준체중 또는 이보다 약간 낮은 체중을 유지한다. 나트륨과 콜레스테롤 및 총 지방을 제한하고 지방산을 조절한 무카페인 식사를 계획하되 심근의 회복을 위해 고생물가 단백질 식품을 충분하게 제공하고, 비타민과 무기질 및 식이섬유를 충분히 공급하며, 금연과 금주가 바람직하다. 기타 내용은 이상지질혈증의 유형에 따른 영양치료를 적용하고, 혈압이 높은 경우는 나트륨 제한을 비롯해 고혈압의 영양치료 내용을 적용한다.

심근경색 후에 관상동맥중재술을 시술받아 회복된 사람에게도 나트륨 제한을 포함한 위와 같은 영양치료를 시행한다. 우회 편을 지닌 혈관에 동맥경화가 급속히 진행될 수 있기 때문이다.

 허혈성심장 질환의 영양치료

발작 직후
- 첫 6~24시간 동안은 절식한다.
- 이후 무카페인의 맑은 유동식으로 시작해 점차 3부죽, 5부죽, 전죽 형태의 연식 (800~1,200kcal/일)을 소량씩 자주 공급한다.
- 수분과 나트륨은 환자 개개인의 수분과 나트륨 균형에 따라 제공한다.

재활기
- 체중감량을 위해 에너지를 제한하는 무카페인의 일반식을 처방한다.
- 총 지방을 20% 정도로 제한하고 지방산을 조절한다.
- 콜레스테롤을 200mg 미만으로 제한한다.
- 비타민과 무기질 및 수용성 식이섬유를 충분히 제공한다.
- 나트륨을 2,000mg 미만으로 제한하며, 혈압이 높으면 고혈압의 영양치료를 적용한다.
- 알코올을 제한하고 금연한다.

관상동맥심장 질환의 위험을 감소시키기 위해 비타민 B군과 항산화 비타민의 보충이 효과가 있는지에 대해 관심이 높다. 고호모시스테인혈증은 관상동맥심장 질환의 위험인자이며, 엽산과 비타민 B_6와 B_{12}는 혈중 호모시스테인 농도를 낮춘다. 그러나 호모시스테인 농도의 저하가 관상동맥심장 질환의 위험을 감소시키는지 또한 어떤 기전으로 작용하는지에 대해서는 아직 분명하지 않다. LDL의 산화가 죽상동맥경화증을 촉진하므로 항산화 비타민이 관상동맥심장 질환의 위험을 감소시킬 수 있을 것이라 생각된다. 그러나 아직도 상반된 다양한 연구결과들이 나오고 있어, 비타민 B군과 항산화 비타민의 보충 모두 관상동맥심장 질환의 예방을 위해 아직은 권장하지 않고 있다.

4) 약물치료

심근경색의 즉각적인 치료 목표는 통증완화, 심장부담의 경감, 심장기능의 안정 및 합병증의 예방 또는 완화이다. 급성발작 시에는 산소를 공급하고, 진통제, 혈관확장제, 항혈소판제, 항응고제 등 다양한 약물을 사용하며, 심장마비 증상을 수반한 경우는 강심제를 쓴다(표 8-13). 혈전용해제는 발작 6시간 이내에 투여해야 효과가 좋으며 늦어도 12시간 이내에 사용해야 한다. 혈전용해제를 제때에 사용하면 70% 정도의 환자에서는 혈전이 용해되어 혈관이 뚫린다.

만성적인 협심증에는 신체활동이나 흥분 등 자극에 대한 심장의 반응을 약화시키는 β-아드레날린 수용체 차단제를 활용하며, 협심증이나 심근경색의 재발을 방지하기 위한 장기적인 치료를 위해서는 지질저하제와 함께 혈액응고를 억제하는 항응고제나 항혈전작용을 하는 아스피린을 사용한다. 혈압이 높은 경우에는 항고혈압제를 병용한다.

항응고제로 와파린(wafarin)을 사용하는 경우 비타민 K의 섭취를 일정하게 조절해야 한다. 비타민 K의 섭취량이 갑자기 변하면 약물작용이 항진 또는 저하되어 치명적인 결과를 가져올 수 있다.

표 **8-13** 심장 질환에 쓰이는 약물 : 항고혈압제와 항이상지질혈증제 이외

유형	약제	작용	부작용
항협심증제, 혈관확장제	nitroglycerin	혈관을 이완시켜 협심증 완화	복통, 두통, 현기증, 혈압저하
항혈소판제	aspirin	혈소판 응집 억제	위출혈, 위염, 위궤양
항응고제	wafarin	비타민 K 작용 억제	경련, 설사, 출혈, 발열, 발진, 피부 괴사
강심제, 항부정맥제	digoxin	심근 수축력 강화와 부정맥 예방	식욕감퇴, 졸림, 시야 혼미
항혈전제	–	프로트롬빈 작용억제로 혈액 응고 저해	복통, 메스꺼움, 변비
근수축제	–	심박촉진, 심근 수축력 증대	저칼륨혈증, 단백뇨, 메스꺼움, 구토

평소 생활하던 중 갑자기 가슴에 통증이 생기면 어떻게 하나?

- 즉시 119를 불러 병원 응급실로 간다.
- 혀 밑에 넣거나 입 안에 뿌리는 니트로글리세린(혈관확장제)을 사용한다.
- 가능하면 움직이지 않는다.

5) 수술치료

응급한 경우 또는 약물에 반응하지 않는 경우는 좁아진 관상동맥을 넓히기 위해 풍선확장술이나 스텐트삽입술 또는 죽상종제거술을 시행하고 관상동맥이 막힌 경우는 관상동맥우회술로 막힌 혈관을 우회하는 가지 혈관을 만들어 준다(표 8-14).

스텐트

스텐트는 주로 스테인리스 강철로 제작된 용수철 모양의 그물망이다. 최근에는 산화작용을 억제하기 위해 특수 금속을 사용하거나 그물망에 항혈전제나 항산화제를 부착시킨다.

관상동맥 확장용 스텐트

표 **8-14** 관상동맥중재술의 종류

종류	내용
풍선확장술	매끄럽고 부드러운 풍선이 달려 있는 카테터를 서혜부 동맥을 통해 좁아진 혈관 부위에 도달시켜 높은 압력을 가해 넓히는 방법
스텐트삽입술	풍선확장술 시행 이후 철망 구조물인 스텐트를 삽입해 보다 견고하게 넓히는 방법
죽상종제거술	칼날이나 다이아몬드 구슬로 혈관에 생긴 죽상종을 제거하는 방법
관상동맥우회술	위의 세 가지 방법을 시행하기 어려운 경우 개심술로 막힌 혈관을 우회하는 가지 혈관을 만들어 주는 방법

5. 울혈성심부전

심부전(heart failure)은 심장에 구조적인 또는 기능적인 장애가 발생해 심실의 수축력이 저하되거나 혈액을 수용하는 능력에 문제가 생긴 상태이다. 모든 심·혈관계 질환의 말기에는 심부전이 초래된다. 심부전은 좌심부전과 우심부전으로 구분되는데, 좌심부전은 폐울혈을 초래하고 우심부전은 환수되는 정맥혈을 충분히 처리하지 못하므로 말초정맥에 울혈이 발생한다. 그러나 점차 양쪽 심실의 기능이 모두 손상된다.

심부전은 폐순환계나 체순환계에 울혈을 야기하므로 **울혈성심부전**(congestive heat failure, CHF)이라고 부르며 대부분 만성적으로 발생하므로 만성심부전(chronic heat failure, CHF)이라고도 한다. 울혈성심부전은 그 자체로 심장에 엄청난 부담을 안긴다.

1) 원 인

울혈성심부전의 주요 원인은 허혈성 심장질환이나 고혈압 또는 심근비대이며 이 외에 판막 질환도 흔히 작용한다. 그러므로 허혈성 심장질환이나 고혈압을 야기하는 원인이 울혈성심부전의 원인으로 작용한다. 가장 흔한 울혈성심부전의 발생

표 **8-15** 울혈성심부전의 원인

구분	요인
심혈관 질환	• 허혈성심장 질환 : 심근경색, 협심증 • 고혈압 • 심근비대 • 심장판막 질환
식생활요인	• 나트륨 과다 섭취
생활습관요인	• 스트레스 과다
병리적 요인	• 신경계–내분비계 이상 • 레닌–안지오텐신–알도스테론계 비정상

사례는 심근경색으로 인해 심실의 수축기능이 떨어지는 경우이다. 식생활요인으로는 나트륨의 과다 섭취로 체내에 나트륨 저류를 가져오고 말초 혈관을 수축시켜 혈압을 올리므로 심장에 부담을 가한다. 울혈성심부전의 진행은 어느 정도 신경계와 내분비계의 영향을 받는다. 심부전 환자의 혈액에는 안지오텐신과 알도스테론을 비롯해 노르에피네프린, 바소프레신 등의 농도가 높다. 이외에 스트레스는 노르에피네프린 분비를 증가시키므로 심장에 부담을 가중시킨다(표 8-15).

2) 증 상

심부전의 주요 증상은 호흡곤란(dyspnea)과 피로감, 부종이다. 호흡곤란은 신체조직으로 혈액을 충분히 보내지 못하므로 산소공급이 불충분해서 나타난다. 초기에는 운동 등 신체활동을 할 때에만 호흡곤란을 느끼나 점차 악화되면서 식사를 비롯한 일상 행동을 할 때에도 발생하고 휴식 중에도 나타나면서 피로감을 느끼게 된다.

좌심부전이 주도적인 경우는 호흡곤란이 더욱 심하며, 우심부전이 주도적이면 부종이 심하다. 부종은 체액의 증가에 따른 결과이며, 다리, 발목, 발 등 사지부종과 수족냉증을 가져오고, 소화기계에 영향을 끼치면 간 비대나 신장 비대 또는 복수를 초래하며, 뇌울혈은 경정맥 비대와 함께 두통이나 안면홍조 등을 나타낸다. 이외에 일반적으로 허약감, 운동불내증 또는 추위불내증을 보인다.

이러한 이유로 심부전 말기에는 식욕과 식사량이 줄어들고 소화흡수불량도 악화되어 극심한 영양불량과 심한 체중감소 및 체조직 소모가 나타나는데, 이를 **심 악액질**(cardiac cachexia)이라고 한다. 심 악액질의 발현은 대사 이상과 호르몬 이상 또는 영양결핍 등 복합적인 요인이 관련된다.

3) 영양치료

울혈성심부전 환자는 대체로 영양불량상태에 있고, 통증으로 음식섭취가 어려우며, 조기 만복감과 소화흡수불량을 나타내고, 구토나 메스꺼움 또는 식욕부진 등의 약물 부작용, 여러 이뇨제 사용으로 인한 수용성 비타민 손실 등을 보이므로 영양치료가 쉽지 않다. 영양치료의 목표는 나트륨과 수분 제한을 통한 증상의 완화와 영양결핍의 해소에 둔다. 진행된 울혈성심부전의 회복에 가장 중요한 요소는 이뇨제의 사용과 식사를 통한 나트륨과 수분 섭취의 제한이다.

울혈성심부전의 경우 심장과 폐의 부담으로 인해 에너지 소비가 증가해 기초대사량이 30~50% 증가한다. 또한 심 악액질을 보이면 체단백의 이화를 막기 위해 에너지 보충이 필요하다. 그러나 과식으로 인한 부작용에 주의해야 하며, 비만인 경우 체중을 감량해 건체중(dry weight)을 표준체중 10% 미만으로 유지해야 한다. 소량의 식사를 자주 제공하며, 음식의 영양밀도를 높이고, 수용성이 높은 식품을 제공하는 것이 바람직하다. 1,200kcal 미만 식사가 처방되면 복합비타민제 보충이 필요하다.

이외에 이뇨제 복용과 신체활동 부족 또는 연동운동 저하로 인해 변비가 문제되기 쉬우므로 식이섬유를 충분히 공급한다. 알코올은 혈압과 심장기능 및 혈액의 지질 양상에 부정적인 영향을 끼치므로 제한한다. 경구섭취가 불충분하면 경관영양이나 혈관영양을 시행해 영양공급을 최대화한다.

(1) 나트륨 제한

일반적으로 심부전 환자의 나트륨 제한은 2,000mg으로 시작하며, 환자의 체액이 얼마나 저류되었는가에 따라 1,000mg 또는 500mg을 처방한다. 이러한 제한 수준은 매우 엄격하나, 대부분의 심부전 환자는 식욕부진, 피로감, 호흡곤란 등으로 인해 구강섭취가 제한되므로 2,000mg 미만을 섭취하는 것으로 보인다. 그러나 심부전으로 재입원하는 경우의 대부분은 나트륨 섭취 과다 때문이라고 알려져 있다.

(2) 수분 제한

심부전 환자에 대한 수분 공급은 신장 기능과 심장의 상태에 따라 결정되어야 하나, 체액의 과다 저류를 해소하기 위해 1,500mL로 제한하되 2,000mL를 넘지 않도록 한다. 환자의 체중을 매일 점검해야 하는데, 수분섭취 제한은 환자가 참아내기 가장 어려운 조건 중의 하나이다. 그러므로 임상영양사는 환자에게 허용되는 수분량에 대해 알리고, 어떤 식품이 얼마의 수분을 제공하는지, 갈증을 어떻게 조절해야 하는지 등에 대해 이해시켜야 한다. 구강을 자주 헹구는 것이나 찬 음식이나 냉동 음식은 갈증을 조절하는 데 도움이 된다.

(3) 칼륨, 마그네슘 또는 수용성 비타민 보충

여러 가지 이뇨제의 사용으로 인해 칼륨, 마그네슘 또는 수용성 비타민의 손실이 발생하므로 이들 영양소의 공급을 증가시켜야 한다. 루프 이뇨제는 특히 티아민을 고갈시킬 수 있다. 구강을 통한 음식섭취가 충분하지 않으면 보충제 투여를 검토한다. 우선은 각 영양소의 영양섭취기준을 적용하되 생화학적 지표를 검토해 투여량을 결정한다. 한편, 칼륨-절약 이뇨제를 복용하는 환자의 경우는 혈장 칼륨 농도가 증가할 수 있으므로 반대로 칼륨 제한이 필요하다.

4) 약물치료

심부전 치료의 목적은 원인 제거, 증상 완화 및 진행억제에 있다. 일반적으로 다른 여러 심혈관계 질환에 사용하는 약물이 처방된다. 체액 저류와 부종을 해결하기 위해서는 이뇨제 사용이 필수적이며, 고혈압을 관리하기 위해서는 항고혈압제를 쓰는데, 안지오텐신 전환효소 억제제나 β-차단제가 효과적이라고 알려져 있

 **울혈성심부전의 영양치료**

- 건체중을 표준체중 10% 미만으로 유지하는 데 필요한 에너지를 함유하는 일반식을 처방한다.
- 나트륨을 < 2,000mg으로 제한한다.
- 수분을 1,500mL로 제한하되 2,000mL을 넘지 않도록 한다.
- 결핍 영양소를 충분히 공급한다.
- 식이섬유를 충분히 제공한다.
- 영양밀도가 높은 음식을 계획한다.

다. 또한 심장기능을 강화하기 위해 강심제를 사용한다. 이외에 독감이나 폐렴 백신을 접종해 호흡기계 감염 위험을 낮춘다.

6. 뇌졸중

심혈관계 질환, 즉 동맥경화증이나 고혈압을 치료하지 않으면 뇌졸중이 발생할 수 있다. 뇌졸중은 뇌혈관이 막히거나 터져 뇌 조직에 손상이 초래되고, 이에 따라 언어장애, 의식장애, 반신마비 등 신체장애가 나타나는 뇌혈관 질환을 총칭하는데, 중풍이라고도 한다. 서구에서는 허혈성 비출혈성 뇌졸중이 흔한 데 비해 우리나라에서는 고혈압성 출혈성 뇌졸중이 더 흔하다. 뇌졸중의 후유증은 발생 부위에 따라 다르나 대부분의 환자는 위에서 언급한 장애를 영구적으로 수반하게 된다.

1) 유형과 원인

뇌졸중은 일반적으로 뇌혈관이 동맥경화로 인해 막히거나 고혈압으로 인해 파열되면서 발생한다. 이외에 선천성 **동맥류**(aneurysm)를 지닌 사람의 경우는 동맥류가 파열되면서 나타난다(그림 8-8).

뇌졸중의 위험인자는 심장 질환과 고혈압이다. 이외에 흡연, 당뇨병, 비만, 운동부족, 스트레스, 고콜레스테롤혈증 등을 들 수 있다. 뇌경색은 비만, 당뇨병 또는 고혈압 환자에게서 발생빈도가 높고 나이가 들수록 위험률이 높아지는 데 비해, 뇌출혈은 과로, 폭식, 과음, 배변, 분노, 온·냉욕 시에 일어나기 쉽다. 또한, 뇌졸중은 재발률이 높다.

뇌졸중의 유형은 뇌출혈과 뇌경색으로 나눌 수 있다. 또한 뇌출혈은 고혈압 등의 원인으로 인해 일부 뇌혈관이 터져 새어나온 피가 뇌 조직을 압박하고 손상을 입혀 뇌 기능이 부분적으로 마비되는 상태다. 출혈 부위가 뇌실 안인 경우는 뇌출혈이라 하고, 뇌막 아래인 경우는 지주막하출혈이라고 구분한다. 뇌경색은 죽상

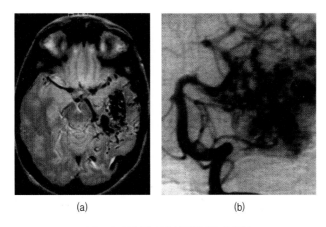

(a)   (b)

그림 **8-8** 뇌출혈(a) 및 뇌동맥류의 CT상(b)

동맥경화증으로 인해 뇌동맥이 좁아지거나 막혀 혈액 공급이 원활하지 않아 뇌 기능이 상실되는 상태를 말하며, 혈관이 막힌 원인에 따라 뇌혈전과 뇌전색(뇌색전)으로 나눈다. 뇌가 경색되면 그 부위가 물렁해지기 때문에 뇌연화라고도 한다. 일시적으로 뇌 혈류량이 불충분해서 발생하는 경우는 일과성 뇌졸중이라고 한다(표 8-16).

표 **8-16** 뇌졸중의 유형과 원인

유형		원인
뇌출혈 (뇌일혈)	뇌출혈	고혈압으로 혈관 벽이 터져 뇌 안에 피가 고임
	지주막하출혈	• 뇌를 싸고 있는 지주막 밑에서 동맥류가 터져 출혈 • 뇌 조직 밖에 피가 고이므로 반신마비 거의 없음
뇌경색 (뇌연화)	뇌혈전	혈전으로 뇌동맥이 막힘
	뇌전색	심장이나 목의 큰 혈관에서 떨어져 나온 혈전이 뇌혈관을 막음

2) 증 상

뇌의 어느 부위가 손상을 입었느냐에 따라 뇌졸중의 증상과 진찰 소견이 다르다. 그러나 대부분의 경우 뇌압 증가로 인한 두통과 함께 구토, 언어장애, 연하곤란, 고열, 대소변 실금, 안면마비, 반신마비, 의식장애 등의 증상을 나타낸다. 뇌출혈이나 뇌전색은 작업 중이나 운동 중에 쓰러지며 증세가 빠르게 진행되는 반면, 뇌혈전은 수면 중이나 아침 기상 시에 나타나며 반신마비가 오는 경우가 많다. 뇌지주막하출혈인 경우에는 심한 두통이 특징이다(표 8-17).

3) 영양치료

이미 발생한 뇌졸중을 영양관리를 통해 치료하기는 어렵다. 다만, 영양상태를 양호하게 유지하고 뇌졸중의 재발을 방지하기 위한 목표 하에 영양치료를 시행한다. 혈압 강하를 위한 나트륨 제한과 죽상동맥경화증의 진행을 막기 위한 포화지방산과 콜레스테롤 제한이 주 내용이다. 그러므로 비만이나 죽상동맥경화증, 고혈압 등 성인병 질환의 생활습관 수정 내용을 적용한다(표 8-18).

표 **8-17** 뇌졸중의 유형별 증상

구분	뇌출혈		뇌경색	
	뇌출혈	지주막하출혈	뇌혈전	뇌전색
발생 시간	활동 시	일정하지 않음	야간, 휴식 시	활동 시
발생 속도	갑자기, 단시간에 악화	갑자기	갑자기 또는 서서히	갑자기
두통	거의 없음	심함	거의 없음	거의 없음
구역질·구토	자주 있음	대부분 있음	종종 있음	종종 있음
의식장애	점점 심해지는 경우 있음	일시적으로 있음	거의 없음	일시적으로 있음
언어장애	처음부터	처음에는 거의 없음	처음부터, 점점 심해짐	처음부터 있음

표 **8-18** 뇌졸중 환자의 생활습관 수정

목표	내용
비만 예방	정상 체중을 유지할 정도의 에너지 섭취
죽상동맥경화증 진행 억제	• 지방을 총 에너지의 20% 정도 섭취 • 포화지방산을 제한하고 불포화지방산을 충분히 섭취 • 콜레스테롤을 200mg 미만으로 제한 • 식이섬유를 충분하게 섭취
혈압상승 억제	• 나트륨을 2,000mg 미만으로 제한 • 과음과 흡연 제한 • 과로와 스트레스 회피
기타	• 일주일에 4일 이상, 하루에 30분 이상 운동 • 뇌졸중을 정기적으로 진단

　뇌졸중 환자의 약 반수에서는 연하곤란증이 나타난다. 이외에 저작곤란 또는 안면근육의 마비 등으로 식사 동작이 어려운 경우가 많다. 구강섭취를 개시하기 전에 반드시 연하능력을 평가해야 하며, 흡인을 예방하기 위해 식사의 점도를 조절하고, 식사하는 동안 상체를 직립으로 유지해야 한다.

4) 약물 및 수술치료

뇌경색의 경우 발생 3~5시간 이내에 병원에 가면 혈전용해제를 이용해 치료가 가능하다. 그러나 시간이 경과하면 혈전의 용해효과를 기대하기 어려우므로 대신에 합병증과 재발 방지를 위한 치료를 시행하게 된다. 뇌출혈의 경우는 환자의 상태에 따라 약물 또는 수술치료를 하게 되는데, 고혈압성인 경우는 금연과 함께 고혈압 치료를 위한 약물을 처방하고, 동맥경화성인 경우는 이상지질혈증의 치료방법을 따른다.

　뇌허혈 발작이 일과성인 경우에는 항혈소판응집제인 아스피린 등을 사용한다. 그러나 경동맥의 협착 정도가 심한 경우에는 경동맥내막절제술로 좁아진 부위를 넓혀 뇌졸중 발생을 예방한다. 마비 증상 없이 심한 두통과 구토만 동반한 뇌지주막하출혈의 경우는 약물치료를 시행하고 환자의 상태가 안정되면 뇌혈관조영술로 파열된 부위를 찾아 수술치료를 한다.

뇌졸중의 발생이나 재발을 막기 위해서는 위험인자를 확인해 관리하고 생활습관을 수정해 위험을 줄여야 한다. 혈액응고를 억제하는 약물, 즉 항혈소판제 또는 항응고제를 복용함으로써 허혈성 비출혈성 뇌졸중을 감소시킬 수 있다.

관상동맥 중재술

대기업의 이사인 이 씨는 62세 남자로 그의 일은 아주 경쟁이 심하다. 그는 일과 성공을 매우 중요하게 생각해서 업계에서 최고가 되기 위해 노력했다. 따라서 스트레스를 많이 받았다. 그는 항상 건강을 자신했었는데, 밤늦게까지 일하던 어느 날 가슴 중앙에 날카로운 통증을 느꼈다. 호흡이 가쁘고 머리가 약간 아팠으며 힘이 없었다. 며칠 후에는 회사의 계단을 오르다 똑같은 증상을 다시 느꼈다. 병원을 찾아 심전도와 혈액검사를 받았는데, 심전도는 정상이었으나 혈청 콜레스테롤과 중성지방 농도가 올라가 있었다. 운동부하검사는 숨이 가빠 절반도 따라하지 못했다. 이 씨는 입원을 하고 정밀검사를 받았다. 심장 카테터(cardiac catherization)검사 결과, 관상동맥의 두 부분이 50% 막히고 또 한 부분은 80% 정도 막혀 있었다. 의사는 관상혈관 풍선확장술(angioplasty)을 시행해 80% 막힌 혈관을 상당히 넓혔다. 의사는 식사요법(에너지제한, 저포화지방, 저콜레스테롤, 고식이섬유, 저염식(2g))과 운동을 처방했다. 퇴원할 때 그의 신장과 체중은 167cm와 75kg이었다.

항목	결과	정상	항목	결과	정상
포도당(mg/dL)	125	70~110	알부민(g/dL)	3.1	3.5
콜레스테롤(mg/dL)	323	< 200	나트륨(mEq/L)	144	141~148
중성지방(mg/dL)	220	< 150	칼륨(mEq/L)	4.2	3.5~4.8

❶ 이 씨의 BMI는?

❷ 이 씨를 위한 체중조절 방안은?

❸ 관상동맥 질환을 예방하기 위한 영양치료의 원리는?

❹ 식사 지방과 콜레스테롤이 심혈관계 질환에 미치는 영향은?

❺ 식이섬유와 심혈관계 질환과의 관련성은?

❻ 이 씨를 위한 식단을 계획하라.

CHAPTER 9

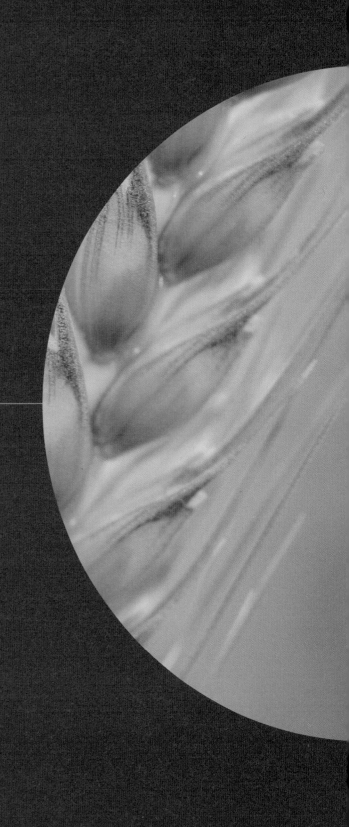

신장 질환

신장 질환

신장은 인체 내에서 노폐물을 배설하는 기능 이외에도 산·염기 균형을 조절하며, 신체의 평형을 유지시키고, 혈압조절, 호르몬 분비 등 다양한 작용을 담당하고 있다. 따라서 신장 질환자의 경우 이러한 체내 대사작용의 변화에 따른 장애가 발생하고 심할 경우 생명을 위협받을 수 있다. 그러므로 환자의 신장기능과 신장 질환 종류에 따라 개별화된 적절한 영양치료가 시행되어야 한다.

용어정리

신원(nephron) 사구체와 세뇨관으로 구성된 신장의 구조 및 기능적 기본 단위

사구체(glomerulus) 신동맥에서 나온 모세혈관들이 실타래처럼 뭉친 덩어리로 신장의 피질에 존재함

혈중요소질소(blood urea nitrogen : BUN) 단백질이나 아미노산의 최종산물인 혈액 속 요소의 구성성분인 질소를 의미함

에리스로포이틴(erythropoietin) 적혈구를 만드는 세포의 분화를 촉진하고 생성을 자극하는 신장에서 생산되는 당단백 호르몬

신증후군(nephrotic syndrome) 소변으로 단백질이 하루 $3.5g/1.73m^2$ 이상 배설되는 질환으로 저알부민혈증, 고지혈증 및 부종 등의 증상이 동반됨

급성신손상(acute kidney injury) 수 시간에서 수 주 내에 급격하게 신기능이 저하되는 질환

만성콩팥병(chronic renal failure) 점진적이고 비가역적인 신장세포 간 조직의 변화로 인하여 사구체 여과율이 영구적으로 감소하는 질환

혈액투석(hemodialysis) 투석기를 통하여 혈액 중의 축적된 수분과 노폐물을 제거하는 방법

복막투석(peritoneal dialysis) 복막을 이용하여 혈액 중의 축적된 수분과 노폐물을 제거하는 방법

안지오텐신 전환효소 억제제(Angiotensin-converting enzyme inhibitor : ACE inhibitor) 안지오텐신 전환효소 작용 억제로 혈중 안지오텐신 2의 농도를 감소시키며, 혈관 확장 물질인 브래디키닌(bradykinin)의 농도를 증가시켜 혈압 저하를 유도하는 약제

1. 신장의 구조와 기능

1) 구조

신장은 강낭콩 모양으로 후복막(retroperitoneum)에 위치한 장기로, 척추 좌우로 하나씩 위치하고 있다. 우측 신장은 간으로 인해 좌측보다는 약간 아래에 위치한다. 성인의 신장 한 개의 무게는 120~170g이며, 길이는 11cm, 폭은 6cm, 두께는 2.5cm 정도이다. 신장을 수직으로 자르면 피질과 수질의 두 부위로 나누어진다. 피질에는 주로 사구체가 있고 수질에는 세뇨관이 있다. 신장은 각각 백만 개의 **신원(nephron)**이 있고 각 신원은 신장이 기능을 하는 데 있어서 최소의 단위인 **사구체(glomerulus)**와 세뇨관(tubule)으로 구성되어 있다. 세뇨관은 근위세뇨관, 헨레고리(Henle's loop), 원위세뇨관 그리고 집합관으로 구성되어 있으며 소변을 농축시키는 역할을 담당한다(그림 9-1).

2) 기능

신장의 주요 기능은 체액과 전해질을 조절하여 신체의 평형을 유지하는 것이며, 이 외에도 노폐물의 배설, 대사 및 내분비 조절 등 다양한 기능을 수행한다.

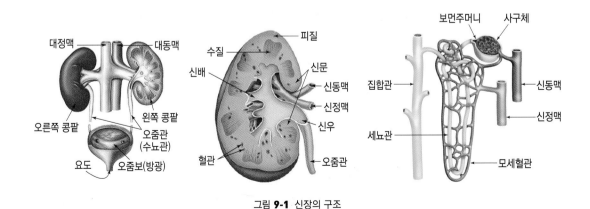

그림 **9-1** 신장의 구조

(1) 배설 기능

음식물과 신체에서 발생한 대사산물, 특히 단백질의 노폐물로서 수용성인 물질은 대부분 소변으로 배설된다. 대표적인 물질들로는 요소, 요산, 크레아티닌 등이 있다. 이러한 물질의 배설은 주로 사구체의 여과력에 따라 달라지므로, 사구체의 여과력이 저하되면 혈액 내에 이들 노폐물들의 농도가 상승한다.

요의 형성은 혈장이 사구체의 모세혈관으로부터 내피세포, 사구체 기저막, 족세포층의 세 층으로 이루어진 장벽을 초여과 현상에 의해 통과하면서 일어난다. 이 복잡한 '막'은 물이나 작은 용질들은 자유롭게 투과시키지만 혈액 세포들이나 대부분의 단백질과 같은 큰 분자들은 통과하지 못한다. 이러한 여과현상은 이온의 전하에 의해서도 차이를 보여, 알부민과 같이 음전하를 가진 단백질들은 크기가 같은 다른 물질들보다 통과하지 못하는 양이 훨씬 많다. 따라서 사구체 질환들에서는 막의 손상으로 인한 전하에 의한 선택능력이 손실되어 단백뇨가 발생하게 된다. 여과된 체액은 보먼 주머니(Bowman's capsule)에 모여서 세뇨관으로 들어가 다시 돌아서 나가는 동안 대부분의 여과액들이 흡수되고 일부 물질만 분비된다. 마지막 생성물인 요는 신우로 배액되었다가 요관을 통해 방광에 모인 다음 체외로 배설된다.

(2) 체액의 평형 유지

신장은 나트륨, 칼륨, 칼슘, 염소이온 등의 전해질의 농도를 조절하여 정상 체액을 유지하는 작용을 한다. 수분섭취량에 따라 소변의 배설량도 조절하고, 나트륨의 섭취량에 따라서 세뇨관에서 수분 및 나트륨의 재흡수와 배설량을 조절한다. 일정하게 체액의 농도를 조절하는 것은 신체 내의 모든 세포의 환경을 일정하게 해주는 중요한 작용이다.

(3) 혈압조절

혈액량이나 혈압이 저하되면 신동맥압이 떨어지고, 이에 수입 세동맥의 관벽 내의 사구체 옆기관(juxtaglomerular appraratus)에서 분비되는 레닌(renin) 분비가 증가되고, 이는 곧 안지오텐신(angiotensin)과 알도스테론(aldosterone)의 생산과 분비를 증가시킨다. 안지오텐신은 혈압을 상승시키고, 부신 피질에서 분비되는 알도스테론도 세뇨관에서 나트륨의 재흡수를 촉진시킨다. 따라서 만성콩팥병증의 진행은 호르몬 분비의 이상으로 인한 혈압 상승이 유발된다.

(4) 조혈조절

신피질과 신수질의 간질 및 세뇨관 주위의 혈관 내피 세포에서는 골수에서의 적혈구의 분화, 증식 그리고 성숙에 관여하는 물질인 에리스로포이틴(erythropoietin)이 생성된다. 만성콩팥병 환자는 에리스로포이틴의 감소로 인하여 빈혈이 발생하게 된다.

(5) 칼슘 평형 유지

신장은 칼슘, 인 그리고 비타민 D의 대사에 관여함으로써 무기질의 평형을 유지시킨다. 신장에서는 $25(OH)D_3$이 $1,25(OH)_2D_3$으로 전환이 이루어진다. $1,25(OH)_2D_3$은 비타민 D의 활성형으로, 혈액 내 인이나 칼슘의 농도 저하로 부갑상선 호르몬

Q&A

우리 몸의 체액은 어떻게 조성되어 있나?

인체의 많은 부분은 수분으로 이루어져 있으며 지방 조직은 수분량이 적다. 따라서 비만인 사람은 마른 사람에 비해 체중에서 수분이 차지하는 비율이 낮다.

남성은 수분이 60%인 반면, 여성은 평균적으로 남성에 비해 지방이 약간 많기 때문에 수분이 차지하는 비율이 55% 정도이다.

인체 내의 각 구획별 체액량을 임상적으로 추정하는 방법은 다음과 같다.

• 체중 60kg인 환자의 예
총 체액량 = 체중 60% × 60kg = 36L
세포내액량 = 2/3 총 체액량 = 2/3 × 36L = 24L
세포외액량 = 1/3 총 체액량 = 1/3 × 36L = 12L
혈장량 = 1/4 세포외액량 = 1/4 × 12L = 3L

(PTH)의 분비량이 증가될 경우 신피질에서 형성되어 장에서의 칼슘과 인의 흡수를 증가시킬 뿐만 아니라 뼈에서의 칼슘의 이동을 상승시킨다.

2. 신장 질환검사

일반적으로 신장 질환의 존재 여부를 아는 가장 중요하고 기본적인 검사들은 요검사, 생화학검사와 방사선검사 등이 있다.

1) 요검사

신장장애 시 요검사는 가장 기본적이며 단순하고 저렴한 검사인 동시에 가장 많은 정보를 제공해 준다. 요검사에는 요색, 요비중과 요성분검사인 단백뇨, 요중의 세포, 즉 적혈구, 백혈구, 상피세포와 각종 원주의 현미경검사가 포함된다. 요검사

표 **9-1** 요검사

검사명	정상치
색	미색
비중	1,005~1,030
pH(산도)	4.5~8.0
단백질(Albumin)	검출되지 않음(−)
당	검출되지 않음(−)
케톤	검출되지 않음(−)
빌리루빈(Bilirubin)	검출되지 않음(−)
혈뇨	검출되지 않음(−)
적혈구(RBC)	0~4
백혈구(WBC)	0~4
원주체(Casts)	없음
결정체(Crystals)	없음

는 신장 및 요로계 질환의 인지에 중요할 뿐만 아니라, 신장 질환의 경중도, 진행성 여부, 예후와 치료의 판정에도 도움이 된다(표 9-1).

2) 생화학검사

생화학검사로는 간접적으로 사구체여과율을 나타내는 지표인 혈중 요소질소(BUN)와 크레아티닌이 신장의 기능을 알아보기 위하여 임상에서 널리 이용된다. 그 외에도 영양상태를 반영하는 알부민, 헤모글로빈과 콜레스테롤 검사와 체액의 무기질 상태를 나타내는 나트륨, 칼륨, 인, 칼슘의 농도검사가 치료의 기본 자료로 활용된다(표 9-2).

표 **9-2** 생화학검사

검사명	정상범위	만성콩팥병	비정상 결과 원인
콜레스테롤(mg/dL)	< 200	< 200	• 증가 : 고콜레스테롤/고지방식사, 유전성 지질대사 질환, 신증후군, 콜티코스테로이드 치료 • 감소 : 급성감염, 기아
알부민(g/dL)	3.3~5.0	3.5~5.0	• 증가 : 탈수, 수액 과공급 • 감소 : 과수화, 만성간질환, 지방변, 영양불량, 신증후군, 감염, 화상
나트륨(mEq/L)	136~145	136~145	• 증가 : 탈수, 설사, 요붕증 • 감소 : 수분의 과잉 축적, 부적절한 이뇨제 사용, 과도한 나트륨 제한, 화상, 기아
칼륨(mEq/L)	3.5~5.0	3.5~6.0	• 증가 : 신부전, 조직분해, 산증, 탈수, 고혈당, 변비, 감염, 소화관 출혈, 부적절한 투석
칼슘(mg/dL)	9.0~10.5	9.0~10.5	• 감소 : 이뇨제, 알코올 남용, 구토, 설사, 흡수불량, 관장제 남용 • 증가 : 비타민 D 과잉, 골연화성 질환, 부갑상선기능항진증, 탈수, 위장관 흡수 증가 • 감소 : 인 수치 증가, 지방병증, 비타민 D 결핍, 흡수불량, 부갑상선기능저하증
인(mg/dL)	3.0~4.5	3.5~5.5	• 증가 : 비타민 D 과잉, 신부전, 부갑상선기능 저하증, 마그네슘 결핍, 골 질환 • 감소 : 비타민 D 결핍, 인슐린 과잉증, 부갑상선기능항진증, 인 결합제 과잉복용, 과다한 식이제한, 골연화증

(계속)

검사명	정상범위	만성콩팥병	비정상 결과 원인
크레아티닌(mg/dL)	♂0.6~1.2 ♀0.5~1.1	2~15	• 증가 : 급·만성콩팥병, 근육손상, 이화, 심근경색, 근이영양증 • 감소 : 체근육의 과다 손실
혈중요소질소(mg/dL) Blood Urea Nitrogen (BUN)	10~20	60~80	• 증가 : 급·만성콩팥병, 생물가가 낮은 단백질과 총 단백질의 과도한 섭취, 위장관 출혈, 악성종양, 이화작용(화상, 수술, 감염) • 감소 : 단백질섭취의 부족, 구토, 설사, 잦은 투석, 과수화, 흡수불량
헤마토크릿(%)	♂42~52 ♀37~47	♂33~36 ♀ < 39	• 증가 : 탈수, 다혈구증 • 감소 : 빈혈, 혈액손실, 만성콩팥병, 조철부족
페리틴(ng/mL)	♂12~300 ♀10~150	> 100	• 증가 : 철분 과부화, 탈수, 감염, 간 질환 • 감소 : 철분 결핍
헤모글로빈(g/dL)	♂14~18 ♀12~16	10.0~12.0	• 증가 : 탈수 • 감소 : 과수화, 철분 결핍, 빈혈, 혈액손실, 만성콩팥병

3) 영상의학검사

영상의학검사로는 단순방사선 촬영, 신우 조영술, 초음파검사 및 컴퓨터 단층촬영 (computed tomography : CT), 자기공명영상(magnetic resonanace imaging : MRI) 등이 있다. 복부 단순촬영은 신장의 크기, 형태를 볼 수 있고 신요로계의 결석을 알 수 있다(그림 9-2). 신장의 초음파검사는 신장의 크기, 형태는 물론 수신중과 신장의 병소 부위의 진단에 유용하다(그림 9-3). CT 검사는 요관폐쇄, 종양,

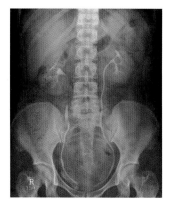

그림 **9-2** 신결석환자의
단순방사선검사 결과

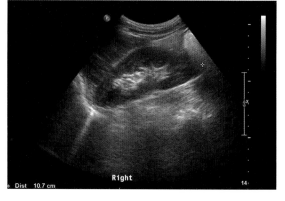

그림 **9-3** 정상인의 신장 초음파검사 결과

요관결석 등의 진단에 사용되며 MRI 검사는 종괴(mass), 콩팥정맥 혈전증 및 낭종의 진단에 사용된다.

3. 신장 질환

1) 신증후군

(1) 원 인
신증후군은 사구체의 손상으로 인하여 혈청 단백질이 투과되어 소변으로 배설되는 질환으로 원인은 매우 다양하며, 원발성 질환과 이차성 질환으로 구분할 수 있다. 원발성 신증후군은 막증식성 사구체신염(membranoproliferative glomerulonephritis), 초점성 분절성 사구체 경화증(focal segmental glomerulosclerosis), 막증식성 사구체신염(membranous nephropathy), 미소 병변(minimal change disease) 등이 있다. 이차성 신증후군은 전신성 홍반성낭창을 포함한 전신성 혈관염, 간염으로 인한 신장염, 당뇨병성 신증과 악성종양 등이 주된 원인으로 발생한다.

(2) 증 상
신증후군의 여러 가지 증상이 복합적으로 나타나는데, 대표적으로 단백뇨, 저알부민증, 고지혈증, 부종 등이 있다. 성인의 경우 소변으로 단백질이 $3.5g/1.73m^2$ 이상 배설되는 경우 신증후군으로 정의한다. 혈장의 주요 단백질인 알부민이 소변으로 손실되면 혈중 단백질 농도의 급격한 감소로 혈장 삼투압이 저하되고, 이로 인하여 혈액 내의 수분이 세포 간질로 이동되어 부종 증상이 나타난다. 부종 증상은 얼굴이나 수족에 심하게 나타나고 때로는 눈꺼풀에 부종이 심하여 눈이 떠지지 않을 수도 있다. 부종이 심한 경우 복수, 흉수가 생겨 복부 팽만, 호흡곤란 등이 동반되기도 한다. 혈액 내 면역글로불린, 트랜스페린, 비타민 D 결합단백질 등도 소변 내로 손실되는데, 면역글로불린의 손실은 감염에 대한 저항성을 떨

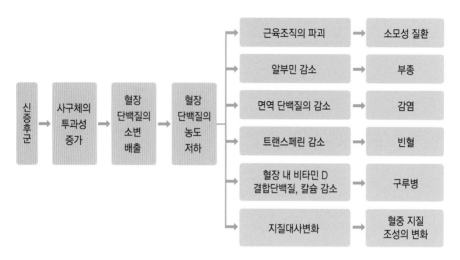

그림 **9-4** 신증후군으로 인하여 발생 가능한 증상

어뜨려 피부나 호흡기 질환을 유발하기 쉽다. 신증후군 환자는 지단백질 지방분해효소(Lipoprotein lipase : LPL)의 감소로 인하여 지질의 청소율이 감소되어 혈중 콜레스테롤 및 중성지질의 농도가 높다. 또한 혈소판 수의 증가로 혈전이 오기 쉽고, 이는 폐, 뇌, 신장 등 여러 조직에 생기면 폐경색증, 뇌경색증, 신경색증 등을 일으키기도 한다(그림 9-4). 그 외의 증상으로는 전신권태감, 설사, 식욕부진, 급격한 조직의 수분 손실과 혈액량 감소로 인한 저혈량증이 있으며, 단백뇨 증상이 장기화될 경우 단백질-에너지 결핍성 영양불량과 근육소모 현상이 나타난다.

(3) 진 단

신증후군의 진단은 임상증상과 검사소견으로 간단히 진단할 수 있으나, 정확히 신증후군 유발 원인 질환을 감별하는 것이 향후 치료와 예후에 중요하다. 이러한 감별진단에는 보체(complement), 항핵항체(antinuclear antibody : ANA)와 면역글로불린(immunoglobulin) 등의 면역학적 검사와 간염검사 등이 있으며, 확진을 위해서 신장조직검사를 시행하기도 한다(그림 9-5, 9-6).

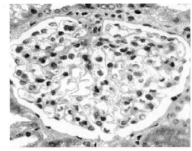
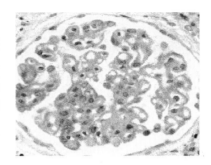

그림 **9-5** 정상 신사구체   그림 **9-6** 막성 사구체신염

(4) 영양치료

면역기능의 손상을 치료하기 위하여 면역억제요법을 포함한 원인 질환 자체에 대한 치료가 선행되어야 하며, 단백뇨를 감소시켜 신부전으로의 이행속도를 늦추는 영양치료가 중요하다(표 9-3). 안지오텐신 전환효소 억제제(ACE inhibitor)의 투여가 단백뇨를 감소시켜 신부전으로의 이행속도를 늦추는 것으로 알려져 있고, 비스테로이드성 소염제도 일부의 신증후군 환자의 단백뇨를 감소시키는 것으로 알려져 있지만 급성신손상, 고칼륨혈증 등의 부작용으로 실제로 임상적으로 많이

표 **9-3** 신증후군 영양치료

영양소	내용
에너지	• 35kcal/kg • 부종이 있는 환자는 건체중을 이용 • 체중을 증가시키거나 유지하고, 단백질 이용을 효율적으로 하기 위해 비단백질원으로 칼로리를 충분히 섭취
단백질	• 0.8~1.0g/kg • 영양불량이나 근육의 소모가 심한 환자, 혈중 알부민 농도가 지나치게 낮은 환자는 1.5g/kg까지도 섭취량을 증가
지방	• 단순불포화지방, 다가불포화지방, 포화지방의 비를 1 : 1 : 1로 하여 총 칼로리의 20~25% 정도로 지방을 공급 • 콜레스테롤은 1일 200mg 이하로 섭취
나트륨	• 2,000mg/일 • 나트륨을 제한하여 부종을 조절
수분	수분을 제한하여 부종을 완화

사용되지 않는다. 부종의 치료는 염분섭취와 병행하여 이뇨제를 사용하여 체중 감량을 시도하며, 지질강하제를 투여하여 혈청 LDL-콜레스테롤과 총 콜레스테롤을 감소시켜 죽상경화증과 신기능 저하를 예방하는 것이 중요하다. 또한 혈전 색전증이 있는 환자는 항응고제를 투여하는 것이 도움이 된다.

2) 급성신손상

급성신손상은 수 시간에서 수주 내에 급격하게 신기능이 저하되는 것을 말하며, 외상, 약물의 오남용, 패혈증 등에 의해 갑작스럽게 세뇨관이 손상되어 사구체여과율이 감소됨으로써 일어난다. 또한 갑작스런 수술이나 외상으로 인해 혈액이 많이 손실되거나 뇌졸중 등으로 인해 신장으로 들어오는 혈액량이 급격히 떨어짐으로써 발생한다. 신사구체 여과율의 감소, 질소 노폐물의 체내 축적, 체액량의 이상, 전해질 및 산-염기의 항상성 이상 등의 증세뿐만 아니라, 요량이 현저히 감소되어 핍뇨상태나 무뇨상태가 나타난다.

(1) 원 인

급성신손상은 질환의 요인에 따라 신전성, 신성 또는 신후성으로 구별된다. 신전성은 신장으로의 혈류 감소로 인해 사구체 여과율이 감소된 경우로 신장실질의 손상이 없고 세뇨관 기능이 정상이므로 혈류량을 정상화하면 신장의 기능도 신속히 정상화된다. 신후성은 세뇨관 이하 부위의 폐쇄로 보우만강의 내압이 증가하여 사구체 여과율이 감소로 일어난다. 신성은 신장 내 혈관, 사구체, 세뇨관, 간질 등의 손상에 의하며 신장실질의 조직학적 변화를 수반하기 때문에 신전성, 신후성과 달리 원인 질환이 개선되어도 신기능은 신속하게 개선되지 않고 수주에서 수개월에 걸쳐 서서히 개선된다(표 9-4).

(2) 증 상

급성신손상은 임상적으로 핍뇨기(400mL/일 이하), 이뇨기 및 회복기로 나눌 수

표 **9-4** 급성신손상의 원인

구분	내용
신전성	• 저혈압, 체액 부족 • 심부전 : 심박출량 감소 • 간부전
신성	• 급성 세뇨관 괴사 : 장시간 허혈, 신독성 약제(방사선 조영제) • 세동맥 손상 : 악성 고혈압, 혈관염, 전신성 홍반성 낭창, 용혈성 요독 증후군 • 사구체병증 • 약제 유발성 급성 간질성 신염 : 설파제, 비스테로이드성 진통제 등 • 신장 내 침착 : 항암요법 후 요산 침착, 다발성 골수종 • 콜레스테롤 색전증 : 혈관 내 중재술 후
신후성	• 요도 폐쇄 : 혈괴, 결석, 종양 • 방광 출입구 폐쇄 : 신경성 방광, 양성 전립선 비대증

있다. 핍뇨기에는 수분과 전해질 이상에 따르는 심부전, 폐수종, 고혈압 및 부종의 증상과 요독증 등이 나타난다. 이뇨기에는 소변양이 1~2L/일에서 4~5L/일까지 갑자기 증가될 수 있으므로 수분과 각종 전해질을 보충하여 저칼륨혈증과 탈수를 예방하여야 한다.

(3) 영양치료

급성신손상의 예후는 신장의 손상이 가역적인지, 얼마나 신속히 신손상 정도를 확인하고 적극적인 치료를 하였느냐에 따라 달라진다. 급성신손상의 치료는 신전성 원인의 신속한 교정 및 신독성 약제 사용을 억제하여 치료 가능한 신기능 악화요인을 제거하여야 한다(표 9-5). 일단 안정된 급성신손상의 치료는 영양치료방법을 시행하면서 환자의 상태에 따라 조직 이화작용이 심한 경우나 난치성 체액 과부하, 고칼륨혈증, 심한 대사성 산증을 보이는 경우 투석치료도 병행한다. 또한 요독증으로 인한 심낭염, 뇌병증, 신경병증이 동반되는 경우에도 투석치료나 지속적인 신대체요법(continuous renal replacement therapy)을 실시한다. 일부 환자의 경우 식사로 충분한 에너지 섭취가 어려운 경우 경장이나 정맥영양공급방법으로 영양을 공급하여야 한다.

표 **9-5** 급성신손상의 영양치료

방법	내용
수분 교정	• 체액량을 정확히 판단하여 체액 부족이 발생하지 않도록 하는 것이 중요 • 체액량이 교정되면 0.45% 생리식염수를 이용하여 배설량에 불감 손실량(하루 500mL)을 합한 양을 공급 • 혈청 전해질을 자주 측정하여 전해질의 손실이 없도록 하는 것 또한 중요 • 수분섭취량은 1일 소변배설량 + 500mL로 제한하며, 단 이뇨시기에는 충분한 물섭취가 필요
에너지 섭취	총 열량은 30~40kcal/kg/일로 유지하여 이화작용을 막도록 함
단백질섭취	• 단백질은 하루 0.5~0.8g/kg로 제한하여 질소노폐물의 생성을 막는 것이 좋음 • 투석을 실시하는 경우 단백질은 하루 1.0~2g/kg으로 증량시키며, 지속적인 신대체요법을 시행하는 경우 손실된 단백질 보충을 위하여 단백질섭취량은 하루 1.5~2.5g/kg까지도 증량 • 신장기능이 향상되면 차츰 단백질 섭취량을 증량
칼륨 섭취	하루 섭취량을 핍뇨 시 1.2~2.0g/일 이하 (소변배설량, 투석 정도, 혈중 칼륨 수치에 따라)로 제한
나트륨 섭취	하루 섭취량을 핍뇨 시 0.5~1.0g/일 이하 (소변배설량, 투석 정도, 혈중 나트륨 수치에 따라)로 제한

3) 만성콩팥병

만성콩팥병은 원인에 상관없이 점진적이고 비가역적으로 세포 간 조직이 변화하여 사구체 여과율이 영구적으로 감소되는 질환이다.

(1) 원 인

만성콩팥병의 원인은 지역, 인종, 나이, 성별에 따라 다르며, 우리나라의 경우 만성콩팥병을 일으키는 주요 3대 원인으로는 만성사구체신염(만성신장염), 당뇨병, 고혈압이다. 그 외에 루프스(전신성 홍반성 낭창)와 같은 자가면역질환, 결석, 종양, 전립선 비대 등에 의한 요로 폐쇄, 다낭성 신종, 알포오트병, 만성신우신염 등의 감염성 질환, 기타 약물이나 방사선 조영제 등의 신독성 물질이 만성콩팥병을 유발할 수 있다. 세계 인구 중 5억 명 이상이 만성콩팥병에 시달리고 있으며, 국내 환자도 크게 늘어 2007~2008년 대한신장학회 조사결과 전체 인구의 약 13.7%를 차지하고 있다. 이 가운데 혈액투석을 받는 환자는 6만 명 정도이다.

(2) 증 상

만성콩팥병은 사구체의 기능저하로 대사산물이 체내에 축적되고, 신장의 내분비 및 대사기능의 장애로 신체 각 기관에서 다양한 이상현상이 나타난다.

- 요독증 : **혈중요소질소**와 크레아티닌 상승
- 수분 및 소디움 대사장애 : 체액 과다에 민감한 고혈압
- 칼륨 대사장애 : 고칼륨혈증
- 대사성 산증
- 칼슘 대사장애 : 신성 골이영양증, 부갑상선 기능 항진증
- 조혈기능 이상 : 빈혈
- 심혈관계 이상 : 동맥경화증

요독증

요독증이란 신장기능이 감소함에 따라서 체내에 여러 가지 노폐물이 축적되어 나타나게 되는 증상 및 소견의 복합체를 말한다. 흔한 초기 증상은 야뇨증, 수면장애, 피로감, 소화장애와 같이 우리가 흔히 간과하기 쉬운 증상들이다. 신부전증이 진행할수록 부종, 가려움증, 기억력 감퇴 등을 보이다가 심하면 호흡곤란, 심전도장애, 경련, 혼수 등이 생긴다.

(3) 진 단

일반적으로 신부전증의 진행 속도는 원인 질환이나 개인에 따라 많은 차이를 보인다. 이와 같이 대부분의 만성콩팥병은 진행성 질환으로 치료상 신장 질환의 경과를 표 9-6과 같이 5단계로 구분한다.

표 **9-6** 만성콩팥병의 단계별 분류

단계	설명	신사구체 여과율(mL/min/1.73m²)
1	콩팥손상은 존재하나, GFR은 정상 또는 증가	≥ 90
2	콩팥손상은 존재하고, GFR이 경도 저하	60~89
3	GFR이 중등도 저하	30~59
4	GFR이 고도 저하	15~29
5	신부전	< 15(또는 투석)

(4) 영양치료

만성콩팥병의 치료는 신기능의 악화로 말기신부전으로의 진행을 예방하거나 지연

표 **9-7** 만성콩팥병의 영양치료

방법	내용
수분 및 나트륨 제한	하루 나트륨을 2~3g 이하로 제한하여 체액의 과잉을 방지하며 수분은 하루 배설량에 500mL(불감 손실량)를 더한 양으로 제한
혈압조절	혈압을 단백뇨가 없는 경우 130/85mmHg, 하루 1g 이상의 단백뇨가 있는 경우 125/75mmHg 이하로 조절
단백질섭취 제한	하루 0.6~0.75g/kg 이하의 단백질섭취 제한으로 질소노폐물의 축적을 줄이고 단백뇨를 감소시켜 신부전의 진행속도를 늦춤. 단백질의 50% 이상은 생물가가 높은 식품으로 공급하여야 함
에너지 보충	60세 이상 : 30~35kcal/kg, 60세 미만 35kcal/kg 이상체중을 유지하고, 단백질을 효과적으로 이용하기 위하여 충분한 에너지 섭취가 요구됨
칼륨 제한	고칼륨혈증은 신사구체 여과율이 5mL/min 이하로 감소된 경우에 자주 발생하고, 신부전 자체 원인 이외로 채소와 과일 등 칼륨이 다량 함유된 식품, 안지오텐신 전환효소(angiotensin converting enzyme : ACE)억제제, 비스테로이드성 항염제(nonsteroidal antiinflammatory drugs : NSAID), β-차단제, 칼륨 보존 이뇨제 등의 복용, 감염, 요량 감소, 외상, 용혈 등의 원인에 의해서도 발생하므로 정확한 원인을 확인하여야 함. 신사구체 여과율이 20mL/min 이하로 감소한 경우 하루 40mEq 이하로 칼륨 섭취를 제한
칼슘, 인 교정	인 섭취는 0.8~1.2g/일로 제한하며 필요시 인결합제제나 탄산칼슘을 복용. 칼슘은 혈청 칼슘 농도를 정상으로 유지하도록 보충
빈혈의 치료	빈혈의 원인으로는 에리스로포이틴의 생성 결핍 및 철분, 엽산 결핍, 위장관 출혈, 요독증에 의한 골수 억제, 적혈구 생존기간의 단축 등 다양한 요인이 작용. 신부전 환자의 철분은 트랜스페린 포화도를 20% 이상, 혈청 페리틴 100ng/mL 이상을 목표로 하여 공급 에리스로포이틴은 헤모글로빈 10g/dL 이하 헤마토크릿 30% 이하에서 철분 결핍이 교정된 후에 투여
비타민 보충	단백질과 무기질을 제한하면 비타민의 결핍이 초래되므로, 신부전 환자는 비타민 보충이 필요. 엽산 1mg, 피리독신(pyridoxin) 5mg, 비타민 B 복합체 한국인 영양권장량 정도, 비타민 C 60~100mg을 공급하며, 활성 비타민 D의 공급도 필요. 그러나 비타민 A는 만성콩팥병이 진행될수록 체내에 축적되므로 보충하지 않음

시키는 것을 중요한 목표로 한다. 만성콩팥병 환자의 경우 체계화된 영양치료 프로토콜에 따라 지속적인 영양치료가 요구된다(표 9-7).

(5) 약물치료

만성콩팥병의 진행을 지연시키고 일부 합병증의 치료를 위하여 다양한 약제가 사용된다. 대표적인 약제로는 항고혈압제, 이뇨제, 인결합제 및 조혈제 등이 있다(표 9-8).

표 **9-8** 만성콩팥병 환자에게 자주 사용되는 약제

유형		작용기전	부작용
항고혈압제	칼슘 길항제	혈관과 심장의 세포막의 칼슘 채널에 작용하여 혈관을 확장	변비, 두통, 빠른 심장 박동, 부종
	α-차단제	평활근을 수축시키는 α-1수용체를 차단하여 말초혈관을 확장	기립성 저혈압, 현기증, 두통, 심계항진, 실신
	β-차단제	β-아드레날린수용체를 특이하게 차단	서맥성부정맥, 심부전, 협심증, 만성기관지염, 중성지방 증가
	안지오텐신 전환 효소 억제제	안지오텐신 I으로부터 강력한 혈관수축과 알도스테론 분비를 유발하여 혈압을 상승시키는 안지오텐신 II로 전환되는 것을 저해하며 강력한 혈관확장을 유발	저혈압, 고칼륨혈증, 부종, 마른기침
이뇨제	K-sparing	피질 집합관과 후기 원위세뇨관에서 알도스테론 효과를 길항하여 집합관에서 나트륨 흡수를 감소시킴	고칼륨혈증
	Thiazide	세뇨관에서 나트륨 흡수를 감소시킴	저칼륨혈증, 저나트륨혈증, 혈당상승
	Loop		
인결합제	$CaCO_3$	인의 흡수를 억제하여 배설을 촉진시킴	변비, 고칼슘혈증
	제산제		
	Ca acetate		
항고칼륨제	양 이온 교환 수지 (polystyrene sulfonate calcium)	칼륨의 배설을 촉진	–
조혈제	erythropoietin	조혈 호르몬 공급	–

'인결합제'란 무엇인가?

인결합제는 칼슘이나 알루미늄으로 만들어진 약이다. 이 약은 이름이 의미하는 데로 음식 내에 들어 있는 인과 결합하여 장에서의 인의 흡수를 방해시키고 노폐물과 함께 변으로 배출된다. 처방된 인결합제는 식사나 간식과 함께 먹는 방법이 중요하다. 이 약의 복용은 치유의 중요한 부분으로 뼈가 건강하고 강하게 유지되는 것을 돕는다.

4) 신결석

(1) 원인과 증상

신결석은 소변의 성분이 결정화되어 나타나는 질환으로 가족력이 있는 경우나 비만, 당뇨병, 대사증후군 환자에게 나타난다. 신결석의 화학적 성분은 다양하며 그 형성을 촉진하는 요소도 여러 가지다. 일단 신결석이 나타나면 치료하기 위하여 요중 결정물질의 용해와 배설을 촉진시키고 결정의 생성을 지연시켜야 한다. 신결석은 일반적으로 증세가 거의 없으나 결석이 신우 안에서 요로를 침해하거나 요도 통과시 요도벽의 연근육을 이완하였다가 수축할 때 심한 통증을 유발한다. 또한 요로를 막으면 통증과 혈뇨, 발열, 구토와 식은땀 등이 생긴다.

(2) 종 류

신결석 환자의 2/3 정도는 칼슘수산염과 칼슘인산염의 혼합형이 주요 원인이다. 이 외에 마그네슘, 암모늄, 인산염이 15% 정도이며, 약 10%가 요산과 시스틴결석이다. 이러한 결석 환자 중 칼슘결석의 65% 정도는 자연발생적 요중 고칼슘증과 요중 고뇨산증 등에서 나타난다. 이러한 질병들과 고수산증은 영양과 상호 관련이 있다. 신결석 발병률을 보면 남자가 여자보다 3~4배 더 많고, 연령은 20~50대가 많으며, 어린이는 드물다.

(3) 영양치료

신결석 환자는 결석의 종류에 따라 제한하는 영양소가 다르나, 원인에 관계없이 소변의 희석을 위하여 2,000mL 이상의 수분을 섭취하여야 한다(표 9-9).

표 **9-9** 신결석의 영양치료

종류		영양치료방법
수산칼슘 결석, 인산칼슘 결석	단백질, 칼슘, 나트륨	• 동물성 단백질을 많이 섭취하면 칼슘의 배설이 증가하므로 과량의 생선, 육류, 가금류, 달걀 등은 피함 • 칼슘은 칼슘결석 환자에게 흔하게 나타나는 고칼슘혈증을 치료하고 고수산증과 음(−)칼슘평형을 방지하기 위해 600~800mg 정도 권장 • 다량의 나트륨 섭취는 사구체여과율의 증가, 칼슘 재흡수의 감소 등으로 인해 소변으로의 칼슘 배설을 증가시켜 칼슘결정을 형성하므로 나트륨을 중정도(90~150mEq)로 제한
	수산	• 수산은 수산칼슘 결석을 형성하는 데 칼슘보다 더 큰 영향을 미침. 식사 내 칼슘량과 장 내 수산의 흡수는 반비례하여, 칼슘은 수산의 흡수를 저해함. 따라서 칼슘을 심하게 제한하면 수산의 흡수를 높여 소변으로의 수산 배설을 증가시킬 수 있음 • 수산은 적은 양으로도 결정체를 형성할 수 있고, 소변 내 수산 농도는 식사에 따라 영향을 크게 받으므로 식사 내 수산을 제한하는 것이 효과적
	수분	수분섭취를 많이 하여 하루에 소변을 2L 이상 배출시키면 소변이 희석되어 결석 형성 물질의 농도를 상대적으로 낮추므로 수분섭취량을 시간당 약 250~300mL 정도로 증가시킴(2~2.5L/일)
요산 결석		• 과도한 동물성 단백질 섭취는 칼슘, 수산, 요산 배설을 증가시키므로 주의하여야 함 • 통풍과 같은 퓨린 대사 이상 환자는 식사 내 퓨린의 함량을 조절하기 위해서 육류·전곡·두류섭취량을 감소하도록 주의
시스틴 결석		• 저단백 식사를 해야 하나 거의 모든 식품에 시스틴이 함유되어 있으므로 큰 효과를 기대하기는 힘듦 • 수분은 하루 4L 이상 섭취하고 알칼리성 식사요법을 병행하여 시스틴의 용해도를 증가시키며, 소변의 pH를 7정도로 유지
Struvite 결석 (마그네슘염화 인산염)		• 주로 여성에게서 흔히 나타남 • 요로감염이 결석 형성의 주 원인

4. 신대체요법

1) 혈액투석

(1) 방 법

혈액투석은 기계를 이용하여 혈액 속의 과잉 수분과 노폐물을 반투과막을 통해 투석액으로 여과 또는 제거하는 것이다. 임시로 대퇴정맥 혹은 내경정맥을 통하여 혈관접근장치를 삽입하여 투석을 시작하며, 영구적인 혈관접근장치는 동정맥문합 또는 동정맥이식을 통해 만들어 사용한다(그림 9-7). 동정맥문합을 위해서는 가급적 모든 정맥을 보호해야 하며 쇄골하정맥은 협착을 가져올 가능성이 있으므로 피하는 것이 좋다. 일반적으로 투석의 시행은 1회에 4~5시간씩, 1주 2~3회씩 시행을 하며, 지속적인 식사요법과 적절한 투약이 동반되어야 한다. 혈액투석으로 수분 및 전해질의 불균형, 오심, 구토 등의 증상은 크게 호전되며, 전체적으로 대부분의 환자가 비교적 정상적인 생활을 할 수 있다.

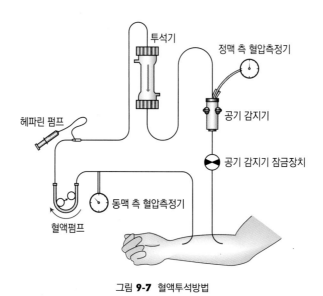

그림 **9-7** 혈액투석방법

(2) 영양치료

혈액투석 환자의 영양관리를 실시함에 있어서 정확한 영양상태의 평가는 향후 영양치료의 기준이 될 수 있는 자료를 제공하는 데 중요한 부분을 차지한다(표 9-10). 혈액투석 환자의 영양치료는 영양상태 평가의 결과에 따라 개인의 상태를 고려하고, 적절히 에너지, 단백질, 수분, 나트륨, 칼륨, 인의 섭취를 조절하여 시행하여야 한다(표 9-11).

투석 환자의 영양치료방법 준수를 위한 환자의 순응 정도는 투석과 관련된 요

표 **9-10** 혈액투석 환자의 영양상태에 영향을 미치는 요인

혈액투석 비관련 요인	• 단백질 및 칼로리 섭취 부족 • 호르몬의 변화 　– 인슐린 저항성 변화 　– 부갑상선항진증 • 대사성 산증	• 합병증 　– 당뇨병 　– 위장 질환 • 잦은 입원력 • 약제 복용 • 정신적인 불안정 • 경제적 어려움
혈액투석 관련 요인	• 부적절한 투석용량 • 투석막의 생체비적합성	• 휴식대사량의 증가 • 투석을 통한 영양소 손실(단백질, 아미노산)

표 **9-11** 혈액투석 환자의 영양치료

구분	내용
에너지	체중유지, 체중조절을 위하여 적절한 에너지를 섭취하여야 함 • 60세 이상 : 30~35kcal/kg • 60세 미만 35kcal/kg
단백질	1.2g/kg, 50% 이상은 생물가가 높은 식품으로 공급
나트륨	2,000mg/일
칼륨	2,000~3,000mg/일
인	800~1,000mg/일
칼슘	혈액 내 칼슘치에 따라 조절(2,000mg/일 이하)
수분	750~1,000mL + 소변량

요소 동력학 모델(Urea kinetic modeling)

단백질 이화율(protein catabolic rate : PCR)과 Kt/V(k : 요소 청소율, t : 치료 시간, v : 요소질소 분포 체액량)를 이용하여 혈액투석 환자의 식사 효율성, 환자의 수용도, 단백질 대사를 평가하기 위하여 고안된 방법이다. 질소평형을 이루는 안정된 상태에서는 단백질 이화율과 섭취한 단백질(Dietary Protein Intake : DPI)의 양은 같다.

$$PCR = 9.35GU + 0.294\ V_1$$

$$GU\ =\ \frac{(BUN_2 \times V_2) - (BUN_1 \times V_1)}{T}$$

PCR : Protein Catabolic Rate in gm/24 hrs
nPCR : gm protein catabolized/kg body wt/24 hrs
GU : Urea Generation Rate in mg/min
BUN₁ : post-dialysis BUN in mg/mL
BUN₂ : pre –dialysis BUN in mg/mL
V₁ : Total body water in mL
V₂ : V₁ + Fluid wt gain in mL

인 및 과거병력, 사회·환경적 다양하고 복합적인 요인에 의하여 결정된다. 그러므로 신장 전문 영양사는 지속적이고 정확한 환자의 정보 수집 및 평가 후에 다양한 영양 중재를 실시하여 환자의 영양상태를 유지·향상시켜야 한다.

2) 복막투석

(1) 방 법

복막투석은 복막 내에 투석액을 주입한 후 환자 자신의 복막을 통하여 체내의 수분과 노폐물이 제거되는 방법이다. 이를 위해 환자의 복부에 수술을 통해 카테터를 삽입하며 이 관을 통해 투석액을 주입하고 배액한다. 복막투석의 원리는 복강 내 주입된 투석액(포도당 1.5~4.25% 용액)에는 노폐물이 전혀 없으므로 혈액 내에 높은 농도로 존재하는 노폐물이 복막 모세혈관벽을 통하여 투석액 쪽으로 확산되고, 혈액 내의 수분을 삼투현상에 의해 투석액 쪽으로 이동하는 현상에 의해 노폐물과 수분이 제거되는 것이다. 지속적 외래복막투석(Continous ambulatory peritoneal dialysis : CAPD)은 투석액을 복강 내에 주입한 후 체내에서 지속적으로 투석이 이루어지는 방법으로, 일정 기간 복강 내에 투석액을 저류시킨 후 배액

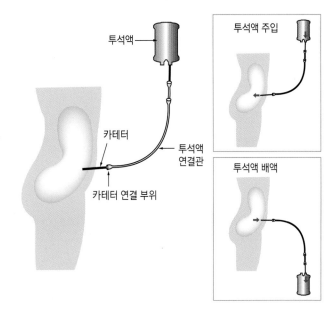

그림 **9-8** 복막투석방법

그림 **9-9** 자동복막투석방법

하는 과정을 하루 4~5회 교환한다(그림 9-8). 자동복막투석(Continous cycling peritoneal dialysis : CCPD)은 수면 중에 자동적으로 투석액의 교환을 시행하는 장치를 이용하여 투석을 시행하는 방법이다(그림 9-9). 일반적으로 이화작용이 심한 상태이거나 개복수술을 받은 경험이 있는 환자, 심한 폐 질환 및 늑막 삼출이 있는 경우에는 복막투석보다 혈액투석이 유리하다.

(2) 영양치료

복막투석 시 투석액으로 손실되는 단백질량을 보충하기 위하여 충분한 단백질 섭취가 필요하며, 투석액으로부터 흡수되는 덱스트로스는 중성지방을 높이고 체중 증가의 원인이 될 수 있으므로 칼로리 섭취를 조절하여야 한다(표 9-12).

표 **9-12** 지속성 외래 복막투석의 영양치료

구분	내용
에너지	식사를 통한 에너지 섭취량 = 총 에너지 요구량 − 투석액으로부터 얻는 에너지량 60세 이상 : 30~35kcal/kg, 60세 미만 35kcal/kg
단백질	1.2~1.5g/kg 표준체중 복막염 시 단백질량이 증가
나트륨	2,000~4,000mg/일 (단, 체중과 혈압에 따라 개별적으로 적용)
칼륨	칼륨 함량이 높은 식품은 중정도로 사용하나, 고칼륨혈증이 유발될 경우 칼륨 섭취량은 3,000~4,000mg 정도로 제한하여야 함
인	800~1,000mg/일
칼슘	혈액 내 칼슘치에 따라 조절(인결합제 사용 총 2,000mg 이하).
수분	1,000mL 이상/일 또는 24시간 투석배액 + 24시간 소변량
단순당질	고지혈증이 있거나 체중이 표준체중 이상일 경우 섭취량을 제한
포화지방	고콜레스테롤혈증이 있을 경우 포화지방 대신 불포화지방을 사용
콜레스테롤	고콜레스테롤혈증이 있을 경우 저콜레스테롤 함유 식품을 사용

3) 신장이식

신장이식은 말기 신부전 환자에게 투석을 대체하는 방법으로 주로 사구체신염, 신우신염, 다낭성 신증, 당뇨병성 신증, 고혈압성 신경화증 등으로 인한 만성콩팥병 환자에게 시행된다. 성공적인 이식은 신장기능의 회복으로 투석을 할 필요가

표 **9-13** 신장이식 환자의 영양치료

구분	이식 직후 (~6주까지)	이식 후 장기관리 시(6주 이후)	비고
에너지	30~35kcal/kg/day	정상체중 유지	장기간 스테로이드의 사용은 식욕증가로 인한 체중 증가를 유발할 수 있으므로 이식 초기부터 체중관리를 위한 식사요법을 실천하여, 혈압상승, 고지혈증, 혈당증가 등에 대한 예방이 요구됨
단백질	1.3~1.5g/kg	1g/kg	이식 직후에는 수술에 따른 스트레스와 다량의 스테로이드 치료로 인해 체내 단백질의 이화가 매우 증가하므로 이식 직후 초기에는 고단백질을 공급
지방	포화지방 10% 미만 콜레스테롤 300mg 미만	동일	신장이식 환자에서 고인슐린혈증, 비만, 면역억제제의 사용 등 여러 요인에 의해 고지혈증이 자주 발현되며, 이는 허혈성 심장 질환과 뇌졸중 등의 동맥경화성 질환을 일으켜 사망에 이르는 요인으로 작용
단순당	섭취 제한	동일	혈당조절이 부적절할 경우 당뇨병이나 심장 질환을 유발할 수 있으므로 단순당의 제한이 필요
나트륨	2~4g	고혈압일 경우 2~4g으로 제한	신장이식 직후와 신장기능이 회복될 때까지 수분, 전해질, 혈압을 엄격하게 조절하여야 함
칼륨	일반적으로 제한 없음 고칼륨혈증일 경우 70mEq	동일	이식 직후에는 사이크로스포린의 복용으로 고칼륨혈증이 유발될 수 있으므로 혈액 내 칼륨 수치의 주의깊은 관찰이 요구됨
칼슘	1,200mg	동일	장기간의 스테로이드 사용은 장에서의 칼슘 흡수를 저하시켜 골다공증을 초래할 수 있음
식이섬유	섭취 강조	동일	당뇨병이나 심장 질환 유발을 예방하기 위하여 충분한 식이섬유 공급이 필요
수분	제한 없음	동일	–

없으므로 생활의 질이 향상되고 식사도 자유롭게 섭취할 수 있다. 그러나 신장이식 수술 후에는 조직거부 증상을 예방하기 위하여 면역억제제를 평생 투여받게 되는데, 일부 약제의 경우 전해질 이상, 체중증가 및 내당능불내증 등 부작용을 동반할 수 있으므로 정규적인 영양평가를 통하여 신장기능의 저하를 방지하고 이식 후 영양적 위험도를 최소화하여야 한다(표 9-13).

급성신부전

35세 여자인 장 씨는 자동차사고로 인한 다발성 골절로 응급실을 통해 입원하였으나, 과량의 혈액 손실로 병원에 도착 전 거의 사망 직전으로 매우 위험한 상황이라 중환자실로 이송되었다. 다리골절, 갈비뼈골절, 폐 허탈(lung collapse)과 내출혈 등의 증상이 있었으며, 내출혈치료를 위하여 응급수술을 실시하였으나 수술 후 급성신부전이 발생하였다. 장 씨의 신장은 153cm이고, 체중은 56kg이다.

수술 후 장 씨의 소변량은 50mL/day 미만이었고, BUN은 75mg/dL이었다. 소변량이 너무 적어서 신장여과율은 측정할 수 없었다.

❶ 장 씨에게 왜 급성신부전이 발생하였는지 그 이유를 설명하라.

❷ 급성신부전의 발생 작용을 설명하라.

❸ 초기 핍뇨상태에서의 영양치료방법을 설명하고, 급성신부전이 더 진행되어 노폐물 및 전해질 등이 축적될 경우 어떠한 영양소의 조절이 필요한가?

❹ 투석을 실시할 경우 영양치료방법은 어떻게 달라지는가?

CHAPTER 10

비만과
식사장애

비만과
식사장애

비만은 체지방의 과잉 축적으로 정의할 수 있으며, 단순히 미용상의 문제가 아니라 여러 가지 수많은 건강상의 문제를 야기할 수 있는 장기적인 치료와 관찰을 필요로 하는 만성 질환이다. 비만의 치료는 그 원인이 다양한 만큼 영양치료(식사요법), 운동요법, 행동수정요법 등 복합적 접근이 필요하며 치료 목표는 단순한 체중감량이 아닌 체중조절을 통해 비만으로 인한 대사 질환의 개선과 예방에 있음을 이해해야 한다.

식사장애는 정신적인 문제가 매우 중요하므로 환자의 영양치료 시 질병에서 완전히 회복될 때까지 영양학적인 측면과 아울러 정신적인 측면을 충분히 고려해야 한다.

용어정리

쿠싱증후군(Cushing's syndrome) 뇌하수체 선종, 부신과증식, 부신종양, 이소성 부신피질자극호르몬 분비증 등의 여러 원인에 의해 만성적으로 혈중 코티솔 농도가 과다해지는 내분비장애

다낭성난소증후군(polycystic ovary syndrome : PCOS) 난소에 많은 미성숙난자가 있고 무배란, 남성호르몬과다증을 동반하는 질환

최대산소소모량(VO₂ max) 운동 중 산소를 운반하고 사용할 수 있는 최대능력. 보통 자전거 에르고미터나 트레드밀에서 측정. 준비운동 후 점차로 운동 강도를 올려가면서 산소소모량을 측정하며 더 이상 증가되지 않는 시점의 산소소모량으로, 수축 중인 근육에서 산소를 운반하는 시스템의 최대한계치를 말함

위소매모양 절제술(sleeve gastrectomy) 위의 한쪽을 절단하여 위를 가늘고 긴 원통형으로 성형하는 방법

신경성식욕부진증(anorexia nervosa) 환자가 먹는 것을 스스로 제한하고 체중이 이상적인 체중보다 적어도 15% 이상 적게 나가는 식사장애

신경성폭식증(bulimia nervosa) 다량의 음식을 빨리 먹는 폭식과 제거행동을 반복하는 식사장애

1. 비 만

비만은 체지방이 과도하게 축적된 상태를 말한다. 겉으로 보기에 체격이 우람한 사람이라고 할지라도 근육이 발달하고 큰 골격을 가지고 있는 경우에는 비만이라고 보기 어려우며, 겉으로 날씬하게 보여도 체지방 비율이 높으면 비만이다. 체중은 비만을 판정하는 가장 손쉬운 평가지표인데, 이상체중의 10~15% 이상일 때는 비만인지 아닌지 평가하기가 힘드나 15% 이상 넘어가면 몸에 과다한 지방이 축적된 상태로 보아야 한다.

1) 유 형

(1) 시기에 따른 분류

비만이 된 시기에 따라 소아비만과 성인비만으로 나눠지며 소아비만은 주로 지방세포의 수가 증가된 지방세포 증식형이 많고 성인비만은 지방세포의 크기가 비대해진 지방세포 비대형이 많다. 그러나 성인비만이라도 체지방량 증가가 30kg 이상이 되면 지방세포의 수도 같이 증가하여 혼합형이 되며 다이어트에 잘 반응하지 않는다(표 10-1).

(2) 체지방의 분포에 따른 분류

비만은 체지방의 분포에 따라 남성형 비만과 여성형 비만으로 나뉜다. 남성형 비

표 **10-1** 소아비만과 성인비만의 비교

소아비만(지방세포증식형)	성인비만(지방세포비대형)
• 생후 1년간 혹은 4~11세에 과량의 에너지가 공급되었을 때 잘 발생 • 지방세포의 수와 크기가 모두 증가하여 성인비만으로 연결됨 • 증가된 지방세포의 수는 다이어트로도 잘 줄어들지 않고 재발하기 쉬움	• 남자 35세 이상, 여자 45세 이상인 경우에 기초대사량과 활동량 감소로 비만이 됨 • 과량의 에너지가 공급될 경우 지방세포의 크기가 20배까지 증가하나 체지방량 증가량이 30kg 이상 넘어서면 지방세포의 수도 늘어남 • 다이어트 시에 비교적 체중감량이 쉽고 재발위험성이 적음

표 **10-2** 남성형 비만과 여성형 비만의 비교

남성형 비만	여성형 비만
• 복부비만, 중심성 비만, 상체형 비만, 사과형 비만 • 전체 비만 여부에 상관없이 심장병, 뇌졸중, 당뇨, 고혈압, 암과 같은 만성 질병 위험도 증가 • 허리둘레 남자 ≥ 90cm 건강 위험 증가 • 허리둘레 여자 ≥ 85cm 건강 위험 증가 • 복부에 있는 지방세포는 크고 대사적으로 왕성하여 운동이나 다이어트 시에 분비되는 에피네프린에 잘 반응하여 지방을 유리해 내므로 복부지방은 비교적 빼기가 쉬움	• 둔부비만, 하체형 비만, 말초성 비만, 서양배형 비만이라고도 함 • 비교적 건강에 해가 적음 • 하체의 지방세포는 활동성이 낮아 다이어트나 운동 프로그램에 잘 반응하지 않음 • 다이어트를 반복하면 나중에 복부비만이 될 가능성이 높아짐

표 **10-3** 복부비만의 유형에 따른 비교

내장지방형 비만	피하지방형 비만

• 복강의 내장 주변에 지방이 저장
• 내장지방형 비만에서 성인병 위험 증가
  → 단층촬영을 통해 알 수 있음
	• 지방이 복벽에 일정한 두께로 저장
	  → 단층촬영을 통해 알 수 있음

만은 주로 복부비만으로 나타나며 음주, 흡연과 관계가 깊다. 여성형 비만은 주로 하체 비만으로 나타나며 여성 호르몬 분비와 관련이 있다(표 10-2). 하체비만도 다이어트를 반복하거나 폐경 이후에는 복부비만으로 되기 쉽다. 복부비만은 지방이 쌓인 부위에 따라 다시 내장지방형 비만과 피하지방형 비만으로 나뉜다(표 10-3).

2) 원 인

(1) 유전요인

몸에서 소비하는 에너지보다 들어오는 에너지가 더 많으면 여분의 에너지가 체지방으로 쌓인다. 그렇지만 왜 특정 사람에게서만 에너지 불균형이 일어나는지는 확실하지 않으며, 이는 유전요인으로 설명할 수 있다(표 10-4).

표 **10-4** 비만의 유전요인

구분	내용
증거 자료	• 일란성 쌍둥이의 경우 체중 간의 상관관계가 이란성 쌍둥이에 비해 높음 • 입양한 어린이의 체중은 양부모보다 친부모의 체중과 상관관계를 보임 • 똑같은 양의 칼로리를 섭취했을 때에 이란성 쌍둥이는 다른 일란성 쌍둥이에 비해 체중 증가 정도가 다르며, 쌍둥이끼리는 증가된 체중의 정도, 체지방, 지방이 쌓이는 부위가 비슷함 • 사람의 체형은 내배엽형(endomorphy), 중배엽형(mesomorphy), 외배엽형(ectomorphy)으로 나뉘는데, 이 중 비만을 잘 일으키는 것은 내배엽형으로 부모로부터 유전됨 • 비만 유전자가 발견됨
결과	• 유전요인은 비만 자체를 일으킨다기보다는 그 사람이 비만이 될 수 있는 민감성을 결정함 • 유전요인이 그 사람의 식품섭취량, 활동량, 대사과정에 광범위하게 영향을 미침

(2) 섭취 에너지의 과잉

비만은 장기간의 식습관과 생활습관이 누적되어 일어나는 것이다. 예를 들어, 만 1세 이하일 때 부모가 아이에게 영양을 과잉공급하거나 4~11세 때에 영양을 과잉공급하면 지방세포의 수가 늘어나면서 과식하게 되고 비만해진다. 그러다가 그 아이가 성인이 되어 자신의 체중에 관심을 갖기 시작하여 저열량 다이어트를 반복하게 되고 요요현상을 겪으면서 체중은 거의 빠지지 않은 채 기초대사량이 저하된다. 따라서 정상인과 비슷한 칼로리를 섭취하는데도 여전히 본인은 비만상태

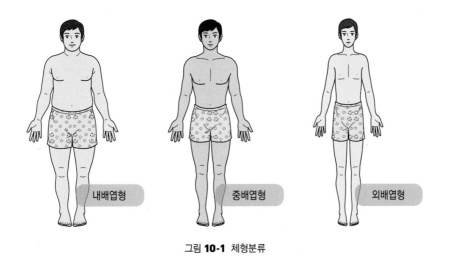

내배엽형   중배엽형   외배엽형

그림 **10-1** 체형분류

를 유지하게 된다. 아직 다이어트를 경험하지 않은 초등학교 아동의 경우 부모들을 대상으로 아이들의 음식섭취량을 기입하게 하면 거의 모든 영양소를 과잉섭취하고 있는 것으로 나타나며 아침을 적게 먹고 저녁은 과식하는 경향이 있다. 특히, 간식으로 단순당이나 지방이 높은 스낵을 섭취하고 있는 경우가 많다.

표 **10-5** 섭취 에너지의 과잉요인

분류	과잉요인
섭식 중추의 장애	• 시상하부에 있는 공복감을 느끼게 해주는 섭식중추가 지나치게 자극되어 끝없는 공복감에 시달림 • 만복감을 느끼게 해주는 포만중추가 잘 자극되지 않아 포만감을 느끼지 못함 • 지나치게 빠른 식사 : 섭식조절장치가 가동되어 포만감을 느끼기도 전에 많은 양을 먹게 됨 • 비만은 식욕억제 호르몬인 렙틴의 저항을 증가시킴으로써 섭식조절을 더욱 어렵게 하여 정상적인 공복감, 포만감을 느끼기 힘들게 함
높은 설정값	• 각 사람들은 체중에 대해 설정값을 가지고 있는데, 비만인들은 원래 높게 결정된 설정값을 가지고 있어서 그 설정값을 유지하기 위해 과식함 • 우리 몸은 체중 설정값을 유지하려는 성질이 있어서 체중을 5% 빼면 기초대사량이 15%나 줄어들고 식욕은 증가되어 옛날 체중으로 되돌아가려는 성질이 있음 • 설정값은 유전성이 강하나 운동이나 식사에 의해 저하될 수 있으므로 영원히 고정된 것은 아님
인슐린 과잉분비	• 비만이 되면 인슐린에 대한 저항이 높아지면서 췌장은 더욱더 많은 인슐린을 생성하게 됨 • 과잉 인슐린이 혈당을 떨어뜨려 공복감을 심하게 느껴 과식함 • 과잉 분비된 인슐린은 에너지를 지방으로 더욱 효과적으로 축적하여 고도 비만의 원인이 됨
사회경제적 요인, 생활습관	• 풍부한 먹을거리 : 고당, 고지방 등의 고에너지 밀도식품을 손쉽게 얻을 수 있음. 1인 1회 분량의 증가(슈퍼, 점보, 더블 등과 같은 1회분 음식량의 증가) • 무의식적인 음식섭취 : TV시청, 독서, 컴퓨터 시간 동안의 무의식적인 섭취 • 과다한 식품광고와 빈번한 외식 • 주변에 흔한 편의점과 패스트푸드 레스토랑, 고깃집, 분식집의 증가 • 비만인들의 경우 배고픔보다는 음식의 맛, 모양, 냄새 등의 외부적 요인과 다른 사람들의 먹는 행위에 의해 자극되어 음식 섭취
스트레스	• 스트레스 시 코르티솔의 분비가 증가하면서 식욕억제 호르몬인 렙틴의 작용을 약화시켜 배가 고픈 것처럼 느끼게 되어 과식함 • 기분전환 먹기 : 비만인들은 특히 스트레스를 느낄 때 과식하는 경향을 보임 • 지루하거나 불안, 외로움, 신경과민 등의 스트레스로부터 벗어나고 싶어서 식품에 의존, 달래는 수단과 쾌락의 도구로 음식을 사용 • 야간식이증후군 : 밤에 집중적으로 많이 먹는 야간식이증후군은 스트레스에 의한 것이라고 할 수 있음. 밤에 먹는 식사는 인슐린 분비를 더욱 증대시켜 지방합성 촉진

(3) 에너지 소비의 저하

에너지 소비의 저하는, 특히 TV 시청시간과 컴퓨터, 스마트폰의 사용시간이 늘어나면서 다른 활발한 운동을 할 시간을 뺏고 에너지 소비량은 줄어들면서 무의식적으로 음식을 섭취하는 경우가 많다. 비활동시간이 늘어나면 활동에너지 소비가 저하될 뿐만 아니라 기초대사량과 인슐린기능이 저하되면서 이를 보완하기 위한 인슐린 과다생성으로 몸이 지방을 잘 축적하는 살찌기 쉬운 체질이 된다(표 10-6).

(4) 기타 요인

비만이 되는 또 다른 요인으로는 쿠싱증후군, 다낭성난소증후군, 약물 복용 등을 들 수 있다.

쿠싱증후군은 뇌하수체의 기능 이상으로 부신피질 자극호르몬이 과잉 분비되

표 **10-6** 에너지 소비 저하의 원인

분류	원인
활동 에너지량의 저하	• 에스컬레이터, 자동차, 원터치식의 기계작동, 리모컨의 등장 등으로 인해 점점 육체적인 활동이 저하됨. 특히, TV 시청시간은 비만도와 관계가 있음 • 일부 비만인들은 극도로 비활동적임
기초대사량의 저하	• 나이가 들어감에 따라 체지방이 증가하고 근육이 감소되면서 기초대사량 저하, 여성은 특히 폐경기 후에 기초대사량이 저하됨 • 너무 잦은 다이어트, 저열량식사나 단식을 자주하면 몸의 에너지 절약장치가 가동되면서 기초대사량 저하 • 키가 작은 사람은 신체 표면이 적어 기초대사량이 낮음 • 근육조직은 지방조직에 비해 휴식 시에도 대사가 왕성하게 일어나는데 활동량이 적어지면 근육조직이 줄면서 가만히 쉬고 있는 동안에도 에너지를 더 적게 사용 • 하루에 2끼만 식사하면서 많이 먹으면 : 식사 사이의 공복시간이 길어져 에너지 절약장치가 가동되어 기초대사량이 저하됨 • 갑상선 호르몬이 부족하게 되면 대사율이 떨어지면서 심장박동이 느려지고 기초대사량이 저하됨
식품이용을 위한 에너지의 저하(식품의 소화과정과 영양소 흡수, 대사, 이동, 저장에 드는 에너지 저하)	• 식품이용을 위한 에너지는 단백질이 가장 높고 탄수화물, 지방 순으로 낮음 • 식사에 의한 열발생은 아침에 높고 저녁에는 낮음. 따라서 저녁에 먹으면 그만큼 여분의 에너지가 저장됨 • 식품에 의한 열발생은 갈색지방세포에 의해서 일어나는데, 비만인은 갈색지방세포 수가 적음

면서 코티솔 등의 스트레스 호르몬의 과잉 분비가 원인이다. 또는 스테로이드제 약물의 과잉 복용은 체지방의 재분배를 일으켜 주로 중심성 비만을 유발한다. 다 낭성난소증후군은 난소가 남성 호르몬인 안드로겐을 과다하게 분비하면서 난소 에 물혹이 차는 증상으로 비만, 무배란성 불임, 다모증, 월경불순을 동반한다. 그 밖에도 유전적으로 15번 염색체 결함으로 작은 키와 비만, 과다한 식욕을 나타내 는 프레더 윌리 증후군(Prader-Willi syndrome)이 있다. 항우울제(아미트립틸린) 의 복용은 체중증가를 유발하고, 에스트로겐은 부종을 유발한다.

3) 증상

비만은 협심증, 뇌졸중, 대사증후군, 골관절염, 요통, 고요산혈증, 통풍, 각종 암(특 히 유방암, 자궁내막암) 등 다양한 질병과 관계가 있다. 중심성 비만일 경우 인슐 린에 대한 저항성이 나타나며 이로 인해 인슐린의 생성량이 많아져서 고인슐린혈 증이 나타나고 고중성지방혈증이 생긴다. 또한 비만인은 혈액 양이 많으므로 심 장박출이 증가되면서 혈압이 높아진다.

대사증후군은 중심성 비만인 사람에게서 제2형 당뇨병이나 고지혈증, 고혈압이 동시에 동반되어 나타나는 현상으로서 대사증후군이 있는 사람은 심장병, 뇌졸중 으로 갑자기 사망하는 경우가 많다.

비만은 다낭성난소증후군인 사람에게 잘 나타나며 이 같은 증후군이 있는 사 람은 난소에서 남성 호르몬인 안드로겐을 과잉분비하여 불임을 동반하게 된다.

비만은 척추와 관절에 기계적인 압박을 주게 되어 요통과 골관절염 위험도를 증가시킨다. 또한 고요산혈증(혈액에 요산이 높아지는 현상)을 유발시켜 통풍의 위험도를 증가시킨다.

비만한 여성과 소아는 특히 사회적 편견과 차별대우를 받게 되어 혼자 지내는 시간이 많고 감정적·사회적 문제를 훨씬 더 많이 일으키게 된다. 비만한 사람들 은 동료, 선배, 부모한테까지 거부당하게 되어 부정적인 자아이미지나 낮은 자아 존중감을 가지게 되고 때로는 심각한 우울증에 빠지기도 한다.

비만인이 누우면 기도가 좁아지며 수면무호흡증을 잘 일으켜 돌연사를 일으키게 된다. 비만여성은 유방암, 자궁암의 발생 비율이 마른 여성의 2~3배 더 높고 비만남성은 대장암, 전립선암 등의 발생 비율이 높다. 또한 비만인의 경우 담즙 내의 콜레스테롤 농도가 증가하면서 과포화 현상으로 인해 담석이 생기는 담석증을 유발한다.

체중조절 단백질

- 렙틴 : 지방세포에서 분비하며 시상하부의 포만중추를 자극해 식욕을 억제하고 에너지 소모를 높인다.
- 그렐린 : 빈 위에서 분비하며 공복 시 분비량이 증가하여 식욕을 높인다.
- 뉴로펩타이드 Y(NPY) : 그렐린에 의해 촉진되어 식욕을 높이고 에너지 소모를 낮춘다.
- 프로오피오멜라노코르틴(POMC) : 뇌하수체에서 합성되고 렙틴에 의해 촉진되어 식욕을 억제하고 에너지 소모를 높인다.
- 인슐린 : 췌장의 β-세포에서 분비하며 POMC 증가, NPY를 감소시켜 식욕을 억제한다. 그러나 과잉 인슐린 분비는 혈당을 과도하게 떨어뜨려 공복감을 높이기도 한다.

---

4) 판 정

비만은 체격지수와 체지방비율, 체지방분포에 따라 판정할 수 있다(표 10-9).

(1) 체격지수를 이용한 판정

① 이상체중비(percent of ideal body weight : PIBW) 혹은 상대체중

이상체중비는 실제 체중을 표준체중으로 나눈 값에 100을 곱한 값이다. 브로카법에 의한 표준체중은 신장이 160cm 이상일 경우 [신장(cm)-100]×0.9 식을 사용하고, 150cm 이상 160cm 미만인 경우 [신장(cm)-150]×0.5+50, 150cm 미만인 경우 신장(cm)-100 식을 사용한다.

어린이의 경우에는 한국소아신체발육치 표를 이용하여 각 신장에 대해 50퍼센타일에 해당하는 체중을 표준체중으로 사용할 수 있다.

② 체질량지수(body mass index : BMI)

체질량지수는 체중(kg)을 신장(m)의 제곱으로 나눈 값이다.

(2) 체지방비율을 이용한 판정

① 생체전기저항측정법(bioelectrical impedance analysis)

지방조직은 제지방조직에 비해 전기가 잘 통하는 않아 전기저항이 많이 발생한다는 원리를 이용한 방법이다. 생체전기저항측정기에 미세한 전류를 흘려준 다음 되돌아오는 저항을 측정하고, 전기저항값과 성별, 신장, 체중을 사용하여 회귀방정식으로 체수분량, 체지방, 제지방을 구한다.

② 수중체중측정법(hydrostatic weighing method)

우리 몸 지방층의 밀도를 0.9g/cm³, 제지방층의 밀도를 1.1g/cm³로 가정하고, 수중에서 체중을 측정하여 공기 중에서의 체중과의 차이로 몸의 부피를 구한 다음 전체 몸의 밀도를 알아내는 방법이다. 체밀도를 알면 공식을 사용하여 체지방비율을 구할 수 있다.

- 체밀도 : $\dfrac{\text{공기 중에서의 체중}}{\dfrac{\text{공기 중에서의 체중} - \text{수중체중}}{\text{물의 비중(1에 가까움)}} - \text{잔여공기}}$

- 잔여공기 : 숨을 내쉬고 나서도 폐나 소화기에 남아 있는 공기로써 최대폐활량으로부터 구함

- 체지방비율 : $[\dfrac{4.57}{\text{체밀도}} - 4.412] \times 100$

③ 피부두겹두께(skinfold thickness) 측정법

우리 몸에 존재하는 지방의 50% 이상이 피하에 있다는 원리를 이용한다. 일반적

으로 인체부위 중 삼두근, 이두근, 견갑골하부, 장골상부를 측정하여 피부두께의
합으로 체밀도를 구한 후 수중체중측정법과 같은 공식으로 체지방비율을 계산하
거나 단순히 피부두겹두께의 퍼센타일로 비만을 판정한다.

(3) 체지방분포를 이용한 판정

① 허리-엉덩이둘레 비율(waist-hip ratio : WHR)
엉덩이에 비해 허리둘레가 클수록 복부에 지방이 많은 것을 의미하며 허리-엉덩
이둘레 비율은 허리둘레(cm)를 엉덩이둘레(cm)로 나눈 값이다. 허리둘레는 허리
가 가장 들어간 부분, 엉덩이둘레는 엉덩이의 가장 튀어나온 부분을 측정한다.

② 허리둘레(waist circumference)
복부비만은 질병 발생의 독립적인 위험요인으로 허리둘레는 복부지방량을 반영
하는 유용한 지표이다.

③ 단층촬영법(computed tomography : CT)
CT를 사용해서 지방의 분포를 알아내는 방법이다. 즉, 복부비만 중에서도 피하지
방형 비만인지 복강 내 지방이 많은 내장지방형 비만인지 알아낼 수 있다.

5) 영양치료

(1) 에너지 제한
비만치료는 현재 체중을 유지하는 데 필요한 열량보다 섭취량을 줄이는 저열량식
사(low calorie diet : LCD)로 시작되며 일반적으로 800~1,500kcal 정도로 구성
된다. 초저열량식사(very low calorie diet : VLCD)는 400~800kcal 정도로 섭취
하는 것으로 에너지섭취량을 너무 줄이게 되면 단기간에 체중감소에는 성공하나
소중한 근육을 잃게 된다.

표 **10-7** 비만의 판정기준

종류		판정
체격지수	이상체중비 혹은 상대체중	• < 90% 저체중 • 90~110% 정상체중 • 110~120% 과체중 • ≥ 120% 비만
	체질량지수	• 18.5~22.9 정상 • 23.0~24.9 과체중 • ≥ 25 비만
체지방비율평가	생체전기저항측정법	• 체지방비율 : 남자 ≥ 25% 비만 　　　　　　　 여자 ≥ 33% 비만
	수중체중측정법	
	허리-엉덩이둘레 비율	• WHR : 남자 ≥ 0.90 　　　　 여자 ≥ 0.85 일 때 복부비만 판정
체지방분포평가	허리둘레	• 남자 ≥ 90cm • 여자 ≥ 85cm 일 때 복부비만 판정
	단층촬영법	내장지방/피하지방 > 0.4이면 내장지방형 비만

① 현재 체중을 유지하는 데 소모되는 열량에서 원하는 양만큼 감량

12세까지는 남녀별 소모 열량은 kg당 비슷하나 사춘기가 지나면 남자의 근육량이 증가하면서 열량소모량이 높아진다. 일반적으로는 가벼운 활동인 경우 체중 kg당 25~30kcal, 중 정도의 활동은 체중 kg당 30~35kcal을 소모하게 된다. 0.5kg의 지방은 원래 4,500kcal에 해당하나 체지방조직의 단백질, 무기질, 수분을 감안할 때 약 3,500kcal에 해당한다. 적당한 체중감소는 1달에 2kg 혹은 일주일에 0.5kg 정도이므로 일주일에 0.5kg 체중을 감량할 때는 하루 500kcal씩 필요열량에서 감하게 된다. 적정한 체중감량은 1달에 최대 4kg까지도 할 수 있으나, 그 이상의 체중감량은 유지하기가 힘들고 부작용이 많이 발생하게 된다.

② 목표체중을 구한 다음 목표체중 유지에 필요한 열량을 구하는 법

이때 목표체중은 체질량지수, 브로카법에 의해 구하거나 단계적으로 목표체중을 세우고 구할 수도 있다.

③ 근육(제지방) 보존을 위한 최소 열량섭취량

체지방을 효과적으로 줄이면서 근육은 최대한 보존하고 싶을 때는 기초대사량만큼 섭취해 주는 방법을 쓴다. 이 방법은 에너지 섭취가 너무 낮아짐으로 인해서 오는 기초대사율 저하를 예방하게 되고 근육인 체단백이 분해되어 에너지로 사용되는 것을 최대한 억제할 수 있다.

각 체중당 기초대사량만큼 섭취하는 것이 좋으며 아무리 낮아도 기초대사량의 90% 미만으로 내려가는 것을 피해야 한다. 기초대사율이 떨어지면 우리 몸은 점점 열량을 덜 쓰는 기관으로 바뀌게 되어 요요현상을 겪게 된다. 그러므로 저열량 식사와 더불어 유산소운동, 근력운동을 병행하여 근육량이 줄어들지 않게 해야 한다. 근육량이 0.5kg 줄어들면 우리 몸은 하루에 30~50kcal를 덜 쓰고 지방으로 저장하게 된다.

체중이 10% 감소되면 에너지소비량도 15% 감소된다. 따라서, 체지방 연소를 유도하면서 체단백질의 손실을 최소화하고 기초에너지 대사율 저하를 최대한 막기 위해서는 1년 동안 체중의 10~15%를 줄이는 것이 권장된다.

일반적으로 여자에게는 하루에 1,000~1,200kcal, 남자 혹은 75kg 초과 여자에게는 1,200~1,600kcal와 중등도의 운동을 제안하게 된다. 1,200kcal 미만 다이어트는 여러 가지 비타민, 무기질, 단백질 결핍을 가져오기 쉬우므로 종합 비타민제를 복용해야 한다.

표 **10-8** 활동도에 따른 에너지 요구량

생활 활동 강도	직종	체중당 필요열량(kcal/kg)
가벼운 활동	일반사무직, 관리직, 기술자, 어린 자녀가 없는 주부	25~30
중등도 활동	제조업, 가공업, 서비스업, 판매직, 어린 자녀가 있는 주부	30~35
강한 활동	농업, 어업, 건설 작업원	35~40
아주 강한 활동	농번기의 농사, 임업, 운동선수	40~

현재 체중유지를 위해 소모되는 열량에서 원하는 만큼 감량

- 중등도 활동인 경우(서비스 직종 종사자)

  활동도에 따른 현재 체중 유지를 위한 열량 필요량 :

  74×30(중등도 활동)=2,220kcal

  감하고 싶은 열량(1주일에 0.5kg) : 2,220-500=1,720kcal≒1,700kcal로 시작

- 학생이나 주부, 회사원

  74×25(가벼운 활동) : 1,850kcal, 1,850-500=1,350kcal로 시작

목표체중 유지를 위해 필요한 열량처방

- 목표체중을 체질량지수로 구하는 법

  목표체중(kg)=목표BMI×신장(m)^2

  건강한 BMI범위는 18.5-22.9이므로 키 160cm인 여대생의 목표 BMI가 20이라면

  목표체중 : 20×(1.6)^2=51.2kg

  목표체중 유지에 필요한 열량 : 51.2×30(서비스직)=1,536≒1,500kcal

  목표체중 유지에 필요한 열량 : 51.2×25(학생, 주부)=1,280≒1,300kcal

- 목표체중을 단계별로 구하는 법

  만약에 첫 3개월에 현재 체중의 10%를, 다음 6개월에 10%를 감한다면

  첫 3개월간의 1차 목표체중 : 74×0.9=66.6kg

  1차 목표체중유지에 필요한 열량 : 66.6×30(서비스직)=1,998≒2,000

  1차 목표체중유지에 필요한 열량 : 66.6×25(학생, 주부)=1,665kcal

  후 6개월간의 2차 목표체중 : 66.6×0.9=60.2kg

  2차 목표체중유지에 필요한 열량 : 60.2×30(서비스직)=1,800kcal

  2차 목표체중유지에 필요한 열량 : 60.2×25(학생, 주부)=1,500kcal

기초대사량 구하기

헤리스-베네딕트식에 의한 방법

(체중, 키, 나이를 고려한 방법)

남자 : 66.4+(13.7×체중)+(5×키)-(6.8×나이)

여자 : 655+(9.6×체중)+(1.8×키)-(4.7×나이)

체중 : kg   키 : cm   나이 : year

예 160cm, 74kg, 22세 여자 : 655+(9.6×74)+(1.8×160)-(4.7×22)=1,550.0

간단한 방법(체중만 고려한 방법)

남자 : 1.0×체중×24

여자 : 0.9×체중×24

체중 : kg

예 160cm, 74kg, 22세 여자 : 0.9×74×24≒1,600kcal

표 **10-9** 극단적인 열량제한식의 예

구분	단식	초저열량식사
처방	• 의사의 지시하에 실시·일부 의사들은 상추, 셀러리, 토마토, 블랙커피, 차 허용 • 충분한 물의 섭취가 중요 • 충분한 비타민, 무기질이 필요	• 입원 혹은 외래 가능 • 400~800kcal 정도의 열량, 비교적 높은 단백질 섭취(0.8~1.5g/IBW) • 비타민, 무기질, 필수지방산 충분공급 • 상업적인 단백질 포뮬러 사용 가능(33~70g의 단백질, 30~45g의 탄수화물, 소량의 지방을 사용하거나 살코기, 생선, 닭고기 등으로 단백질을 공급하게 됨) • 12~16주 동안 실시 • 단백질을 근육조직에 보유하기 위해 정상적인 운동을 권함(기초에너지 저하도 어느 정도 막음)
실시대상	• 17~70세의 성인 • 이상체중에 비해 30~40% 이상 높은 사람(혹은 BMI 30 이상) • 기존의 다이어트에 반응하지 않는 사람	• 17~70세의 성인 • BMI 30 이상이면서 다른 식사요법으로 효과를 보지 못한 사람 • BMI 27 이상이면서 비만으로 인한 합병증이 있는 사람
금기대상	• 심근경색, 부정맥, 혈관장애 • 뇌혈관장애, 간·신장기능장애 • 소모성 질환 • 제1형 당뇨병, 통풍 • 발육 중인 소아 • 수유부 • 갑상선약제 복용자	• 심근경색, 부정맥, 혈관장애 • 뇌혈관장애, 간·신장기능장애 • 소모성 질환 • 제1형 당뇨병, 통풍 • 발육 중인 소아 • 수유부 • 갑상선약제 복용자
생리적 현상 및 부작용	• 일주일에 평균 2kg 정도의 체중감량 • 처음 하루 동안 빠지는 체중의 1/2이 체액임, 저혈압 초래 • 처음 1개월간 빠지는 체중의 50%가 제지방에서 옴(근육손실, 장기단백질 손실) • 극도의 케토시스에 의해 케토산증이 유발됨으로써 생리불순, 탈수, 신부전, 통풍, 골다공증이 증가됨 • 심부정맥, 심근경색, 저혈당, 메스꺼움 • 우울증, 편집증 • 기면, 피곤, 어지러움증, 신경질, 구취, 건성피부, 탈모, 빈혈, 생리불순 • 혈청 콜레스테롤 상승 • 단식을 그만두면 옛날 체중 혹은 그 이상으로 돌아가기 쉬움(기초대사량 감소)	• 3~4개월 안에 20kg 감량 • 체단백분해로 인해 잃어버리는 제지방을 단백질섭취로 보충하므로 3주 후에는 질소평형에 도달 • 케토시스가 일어나기는 하나 단식처럼 심하지는 않음 • 케토산혈증에 의해 생리불순, 탈수, 신부전, 통풍, 골다공증이 증가됨 • 심부정맥, 저혈당, 메스꺼움, 구토, 변비 • 기면, 피곤, 어지러움증, 신경질, 구취, 건성피부, 탈모, 빈혈, 생리불순 • 혈청 콜레스테롤 상승 • 원래 체중으로 돌아가기 쉬움(기초대사량 감소)

(2) 에너지 영양소의 비율 조정

열량섭취가 낮으면 탄수화물, 단백질, 지방의 비에 상관없이 체중감량이 일어난다. 그러나 3개 영양소의 비율에 따라 체중감소의 정도나 패턴이 다르게 나타나며 부작용도 다르다.

① 저탄수화물 고지방 식사

저탄수화물 고지방 식사에서는 탄수화물을 130g 미만(혹은 2,000kcal 기준 열량비 26% 미만)으로 하면서 지방 에너지비를 50~60%, 나머지 단백질 에너지비가 15~25%되도록 섭취하는 것이다. 저탄수화물식사는 인슐린 분비를 낮추고 렙틴 작용을 증가시켜 체지방 분해를 촉진함으로써 체중을 줄이게 된다. 그러나 하루에 탄수화물을 50g 미만 섭취하는 초저탄수화물식사는 심한 인슐린 저하와 분해호르몬의 증가를 가져와 극심한 체지방 분해를 일으키면서 체중은 빨리 빠지나 케톤체 생성이 늘어나면서 여러 부작용이 나타난다.

또한, 초저탄수화물식사에서는 충분한 식이섬유를 섭취하기도 어려우며 포화지방과 트랜스지방의 과잉섭취 시 지나치게 고지방식이가 되어 심혈관 질환 위험도가 높아진다. 고지방식이는 만복감을 오래 지속시키나 혈청 렙틴을 저하시켜 공복감을 자극하여 더 과식하게 만들기도 한다(표 10-11).

표 10-10 저탄수화물 고단백 식사의 식품교환구성

[에너지 1,200kcal, 단백질 90g(30%), 지방 50g(37.5%), 탄수화물 100g(33.3%)]

식품	교환단위 수	탄수화물(g)	단백질(g)	지방(g)
우유, 탈지유	2	24	16	–
채소류	3	15	6	–
과일류	3	30	–	–
곡류	2	30	4	–
육류, 살코기	9	–	63	27
지방	5	–	–	25
합계	–	99	89	52

② 저탄수화물 고단백 식사

탄수화물 에너지비를 40% 내외, 단백질 에너지비를 30% 내외, 지방 에너지비를 30% 내외로 유지하는 식사요법이다. 달걀, 생선, 닭고기, 육류 위주의 식사를 하는 방법과 식품 대신 상업적인 단백질 포뮬러인 액상단백질을 하루에 3~5회 섭취하는 다이어트 방법이다. 최근에는 탄수화물을 줄이면서 고단백 식사를 하는 것이 전통적인 저지방 중탄수화물 식사를 하는 것보다 체중감량이 더 크다고 알려졌다. 저탄수화물 고지방 식이에 비해서 케톤체 생성은 적지만 고단백 식사 섭취로 인해 요소 생성이 증가하면서 신장에 부담을 주게 된다(표 10-10).

③ 저지방 중탄수화물 식사

전통 다이어트식인 저지방 중탄수화물 식사는 지방 에너지 비율을 15~20% 내외로 유지하면서 탄수화물 에너지 비율을 50~60%로 하고 단백질을 약간 높인 20~25%로 하는 다이어트 방식이다.

이 식사에서는 탄수화물 중에서도 전곡, 콩류, 채소, 해조류의 복합탄수화물의

표 **10-11** 저지방 중탄수화물 식사와 저탄수화물 고단백 식사의 비교

저지방 중탄수화물 식사(전통적인 다이어트식)	초저탄수화물 고지방 식사
• 지방 에너지비 : 15~20% 내외 • 단백질 에너지비 : 20~25% • 탄수화물 에너지비 : 50~60% • 체중이 천천히 빠지나 체지방이 더 많이 빠짐 • 오래 계속할 수 있음 • 배고픔을 더 느끼나 채소나 해조류의 식이 섬유와 물을 사용해 조절함 • 고지방, 고당분, 알코올만 제한하면 특별히 제한할 식품은 없음 • 1,200kcal 이상이면 여성의 경우 철 이외의 영양소 결핍 없음 • 기초대사량의 감소폭이 적음	• 지방 에너지비 : 60~70% • 단백질 에너지비 : 20~30% • 탄수화물 에너지비 : 10% 미만 • 체중이 빨리 빠지며, 주로 많은 부분이 체단백, 체수분이 빠지는 것에서 기인함 • 지방의 분해로 케톤체 발생이 증가함 • 케톤체로 인해 수분과 칼슘의 소변배설량이 증가함 • 혈중 요산 증가로 통풍 발생 위험이 증가함 • 식사가 단조로워 오래 계속하기 힘듦 • 케톤체 증가와 고지방식으로 인해 배고픔을 덜 느낌. 그러나 메스꺼움, 피로, 저혈당이 옴 • 채소·과일·전곡류 섭취 감소로 비타민, 무기질, 식이섬유 결핍위험 증가 • 기초대사량 감소폭이 큼

섭취를 유도함으로써 식이섬유 섭취가 늘어나고 지방섭취는 줄어들게 된다. 저탄수화물 고지방 혹은 저탄수화물 고단백 식사에 비해 배고픔은 더 많이 느끼나 물과 식이섬유 섭취로 조절할 수 있다. 지방은 적게 섭취하되 필수지방산이 부족하지 않도록 등푸른생선, 견과류, 올리브유, 카놀라유 등을 통해서 섭취하도록 한다. 열량 섭취를 줄일 경우 단백질, 비타민, 무기질이 부족할 수 있고, 골다공증, 빈혈 등의 문제가 생길 수 있다(표 10-11).

(3) 알코올과 단순당 제한

다이어트 시에는 에너지 섭취는 줄어들면서 단백질, 비타민, 무기질 같은 영양소 공급은 충분히 이루어져야 하므로 오히려 영양밀도가 높은 질 좋은 식사를 해야 한다. 따라서 알코올이나 설탕이 많은 식품을 먹게 되면 에너지는 높고 영양소는 비어 있어 전체적으로 부실한 식사가 되기 쉽다. 따라서 정해진 칼로리 섭취량과 영양소 배분에 따라 각 식품군의 교환량을 정하여 섭취해야 한다. 알코올은 지방처럼 작용하며 간에 지방으로 축적되면서 지방의 산화를 방해하게 된다. 또한 알코올과 함께 기름진 안주를 먹는 것은 추가적으로 칼로리를 더하게 되어 비만요인으로 작용한다. 단순당의 경우에도 인슐린 반응을 유도해서 지방합성을 촉진한다고 알려져 있다. 단순당 대신에 인공감미료 같은 아스파탐이나 사카린 같은 것을 쓸 수는 있으나 이러한 인공감미료들이 장기적으로 체중을 저하시켰다는 명확한 보고는 없다.

(4) 끼니별 식사배분 조절

식사간격은 2시간 30분~3시간을 넘지 않는 것이 기초대사량 저하를 막는 데 도움이 된다. 공복시간이 오래 지속되면 기초대사량이 저하되기 때문이다. 따라서 하루에 3끼의 식사와 2끼의 간식을 하는 것이 좋으며 식사는 400~500kcal, 간식은 100kcal 내외로 하는 것이 중요하다.

자주 조금씩 먹되 양을 정해서 먹고 정해진 시간에 먹으면 체지방의 저장을 돕는 인슐린의 분비를 최소화하고 배고픔에서 상당히 벗어날 수 있으며 먹으면 안

된다는 강박관념에서도 벗어날 수 있다. 특히, 저녁은 6시 이전에 먹고 아침, 점심, 저녁의 비율은 3 : 2 : 1로 하는 것이 좋다. 아침에는 식사 후에 기초대사율이 촉진되어 에너지 소모를 도와주나 저녁에는 기초대사율이 저하되고 활동에너지도 저하되어 특히 10시 이후에 섭취한 음식은 체내에 더욱 잘 저장된다고 한다.

6) 행동수정요법

행동수정요법(behavior modification)이란 원래 심리치료에서 쓰던 방법으로 비만을 후천적으로 배운 행동장애로 생각하고 비만을 가져오는 좋지 않은 행동을 구체적으로 파악한 다음, 그 행동을 수정하여 새로운 행동으로 바꾸어 주면 비만이 개선된다는 이론에 근거를 두고 있다. 행동수정요법은 일시적으로 에너지 섭취제한 같은 방법을 쓰는 것보다 식습관·식행동을 교정함으로써 자연스러운 에너지 섭취 감소를 유도하여 감소된 체중을 오랫동안 유지하게 한다.

배고픔을 줄여 주는 저열량 식사법

5끼 식사를 하되, 한 번에 먹는 분량을 조절한다.

- 식사 전에 물을 1컵 마신다.
- 식탁에 생채소 바구니를 마련하여 채소부터 먹기 시작한다. 생채소는 마음껏 먹어도 좋다. 단, 이때 마요네즈에 찍어 먹는 것은 피해야 하고 고추장에 살짝 찍어 먹거나 생채소 쌈으로 먹는다.
- 아침, 점심에는 여태까지 하던 식사의 2/3로 양을 줄인다. 특히, 밥의 1/3은 미리 덜어낸다.
- 가능하면 아침, 점심, 저녁은 모두 한식으로 하고 현미콩밥으로 먹는다.
- 저녁은 밥 1/3공기만 먹거나 생략하고 반찬은 고단백식으로 한다(달걀 흰자 2개). 또한 저녁에는 해조류를 이용한 국을 먹는다. 자기 전에 너무 허전하면 수프, 죽 혹은 과일을 조금 먹는다.
- 반찬은 채소 반찬 2가지에 단백질 식품 한두 가지(콩, 두부, 생선, 달걀찜, 닭가슴살 중 1~2가지) 정도로 한다.
- 식후에 배가 부르지 않다고 여기면 물 1잔을 마신다. 20분쯤 기다려 보고 그래도 배가 고프면 약간 더 섭취한다.
- 간식으로 먹는 것은 크기가 한 주먹보다 크면 안 된다. 지방이 많거나 당분이 많은 음식은 건강한 음식으로 바꾼다. 특히, 간식으로 떡볶이, 어묵, 순대, 족발, 인절미, 라면, 김밥, 빵, 과자 등을 섭취하고 있었다면 저지방우유, 달걀(흰자), 당근, 오이, 과일, 찐 고구마, 견과류 등으로 바꾼다.

행동수정요법에는 ① 자신을 관찰하여 문제점을 발견하고 목표를 세우는 자기관찰단계(self monitoring), ② 과식을 가져오는 환경을 조절하면서 식행동과 운동습관을 수정해 가는 자극조절단계(stimulus control), ③ 바람직한 행동에 대해 보상을 하는 보상단계(reinforcement)로 나눌 수 있다.

표 **10-12** 체중조절을 위한 행동수정의 원리

원리	방법	내용
자기감시	다이어트 일기 쓰기	• 먹는 시간과 장소 기록하기 • 먹은 음식의 형태와 양의 목록 작성하기 • 누구와 있었는지와 느낀 점 기록하기 • 과식을 초래할 수 있는 문제점 찾아내기
자극조절	식품구매	• 배부른 상태에서 구매할 것 • 구매목록 작성해서 구매하기 : 충동구매 억제하기 • 냉동식품이나 인스턴트 식품 사지 않기 • 꼭 필요할 때까지 장보기 연기하기
	계획	• 필요한 만큼만 먹도록 계획하기 • 간식 먹는 시간에 운동하기 • 세 끼 식사와 간식은 정해진 시간에만 먹기 : 끼니 거르지 말기
	활동	• 충동적으로 먹지 않도록 음식을 눈에 보이지 않는 곳에 치우기 • 모든 먹는 것은 한 장소에서만 하기 • 냄비를 식탁에 올려놓지 말기 • 식탁에서 간장, 소금, 소스 치우기 • 작은 크기의 그릇과 수저 사용하기
	명절이나 파티에서	• 술 덜 먹기 • 파티 시작 전에 열량 낮은 간식 먹기 • 음식을 사양하는 공손한 태도 익히기 • 간혹 실수해도 포기하지 않기
자극조절	먹는 방법에서	• 음식을 입에 떠 넣는 사이사이에 수저 내려놓기 • 다음 음식을 더 떠 넣기 전에 음식 완전히 씹기 • 음식 약간 남기기 • 식사 중에 잠깐 중단하기 • 식사 중에 다른 일 하지 않기(TV 시청이나 독서)
보상	보상	• 자기감시 기록을 기준으로 충동조절을 잘 수행했을 때 상 주기 • 특정 행동에 특정상을 주도록 계약 설정하기 • 가족이나 친구에게 말이나 물질로 상을 주도록 협조 구하기 • 점차 자신에게 보상을 줄 수 있도록 훈련하기

7) 운동요법

식이조절과 함께 규칙적인 운동을 하면 단순히 식이조절만 하는 경우에 비해 체지방 소모가 더 많으면서 근육은 많이 줄어들지 않아 기초대사량 저하를 막을 수 있어 요요현상이 적게 일어난다. 따라서 식이조절과 함께 운동은 비만치료에 필수적이다. 운동은 크게 나누어 유산소운동과 근력운동으로 나뉜다.

(1) 유산소운동과 근력운동

유산소운동은 산소호흡량을 충분히 할 수 있도록 호흡 수가 증가되며 체지방을

표 **10-13** 유산소운동과 근력운동의 차이점

구분	유산소운동	근력운동
정의	호흡 수 증가로 산소흡입량을 충분히 하여 체내 지방을 연소시킬 수 있도록 충분한 시간 동안 행해지는 운동	호흡 수가 증가하지 않으면서 중력만을 사용하여 근육에 평상시보다 큰 자극을 주는 운동
종류	• 팔 근육사용 : 수영, 노젓기 • 다리 근육사용 : 달리기, 빠르게 걷기, 하이킹, 인라인 스케이트 타기, 자전거 타기 • 팔과 다리 근육 모두 사용 : 줄넘기, 크로스컨트리 스키	역기운동, 덤벨운동, 팔굽혀펴기, 윗몸일으키기, 요가, 필라테스
생리적 효과	• 에너지 소비량 증가 • 설정점을 낮춤 • 식욕을 낮춤 • 기초대사량 상승 • 스트레스, 우울증 완화 • HDL-콜레스테롤 증가 • 인슐린 민감성 개선	• 기초대사량 상승 • 제지방량(근육량) 증가 • HDL-콜레스테롤 증가 • 인슐린 민감성 개선
건강 효과	• 심장기능 향상 • 혈관기능 향상 • 폐기능 향상	• 근육크기 증가 • 운동능력 증가 • 근력 증가 • 골밀도 증가
주의 사항	• 지나친 맥박 상승 시에 고혈압 주의 (250~300mmHg에 달함) • 협심증이 있는 경우 지나친 강도 시에 악화 우려	• 낙상과 상해 예방 • 순간적인 혈압상승 때문에(300mmHg) 고혈압, 심장병인 사람은 피함 • 사춘기 이전 어린이는 성장판에 손상 우려
에너지 사용량	7~10kcal/분	유산소운동의 1/3~1/4

연소시킬 수 있을 정도로 충분한 시간이 지속되는 운동을 말한다. 따라서 체지방을 연소시키는 최적의 운동은 유산소운동이다. 체중감량에는 유산소운동이 주가 되어야 하고 근력운동은 함께 해주는 운동으로 해야 한다. 근력운동은 하루에 20~30분간 이틀에 한 번씩 일주일에 3번 실시하며 근력운동 후에는 충분한 휴식기간이 있어야 근육이 회복된다.

표 **10-14** 유산소운동의 선택에서 고려해야 할 점

구분	내용
운동의 강도	• 운동의 강도가 높아질수록 단위시간당 에너지 소모량이 증가하나 지속시간이 짧아짐 • 체중조절을 위한 바람직한 운동의 강도는 최대 산소소모량의 60~80%를 소모하는 운동 혹은 최대맥박 수의 70~90%를 나타내는 운동이다. 운동부하검사를 통해 최대산소소모량을 측정해야 함
지속시간	• 지속시간은 20~60분 정도가 바람직하며 지방이 운동 에너지로 충분량 쓰이려면 적어도 20분 이상을 지속해야 함. 이때 20분은 스트레칭, 준비운동, 마무리운동시간을 제외한 주 운동시간임 • 체중감량을 위해서는 저강도의 장시간 운동이 효과적이므로 체중감량이 주목적이라면 하루에 50분 이상을 해주는 것이 좋음
운동의 빈도	대사상태의 호전만을 위해서라면 일주일 3~4회가 적정하나 체중감소를 위해서라면 일주일에 5~6회 이상이 적절
즐거움	좋아하지 않는 운동은 오래 계속하기가 힘듦. 조깅이나 빠르게 걷기를 좋아하지 않으면 팔을 크게 흔들며 걷기, 골프(카트 사용), 수영, 자전거 타기, 테니스, 라켓볼 등으로 대체할 수 있음. 정원일, 세차, 집안청소 같은 것도 에너지 소비에 도움이 됨
실용성	• 운동은 날씨, 시설, 비용에 영향을 많이 받음. 걷기, 달리기는 이런 면에서 가장 실용성이 높은 운동임. 수영, 테니스, 라켓볼은 시설이 필요함. 테니스, 핸드볼 등은 실내 운동장이 없으면 날씨에 영향을 많이 받으며 골프는 비용이 많이 듦 • 실내 자전거, 런닝머신 등의 실내운동기구는 TV시청이나 독서 같은 다른 활동을 병행할 수 있음
융통성	• 1가지 운동을 계속하는 것보다는 1주일에 3일은 달리기, 2일은 자전거 타기, 2일은 수영과 같이 교차운동이 바람직함 • 하루 중에서도 달리기 30분, 자전거 타기 30분 등으로 몇 가지 다른 운동을 조합하는 것이 덜 지루하여 오래할 수 있음 • 운동하다 다쳤을 때는 쉬는 것보다는 수영이나 실내자전거 타기와 같은 체중부담이 없는 신체활동수행 권장

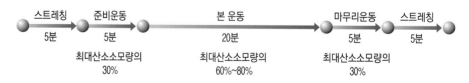

그림 **10-2** 운동의 보기

(2) 운동의 강도와 지속시간

운동의 중요한 두 가지 요소는 강도와 지속시간이다. 모든 운동에서 이 두 가지 요소는 반비례한다. 강도를 높이면 지속시간이 짧아지고 강도를 낮게 하면 지속시간이 길어진다.

체중감소를 위한 적정 운동 강도는 최대산소소모량의 60~80%로 적어도 20분 이상을 지속해야 한다. 운동 강도에 따라 산소가 쓰이는 정도와 우선 소모되는 영양소가 다르기 때문이다. 최대산소소모량의 약 50% 정도 되는 저강도 운동에서는 산소를 소비하여 지방을 에너지원으로 사용하는 정도가 높다. 운동의 강도가 강해질수록 무산소성운동이 되고 탄수화물을 주 에너지원으로 사용한다. 운동 강도를 최대산소소모량의 60~80%로 하면 지방으로 쓰이는 에너지 비율은 30% 정도로 저강도운동에 비해 낮으나 전체적으로 소비하는 에너지가 높으므로 체중감량을 위한 유산소운동 시에는 최대산소소모량의 60~80%의 강도를 권한다.

체중감소와 체지방감량을 원하나 현재 체중 때문에 강도 높은 운동을 20분 이상 지속하기가 힘들 때는 최대산소소모량의 50~60%의 저강도운동을 60분 이상 실시하는 것이 오히려 더 효과적일 때도 있다. 지방조직의 감소를 위해서는 최소한 2개월은 운동을 해야 한다.

100kcal를 소모하기 위한 운동

운동량 또는 활동량	소요시간 또는 횟수	운동량 또는 활동량	소요시간 또는 횟수
천천히 걷기	28분	정지된 자전거 타기	6분
빠르게 걷기	10분	윗몸 일으키기	18회
제자리 달리기	6분	팔굽혀펴기	12회
계단 오르기	120계단	수영	10분
등산	24분	배드민턴	12분
달리기	1.2km	스키	14분
줄넘기	18회	세탁	35분

8) 약물과 수술요법

비만의 기본적인 치료법은 식사요법, 운동요법, 행동수정요법이다. 이러한 비 약물요법이 효과가 없는 경우에는 약물요법이 쓰일 수 있다. 약물요법이 효과가 있으려면 식사와 운동, 행동수정요법과 병행하여야 하며 단독으로 실시할 경우에는 효과가 적다. 또한, 안전성 및 투약 중지 후의 체중 재증가 등의 문제가 발생될 수 있으므로, 약물사용에 따른 이점과 문제점을 심도 깊게 평가한 후 결정할 것을 권장하고 있다.

표 **10-15** 약물을 사용하는 대상

체질량지수 ≥ 23	체질량지수 ≥ 25	기타
기존의 식사요법, 운동요법, 행동수정요법 효과 없음	기존의 식사요법, 운동, 행동수정요법 효과 없음	• 식욕조절이 도저히 힘들 때 • 감정적인 불안으로 자꾸 먹게 될 때
고혈압, 당뇨, 고지혈 등의 만성질병 있음	–	모임, 회식 등으로 자주 기름진 음식을 먹을 때

표 **10-16** 비만치료제로 허용된 약의 종류

상품명	제니칼(Xenical)	프로작(Prozac)
성분명	Orlistat	Fluoxetine
작용	지방의 소화흡수 방해	세로토닌 증가로 식욕억제, 우울증 치료
결과	최대 섭취지방의 30%가 변으로 배설, 체중 ↓	허리, 엉덩이둘레 ↓
부작용	고지방식사 시에 기름진 설사, 변에서 냄새, 지용성 비타민(비타민 D) 흡수 감소로 뼈 약화 우려	• 신경계 증상 : 두통, 불안, 신경과민, 졸음, 피로 • 소화기계 증상 : 오심, 구토 • 피부 증상 : 발진
용량	120mg씩 식후 1시간 이내에 복용, 하루 3회	20mg씩 하루에 1~2회
투약하면 안 되는 사람	특별히 없음	• 신장기능 이상 • 간기능 이상
공인 여부	비만치료제로 FDA 승인	• 비만치료제로 FDA 승인 못받음 • 신경성폭식증 환자에게만 공인
시판 여부	국내에서 비만치료제로 시판	우울증 치료제로 시판됨

체중감량을 위한 생리활성물질

CLA(conjugated linoleic acid : 공액리놀레산)

반추동물이 섭취하는 리놀레산으로부터 미생물에 의하여 합성되는 중간대사산물로서 육류나 유제품에서 주로 존재하며, 식물성 유지에는 육류나 유제품에 비하여 훨씬 낮은 농도로 존재한다. 상업적으로 판매되는 CLA는 리놀레산을 화학적으로 변형하여 합성된 것이다. 기능성이 확인된 인체적용시험에서의 섭취량을 고려하여, 공액리놀레산을 일일 1.4~4.2g 섭취함으로써 체지방이 감소되는 결과를 보였으므로 '과체중인 성인의 체지방 감소에 도움을 줄 수 있음'의 기능성 섭취량으로 판단한다.

HCA(hydroxy citric acid)

가르시니아 캄보지아(Garcinia Cambogia) 추출 성분으로 세로토닌 생성을 도움으로써 식욕을 떨어뜨리고 지방산화는 촉진하면서 지방합성은 방해하여 비만의 개선에 효과가 있다고 알려졌다.

(1) 약물요법

약물치료가 필요한 경우는 체질량지수(BMI)가 25kg/m² 이상인 경우, 체질량지수(BMI)가 23kg/m² 이상이면서 고혈압, 당뇨, 고지혈증과 같은 비만 관련 질환을 동반하고 있는 경우, 6개월간의 식사 및 운동요법 후에도 체중 변화가 없는 경우이다.

식품의약품안전처에서 허가받은 비만치료약물 중에서 식욕억제제로 프로작(Prozac), 펜터민(Phentermine), 펜디메트라진(Phendimetrazine), 디에틸프로피온(Diethylpropion), 마진돌(Mazindol) 성분 약이 있고, 지방분해효소억제제로 올리스테트(Orlistat) 성분 약이 있다. 이 중에 특히 펜터민, 펜디메트라진은 마약류에 속하는 것으로, 식약처는 2017년부터 허가제한을 해제했다. 우리나라에서는 식욕억제제 약물을 향정신성 식욕억제제로 분류하고 있어, 4주 이내의 사용을 권고하고 있다. 다만, 의사 판단에 따라 조금 더 복용할 수도 있으나 3개월을 넘길 경우 심각한 부작용(폐동맥고혈압, 심장질환 등)이 생길 수 있다.

생약성분으로 허가받은 살 빼는 약의 성분은 방풍통성상건조엑스, 오르소시폰가루와 다엽가루 혼합물, 그린티엑스 등이 있다. 건강기능식품으로 허가받은 살빼는 약의 성분은 히비스커스추출물 등 복합물과 공액리놀레산(CLA)의 2종류가 있다.

(2) 수술요법

① 대 상

체질량지수(BMI)가 35kg/m² 이상인 고도비만 환자의 경우, 비수술적 치료(운동요법, 식이요법 및 각종 약물요법) 성적은 양호하지 못하며, 대부분 5년 이내에 다시 체중증가를 경험하고 또한 비수술적 치료에 대한 부작용으로 새로운 질병에 시달리기도 한다. 서양인과 비교해 근육량이 적고 전신비만도는 심하지 않으면서 내장비만과 복부비만이 심한 형태를 띠고 있는 국내 고도비만 환자의 수술적응증에 관하여는 논란이 있으나, 체질량지수(BMI) 35kg/m² 이상이거나, 30~35kg/m²이면서 심각한 동반질환을 갖고 있는 경우 수술 대상자가 될 수 있다.

② 수술방법

비만대사수술(bariatric surgery)은 위의 용적을 줄여 음식물섭취를 제한하는 방법, 소장을 우회시켜 음식물 흡수를 억제시키는 방법, 언급한 두 가지 방법을 혼합한 절충형 등 3가지 방법이 있다. 구체적으로 조절형 위밴드설치술, 루와이 위우회술, 위소매모양 절제술 및 축소 위우회술 등이 있는데, 이 중 조절형 위밴드설치술과 루와이 위우회술이 가장 많이 시행되는 수술방법이다.

조절형 위밴드설치술은 복강경을 이용하여 위의 용적을 20mL 정도로 줄일 수 있는 위치에 실리콘 밴드를 돌려 삽입한 뒤 수술 후 조금씩 풍선을 부풀려 서서히 목을 조여 음식섭취량을 줄이는 방법이며(그림 10-3), 루와이 위우회술은 위의 일부만 남겨놓고 잘라낸 뒤 음식물이 바로 소장으로 넘어가도록 우회로를 만드는 방법이다(그림 10-4). 이렇게 하면 음식물을 조금만 먹어도 금방 포만감을 느껴 많이 먹지 못하게 되므로 살이 빠지게 된다.

비만수술 환자는 1~2년간 30~35%의 체중감량이 일어나고 10년이 지나면 60%의 체중감량이 가능하다고 알려져 있다.

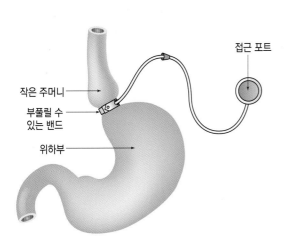

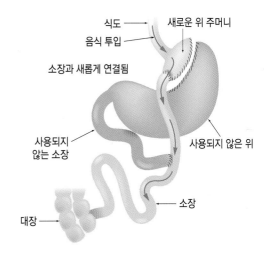

그림 **10-3** 복강경 조절형 위밴드설치술

그림 **10-4** 루와이 위우회술

자료 : 대한비만학회 자료 인용

2. 식사장애

식사장애란 식사행동, 체중 혹은 체형에 대해 이상을 보이는 장애를 말한다. 대부분의 식사장애 환자들은 체중이나 체형에 대해 지나친 집착을 보이며 살찌는 것에 대한 병적인 두려움을 가지고 있고, 자신을 평가하는 데 체중이나 체형을 중요한 부분으로 생각한다. 따라서 환자들은 지나친 단식과 운동, 폭식 후의 구토나 배변제 사용 등의 이상증세를 보이는 경우가 많으며, 이러한 식사장애는 여성에게 흔히 일어나며 특히 체중이 성공 여부와 관련이 있는 전문모델, 무용수, 운동선수들에게 발병률이 높다.

1) 종 류

(1) 신경성 식욕부진증(거식증)

신경성 식욕부진증(anorexia nervosa)은 자신을 굶기고 쇠약하게 하는 현상으로 생명을 위협할 정도의 극단적인 체중감소가 특징이다. 이런 환자들은 체중감소를 훈련의 결과로 생각하며 체중증가는 자신의 통제가 결여된 용납할 수 없는 현상으로 받아들인다. 이들은 객관적으로 말랐음에도 불구하고 계속 살이 쪘다고 지각하여 살이 찌는 것에 대한 강한 두려움을 가지고 있고 이러한 두려움은 체중이 감소되어도 줄어들지 않는 것이 특징이다.

(2) 신경성 폭식증

신경성 폭식증(bluimia nervosa)은 빈번한 폭식과 더불어 살찌는 것에 대한 두려움 때문에 폭식 후 제거행동(구토, 설사, 심한 운동)을 반복하는 증상을 말한다.

(3) 마구먹기장애

마구먹기장애(binge eating disorder)는 신경성 폭식증처럼 폭식이 반복적으로 일어나나 이에 따르는 제거행위가 거의 없다. 비만인 사람들의 20~30%에서 충동적인 폭식을 되풀이하는 현상이 나타나며 이들에 대한 공통점은 폭식에 대한 통제력이 없다는 것이다. 마구먹기장애인 사람들의 특징은 매우 빠르게 먹으면서 배가 불러서 몸이 불편해질 때까지 먹고, 배가 고프지 않으면서도 많은 양의 음식을 먹는다.

2) 원인

(1) 정신과 장애

식사장애는 단순히 체중과 음식섭취의 장애라기보다는 신체에 대한 불만족, 지나친 다이어트, 자존심의 저하, 우울증, 대인관계 및 가족관계 이상에서 온다. 환자의 자존심은 자신이 행한 일이나 외모에 대한 외적인 평가기준에 의해 좌우된다. 따라서 식사장애치료 시에는 이상식사행동을 조절하는 것도 중요하지만 근본적으로 자존감, 자기 자신에 대한 문제의 치료와 대인관계상의 문제해결 등이 필요하다.

(2) 비 만

신경성 식욕부진증 환자나 신경성 폭식증을 가지고 있는 사람들의 경우 비만이 원인이 되는 경우도 있다. 그들은 과거에 받았던 모욕을 비만 때문이라고 생각하여 매우 예민하게 받아들이고, 특히 자신의 가치가 외모에 의해서 결정된다고 믿으며 이것을 계기로 혹독한 다이어트를 시작한다.

(3) 생물학적인 요인

뇌에서 분비되는 신경전달물질에 이상이 있거나, 식욕 및 포만감을 느끼는 정상적인 경로가 손상되거나, 에너지 대사의 변화 등 생물학적인 변화들이 관여할 수 있다.

(4) 가족요인

우울증, 알코올중독증, 신경성식욕부진증은 특정 가계에서 더 발생하는 경향이 있다. 그러나 이러한 현상이 유전인자 때문인지 아니면 생물학적으로 병에 걸리기 쉽기 때문인지, 심리적인 요인인지는 확실하지 않다. 이 밖에도 가족 간의 지나친 밀착, 경직성, 과잉간섭 등도 문제가 된다. 그러나 이러한 가족적 요인이 원인인지 아니면 식사장애 환자 때문에 가족에게 발생한 결과인지는 정확하지 않다. 따라서 가족적인 요인이 유전이라기보다는 그 집단이 가지는 가치기준, 양육태도가 더 문제라고 볼 수 있다.

(5) 사회적인 요인

여성의 경우 날씬한 것을 미의 기준으로 삼는 사회적 요구와 더불어 성공과 자기조절의 상징으로 생각하는 사회문화적 요인이 원인이 된다. 또한 사회 전반적으로 웰빙에 대한 욕구가 증대되면서 비만이 건강의 적이며 여러 만성 질병의 원인이 될 수 있다는 인식이 증대되어 다이어트에 대한 관심이 많아졌고, 의학기술과 대중매체의 발달로 노력하기에 따라 자신의 체형을 얼마든지 변화시킬 수 있다는 식의 정보주입도 원인이 된다.

(6) 심리적 요인

자존감이 낮거나 자신감의 부족 같은 내적인 문제를 음식과 체중이라는 외적인 문제로 해결하려고 하는 것이 식사장애의 원인이 된다. 이러한 심리는 다른 사람의 인정과 보살핌을 받고 싶다는 욕구와 함께 자신이 부족하다는 느낌, 외로움, 분노, 불안, 성공에 대한 두려움 등이 깔려 있는 경우도 많다.

3) 증 상

식사장애 환자들은 자신의 일, 학업, 대인관계, 일상 활동 혹은 감정상태까지도 자신이 오늘 무엇을 먹었는지, 측정한 체중계 바늘이 어디를 가리키고 있었는지에 따라 좌우된다. 즉, 자신의 체중이나 음식에 대한 잘못된 태도가 다른 모든 행동 결정의 기준이 되므로 정상적인 사회생활이 점점 불가능해진다. 식사장애 환자들은 음식을 생리적인 욕구 때문에 먹는 것이 아니라, 심리적으로 자신의 내적인 문제를 표현하거나 해결하기 위한 수단으로 사용하며 이것을 계속 반복하게 된다.

(1) 신경성 식욕부진증(거식증)

신경성 식욕부진증으로 진단받으려면 현재 체중이 원래 체중의 25% 이상 감소된 상태이거나 키와 나이에 대한 체중의 85% 미만(혹은 체질량지수 17.5 미만)이어야 한다. 성장기 전에 신경성 식욕부진증이 일어나는 경우 성장이 잘 이루어지지 않는다.

신경성 식욕부진증 환자에게서 나타나는 무월경증은 생리 시작 전의 환자들에게는 적용하기가 힘들다. 생리 전인 환자들은 신경성 식욕부진증으로 인해 오히려 생리가 지연되는 경우도 많다. 환자들은 음식물섭취를 극도로 제한하면서 자신을 반 기아상태로 만들고 우울증과 동시에 음식에 대한 강박 행동을 보이게 되는데, 이것은 영양불량과도 관련이 있는 것으로 보인다. 따라서 우울증이나 강박증을 보이는 환자들은 치료과정에서 체중증가가 일어난 후에 다시 조사하여 우울증 개선 여부를 평가해야 한다.

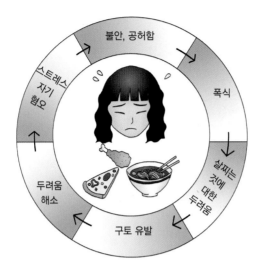

그림 **10-5** 폭식의 악순환 연결고리

(2) 신경성 폭식증

최근에 빈발하는 폭식행위가 있거나 먹는 것을 자제할 수 없어 엄청난 양을 먹으며, 폭식 후에는 자발적인 구토, 배변제, 이뇨제 등을 써서 제거하거나 과도한 운동, 단식 등을 보이게 된다. 이러한 증상이 3개월 동안 적어도 주 2회 이상 일어나는 경우 신경성 폭식(대식)증을 의심하게 된다.

(3) 마구먹기장애

마구먹기장애의 경우 매우 빠르게 먹고, 배고프지 않아도 많이 먹는 것이 특징이다. 일단 먹기 시작하면 폭식을 통제할 수가 없어 배가 불러 몸이 불편해질 때까지 먹는다. 대부분의 폭식은 몰래하고 준비하에 이루어지며 남들 앞에서는 적게 먹는다. 폭식 후에는 심

그림 **10-6** 마구먹기장애

표 **10-17** 식사장애의 특징 및 치료법 비교

형태	신경성 식욕부진증	신경성 폭식증	마구먹기장애
취약군	사춘기 소녀	성인 초기	다이어트에서 실패한 경험이 많은 비만인
식습관	극도로 쇠약해질 정도로 음식물을 먹지 않음	폭식과 장 비우기를 교대로 반복	문제발생 때마다 끊임없이 먹음
현실자각과 원인	자신이 비만하다고 왜곡되게 믿고 자신의 행동이 비정상적임을 인정하지 않음	자신의 행동이 비정상적임을 인정하고 폭식과 구토, 설사 등의 장 비우기를 비밀리에 함	자신을 통제할 수 없다고 포기함
치료법	• 체중이 정상의 30% 이하로 떨어지면 입원 치료가 필요 • 식사량을 서서히 증가시켜 우선 기초대사량을 유지할 수 있는 체중을 회복한 후 문제의 원인을 찾도록 정신과 치료	• 먹고 토하는 것을 자제할 수 없을 때 입원 치료 • 영양교육과 함께 자신을 인정하도록 하는 정신과 치료 • 항우울제 사용	• 생리적으로 배고플 때만 먹도록 학습시키고 규칙적으로 식사하도록 함 • 폭식을 대체할 수 있는 다른 활동(헬스, 산책 등) 개발

한 자책감, 우울감, 자신에 대한 혐오감을 느끼거나, 자가유도 구토나 이뇨제, 하제 등을 사용하지 않는다. 대부분이 비만이거나 과체중이지만 자신의 체형이나 체중에 대해 병적으로 왜곡되어 있는 현상을 보이지 않는다.

폭식은 보통 일주일에 1~2번 이루어지고, 탄수화물과 열량이 많은 음식을 먹는 증상을 보인다. 폭식이 장기적으로 체중에 영향을 끼칠 것이라는 불안감을 갖고 있다. 자신에 대한 혐오, 자신의 신체에 대한 혐오, 분노, 공허함을 보이고 대인관계에 예민해져서 상처받기 쉽다. 우울증이 흔하고, 의존성, 회피성 등의 성격장애를 동반하는 경우가 많으며, 합병증으로는 비만과 고혈압이 있다.

4) 영양치료

식사장애의 치료는 정신과의사, 내과의사, 영양사, 심리치료사 등으로 구성된 팀 치료가 이상적이다. 그러나 실질적으로 팀 치료 접근은 많은 한계점을 가지고 있다. 팀 치료 구성원으로서의 영양사는 환자가 특정 음식이나 영양소에 관하여 어떤 생각과 태도를 가지고 있는지 알아야 하며, 그것이 어떤 문제(가족문제, 개인의 정신적인 문제, 비만 등)에 기인하고 있는지를 알아야 한다.

따라서 영양에 관한 지식뿐 아니라 환자의 정신과적 문제, 심리적 문제의 상담 기술 등 다른 분야에서도 통합적인 지식이 필요하다. 영양사가 이러한 문제에 충분한 지식을 가지고 있을 때 환자로 하여금 음식에 대한 그릇된 믿음과 태도를 바꾸도록 도움을 줄 수 있다.

여성형 비만

결혼 10년차인 이 씨는 현재 38세 주부로 출산 후 계속 체중이 늘어나기 시작해 현재 비만이 되었다. 그녀는 평소에 밥을 많이 먹지 않고 주 1~2회 수영도 하는데, 살이 찐다고 본인은 불평한다. 이 씨의 건강검진 결과는 다음과 같다.

키 : 158cm   체중 : 68.7kg   BMI : 27.5   허리둘레 : 87cm
혈압 : 156/76mmHg   혈중 총 콜레스테롤 : 247mg/dL
혈청 TG : 205mg/dL   HDL-콜레스테롤 : 35mg/dL
CT촬영결과 : 피하지방, 내장지방이 모두 과다, 저근육형

❶ 검진결과에서 무엇을 알 수 있는가?

❷ 이 씨의 어떤 식습관이 비만과 관련 있는지 조사해 보라.

	식습관	예	아니오
1	아침을 자주 거른다.	○	
2	식사 대신에 간식거리로 때운다.	○	
3	저녁 식사량이 아침이나 점심보다 많다.		
4	식사시간이 불규칙적이다.		
5	밤참을 자주 먹는다.	○	
6	외식 때 많이 먹고 빨리 먹는다. 내가 제일 먼저 끝내는 경우가 많다.	○	
7	배가 고프지 않아도 좋아하는 음식이 눈에 띄면 먹는다.		
8	친구들과 스낵을 먹으면서 수다를 떠는 시간이 자주 있다.	○	
9	(친구들과) 술을 자주 마신다.		
10	TV시청이나 영화관람, 독서 때 스낵을 먹는다.		
11	갈증이 나면 물보다는 주스나 콜라 같은 것을 마신다.	○	
12	식구들이 남긴 음식이 아까워서 자주 먹는다.		
13	배가 불룩해져야 숟가락을 놓는다.		
14	음식을 남기는 일이 거의 없다.		
15	스트레스를 해소하기 위해 먹는다.	○	
16	그동안 다이어트를 자주 했다.		

자료 : 가톨릭대학교 지역사회·임상영양 연구실

❸ 이 씨의 활동량을 평가해 보시오.

활동량	
수면	6시간 (7시간보다 적으면 문제)
낮잠시간	1시간 (낮잠시간은 활동량을 떨어뜨리므로 문제)
집안일	3시간

운동종류	
수영	지속시간 : 60분, 일주일에 1~2회
_____	지속시간 : _____분 일주일에 _____번
_____	지속시간 : _____분 일주일에 _____번

활동종류	예	아니오
외출 시에는 버스나 전철보다는 택시나 자가용을 이용한다.	○	
시장이나 슈퍼마켓에 차를 가지고 간다.		
걸음걸이가 느리다.	○	
친구들과 전화로 오래 이야기하는 적이 자주 있다.	○	
계단 대신 엘리베이터를 이용한다.	○	
낮에 누워 있는 시간이 많다.	○	

❹ 이 씨의 식습관 및 생활습관 분석결과는?

❺ 이 씨에게 어떤 처방을 내리겠는가?

남성형 비만

김 씨(47세)는 남자 공무원으로서 아침은 잘 거르고 저녁은 거의 회식으로 이어진다. 회식 시에는 보통 소주 1~2병을 비우고 안주로는 장어구이나 돼지삼겹살을 주로 먹는다. 김 씨의 건강검진 결과는 다음과 같다.

키 : 172cm   체중 : 82kg   BMI : 27.7
혈압 : 145/95mmHg   허리둘레 : 90cm   혈중 총 콜레스테롤 : 244mg/dL
혈청 TG : 210mg/dL   HDL-콜레스테롤 : 30mg/dL
초음파검사로 지방간 발견

❶ 검진결과에서 무엇을 알 수 있는가?

❷ 회식 평가 결과는?

회식 시에 김 씨가 섭취한 식사내용
① 소주 1병(360mL) :
② 돼지삼겹살 2인분(400g) :
③ 양배추샐러드 1접시(50g) :
④ 호박전 1접시(80g) :
⑤ 도토리묵 1접시(80g) :
⑥ 도라지오이생채 1접시(70g) :
⑦ 밥 1공기(210g) :
⑧ 두부된장찌개 1그릇(250g) :
_____
합계

❸ 김 씨에게 어떤 처방을 내리겠는가?

소아비만

만 11세의 류 군은 초등학교 입학 때부터 체중이 급격히 늘었다. 류 군은 대부분의 채소는 싫어하며 스파게티, 라면, 중국음식(탕수육, 자장면), 피자 등의 음식을 좋아하고 간식으로는 과자나 딸기잼을 바른 빵을 좋아한다. TV시청과 컴퓨터 시간이 하루에 3시간 이상이며 갑자기 체중이 증가하는 것 같아 얼마 전부터 일주일에 5회 태권도를 시작했다. 류 군의 건강검진 결과는 다음과 같다.

키 : 150cm	체중 : 60kg
체지방율 : 35.1%	혈중 총 콜레스테롤 : 178mg/dL
혈청 TG : 150mg/dL	지방간 : 없음

❶ 류 군의 검진결과에서 무엇을 알 수 있는가?

❷ 류 군의 식사습관과 생활습관을 평가해 보라.

식습관	예	아니오
• 열량이 높은 달거나 기름진 음식을 선호하는가?		
• 배가 고프지 않아도 습관적으로 먹는가?		
• 불규칙적인 식사를 하는가?		
• 오전보다는 오후에 혹은 밤에 많이 먹는가?		
• 빨리, 한꺼번에 많이 먹는가?		
• TV나 책을 보면서 먹는가?		
• 잘한 행동에 대해 먹는 것으로 보상받기를 원하는가?		

❸ 류 군의 식습관 및 생활습관 분석결과는?

❹ 류 군에게 어떤 처방을 내리겠는가?

CHAPTER 11

골관절 질환

골관절 질환

골관절 질환은 우리나라 외래 환자의 약 10%를 차지할 정도로 높은 유병률을 보이며, 평균수명의 증가에 따른 노인인구의 증가로 더욱 증가하는 추세이다. 골관절 질환은 심한 경우 행동의 제약을 받을 뿐 아니라 질환이 오래 지속되므로 삶의 질과 직접적인 관련을 갖는다. 따라서 올바른 식사관리를 통한 적절한 예방 및 치료가 요구된다.

용어정리

류마티스성관절염(rheumatoid arthritis) 일종의 자가면역 질환으로 관절의 활액막이 감염되어 부으면서 파손되고 다른 관절에까지 퍼지며 골, 연골조직에까지 감염에 확대되어 심한 손상을 일으키는 만성적 질환

골관절염(osteoarthritis) 퇴행성 관절 질환이라고 하며 관절 주위나 내부 연조직과 뼈의 증식에 의한 관절 연골의 손실에 따라 점진적으로 약화되어 나타나는 질환

통풍(gout) 체내 퓨린체 대사 이상으로 혈액의 요산 수치가 증가하나 배설량이 감소하여 요산이 체내 관절에 축적됨으로써 발병하는 질환

레슈니한 증후군(Lesch Nyhan syndrome) 유전적으로 HGPRTase(Hypoxanthine-guanine phosphoribosyl transferase)의 결핍으로 AMP, GMP 재생이 어렵고 요산 생성량을 증가시킴

조골세포(osteoblast) 뼈를 형성하는 세포로 콜라겐 기질에 칼슘과 인의염을 침착시키는 역할

파골세포(osteoclast) 뼈의 무기질을 용해시키고 콜라겐 기질을 분해하는 세포

골세포(osteocyte) 골조직의 기본 세포로서 15~27μm의 편평한 타원형이며 섬유아세포로부터 형성되는 것으로 골조직의 제조자임

압박골절(compression fracture) 외부의 강한 힘에 의해 척추 모양이 납작해진 것처럼 변형되는 것으로 골절의 형태

해면골(spongy bone) 해면상에 많은, 불규칙한 형의 골수강이 있는 골조직

골다공증(osteoporosis) 골질량의 감소와 골격 기능 손상으로 쉽게 골절이 일어날 수 있는 대사성 골질환

갑상선기능항진(hyperthyroidism) 갑상선의 기능이 병적으로 증가하여 호르몬이 과다하게 분비되는 질병

골연화증(osteomalacia) 비타민 D 부족 시 뼈의 무기질화 과정에 이상을 초래하여 뼈가 얇아지고 쉽게 구부러지며 골밀도가 감소하는 어른 질환으로, 어린이의 구루병과 비슷함

1. 관절의 구조와 기능

정상적인 관절은 압축성과 탄성을 가지며 표면에 윤활제를 분비하여 골의 연결 시 마찰을 방지하고 자연스럽게 운동을 할 수 있도록 하는 구조물이다.

관절의 양쪽 뼈는 관절막으로 연결되고 그 내부를 아주 얇은 활액막으로 싸고 있다. 활액막 안에는 윤활작용을 하는 활액이 들어 있다. 또한 뼈의 말단은 관절 연골이 덮고 있고 연골에는 혈관이 없어 혈액에서 영양분을 직접 흡수한다. 인대 는 뼈에 붙어 있는 근육으로 뼈의 운동을 위하여 필요하다(그림 11-1).

2. 관절 질환

관절염 활액막에 감염이 있거나 직접적인 외상에 의해서 관절이 붓고 통증을 일으키 는 질환을 의미한다. 만성관절염의 대표적인 것은 염증이 심하게 나타나는 류마티스 성관절염과 관절의 염증이 별로 심하지 않으면서 관절의 운동장애와 통증을 일으키 는 골관절염(퇴행성관절염), 요산결정이 침착하여 발생하는 통풍 등이 있다(표 11-1).

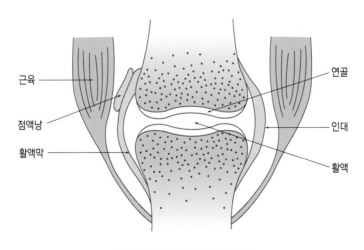

그림 **11-1** 정상적인 골관절의 구조

표 **11-1** 관절염의 종류 및 특성 비교

구분	류마티스성	퇴행성	통풍
발병 부위	• 손과 발의 작은 관절 • 하중과 무관함	• 무릎, 발목, 손가락 마디 • 하중을 많이 받는 부위	• 발가락, 발목 • 하지부에 먼저 발병
증상	• 움직이지 않으면 통증 못 느낌 • 국소발열 심하면 전신발열 • 아침에 통증	• 움직일 때만 아픔 • 발열 거의 없음 • 많이 사용한 뒤에 통증	• 가만히 있어도 아픔 • 국소발열 간혹 전신발열 • 잘 때 통증
변형 속도	• 다발성으로 여기저기 일어남 • 붓고 물이 차며 움직이기 힘듦 • 2~3년 사이에 급격히 변형됨	• 한 부위에서 서서히 늘어남 • 서서히 붓고 변형이 진행됨	• 한 부위에 발병 • 빨갛게 염증반응이 심함 • 서서히 통풍석이 형성
연령	20~50세 여성에 많음	50세 이상에 많음	남성 95% 30세 이상

1) 류마티스성관절염

(1) 원 인

류마티스성관절염은 가장 보편적인 관절 질환으로 관절의 활액막이 감염되어 부으면서 파손되고 다른 관절에까지 퍼지며 상태가 진행됨에 따라 골, 연골조직에까지 감염에 확대되어 심한 손상을 일으키는 만성적 질환이다. 특히, 손이나 발 등의 마디에 대칭적으로 나타나기 쉽다.

정확한 발병 원인은 알려져 있지 않으나 부분적으로 전신성 자가면역 기전에 의해서 발생하는 것으로 보인다. 최대 발병률은 20~50세 사이에 주로 나타나며, 특히 여성의 발병률이 남성의 3배 이상 높으며 이러한 성별의 차이는 나이가 증가함에 따라 감소하는 경향이 있다. 일란성 쌍생아의 경우 30% 정도, 이란성 쌍생아의 경우 5% 정도가 동일하게 류마티스성 관절염을 앓고 있을 정도로 유전적 성향이 높다.

(2) 증 상

증상은 관절이 뻣뻣해지고 특히 아침에 증세가 심한 강직현상이 나타나며 이러한 강직의 정도는 질병의 진행 정도를 판별하는 중요한 지표가 된다. 발병 초기에는 피로, 식욕부진, 일반적인 허약증세가 몇 주에서 몇 달간 지속되다가 점차로 체중감소, 고열, 오한이 동반된다. 활액막의 감염 시 부종, 압통이 나타나며 이로 인해 정상적인 행동을 할 수 없게 된다. 부종은 활액이 축적되고 활액막이 팽대되거나 관절낭이 비후되기 때문에 발생한다. 증세의 완화와 악화가 반복되며 고통이 매우 심하고 질병의 상태가 심한 경우에는 섬유조직이 비정상적으로 증식하게 되어 골의 강직현상과 함께 불구가 되는 경우도 있다.

(3) 영양치료

류마티스성관절염은 만성 질환으로 질병이 오랫동안 지속되면서 여러 가지 원인에 의하여 적절한 식이섭취가 어려워지고 이로 인해 영양불량이 빈번하게 나타난다. 따라서 질병을 완화시키기 위해서는 영양불량의 원인을 파악하고 적절한 영양관리를 통한 영양상태의 증진을 계획하는 것이 필수적이다.

류마티스성관절염은 감염에 의해 주로 발생하므로, 환자의 영양상태는 신체 면역반응에 큰 영향을 끼친다. 따라서 이상체중의 유지, 최적의 질을 갖춘 균형 잡힌 식사, 면역반응 보존을 위해 환자의 식단 작성에 주의를 기울여야 한다. 또한 환자의 식사 형태 및 식습관을 잘 관찰하고, 영양관리가 환자에게 미치는 영향을 교육시킴으로써 균형 잡힌 식사를 지속적으로 섭취할 때 질병을 극복할 수 있다는 자신감을 주는 것이 중요하다(표 11-2).

 류마티스성관절염 환자의 영양불량 원인

- 일반적으로 감염 시 영양요구량이 증가한다.
- 감염과정에서 생기는 위, 소장기 점막의 변화로 영양분의 흡수율이 감소한다.
- 류마티스성관절염과 함께 동반되는 소화성궤양과 위염에 의하여 식욕이 감퇴된다.
- 류마티스성관절염의 합병증에 의한 침의 분비가 저하되고 연하곤란과 충치가 발생한다.

표 **11-2** 류마티스관절염 환자의 영양치료

영양소	내용
에너지	• 관절부담을 주지 않기 위해서 이상 체중을 유지해야 함 • 과체중인 경우 적절한 에너지 섭취 제한이 요구됨
지방	• 염증반응 억제를 위하여 ω-3 지방산의 섭취 증가 • 어유, 올리브유, 달맞이꽃기름 등의 섭취 증가
비타민 D	• 류마티스성 관절염의 합병증으로 빈발하는 골연화 방지 가능 • 과량공급 시 신장의 석회화 등 부작용 가능
비타민 C	• 관절의 기질인 교원섬유 합성 촉진 • 아스피린 치료 시 백혈구 내 비타민 C 감소로 빈혈유발 가능
비타민 B_6	약물치료에 의한 위 점막 손상으로 요구량 증가
아연	환자의 혈청 아연 감소 시 아연을 보충하면 증세가 호전
철	합병증으로 빈혈이 나타나는 경우 철 섭취에 유의
알레르기성 식품	뼈의 통증 경감을 위하여 알레르기성 식품 제한

(4) 약물치료

적절한 휴식을 통하여 감염된 관절을 불필요하고 무리하게 사용하는 것을 방지한다. 관절의 감염을 촉진시키지 않는 범위에서 적당한 운동으로 근육의 강도를 유지한다. 보조기구에 의한 기능회복 훈련법으로 관절의 유연성을 증진시킨다.

류마티스성 관절염을 치료하기 위한 약제가 개발되었으며 부작용 또한 많은 것으로 알려지고 있다(표 11-3). 관절염의 상태가 매우 심각한 경우 환자의 고통을

표 **11-3** 류마티스관절염에 사용되는 약의 종류와 부작용

구분	약 종류	사용 목적	부작용
비스테로이드성 소염제	아스피린, 부루펜, 나부메톤, 브렉신, 인다신	소염, 진통을 목적으로 사용	위장장애, 간기능장애, 신장 기능장애 등
스테로이드 호르몬제	프레드니솔론	소염, 진통, 관절경직 완화에 효과	골다공증, 비정상적 지방 축적, 위십이지장궤양, 우울증, 세균감염 등
항류마티스 약제	항말라리아제, 설파살라진, 페니실라민, 면역 억제제	관절염의 진행 억제 목적으로 사용, 치료효과는 수주 혹은 수개월 후에 나타남	다양한 부작용이 나타나므로 정기적인 추적검사가 요구됨

경감시키고 기형을 보정하여 적절한 기능을 회복할 수 있도록 하기 위하여 수술을 실시한다.

2) 골관절염

골관절염(osteoarthritis)이란 퇴행성 관절 질환이라고 하는 매우 흔한 질병 중의 하나로 관절 주위나 내부의 연조직과 뼈의 증식에 의한 관절연골의 손실에 따라 점진적으로 약화되어 나타나는 질환이다. 모든 관절에서 발견되나 특히 체중을 지탱하거나 자주 사용하는 관절인 무릎, 엉덩이, 발목, 척추 등에서 자주 발생하며, 과체중 및 비만인에서 발병률이 더 높게 나타난다.

(1) 원 인

골관절염의 원인은 관절 부위의 외상, 관절의 과다 사용, 어긋난 모양으로 잘못 연결된 관절 등 여러 복합적인 원인에 의해 발생하며 유전적인 요인도 작용한다. 류마티스성관절염과는 달리 체중 초과 및 과잉영양에 의해 관절염이 발생하기도 한다.

(2) 증 상

골관절염의 초기 증상은 연골에 미세한 틈이 생기고 부분적으로 침식이 나타나서 사용하는 관절 부위가 뻣뻣해지고 활동의 제약을 받게 된다. 특히, 관절을 과다하게 사용한 저녁과 잠자기 전에 심한 통증을 느끼게 된다. 골관절염의 진행은 서서히 이루어지며 증세가 심해졌다 호전되었다가 반복되면서 점차 악화된다. 그러나 골관절염은 대체로 자주 사용하는 하나 둘의 관절에 국한되고 전신 증상은 나타나지 않는 것이 특징이다.

(3) 영양치료

과체중인 골관절염 환자는 질병의 진행을 억제하기 위하여 체중을 감량하는 것이 바람직하다. 그러나 운동을 통한 체중감량은 자칫 관절에 무리를 줄 수 있으므로 식사관리를 통한 체중감량이 더욱 중요하다. 또한 골다공증의 예방과 관리를 위하여 칼슘 및 비타민 D 섭취를 충분히 한다.

(4) 운동·물리치료

골관절염 치료의 주된 목적은 통증을 감소시키고 관절의 파괴 및 변형을 예방하는 것이다. 이를 통하여 관절의 기능손상을 예방하고 질병의 진행속도를 완화시킬 수 있다. 골관절염의 치료방법으로는 물리적 치료, 약물치료, 운동 및 수술치료 등이 있으며 보조적으로 적절한 식사요법이 요구된다.

관절을 무리하게 움직이지 않고 보호하기 위해서는 적정체중 유지와 지팡이를 사용함으로써 관절에 가해지는 부담을 경감시킬 수 있다. 또한 환자가 안정을 취할 수 있도록 휴식과 함께 관절 부위를 자주 마사지하는 것이 효과적이며 관절 주변 근육의 강도를 높여 주기 위해 무리하지 않는 적당한 운동도 유용하다.

3) 통 풍

통풍(gout)은 의학 역사상 매우 오래전에 발견된 질환으로 기원전 5세기에 이미 히포크라테스의 기록이 존재한다. 통풍은 체내 퓨린체(purine)의 대사 이상으로 혈액의 요산(uric acid)치가 증가하는 한편 배설량이 감소하여 요산이 체내에 축적됨으로써 발병하게 된다. 과잉의 요산은 혈액을 통하여 연골 관절 주위 조직에 요산일나트륨결정(monosodium urate crystal)으로 침착되고 이것이 염증을 발생시키며 극심한 통증을 동반한다. 따라서 발병 초기에 질병의 만성화를 예방하는 것이 중요하다. 여성보다 남성에게서 빈발하며 여성은 폐경 이후 발병가능성이 증가한다(그림 11-2).

(1) 원 인

혈중 요산은 음식물로부터 섭취된 외인성 요산과 신체에서 파괴되는 세포로부터 유래되는 내인성 요산이 있다. 혈중 요산의 농도는 생성량과 배설량의 균형에 따라

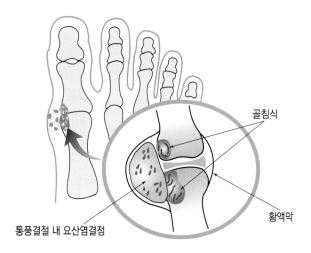

골침식

황액막

통풍결절 내 요산염결정

그림 **11-2** 급성통풍 환자의 발

조절되는데, 통풍은 체내의 요산생성이 증가하거나 요산배설이 감소하여 생성량과 배설량 간의 균형이 깨짐에 따라 체내에 요산이 과잉 축적됨으로써 발생한다. 식품 섭취에 의한 요산의 생성은 당질, 지방, 단백질섭취 시 모두 생성될 수 있다.

특히, 간, 췌장, 신장과 같이 핵단백질이 풍부한 내장식품과 일반육류 및 곡류와 두류의 씨눈 등의 섭취 후에 요산이 다량 생성된다. 수술이나 외상으로 세포

요산의 생성 증가 원인
- 세포의 이화 촉진(백혈병, 악성 임파종, 골수암, 용혈성 빈혈, 감염 등)
- 퓨린의 생합성 증가
- 식사 중 퓨린 섭취 증가 : 퓨린 섭취 저하 필요
- **레슈니한 증후군(lesch nyhan syndrome)**
  유전적으로 HGPRTase(Hypoxanthine-guanine phosphoribosyl transferase)의 결핍
- 정신적 스트레스나 수술, 과로

요산의 배설 감소 원인
- 당뇨병, 알코올 과음으로 인한 케톤증으로 요의 산성화
- 신장 질환으로 인한 세뇨관에서의 요산분비장애

가 파괴되어 핵산으로부터 과량의 요산이 생성되거나 비만치료를 위해 굶거나, 정신적 스트레스, 알코올의 과량섭취, 티아지드(thiazid)계 강압이뇨제 및 항결핵제의 사용으로 요산 배설이 감소되거나, 일부 유전적인 요인이 있을 때에도 통풍이 발생된다.

(2) 퓨린 대사

체내 퓨린 뉴클레오티드(purine nucleotide) 함량은 세포의 이화, 체내 퓨린의 생합성, 식사로의 퓨린 섭취를 통해 증가하며 세포의 동화, 요산의 배설과정을 통해 감소된다(그림 11-3). 체내 퓨린 뉴클레오티드는 주로 AMP(adenosine monophosphate), GMP(guanosine monophosphate)로 구성되어 있으며, 퓨린 생합성에는 글리신, 아스파테이트, 글루타민 등의 아미노산과 포르민산, CO_2 등이 필요하다.

(3) 증 상

통풍의 증상은 급성통풍발작으로 시작되는 것이 일반적이다. 통풍발작은 매우 심한 통증을 유발하지만, 발작 후 수개월 혹은 수년간 재발하지 않는 경우가 많다. 질병이 악화되면서 통풍발작의 재발은 더욱 잦은 빈도로 나타나게 되며 만성적으

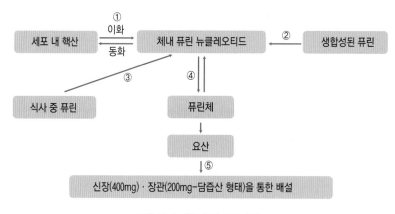

그림 **11-3** 체내 퓨린 대사 요약

로 진행된다.

관절의 연골이나 관절상 주위의 연부조직에 요산이 침착하고 점차 귓바퀴, 팔꿈치 관절 후면, 엄지발가락이나 손가락 관절에 통풍결절이 생성된다. 결절 생성 후 특히 엄지발가락 관절이 빨갛게 부어오르고 국부발열 후 격심한 통증이 있다가 2~3주 후에 증상이 완전히 사라진다. 통풍이 진행되면 차츰 통증의 주기가 빨라지고, 발작 기간도 길어지며 때로는 발열, 오한, 두통, 위장장애가 나타난다. 통풍결절이 증대, 융합하게 되면 관절조직을 파괴시켜 만성관절염을 유발하고 심한 경우 골절을 초래하기도 한다. 또한 신장에 축적되어 신우염, 신결석 등을 유발함으로써 신장의 세뇨관 등이 손상을 입어 환자 중 20~25%가량이 사망하게 된다.

고혈압, 동맥경화, 심근장애, 당뇨병 등 다른 여러 질병과 관계가 있으나, 특히 비만과 밀접한 관계가 있다. 당뇨병 환자의 20~50%에서 고요산혈증이 나타났으나 모두 통풍을 야기하는 것은 아니며, 아직 혈청 포도당 농도와 혈청 요산 간의 상호관계는 확실하게 규명되지 않았다.

(4) 진 단

통풍의 진단방법으로는 혈액 생화학적 검사인 요산, 요소질소 및 신장기능검사, 요검사, 관절액검사, 관절 X선검사 등이 있다. 혈중 요산치가 8mg/dL 이상, 발작이 1년에 2회 이상, X선 검사에서 뼈의 파괴가 보이거나 통풍결절이 있는 경우 약물 복용이 필요한 것으로 진단한다.

(5) 영양치료

통풍의 치료를 위해서는 외인성 요산을 감소시키기 위해 퓨린 함량이 낮은 식품을 위주로 한 식사를 하는 것이 가장 중요하며, 이외에도 에너지, 단백질, 지방, 수분의 섭취에 유의하여야 한다(표 11-4).

또한 소변에서 요산의 배설을 촉진하기 위해 소변의 pH를 6.2~6.8로 유지시키는 것이 중요하다. 소변의 알칼리도는 식품섭취에 따라 쉽게 변하는 것은 아니지만 가능한 한 채소, 과실 등 알칼리성 식품을 적극적으로 섭취하도록 권유한다.

표 **11-4** 통풍 환자의 영양치료

영양소	내용
퓨린	• 체내의 내인성 요인에 의해서도 퓨린 생성 • 식사 중 퓨린 함량 100~150mg 정도로 제한이 필요 • (정상인 600~1,000mg 정도 퓨린 섭취) • 식사조절보다는 약물 통한 요산의 조절 필요함
에너지	• 이상 체중을 유지하거나 10%가량의 체중감소가 효과적 • 에너지 섭취 감소는 서서히 하고 단식요법은 절대 금물 • 에너지 섭취 : 남자 30~35kcal/kg/day, 여자 25~30kcal/kg/day • 약 1,200~1,600kcal/day 정도의 에너지를 권장
단백질	• 단백질 섭취는 내인성 요산 생성 증가시킴 • 지나친 단백질 제한은 필수 아미노산 결핍 초래 • 단백질 섭취 : 60~75g/day (1~1.2g/kg/day) • 달걀과 우유가 좋은 급원(퓨린 함량 낮음)
지방	• 고지방 식사는 요산의 정상적인 배설 방해,통풍의 합병증인 고혈압, 심장병, 고지혈증, 비만 등과 관련됨 • 지방섭취 : 50g 이하로 제한 • 포화지방산보다 불포화지방산 섭취 증가 권장
수분	• 약제 복용으로 인한 탈수현상 방지, 혈중요산 농도희석 및 요산 배설 촉진하여 결석 형성을 억제하기 위해 다량의 수분 공급 • 신장 질환, 심장병 없는 경우 3L가량의 수분 공급 필요
알코올	알코올은 요산 배설을 방해하고 요산의 생합성을 촉진하므로 알코올 섭취 제한, 만성 환자는 기분 전환 위해 소량 알코올 섭취 가능
염분	고혈압, 당뇨병, 고지혈증 등의 합병증 우려가 있으므로 염분은 가급적 제한하는 것이 바람직

표 **11-5** 퓨린 함량에 따른 식품 분류(식품 100g에 함유된 퓨린 질소함량)

제1군 : 고퓨린 함유식품 (100~1,000mg 퓨린 질소)	제2군 : 중퓨린 함유식품 (9~100mg 퓨린 질소)	제3군 : 극소퓨린 함유식품 (9mg 미만 퓨린 질소)
• 생선류 중 청어, 고등어, 정어리, 연어 • 내장 부위(간, 콩팥, 심장, 지라, 신장, 뇌, 혀) • 멸치, 효모, 베이컨, 고기 • 국물, 가리조개, 생게	• 육류, 가금류, 생선류 • 조개류, 강낭콩, 잠두류, 완두콩, 편두류 • 시금치, 버섯, 아스파라거스	• 곡류(오트밀, 전곡 제외), 빵 • 달걀, 치즈 • 2군 채소를 제외한 모든 채소 • 버터, 식용유 • 우유 • 과일류 • 설탕, 커피, 차류

(6) 약물치료

통풍은 비교적 발병의 기전 및 치료법이 잘 밝혀져 있으므로 초기에 발견하여 적절한 치료를 한다면 충분히 극복할 수 있다. 통풍의 치료법으로는 통증을 억제시키기 위한 급성기 약물치료와 장기적으로 요산수치를 떨어뜨리기 위한 치료가 있으며, 통풍과 동반된 만성퇴행성 질환이 있는 경우 반드시 이를 병행하여 치료하는 것이 바람직하다.

급성통풍발작 시 먼저 통증이 있는 부위를 안정시키고, 차게 하며 환부를 심장보다 높게 유지한다. 통증 완화를 위하여 콜히친(Cholchicine) 같은 약제를 복용한다. 또한 통풍의 원인인 요산을 형성하는 퓨린은 섭취된 음식에서뿐만 아니라 체단백질에서도 분해가 되고 간에서 합성이 되므로 약물로 합성을 억제할 필요가 있다(표 11-6).

통풍 환자의 식품선택 및 식단작성 요령

- 식품 중 퓨린 함량표를 참고로 고퓨린 식품은 절대적으로 금지시킨다.
- 커피나 차의 퓨린은 요산과 직접적인 관계가 없으므로 수분섭취를 위해 자유롭게 공급한다.
- 환자의 식욕증진을 위한 향신료의 사용도 바람직하다.
- 단백질 급원은 육류보다는 두부, 달걀, 우유 등을 다양하게 공급한다.
- 에너지 급원으로 탄수화물 식품인 곡류, 감자류를 적극 활용한다.
- 소변의 알칼리성 유지를 위하여 채소, 과실류는 적극 권장한다.
- 수분의 충분한 섭취를 위해 죽이나, 수프, 차 등을 자주 마시도록 한다.
- 퓨린체는 물에 쉽게 용해되는 반면, 기름에는 용해되기 어려우므로 육류 조리 시 굽는 것보다는 삶아서 그 국물(육수)은 섭취하지 않게 한다. 육수 외의 다른 국물은 먹게 한다.
- 콩보다 두부의 퓨린 함량이 적으므로 두부를 단백질 급원으로 사용한다.
- 염분량은 하루 10g 이내로 하고, 염장가공품은 피하게 한다.

표 **11-6** 통풍치료 약물

작용	약물	작용기전	부작용
통증 완화	Colchicine	뼈의 통증 완화	설사, 구토, 복통 등 유발, 이와 같은 부작용에 유의
요산수치 저하	Probenecid Sulfinpyrazone	신장에서 요산 배설 증가시켜 혈중 요산의 농도 감소	• 신장결석 위험 • 설사, 오심, 복통 • 아스피린은 요산 배설 촉진 효과 중지
	Allopurinol	요산의 생성 억제	발진, 발열, 혈관염 약제에 민감한 사람은 위험

3. 골격의 구조와 대사

1) 골격 구조

뼈는 주로 단백질로 이루어진 유기질 기질에 칼슘과 인, 마그네슘 등 무기질이 침착된 조직이다. 뼈조직에는 조골세포(osteoblast), 파골세포(osteoclast)와 골세포(osteocyte)가 존재한다. 조골세포는 뼈를 형성하는 세포로 콜라겐 기질을 만들고 칼슘과 인을 침착시키는 역할을 하는 반면 파골세포는 뼈의 무기질을 용해시키고 콜라겐기질을 분해하는 작용을 한다. 골세포는 뼈에 많이 분포되어 있는 구성세포이다. 뼈는 성장이 종료한 후에도 계속적인 분해와 생성이 동시에 일어나는 조직으로 뼈의 생성과 분해의 균형이 골질량을 결정하게 된다. 특히, 파골세포에 의해서 뼈가 분해되는 데는 1~3주가 걸리나 조골세포에 의하여 뼈가 형성되는 데는 3개월 이상 걸린다.

뼈는 주로 두 종류의 뼈 조직인 치밀골과 **해면골**로 구분된다. 팔과 다리의 긴 뼈

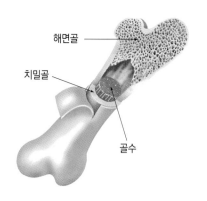

그림 **11-4** 뼈의 구조

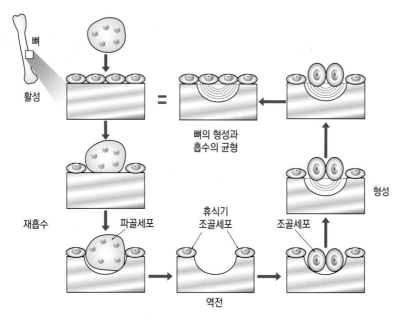

활성

뼈

재흡수   파골세포   휴식기   조골세포   형성
                  조골세포

뼈의 형성과
흡수의 균형

역전

그림 **11-5** 정상 성인 뼈의 생성과 구조

는 주로 치밀골을, 손목과 발목뼈, 척추 등 짧은 입방형의 뼈는 해면골을 많이 포함하고 있다. 뼈 세포는 성장기 동안 골단 연골의 골화에 의해 길어지며 골막 부착과 내골 횟수에 의해 직경이 증가한다(그림 11-4).

2) 골격 대사

골격의 대사는 여러 가지 호르몬에 의해서 조절된다. 특히, 부갑상선 호르몬, 칼시토닌, 에스트로겐, 성장호르몬 등에 의해 조절된다(표 11-7). 부갑상선 호르몬은 골격에서 칼슘의 용출을 촉진하여 과잉분비 시 골질량을 감소시키는 작용을 한다. 반면 칼시토닌, 성장호르몬은 골질량을 증가시키는 작용을 한다. 비타민 D와 부갑상선 호르몬의 혈장 칼슘을 조절하는 기전은 그림 11-6과 같다.

표 **11-7** 골격 대사에 영향을 미치는 호르몬

호르몬	기능
부갑상선 호르몬	• 신장에서 1-히드록시라아제(1-hydroxylase)와 1,25(OH)$_2$D 증가 • 뼈의 용해 증가 • 신장에서 인의 재흡수 감소
비타민 D	• 소장에서 칼슘과 인 흡수 증가 • 뼈의 용해 증가 • 신장에서 인의 재흡수 증가
칼시토닌	• 파골세포에 의한 뼈의 용해 감소 • 신장에서 인의 재흡수 감소
에스트로겐	부족 시 뼈의 용해를 촉진시켜 골다공증 유발
성장호르몬	• 연골과 콜라겐 합성 자극 • 1,25(OH)$_2$D의 생성과 칼슘 흡수 증가 • 과잉 시 거대증과 거인증 발생 • 부족 시 어린이에서 왜소발육증 유발
갑상선 호르몬	• 뼈의 용해 촉진 • 부족 시 어린이에서 성장지연과 어른에서 뼈의 전환율 감소
인슐린	• 조골세포에 의한 콜라겐 합성 촉진 • 부족 시 성장과 골질량 저해

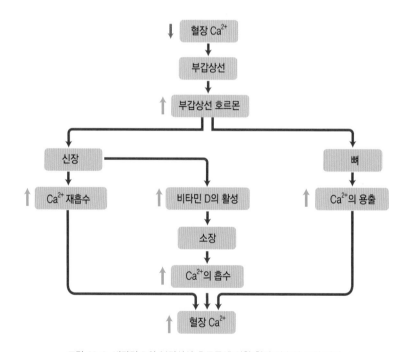

그림 **11-6** 비타민 D와 부갑상선 호르몬에 의한 혈장 칼슘의 조절 기전

4. 골 질환

1) 골다공증

골다공증(osteoporosis)이란 골질량의 감소와 골격기능 손상으로 쉽게 골절이 일어날 수 있는 상태를 말하며, 영양상태에 영향을 받는 대사성 골 질환이다. 최근 노인 인구의 증가로 골다공증의 유병률이 빠른 속도로 증가하고 있다. 따라서 칼슘이 충분히 함유된 영양적으로 균형 잡힌 식사를 일생 동안 하는 것이 골다공증 예방 및 치료에 필수적이다.

골다공증은 골질량이 감소되어 뼈가 약해지면서 약간의 충격으로도 쉽게 골절이 되지만, X-ray상에 척추골 퇴화가 나타나기 전까지는 증상이 없다. 따라서 '침묵의 질병'이라고 불리기도 한다.

골질량의 감소는 모든 골격에서 일어나지만, 특히 척추에서 가장 심하게 나타난다. 골다공증의 가장 좋지 않은 결과는 척추의 **압박골절**(compression fracture)과 고관절부위(hip), 전완(forearm)의 골절이다.

골다공증은 남성보다 여성에서 발병률이 높은데, 그 이유는 여성이 남성보다 최대 골질량이 낮을 뿐만 아니라 칼슘 섭취량이 적고 골 손실은 빨리 시작되기 때문이다. 특히, 폐경기에 에스트로겐 생성의 감소로 골소실률이 가속화되기 때문에 폐경 후 골다공증이 빈발한다.

(1) 분 류

골다공증은 폐경 후 호르몬의 급격한 변화로 나타나는 폐경 후 골다공증, 노화에 따른 골질량 감소로 나타나는 노인성 골다공증, 원인 질환으로 인해 골 대사에 이상이 생겨 발생하는 이차성 골다공증 등으로 분류할 수 있다.

① 폐경성 골다공증

여성의 경우 폐경 후 에스트로겐의 분비량은 급격하게 감소된다. 이러한 에스트로겐의 감소는 칼슘의 흡수를 감소시키고 따라서 폐경 후 여성에게서는 골질량 소실이 급격히 증가하게 된다. 이러한 골 질량의 손실이 몇 년간 지속되면 골다공증이 나타나게 된다.

일반적으로 비만한 여성은 마른 여성보다 1형 골다공증에 걸릴 위험이 적은 것으로 조사되었다. 그 이유는 비만한 여성은 지방세포에 의한 에스트로겐 합성 비율과 최대 골질량이 더 높기 때문으로 풀이된다.

② 노인성 골다공증

노화가 진행됨에 따라 조골세포의 활성은 현저하게 감소하지만 파골세포의 활성은 계속해서 유지가 된다. 즉 뼈의 파괴는 끊임없이 일어나는 반면, 새로운 뼈의 형성은 매우 저조하게 일어난다. 이는 골격 대사에 불균형을 초래하게 되어 골 손실이 일어나며 결국 골다공증이 발병하게 된다. 노인성 골다공증은 여성과 남성 모두에서 발병하며 70세 이상 노인에서 진단된다. 노인성 골다공증의 특징은 비타민 D의 활성형인 $1,25(OH)_2D$의 생합성 감소와 부갑상선 호르몬 활성 증가, 골형성장애 등이 주요 원인이다.

비타민 D는 피부에서 합성되고 간과 신장에서 활성화되어야 하는데, 노인은 피부를 통한 비타민 D의 합성능력이 현저히 감소됨과 동시에 활성형으로의 전환도

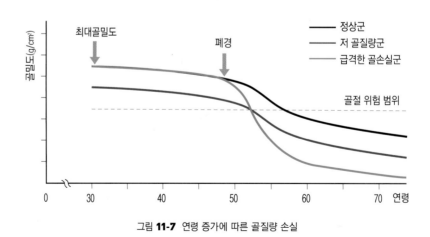

그림 **11-7** 연령 증가에 따른 골질량 손실

활발하게 일어나지 못하므로 효과적인 칼슘의 이용에 제약을 받게 된다. 특히, 질환을 보유하여 외부활동이 자유롭지 못한 경우에는 비타민 D의 합성량이 더욱 적어 골다공증이 쉽게 발생한다. 66~74세의 여성 노인에서는 폐경성과 노인성 골다공증이 병행하여 나타나기도 한다.

③ 이차성 골다공증

이차성 골다공증은 일차적인 원인 질환이 있고, 그로 인해 이차적으로 골다공증이 발생한 경우를 말한다. 원인 질환은 그 자체가 골격 대사에 직접적인 영향을 미치기도 하고, 원인 질환의 치료를 위해 복용한 약물이 골질량 감소를 유발함으로써 골다공증을 발생시키기도 한다. 이차성 골다공증의 원인이 되는 질병으로는 **갑상선기능항진증**, 부갑상선기능항진증, 일부 암(림프종, 백혈병, 다발성골수종) 등과 칼슘의 흡수 및 비타민 D의 활성형 전환에 관련이 있는 소장, 간, 신장 및 췌장에 질환이 있는 경우이다. 또한, 거동이 불편하여 장기간 누워서 요양하는 환자의 경우에는 골격의 항상성 유지가 손상되어 골다공증이 나타난다.

골 대사에 영향을 미치는 약제로는 코르티코스테로이드, 헤파린, 과량의 갑상선 호르몬 등이 있다. 이들 약물을 장기간 복용 시에는 골질량 감소를 초래하여 골다공증이 유발된다.

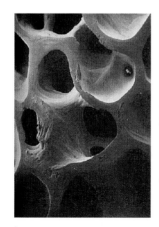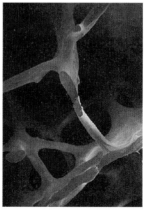

그림 **11-8** 정상 뼈와 골다공증 뼈의 구조 비교

(2) 발생요인

골다공증의 발병 관련 요인은 부적절한 영양섭취와 알코올, 흡연 및 운동부족 등이며 표 11-8에는 골다공증 발생 관련 식사 요인이 요약되어 있다.

흡연은 에스트로겐을 감소시킴으로써 칼슘 이용률을 떨어뜨린다. 적절한 운동

표 **11-8** 골다공증 발생 관련 식사요인

영양소	관련 작용
칼슘 부족	• 지속적인 칼슘섭취 부족은 최대골질량을 감소시킴 • 성장기, 임신·수유기, 최대골질량 형성 기간인 18~30세 동안의 칼슘 섭취가 중요 • 칼슘 이용률이 높은 우유 및 유제품섭취 증가 필요 • 비타민 D, 에스트로겐을 칼슘과 함께 이용하면 보다 효과적임
비타민 D	• 소장에서 칼슘 흡수 촉진, 신장에서 칼슘 재흡수 촉진 • 골다공증 환자는 대체로 비타민 D 영양상태가 불량
인	• 부갑상선 호르몬 분비를 자극하여 신 세뇨관에서 칼슘 재흡수 촉진 • 적당량의 인은 골 밀도를 증가시키나 과량의 인 섭취는 칼슘 흡수율을 감소시키고 배설을 촉진시킴 • 칼슘과 인의 섭취비율은 1 : 1이 바람직
단백질	• 동물성 단백질은 소변을 산성화시켜 고칼슘뇨증의 원인 • 대두단백질(이소플라본 함유)은 골의 칼슘 용출을 저해 • 메티오닌, 시스테인 함량 높은 정제단백질은 소변의 칼슘배설 증가
나트륨	• 과잉섭취하면 소변 통한 나트륨 배설 시 칼슘 배설이 동반됨 • 장기간 나트륨을 과잉섭취하면 칼슘 이용 효율을 떨어뜨림 • 1일 2.3g(100mmol)의 나트륨 부하하면, 소변 통한 칼슘 배설이 40mg(Immol) 더 증가
식이섬유	• 식이섬유가 풍부한 식품은 수산이나 피트산이 다량 함유되어 칼슘의 체내 이용 감소 • 식이섬유 분자 그 자체가 식품 내 칼슘과 결합하여 칼슘을 체외로 배설시킴 • 장의 운동을 증가시켜 장 내용물의 소화관 통과시간을 단축시키고 칼슘 흡수시간 감소 • 식이섬유 형태, 크기, 칼슘 섭취량, 고식이섬유 식사에 대한 적응 정도에 따라 체내 칼슘 이용에 미치는 영향 달라짐
카페인	• 신장과 장 통한 칼슘 배설 촉진 • 1일 150mg 카페인 섭취 시 칼슘의 소변 배설 1일 5mg 정도 증가 • 폴리페놀이나 아미노산 때문인지 카페인 자체 때문인지 불확실
알코올	• 만성적 알코올 섭취자는 대체로 골질량이 감소되어 있음 • 조골세포의 활성을 저하시킴으로써 골세포 형성에 직접적으로 나쁜 영향 주기 때문임
당류	• 서당, 과당, 자일로스(xylose), 포도당, 유당 등 당분은 장관 내에서 칼슘 흡수 촉진 • 유당은 폐경 후 여성에서 혈청 칼슘 증가시키는 데 효과적
기타	탄산음료 과다섭취도 골다공증 진행시키는 요인

골다공증 유발 위험요인

- 골다공증의 가족력
- 여성
- 백인과 아시안
- 빈약한 체격
- 에스트로겐 결핍
  - 폐경기
  - 조기 난소 절제 여성
  - 성선기능저하증의 남성
  - 과다한 운동하는 성선기능저하증
- 나이 : 고령(60세 이후)
- 운동 부족
- 일부 약물의 지속적인 복용
  - 알루미늄 함유 제산제
  - 스테로이드
  - 테트라사이클린
  - 항경련제
  - 갑상선 호르몬제

- 음의 칼슘 균형을 유발하는 질환 및 상태
  - 갑상선기능항진증
  - 당뇨병
  - 만성신부전
  - 만성설사와 장관 흡수 장애
  - 부갑상선기능항진증
  - 만성폐쇄성폐질환
  - 위절제
  - 반신불수
- 저체중
- 흡연
- 칼슘과 비타민 D 섭취 부족
- 알코올 과다섭취
- 식이섬유 과다섭취
- 커피 과다섭취

도 골밀도 향상에 크게 도움이 되며, 특히 체중부하운동은 뼈, 관절, 근육에 중력을 가함으로써 골 손실을 감소시키고 골 질량을 증가시킨다. 그러나 과다한 운동은 오히려 골 질량을 감소시킬 수 있다.

(3) 진 단

골다공증은 특별한 증세가 없으므로 골밀도를 측정하여 진단한다. 세계보건기구(WHO)에서는 젊은 성인 여성의 골밀도 평균치의 2.5표준편차 이상의 감소(T-score = -2.5)가 있는 경우 골다공증으로 정의한다. 심한 골다공증은 -2.5 이하이면서 한 곳 이상이 비 외상성 골절을 동반하는 경우로 정의된다.

골밀도측정방법

- 뼈 속 무기질 함량을 말해줌
- 골다공증을 초기에 발견하여 치료하는 데 이용, 얼마나 진전이 되었는가를 알아봄
- 골밀도를 측정하는 방법
  - X-선 촬영법
  - 단일광자 흡수계측법(single-phton absorptiometry : SPA)
  - 이중광자 흡수계측법(Dual-Photon Absorptiometry : DPA)
  - 이중에너지 X-선 흡수계측법(Dual-energy X-ray Absorptiometryy : DEXA)
  - 정량적 단층촬영법(Quantitative Computed Tomography : QCT)

아시아인 골다공증 자가 측정표
(Osteoporosis Seif-assessment Tool for Asians : OSTA)

$$OSTA점수지표 = (체중 \times 0.2) \ (나이 \times 0.2) \ 정수화$$

예를 들어, 체중 56kg, 나이 72세인 사람은 (56 × 0.2) (72 × 0.2) = -3.20이고, 이를 정수화하면 3이다. 상기 공식을 이용하여 나이와 체중에 따른 점수지표를 구한 뒤 그 점수 지표가 0점 이상은 저위험군, -1~-4는 중간위험군, -5 이하는 고위험군으로 나누어 임상에 적용한다.

 골다공증의 예방 및 영양치료

- 균형 잡힌 식사를 지속적으로 공급한다.
- 건강한 여성의 경우 1일 권장량 정도의 칼슘 섭취를 하도록 한다.
- 골다공증 발생 위험이 있는 여성은 하루 1,000~1,500mg 칼슘을 섭취하게 한다.
- 규칙적으로 햇빛을 쪼이게 하고 비타민 D 강화 우유를 마시게 한다.
- 충분한 불소섭취로 골 질량을 증가시키도록 한다.
- 카페인 섭취를 하루 커피 2잔 이하로 줄이게 한다.
- 식이섬유 섭취량을 1일 35g 미만으로 제한시킨다.
- 권장량의 2배 이상의 단백질섭취를 피하게 한다.
- 지나친 알코올 섭취를 피하게 한다(1일 맥주 2잔, 포도주 1잔, 소주 1잔 이하).
- 반드시 금연시킨다.
- 걷기, 하이킹, 조깅, 달리기, 에어로빅, 스키, 자전거 타기 등 규칙적인 운동을 하게 한다.
- 의사의 처방에 따라 필요시 에스트로겐 대체요법을 시행한다.

(4) 영양치료

골다공증의 식사지침에서 가장 중요한 것은 무엇보다 충분한 칼슘을 섭취하는 것이다. 그러나 이와 함께 칼슘의 흡수, 이용을 높이기 위하여 여러 가지 사항을 고려하여야 한다.

① 식품을 통한 칼슘 섭취

칼슘은 평소에 식품을 통해 적절히 섭취하는 것이 바람직하다. 충분한 양의 칼슘을 섭취하기 위해서는 우유 및 유제품을 섭취하는 것이 가장 효과적이며 그 외에 칼슘급원을 적절히 활용하도록 한다.

유당불내증이나 우유섭취 시 복부팽만, 복부경련, 설사 등의 증상이 있는 경우 우유나 유제품을 소량씩 섭취하거나 식사와 함께 섭취하면 그 증상이 줄어들 수 있고, 유당분해효소가 첨가된 저락토오스 유제품이 사용될 수 있다.

② 칼슘 보충제

골다공증 치료를 위하여 칼슘 보충제를 사용하는 경우 칼슘염의 종류, 적절한 사용법, 부작용(변비 등)을 최소화할 수 있는 방법에 대해 주지시켜야 한다. 장기간 칼슘 보충제를 사용할 때 고칼슘혈증, 고칼슘뇨증, 요석증 및 위산 분비 증가 등의 부작용이 나타날 수 있다.

이용 가능한 칼슘제제로는 탄산칼슘, 유산칼슘, 칼슘글루코네이트, 칼슘시트레이트 등이 있다. 칼슘 보충제 복용은 식사와 함께, 그리고 한 번에 섭취하는 것보다 여러 번에 나누어 먹는 것이 흡수율과 이용률을 증가시킬 수 있다. 칼슘을 함유하는 제산제 또한 칼슘의 좋은 급원으로, 칼슘정제를 삼키기 어려운 사람에게는 씹거나 액체 형태의 칼슘제제를 이용하도록 할 수 있다.

2) 골연화증

비타민 D 결핍으로 인해 아이들에게 발병하는 구루병과 비슷한 증상이 어른들에게 나타나는 질환으로써 비타민 D 부족 시 뼈의 무기질화 과정에 이상을 초래하여 뼈가 얇아지고 쉽게 구부러지며 골밀도가 감소한다.

(1) 원인

골연화증의 원인은 비타민 D 섭취량의 부족, 자외선에의 노출차단, 장에서의 흡수장애, 비타민 D 대사에 있어서의 유전적 결함, 신장장애로 인한 인의 흡수 손상, 비타민 D 활성화 불능 및 칼슘 섭취 부족과 배설 증가, 만성적인 산중독증, 항경련성 진정제의 장기복용 등 다양하다.

태양광선을 적게 받거나 저에너지 섭취 및 임신과 수유를 자주하는 여성에게서 많이 나타나며 옥외에서 노동을 하거나 질적으로 우수한 식사를 하는 사람에게는 좀처럼 유발되지 않는다.

표 **11-9** 골다공증과 골연화증의 차이점

	내용	골다공증	골연화증
임상적 증상	골격의 통증	주 증상이며 지속됨	발작적으로 나타나고 때로는 골절을 야기함
	근무력증	거의 나타나는 증상으로 심한 경우에는 보행에 지장	증상이 나타나기도 함
	골절	일반적이지 않으나 치유가 지연됨	골절이 잘 일어나며 치유는 정상적
	골격의 기형	매우 일반적인 현상으로 척추 후만이 관찰됨	골절 시에만 나타남
방사선 조사	골밀도	전반적으로 고르게 나타남	불규칙하고 때로는 척추에 현저히 나타남
생리적 변화	혈장 칼슘 및 인	저하	정상
	혈장 알칼리 포스파타아제	상승	정상
	요중 칼슘	저하	정상이거나 상승
치료	비타민 D	매우 효과적	약간 효과를 나타냄

(2) 증 상

골연화증의 증상으로는 뼈의 통증, 유연화, 근육약화 등이 있으며, 척추가 체중을 지탱하지 못하여 신체가 구부러지고 기형을 유발하기도 한다. 심한 경우 뼈의 통증으로 잠을 잘 수가 없으며 물러진 뼈에서의 골절은 일반적인 현상으로 나타난다.

(3) 영양치료

골연화증인 경우 충분한 태양광선을 쬐어서 비타민 D를 합성할 수 있도록 하고, 질 좋은 단백질과 우유 등의 칼슘공급원을 충분히 섭취하는 것이 중요하다.

환자의 상태가 심각한 경우 매일 2,000~4,000IU(0.5~1mg)의 비타민 D와 칼슘보충제를 공급하여 체내의 칼슘 및 인의 양을 증가시키고 뼈의 무기질화를 촉진시켜야 한다.

CHAPTER 12

면역계 질환

면역계 질환

면역능이란 신체가 독소, 외부 조직 혹은 유해한 세포로부터 자신을 보호하기 위해 나타내는 모든 방어수단을 의미한다. 면역능은 일반적으로 선천성 면역능과 후천성 면역능으로 구분된다. 영양불량이 특정한 면역기능에 미치는 영향을 정확하게 파악하는 것은 매우 어렵다. 그러나 영양상태는 면역능을 결정하는 데 중요한 요소가 되며 면역계 질환을 극복하는 데 있어 중심적인 역할을 한다. 면역계 질환에는 식사성 알레르기, 아토피성 피부염, 후천성 면역결핍증 등이 있다.

용어정리

선천성 면역능 감염에 대해 즉각적으로 나타나는 일차적 방어로 폭넓은 특이성을 가지고 있으며 내재면역반응이라고 함

체액성 면역반응 B림프구가 주도하며, 림프구가 체내에 들어온 항원에 특이적인 항체를 만들어 내는 면역반응으로서 이러한 특성을 이용한 것을 백신이라고 함

세포매개성 면역반응 T림프구가 주도하며, T림프구가 대식세포를 활성화시켜 세포 내 미생물들을 죽이거나 세포독성 T림프구가 직접 항원을 무력화시킴

세포사멸(apoptosis) 유전자에 의해 조절되는 세포의 자연적인 죽음으로 환경적인 자극, 스트레스 등에 의하여 유도되기도 함

자유라디칼(free radical) 자유라디칼은 짝을 짓지 않은 활성 전자를 가지고 있기 때문에 일반적으로 불안정하고, 매우 큰 반응성을 가지며 산소와 반응하면 과산화물을 만듦

식사성 알레르기 음식물에 대해서 나타나는 과민성 알레르기 반응

아나필락시스(anaphylaxis) 정상적인 개체에서는 전혀 반응을 나타내지 않는 약한 자극에 대해서 항원항체 이상반응으로 특정 개체가 매우 예민하게 반응하고, 그 결과 발생하는 중증의 과민반응

알레르겐 알레르기의 원인이 되는 물질

후천성 면역결핍증(AIDS) 인간 면역결핍 바이러스에 사람이 감염되어 체내 면역체계가 파괴되는 증상

1. 면역과 영양

영양과 면역능 및 감염 사이에는 매우 복잡한 관계가 있다. 영양부족 혹은 특정 영양소의 결핍은 단순히 면역기능을 저해한다기보다는 감염이 일어났을 때 숙주에게서 나타나는 잘 조화된 정상 조절반응들을 손상시킨다. 이는 결국 비효율적인 반응을 진행시키고, 심지어 면역 병리적 결과를 악화시키기도 한다. 영양결핍 상태가 되면 병원균의 독성을 증가시킬 수도 있다.

1) 면역기능

면역기능이란 독소, 외부 조직 혹은 유해한 세포로부터 자신을 보호하기 위해 신

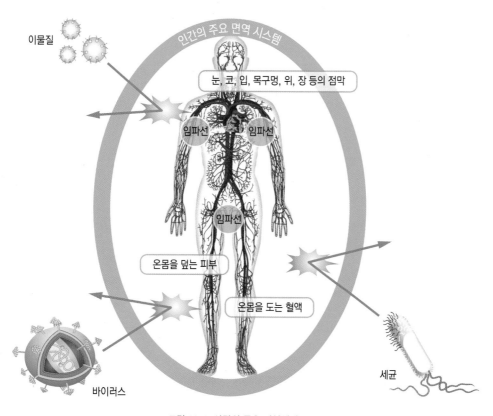

그림 **12-1** 사람의 주요 면역체계

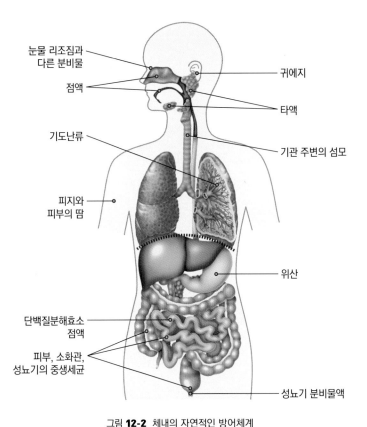

눈물 리조짐과
다른 분비물

점액

기도난류

피지와
피부의 땀

단백질분해효소
점액

피부, 소화관,
성뇨기의 중생세균

귀에지

타액

기관 주변의 섬모

위산

성뇨기 분비물액

그림 **12-2** 체내의 자연적인 방어체계

자료 : Rhoades RA. Study Guide for Rhoades/Pflanzer's Human Physiology 4th, 2003

체가 보여 주는 모든 방어수단을 포괄적으로 의미한다. 이러한 면역능은 일반적으로 선천성 면역능(innate immunity)과 후천성 면역능(adaptive immunity)으로 구분된다. 선천성 면역능이란 내재면역반응을 말하며 감염에 대해 즉각적으로 보여주는 일차적 방어로서 폭넓은 특이성을 가지고 있다. 선천성 면역능은 대식세포(macrophage)와 호중구 같은 식세포(phagocyte)와 NK 세포에 의해 일어난다. 선천성 면역반응에서는 외부물질에 대한 구별이 없으며 한 번 노출된 이후에 일어나는 계속적인 노출 시에도 반응성이 향상되지 않는다. 그에 반해, 매우 높은 특이성을 가지고 있는 후천성 면역능은 독특한 기억능을 가지고 있어 차후 또 다시 감염이 반복될 경우 훨씬 빠른 속도로 대응할 수 있게 해준다. 후천성 면역능은 림프구가 담당하며 특정한 항원에 대해서 장기간 보호를 하게 된다.

특이적 면역반응은 면역반응을 담당하는 면역체계의 구성성분에 기초하여 두 가지로 분류된다. 체액성 면역반응(humoral immunity)에는 B림프구의 효과세포(effector cell)인 플라스마(plasma) 세포에 의해 생산되는 항체가 작용하며, 세포 매개성 면역반응(cell mediated immunity)은 T림프구에 의해 매개된다. 체액성 면역반응에서 항체는 세포 외액에 존재하는 미생물들을 제거하며, 세포매개성 면역 반응에서는 T림프구가 대식세포를 활성화시켜 세포 내 미생물들을 죽이거나 세포 독성 T림프구들이 바이러스에 감염된 세포나 종양을 파괴시키도록 활성화된다.

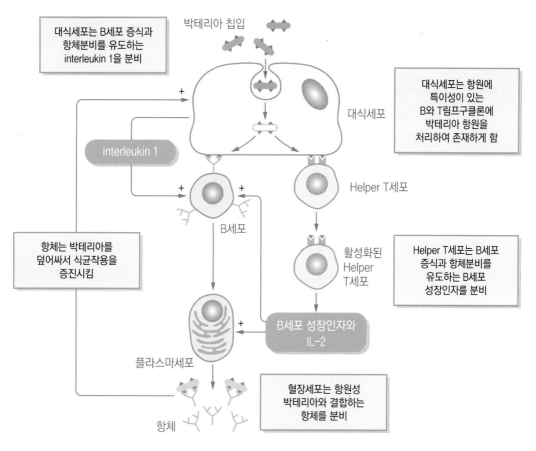

그림 **12-3** 대식세포, B세포와 T세포 사이의 상호작용
자료 : Sherwood L. Human Physiology : From Cells to Systems, 2004

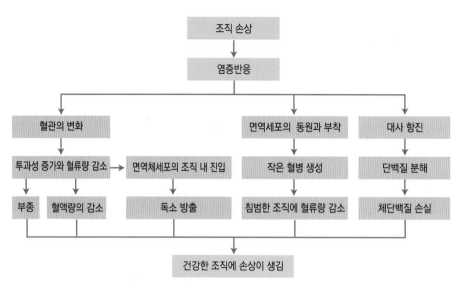

그림 **12-4** 염증반응과 조직 손상

숙주 방어기전은 감염 부위, 침입한 병원균의 형태, 숙주의 유전자 그리고 다른 환경 요소들에 의해 다양하게 영향을 받는다. 그러나 중요한 사실은 거의 모든 면역요소들이 영양소에 의존적이라는 것이다. 즉, 영양소가 질적 혹은 양적으로 부족한 상태에서는 면역기능의 가장 기본적인 양상들이 지대하게 영향을 받게 된다.

2) 면역기능의 영양적 조절

어떤 특정 영양소의 결핍은 다양한 면역기능에 영향을 준다. 영양소 결핍이 면역기능에 미치는 영향 중 많은 부분은 아직 밝혀지지 않은 상태이므로 영양과 면역기능의 상호관계는 매우 복잡하다. 영양결핍에 걸린 사람 중에는 오직 하나의 영양소만 결핍된 경우는 극히 드물며, 더구나 여러 영양소가 결핍된 경우 그 결핍정도가 모두 다르기 때문에 결국 영양불량상태가 특정한 면역기능에 미치는 영향을 파악하는 것은 매우 어렵다. 그러나 일반적으로 영양이 결핍된 사람들은 면역능 조절에 이상이 나타나고, 감염성 질환에 대항할 능력이 저하된다.

(1) 단백질-에너지 영양불량

영양불량이 면역기능에 미치는 영향에 대한 첫 번째 연구는 아이들을 대상으로 한 단백질-에너지 영양불량(PEM)으로부터 시작되었는데, 이는 면역능의 다양한 요소에 좋지 않은 영향을 미치는 것으로 나타났다. 영양불량인 사람들은 상피조직이 잘 보존되지 못했으며, 따라서 침입한 유기체에 대한 저항력도 더욱 떨어졌고 중성구의 활성도 저하되었다. 후천성 면역능에 있어서도 순환하는 T세포와 B세포의 수가 줄어들었으며 T세포 기능 저하 및 항체반응의 감소 등이 나타났다. 단백질-에너지 영양불량이 면역기능에 미치는 가장 해로운 영향은 감염성 질환에 대한 감수성의 증가로 급성 단계반응과 면역 활성화로 인해 미량영양소가 추가로 손실되는 것이다.

(2) 비타민 A

일반적으로 비타민 A는 면역기능에 매우 중요한 영양소로 알려져 있다. 비타민 A 결핍은 점막 상피세포를 손상시키고 소장 내 미세융모 조직과 점액질의 손실을 가져온다. 또한, 비타민 A는 중성구, 단핵구, 림프구뿐만 아니라 다른 면역세포들의 발달과 분화에도 중요한 역할을 한다. 비타민 A 결핍은 특히 림프조직과 말초혈액에서의 CD4 T 림프구의 수를 감소시키며 **세포사멸(apoptosis)**을 가속화시켜 혈액 내 중성구와 같은 세포 집단의 감소를 일으키기도 한다. 비타민 A는 T세포와 B세포의 활성에도 관여한다. 또한 비타민 A 결핍은 Th1의 활성화를 도모함으로써 Th1-Th2 균형에도 장애를 일으킨다. 이와 관련되어 비타민 A가 결핍되면 질적으로 다른 항체 이성체가 만들어질 수도 있다는 것이 관찰되었다.

(3) 아 연

아연은 적절한 면역기능을 유지하는 데 매우 중요한 영양소이다. 경미한 아연 결핍조차도 면역능에 심한 타격을 줄 수 있는 것으로 나타났는데, 즉 흉선과 골수에서 T세포와 B세포의 전구체 세포사멸이 증가됨으로써 결국 이들 세포의 생성이 감소된다는 것이다. 다양한 면역세포들은 모두 다량의 효소를 필요로 하는데,

아연은 효소기능을 수행하는 데 필수요소이므로 아연 결핍이 면역기능에 미치는 영향은 매우 크다. 또한 아연이 결핍되면 사이토카인(cytokine) 활성에 대한 림프구의 반응이 저하되고, 대식세포와 중성구 살균기능도 감소하게 된다. 인체에서 실험적으로 유도된 아연 결핍이 Th1 기능을 선택적으로 저하시킴으로써 Th1과 Th2 세포 사이의 불균형을 유도한다는 사실이 알려졌다.

(4) 셀레늄

셀레늄의 역할은 아직 완전히 밝혀지진 않았지만 감염반응에 있어 셀레늄을 충분하게 공급하는 것은 매우 중요하다. 동물실험에서 셀레늄 결핍은 림프구 활성을 떨어뜨리고 중성구에 의한 산소라디칼(radical) 발생을 증가시키는 것으로 나타났다. 셀레늄은 주요 항산화효소인 글루타치온 퍼옥시다아제(glutathione peroxidase)의 중요한 구성 요소이기 때문에 대식세포나 중성구와 같이 자유라디칼(free radical)을 생산하거나 혹은 산화적 스트레스에 상당량 노출되는 세포들에게 있어 중요하게 작용한다. 셀레늄은 산화전구체(prooxidant)로부터 세포를 보호한다고 알려져 있다.

(5) 다불포화지방산

다불포화지방산(PUFAs)은 일반적으로 n-6계열과 n-3계열로 분류된다. 면역세포 및 다른 세포들은 다불포화지방산 형태에 따라 면역반응을 다르게 나타내는 여러 종류의 프로스타글란딘(prostaglandin)을 생성한다. n-3 PUFA가 충분한 식사는 대식세포와 다른 세포기능을 억제하는 경향이 있는 반면, n-6 PUFA가 충분한 식사는 특정 면역기능을 강화시키고 염증반응을 촉진시킨다. 그러므로 n-6와 n-3 PUFA의 비율은 면역기능에 매우 중요한 영향을 미친다.

(6) 비타민 E와 C

비타민 E는 중요한 지용성 항산화영양소이다. 비타민 E 결핍은 B-와 T세포 매개성 면역능을 손상시킨다. 비타민 E는 프로스타글란딘 합성을 감소시키고, 세포막에서 PUFAs의 산화를 막는 역할을 한다. 건강한 노인을 대상으로 한 연구에서는 비타민 E의 충분한 공급이 백신 접종 시 특수한 항체 생성을 증가시키고 감염 발생을 감소시킨다는 것이 관찰되었다. 비타민 E는 충분히 섭취했을 때 면역능을 증가시키는 영양소이다. 그러나 면역능을 자극하는 비타민 E의 최적량은 아직 결정되지 않았다.

비타민 C는 세포막보다 체액에 존재하는 수용성 항산화영양소이다. 그것은 비타민 E의 환원형태를 재생하는 작용 등을 통해 다른 항산화제의 효과를 보완하거나 상승시키는 작용을 한다. 비타민 C는 식세포 작용에 중요하며, 이 세포가 정상적인 기능을 수행하지 못할 때는 비타민 C 결핍에 의한 손상이 원인일 수 있다.

(7) 비타민 B_6

비타민 B_6는 아미노산의 합성과 대사에 필수적으로 이용된다. 항체와 사이토카인은 아미노산으로 만들어진다는 점에서 비타민 B_6는 면역능에 영향을 준다는 것을 알 수 있다. 동물 및 인체 연구에서 비타민 B_6 결핍이 림프구의 성장과 성숙을 손상시키고 항체 생산 및 T세포 활성에도 해로운 영향을 끼친다.

표 **12-1** 면역기능과 영양소의 역할

구분	체액성 면역	장벽과 상피보전	세포매개성 면역	사이토카인 생성
단백질-에너지 영양불량	○	○	○	○
비타민 A	○	○	○	○
아연	○	○	○	○
셀레늄			○	
다불포화지방산			○	
비타민 E	○		○	
비타민 C			○	
비타민 B_6	○	○	○	
티아민		○		

2. 식사성 알레르기

음식물 알레르기는 음식에 대한 면역반응으로서 많은 음식들이 알레르기를 일으킬 수 있다. 알레르기가 의심되면 원인이 되는 음식이나 성분을 확인하는 것이 중요하다. 음식 알레르기가 있는 사람은 의사와 상의하고, 알레르기의 진단과 응급치료에 대해서 잘 알고 있어야 한다.

1) 정 의

음식물에 대한 알레르기반응을 **식사성 알레르기**라고 한다. 여기에서 음식물이라고 하면 입으로 섭취하는 것을 모두 포함하며, 하루 세 끼 식사하는 것 외에도 간식으로 먹는 것, 음료수, 차 또는 커피, 술 등도 해당된다. 음식을 먹고 불편감을 느끼거나 알레르기 반응을 일으킨다고 생각하는 경우는 매우 많으나 실제는 약 1%의 성인과 3%의 어린이들에서만 식사성 알레르기가 진단된다.

식사성 알레르기는 과민성 반응이다. 즉, 그것은 그 전에 한번 알레르기를 일으키는 원인물질에 노출되어야만 알레르기 반응을 일으킨다. 처음 노출에서는 **알레르겐**이 림프구를 자극하고 그 알레르겐에 특이한 E형 면역글로불린이 만들어진다. 이 E형 면역글로불린이 다른 곳에 있는 비만세포에 가서 달라붙은 뒤, 그 음식에 또 노출되면 알레르겐이 비만세포의 E형 면역글로불린과 반응하여 비만세포로 하여금 히스타민 같은 화학물질을 내어 놓게 한다. 이러한 화학물질이 분비되는 위치에 따라서 여러 가지 식사성 알레르기의 증상이 나타나게 된다.

2) 원 인

(1) 항원항체반응
생체는 단백질과 같은 거대 분자량 물질이 체내로 들어오면 이것에 대하여 항체를 형성한다. 일단 항체가 생긴 후에 다시 항원이 들어오면 항체 사이에서 항원항

표 **12-2** 알레르겐의 종류

경로	알레르겐 원
흡입성 알레르겐	실내의 먼지(진드기), 화분, 진균
식사성 알레르겐	우유, 달걀, 어패류, 채소류 등
접촉성 알레르겐	칠, 화장품, 화학약품
약물 알레르겐	페니실린, 아미노피린, 설파제

체반응이 일어난다. 항원항체 때문에 생체에 강한 반응이 일어나는 것을 알레르기 반응이라 한다.

일반적으로 여러 가지 면역현상인 항원항체반응 중에서 생체에게 유리한 현상을 면역이라고 하고, 불리한 현상을 알레르기라고 한다. 알레르기의 원인이 되는 알레르겐은 표 12-2와 같이 진입하는 경로에 따라 4가지로 분류된다.

(2) 유 전

음식에 반응하는 E형 면역글로불린을 만들어 내는 능력은 유전에 따라 다르다. 일반적으로 알레르기가 있는 가족이 있는 사람이 없는 사람보다 더 알레르기가 있을 확률이 높다. 두 명의 부모가 모두 알레르기인 사람은 한 사람의 부모가 알레르기인 사람보다 음식 알레르기를 일으킬 확률이 더 높아지는 것이다.

알레르기를 일으키기 쉬운 신체를 특이체질이라고 하며 일종의 유전성으로 알려지고 있다. 알레르기 체질은 유전적 소질이 강한 사람일수록 알레르기성 질환의 발병률이 높고, 발병 연령도 낮아 영유아기에 주로 발병한다.

(3) 신경성 원인

알레르기 반응은 자율신경과 밀접한 관계가 있으며, 특히 부교감신경의 긴장이 쉽게 항진하는 사람 또는 자율신경이 불안정한 사람에게서 식사성 알레르기가 잘 일어난다. 또한 스트레스는 알레르기의 유발과 밀접한 관계가 있다.

(4) 알레르기 식품

모든 식품은 알레르겐으로 작용할 가능성을 가지고 있으며, 특히 단백질식품에는 알레르겐이 강한 식품이 많다. 알레르겐이 되는 물질은 대개 질소를 가지고 있으며 단백질이 분해되어 중독현상으로 과민증이 일어난다.

성인은 많은 음식들에 알레르기를 일으킨다. 알레르기가 심한 사람은 약간만 먹어도 알레르기 반응이 일어나는가 하면, 좀 덜한 사람은 어느 정도 참을 수 있는 경우도 있다. 어린이는 성인과 조금 다르게 나타난다. 달걀, 우유, 땅콩, 토마토나 딸기 같은 과일 등에 의해 잘 생긴다. 어린이들은 땅콩, 생선, 새우보다 우유나 콩 등에 의해 알레르기가 더 잘 생긴다. 어떤 사람이 어떤 음식에 심각한 알레르기가 있다면 그 음식과 관련된 다른 음식들도 피해야 한다.

3) 증 상

복잡한 소화과정은 음식 알레르기가 발생하는 시간, 장소 그리고 특이한 증상에 영향을 준다. 보통의 경우 이러한 증상은 음식을 먹은지 몇 분 내에 일어나는데, 처음엔 입 주위의 가려움증이나 삼키는 것과 숨 쉬는 것에 불편함을 느끼는 경우가 많다. 위와 장에서 소화되는 동안 메스꺼움, 구토, 설사, 복통이 시작된다. 이러한 위장관 증상은 음식 불내성과 혼동되기 쉽다. 알레르겐이 흡수되어 혈액으로

 식사성 알레르기를 일으키는 주요 인자

• 우유	• 딸기	• 초콜릿
• 밀	• 토마토	• 완두콩
• 옥수수	• 콩류	• 돼지고기
• 달걀	• 땅콩	• 생선
• 감귤(과일류)	• 견과류	• 어패류

자료 : Roth RA et al, Nutrition & Diet Therapy 8th eds, 2003

들어가서 피부에 이르게 되면 구진과 습진을 야기하고 폐에 도달하면 천식을 유발한다. 알레르겐이 혈액을 따라다니면서 기운이 없고 혈압이 급격히 떨어지는 과민증이 올 수도 있다. 이런 과민반응은 입 주위가 따끔거리거나 복부가 불편한 약한 증상으로 시작될 때도 있고 심각한 경우까지 갈 수도 있다. 이러한 경우 빨리 치료하지 않으면 저혈압이나 호흡곤란으로 사망하기도 한다.

영아나 어린이들에서도 식사성 알레르기에 의한 증상이 생길 수 있다. 우유나 콩으로 만든 유아용 조유에 대한 알레르기가 있을 수 있는데, 이러한 알레르기는 구진이나 천식 같은 것은 일으키지 않을 수도 있으나 복통, 혈변, 성장장애가 일어날 수 있다.

영아기 질환 중 생후 한 달 이내에 나타나는 영아 산통의 증상은 울거나 밤에

식사성 알레르기의 주된 증상

소화계 증상
- 복통
- 메스꺼움
- 구토
- 설사
- 소화관 출혈
- 단백질 소모성 장 질환
- 구강 및 인두 소양증

피부증상
- 두드러기
- 혈관부종
- 습진
- 홍진
- 가려움증

호흡계 증상
- 비염
- 천식
- 기침
- 후두부종
- 헤이너증후군

전신증상
- 과민증
- 저혈압

확증되지 않은 증상
- 행동이상
- 긴장-피로증후군
- 주의력 부족
- 정신장애
- 신경장애
- 근골격장애
- 편두통

잠을 자지 않는 것인데, 이것의 정확한 원인은 아직 잘 알려져 있지 않다. 그 중 우유나 유아용 조유에 대한 알레르기가 어느 정도 관련이 있을 것으로 생각된다. 합병증은 음식물에 의한 **아나필락시스(anaphylaxis)**로 심하면 호흡곤란, 실신 등을 초래하여 치명적일 수 있다.

4) 진단

음식물 알레르기를 진단하기 위해서는 어떤 음식에 대해서 과민반응이 있다는 것을 확인해야 한다. 환자에 대한 과거력, 식이기록, 제거식이 등을 근거로 진단을 내릴 수 있다. 확진을 위해서는 피부검사, 혈액검사, 음식물 부하검사를 해야 한다.

알레르기의 진단에 있어 병력은 진단에 큰 도움을 주므로 현재 병력, 과거 병력, 가족력을 물어보고, 증상이 계절적으로 나타나는지, 지속적으로 나타나는지, 특정식품과 관계가 있는지 등을 조사해야 한다.

다음 단계로 제거식이를 해볼 수가 있다. 의심되는 음식을 제거했을 때 반응이 나타나지 않으면 진단을 할 수가 있다. 그것을 다시 넣고 시험했을 때 반응이 나타나면 확진이 가능하다.

다음으로는 확진을 위해 여러 가지 검사를 실시한다. 먼저 피부검사는 의심되는 음식을 희석시킨 것을 살짝 상처를 낸 팔이나 등에 떨어뜨리는 것이다. 양성이 나타나면 그 음식에 대해 피부 비만세포가 E형 면역글로불린 항체를 가지고 있다는 뜻이다. 이 검사는 빠르고 간단하고 안전하다. 피부반응은 양성인데, 그 음식을 먹었을 때는 반응이 나타나지 않는 경우가 있으므로 피부반응검사가 양성이고 그 음식에 대해서도 반응이 있었던 과거력을 함께 고려해서 진단해야 한다. 알레르기 반응이 아주 심한 사람은 이 검사도 부작용이 나타날 수 있으므로 조심해야 한다.

피부검사가 안 되면 혈액검사를 하여 혈액의 E형 면역글로불린 항체를 발견해낸다. 그러나 이것은 검사비가 비싸고 즉시 결과를 볼 수가 없다. 또한 혈액검사

만 가지고는 진단이 되지 않고 임상적인 증상과
일치되어야 한다.

　가장 확실한 검사는 음식물 유발검사이다.
의심되는 음식을 포함해서 여러 가지 음식이 섞
인 것으로 어떤 음식이 반응을 일으키는가를
보는 것이다. 의사와 환자 모두가 어떤 음식인
지 모르게 실시되어야 한다. 음식물 유발검사
의 장점은 의심되는 음식에만 반응하고 다른 것
에는 반응하지 않는 것이다. 과거력에서 증상이
심했던 사람은 검사 시 조심해야 한다. 기타 검
사로 세포독성검사, 알레르겐 유발검사, 면역복
합체 측정 등이 있다.

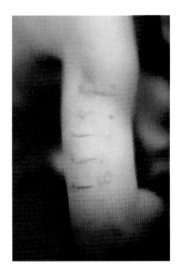

그림 **12-5** 알레르기 진단법
(skin-prick test)

　식사성 알레르기를 진단하는 데는 음식 불내성을 비롯한 여러 질환들의 구별

표 **12-3** 알레르기 진단법의 특성

구분	알레르기 피부시험	면역학적 방법
방법	Prick test, Scratch test, Intradermal test	환자의 혈청 내에 특정 알레르겐에 대한 IgE(즉 알레르겐-특이IgE)가 존재하는지를 정량적으로 측정
장점	• 단시간에 결과를 볼 수 있음 • 저렴함 • 한번에 많은 수의 항원으로 할 수 있음 • 특별한 방지나 기술이 필요 없음 • 검사결과가 예민하게 나옴	• 안전함 • 고통을 주지 않음 • 반정량적인 결과를 얻을 수 있음 • 투약을 해도 결과에 영향을 받지 않음 • 시약의 안정성이 높음 • 피부염이 광범위하게 퍼져 있는 환자에게도 실시할 수 있음
단점	• 위양성이 많음 • 약물의 영향을 받을 수 있음 • 농도에 따라 결과가 다르게 나올 수 있음 • 부작용의 위험이 있음 • 사람에 따라 판독 결과가 달라질 수 있음	• 가격이 비쌈 • 검사실에 따라 결과가 다르게 나올 수 있음 • 결과 판독에 차이가 날 수 있음
양성의 의미	환자의 비만세포나 호염기구 표면에 특정 항원에 대한 IgE가 부착되어 있다는 것을 의미함	특정 항원에 대한 IgE를 알 수 있음

이 필요하다. 음식 알레르기뿐만 아니라 음식에 의해서 올 수 있는 질환을 모두 생각해야 한다. 히스타민이나 음식 첨가물에 대한 반응, 식중독, 다른 위장관 질환과 정상적인 반응도 구별해야 한다. 음식물을 섭취한 후 1~2시간 이내에 두드러기, 혈관 부종 등의 피부 증상이 나타나거나 호흡곤란, 어지럼증, 쉰 목소리 등의 증상이 나타날 때는 빨리 의사를 찾아가는 것이 좋다.

5) 영양치료

부모에게 음식물 알레르기가 있는 경우 아기가 음식물 알레르기를 가질 확률이 높으므로 예방에 주의해야 한다. 아직까지 확실한 방법은 없으나 유아기에 도움이 되는 방법이 몇 가지 있다. 생후 6~12개월 사이에 우유나 콩에 알레르기가 생기는 것을 막기 위해서 모유가 권장된다. 모유는 아기에게 이물질이 될 수도 있는 단백질을 우유나 콩보다 덜 가지고 있다. 그러므로 음식물 알레르기가 생길 만한 아기에게 모유를 통한 영양공급은 중요하다. 어떤 아이들은 특정한 음식에 매우 민감한데, 이런 경우 모유를 주는 엄마도 그 음식을 피하는 것이 좋다. 아기가 적어도 6개월이 되기 전까지 고형식을 먹이는 것을 피하면 알레르기를 일으키는 음식에 노출되는 것을 지연시킬 수가 있고, 모유를 주는 것은 음식 알레르기가 나타나는 것을 지연시켜서 알레르기가 없는 기간을 늘려준다.

자연식을 위주로 한 균형 있는 식사를 하도록 한다. 특히 비타민 B_6는 천연의 항히스타민으로서 외부물질을 해독하는 과정을 돕는다. 비타민 B_6는 맥주효모, 당근, 생선, 시금치, 해바라기씨 등에 많다. 또한 식이섬유를 충분히 섭취하는 것이 좋다. 이는 알레르기 원인이 되는 금속이나 독성물질 제거에 도움이 되기 때문이다.

일정 기간의 절식요법도 알레르기 개선에 도움이 될 수 있다. 좋지 않은 식습관, 약물 남용 등으로 장 내 유익 균총의 균형이 맞지 않으면 장 내 투과성이 증가되면서 각종 유해물질이 쉽게 우리 몸속으로 흡수된다. 장 내 균총의 유지를 위해 유산균을 충분히 섭취하고 약물남용을 피하도록 한다.

- 생후 6~12개월 사이에는 모유가 권장된다.
- 자연식을 위주로 한 균형 있는 식사를 하도록 한다.
- 비타민 B_6를 충분히 섭취시킨다.
- 필요한 경우에는 일정 기간 절식을 하도록 한다.
- 유산균 함유식품을 충분히 섭취시킨다.
- 약물남용을 피하도록 한다.

진단이 되고 나면 치료 중에 가장 중요한 것은 반응을 일으키는 것을 피하는 것이다. 환자의 경우에는 민감한 음식이 발견되면 그 음식을 완전히 피해야 한다. 또한 음식을 먹을 때는 그 안에 어떤 성분이 포함되어 있는지를 잘 조사하고 먹어야 한다.

6) 약물치료

심한 알레르기가 있는 사람은 자신이 알레르기가 있고 심한 반응을 일으킨다고 알릴 표식이나 메모 등을 가지고 있어야 하며 에피네프린을 가지고 다녀야 한다. 반응이 일어나면 자기가 주사를 할 줄 알아야 하고, 빨리 응급구조대를 부르거나 병원으로 가야 한다.

그 외에 동반되는 증상의 치료를 위해 몇 가지 약물이 사용된다. 히스타민은 위장관계 증상, 두드러기, 재채기, 콧물 같은 것을 조절할 수가 있고, 기관지 확장제가 천식을 완화시킨다. 이러한 약물은 알레르기가 있는 음식을 먹었을 때 증상이 나타나는 경우 복용한다. 그러나 이러한 약물이 예방효과를 가지고 있지는 않다. 그 외에 면역치료 등이 고려되기도 하지만 아직까지 효과는 확실하지 않다.

3. 아토피성 피부염

알레르기 증세 중에서도 **아토피성 피부염**
은 발병 원인이 대부분 명확하지 않다. 아
토피성 피부염 환자는 피부건조증에 걸리
지 않도록 주의해야 하고 알레르겐으로
작용할 수 있는 식품의 섭취에 유의해야
한다.

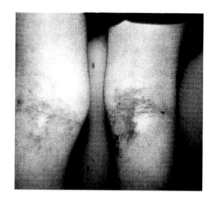

그림 **12-6** 아토피성 습진

1) 원 인

아토피성 피부염은 알레르기 증세 중에서도 발병 원인이 명확하지 않은 경우에
주로 사용된다. 아토피를 일으키는 원인은 불확실하나 개인의 체질, 환경적 요인,
알레르겐으로 나눌 수 있다.

2) 영양치료

일반적으로 아토피성 피부염을 유발하는 음식으로 지적되는 음식이라도 개인에
따라서는 별다른 반응이 나타나지 않을 수 있다. 아토피 유발 가능성이 높다고

아토피성 피부염 유발 주의식품

- 곡류군 : 빵, 과자, 녹두, 메밀
- 어육류군 : 달걀, 콩, 조개, 새우, 게, 등푸른 생선, 닭고기, 돼지고기
- 채소 및 과일군 : 고사리, 망고, 복숭아, 오렌지, 키위, 사과, 토마토, 딸기
- 우유군 : 우유, 유제품
- 지방군 : 튀김, 동물성 지방, 견과류
- 기타 : 인스턴트식품, 탄산음료, 초콜릿, 방부제 및 색소 첨가식품, 생식

알려진 음식은 되도록 피하는 것이 좋지만 몸에 큰 반응을 일으키지 않는 음식이 있다면 균형 있게 섭취하는 것을 원칙으로 삼는다.

어린 아기는 가능한 한 모유를 먹이고 이유식은 6개월 이후에 직접 만들어 제공한다. 매운 음식, 짠 음식과 단 음식을 제한하고 가공식품의 섭취를 줄인다. 제철식품을 많이 이용하고 화학조미료를 사용하지 않는다. 수분 섭취를 충분하게한다. 가능한 한 유기농산물을 사용하고 환경 호르몬 유발 가능성이 있는 제품의사용을 제한한다.

4. 후천성 면역결핍증

후천성 면역결핍증(Acquired Immune Deficiency Syndrome : AIDS, 에이즈)이란 '인간 면역결핍 바이러스', 즉 HIV(Human Immunodeficiency Virus)에 사람이 감염되어 체내 면역체계가 파괴되는 것을 말한다. 일반인에 비해 고위험군에서 에이즈 감염의 발생빈도가 높으며 감염되면 대부분 치명적이다. 현재 에이즈바이러스 치료약은 완벽한 것은 없으나, 증상의 발현을 연장할 수는 있다. 그러므로후천성 면역결핍증은 예방이 가장 중요하다.

1) 원인

(1) 병원성 미생물

바이러스 분류상 HIV는 레트로바이러스(Retrovirus)과로서 지금까지 HIV-1과 HIV-2의 2종이 발견되었다. 이 바이러스는 유전자가 리보핵산(RNA)뿐이며, 감염된 T림프구 안에서 자신의 RNA 정보를 사람의 림프구의 데옥시리보핵산(DNA)에 전사하는 효소를 가지고 있는 바이러스이다. 전사를 받은 DNA는 감염세포인 T림프구의 유전자 속에 삽입된 채 분열하고, 증식하는 세포에 그대로 이어져 내려간다. 이와 같이 바이러스는 T림프구의 중심 부분에 삽입된 채 그대로 몇 년이고 생존을 계속하며 언제든지 증식할 수 있는 체제를 갖추고 있다. 그 후 어떤 원인으로 갑자기 세포 속의 바이러스가 활성화되어 증식을 개시하면 T림프구는 급속히 파괴되고, T림프구 밖으로 나온 바이러스는 차례로 새로운 T림프구 속으로 같은 방법으로 삽입되어 들어간다.

HIV는 T림프구 속에 역전사효소를 갖고 있어서, 자기의 RNA 정보를 사람의 림프구 DNA에 전사하여 T림프구를 파괴하기 때문에 액성 항체의 기능은 아무런 면역의 역할을 수행하지 못하게 되고, 세포성 면역에서 중심적인 존재인 T림프구를 감소시켜 결과적으로 인체의 면역체계를 파괴시킨다.

(2) HIV의 감염경로

HIV는 환자 및 감염자의 혈액, 정액, 질 분비액, 타액, 모유, 소변, 눈물 등에 포함되어 있으나, 실제 감염원으로 중요한 것은 혈액, 정액, 질 분비액이다. 따라서 HIV는 주로 성행위 및 혈액을 매개로 전파되고, 드물게는 어머니로부터 태아로의 모자감염도 가능하다. 그러나 침, 눈물, 땀에 의한 감염이나 곤충 매개에 의해서는 감염이 일어나지 않는다.

HIV를 갖고 있는 보균자인 어머니로부터의 모자감염의 빈도는 30~50%로서, 감염 경로는 자궁 내의 태아에게 옮기는 태내 감염, 출산 시나 출산 직후의 감염, 모유를 통하여 옮기는 모유 경유 감염이 있다.

2) 증상

(1) 급성감염기

감염 초기에 나타나는 특징적인 증상은 없다. 다만, 일부 감염자에서 감염 수주 후에 감기증상과 유사한 증상이 나타날 수 있다.

(2) 무증상기

HIV 감염자는 급성감염기 증상이 사라진 후 수년 동안은 아무런 증상 없이 정상인과 똑같은 생활을 하게 된다. 그러나 이 무증상기 동안에도 HIV에 의해 면역기능은 계속적으로 감소하게 되고 타인에게 전염력도 여전히 존재한다.

(3) 에이즈 관련 증후군 및 초기 증상기

감염자는 수년간의 무증상기가 지난 후 에이즈로 이행되기 전에 몇 가지 전구증상을 느낄 수 있다. 원인을 알 수 없는 발열, 오한 및 설사, 체중 감소 그리고 수면중 땀이 나거나 불면증 등이 있는데, 이를 '**에이즈 관련 증후군**'이라고 부른다. 한편, 림프구 수가 감소하면 초기 증상이 나타나기 시작하는데, 아구창, 구강 백반, 캔디다 질염, 골반 내 감염, 그리고 여러 가지 다양한 피부 질환이 해당된다. 피부질환에는 지루성 피부염이 가장 빈번하며, 그 외에 진균에 의한 감염, 대상포진, 만성모낭염 등이 비교적 흔하다.

(4) 말기 증상

감염 말기가 되면 정상인에게는 잘 나타나지 않는 각종 바이러스, 진균, 기생충및 원충 그리고 세균 등에 의한 감염이 흔하며, 카포지 육종 및 악성 임파종과 같은 악성 종양이 유발되어 결국 사망에 이를 수 있다.

표 **12-4** 후천성 면역결핍증의 단계

단계	증상
1단계 (급성감염기)	감염자의 30~50%에서 나타나는 바이러스 감염으로 3~6주 후 감기나 심한 몸살과 비슷한 증상이 나타남. 보통 열이 나면서 목이 아프기도 하고 근육통이나 관절통을 호소. 붉은 발진이 얼굴이나 몸에 나타나기도 하고 구토, 설사, 복통 같은 증상이 나타나기도 함. 보통 2~3주 후 저절로 좋아지며, 바이러스에 대한 항체는 대개 감염 후 4~12주 사이에 생기므로 이 시기는 검사를 해도 음성으로 나올 수 있음
2단계	면역기능이 저하됨(무증상)
3단계 (AIDS 관련 증후군기)	면역체계가 파괴되고, 원인을 알 수 없는 열, 오한, 설사, 체중감소, 불면증, 발한 등의 증상을 경험. 전신의 임파선이 붓고 입 안이 헐거나 백반증이 생기는 초기 증상이 나타남
4단계 (감염 말기)	면역기능이 심하게 저하됨. 따라서 정상인은 잘 걸리지 않는 각종 바이러스, 곰팡이, 기생충, 세균 등에 의한 기회 감염이 나타남. 이런 기회 감염은 대개 사망할 정도로 심각함. 이 시기는 환자의 반 정도가 운동기능장애, 기억력 감퇴, 일상생활이 불가능한 에이즈치매 등의 신경계 이상을 나타내며 이외에 카포시육종, 자궁경부암 같은 암도 발생함

3) 진 단

(1) HIV 항체검사

혈액에서 HIV 항체검사를 시행하여 에이즈 이환 유무를 스크리닝한다. 이 진단의 정확도는 95~99%이며, 반복적으로 양성으로 판정되면 웨스턴블롯법(western blot)과 같은 확인검사를 추가로 시행하여 감염 유무를 확진한다. 1차 및 확인검사에 의한 진단의 정확도는 99.9% 이상이다.

HIV 항체검사 결과, 음성이면 일반적으로는 에이즈에 감염되지 않음을 의미한다. 드물게는 감염이 되어도 음성으로 나올 수가 있다. HIV 항체는 감염의 기회가 있은 후 6~14주가 지나야 생성되며, 이 기간 내에 항체검사를 시행한 경우에 해당된다.

(2) HIV 항원검사

간혹 HIV 항원검사를 시행할 수 있다. 이는 바이러스에 노출되고 수주 내, 즉 바이러스에 대한 항체가 생성되기 전에 유용하다.

> **의사 진단이 필요한 경우**
>
> - 특별한 원인이 없이 감기, 혹은 호흡기 질환이 잘 생기는 경우
> - 특별한 원인이 없이 임파선이 잘 붓는 경우
> - 피부 질환이 빈번하게 생기는 경우
> - 성기에 궤양성 질환이나 사마귀 같은 병변이 자주 생기는 경우
> - 증상이 없더라도 성생활이 건전하지 못한 사람
> - 증상이 없더라도 에이즈의 고위험군에 속하는 사람

4) 영양치료

체중감소를 방지하고 영양결핍증을 예방한다. 식욕부진, 구토, 메스꺼움, 설사, 발열, 연하곤란 등과 같이 질병의 진행에 따른 각종 증상 및 합병증에 맞는 적절한 식사를 제공한다. 식사는 소량씩 자주 공급하며, 구강 섭취가 불량할 경우 경장영양을 병행한다. 발병 초기에는 체세포의 소모를 막고 의학적 치료의 효과를 증진시키는 데 중점을 두며 말기에는 영양불량상태를 치료하고 증후군을 경감시키는 데 초점을 둔다. 심한 소화기관의 장애로 경장영양이 불가능하거나 평소보다 체중이 20% 이상 감소할 경우 정맥영양을 고려한다. 정맥영양 시에는 혈중 중성지방 농도가 500mg/dL 미만이면 지방유화액을 사용할 수 있다. 보통 영양요구량은 에너지 35~45kcal/kg, 단백질 1~2g/kg이다.

- 영양결핍증을 예방한다.
- 체중감소를 예방한다.
- 각종 증상 및 합병증에 맞는 적절한 식사를 제공한다.
- 식사는 소량씩 자주 공급한다.
- 필요하면 경장영양이나 정맥영양을 실시한다.

5) 약물치료

(1) 바이러스 치료약물

현재까지 개발된 치료약물은 대부분 바이러스의 증식을 억제하는 작용에 근거한다. 이러한 약물이 병의 경과에 어느 정도까지 도움을 줄 수는 있으나, 완치시킬 수 있는 것은 아직 없다.

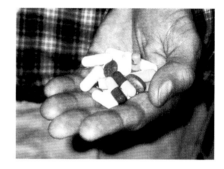

그림 **12-7** 에이즈 환자가 한 번에 복용하는 약

(2) 기회 감염과 합병증 치료

폐렴, 결핵, 폐포자충증, 피부 혹은 생식기의 곰팡이 감염, 임파선염, 종양 등과 같은 합병증이 발생하면 장기적 치료가 필요하다.

에이즈 환자의 감염증 치료가 일반 환자의 경우와 다른 점은 에이즈 환자에서는 치료가 끝난 다음에도 재발을 막기 위해서 투약을 계속해야 한다. 약제 내성도 일반 환자보다 에이즈 환자의 감염증 치료 시 더 문제가 된다. 왜냐하면, 이들 환자는 감염증이 재발하는 경우가 많기 때문에 항생제를 보다 자주 투여함으로써 약제에 대한 내성이 쉽게 생기기 때문이다.

식사성 알레르기

김 씨는 딸 영희가 2살 때부터 우유에 대한 알레르기를 가지고 있다는 것을 알았다. 그래서 그녀는 영희가 아기일 때 우유 대신 두유를 먹여야 했다. 현재 7살인 영희는 봄이 되면 초등학교에 입학할 예정이기 때문에 그녀는 영희가 우유 알레르기에서 벗어났는지 궁금했다. 그래서 김 씨와 영희는 영희의 우유 알레르기에 대해 상담을 받기 위해 소아과 의사와 진료를 위한 예약을 했다. 의사와의 약속이 있기 전 토요일, 영희 가족 모두가 친척 결혼식에 참석했다. 결혼 피로연의 저녁식사에서 김 씨는 가족들에게 영희가 우유 알레르기를 가지고 있음을 상기시켰다. 피로연이 후반기에 접어들고 있을 즈음, 아이들은 바닐라와 초콜릿으로 만들어진 결혼식 케이크를 배분하는 일을 도왔다. 영희는 그녀의 어머니, 오빠와 함께 케이크 한 조각을 먹었다. 영희의 오빠는 밀크초콜릿 프로스팅과 함께 케이크의 초콜릿 맛이 풍부한 부분을 먹었다. 일요일 아침, 영희는 울면서 심한 복통과 설사를 호소했다. 김 씨는 영희의 목과 가슴에서 붉은 발진을 발견했다.

❶ 영희가 일요일 아침에 호소했던 불만은 무엇인가?

❷ 영희에게 나타난 증상은 무엇이 문제라고 생각하는가?

❸ 어떤 음식이 주된 원인인가?

❹ 영희가 충분한 양의 칼슘, 비타민 D 그리고 단백질을 섭취하지 못할 경우 일어날 수 있는 건강상의 문제에는 어떤 것이 있는가?

CHAPTER 13

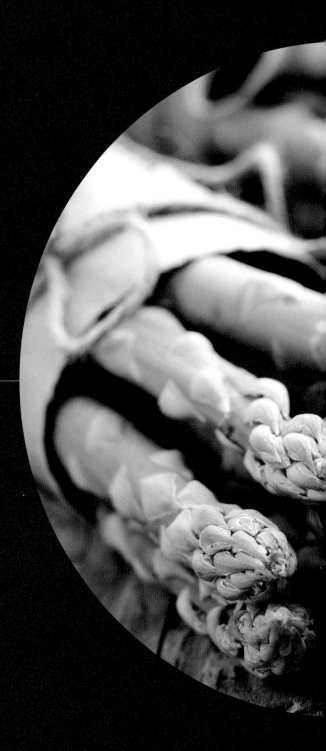

암

암

암은 현대의학으로도 아직까지 완전히 정복되지 않은 난치성 질환이다. 우리나라 통계청의 사망원인 통계결과에 의하면 암으로 인한 사망률이 가장 높다. 이러한 암의 발생에는 식사요인이 아주 밀접한 관련이 있는 것으로 밝혀짐에 따라 암의 예방 및 성공적인 치료를 위하여 올바른 식사요법은 무엇보다 중요하다. 그러나 부적절한 민간요법으로 오히려 치료를 방해하는 경우가 빈발하므로 환자들에게 적절한 식사요법 정보를 제공하는 것이 필요하다.

용어정리

돌연변이(mutation) 유전자 혹은 염색체의 이상으로 인해 유전자에 질적·양적 변화가 생겨유전형질에 변화를 유발하는 현상

발암물질(carcinogen) 암을 유발시키는 물질로서 대표적인 종류에는 벤조[α]피렌, 2-나프틸아민, 벤지딘, 쿠마린, 방사성 동위원소 등

전이(metastasis) 악성종양이 주변 다른 조직으로 퍼지는 것

암 악액질(cancer cachexia) 암 환자에서 볼 수 있는 말기적 증세로 전신상태의 쇠약을 뜻함

화학요법(chemotherapy) 암세포를 죽이는 약물을 사용하는 치료법을 말하는 것으로 약물이 혈액을 통해 몸 전체로 들어가기 때문에 전신요법임

급성기단백질(acute phase protein) 감염을 포함한 염증성 변화에 따라 혈중에 증가하는 단백질의 일종. IL-1, IL-6 등에 의해 간에서 생산되며, 대표적인 예로는 C반응성단백질(CRP), 만노오스결합단백질(MBP), 혈청아밀로이드단백질 등

사이토카인(cytokines) 세포에서 분비되어 세포 간 신호전달, 세포의 행동조절, 면역반응조절 등에 관여하는 생물활성인자의 총칭, 일반적으로 인터류킨, 림포카인, 인터페론, 세포 증식과 분화인자 등의 저분자 단백질을 지칭

이식거부증(graft-versus-host disease) 장기이식 시 기부하는 자와 받는 자의 조직의 면역학적 부적합성으로 기인한 거부반응

단일클론 항체(monocl antibody) 하나의 항원결정기에만 항체반응을 하는 항체. 하나의 면역세포(immune cell)로부터 만들어짐

양전자방출 단층촬영술(positron emission tomography) 양전자를 방출하는 방사선동위원소를 이용하여 암세포를 찾아내는 진단방법

생검법(biopsy) 생체로부터 조직의 일부를 취한 후 병리조직학적으로 검사하여 진단하는 방법

1. 발생 원인

암은 악성종양의 일반적인 명칭으로, 희랍어 'karkinos' 혹은 라틴어 'cancrum'에서 유래되었다. 두 낱말 모두 '게(crab)'라는 의미를 갖고 있는데, 이는 암이 게처럼 신체의 어느 부위에나 유착하고 그 부위를 꽉 붙잡고 있어 그렇게 부른 것이다. 암은 악성신생물이라고도 한다.

암의 발생원인은 정상세포를 생성하는 조절기능이 없기 때문이며 바이러스나, DNA 산화생성물 같은 변이원성 물질(mutagen), 화학적 **발암물질**로 인한 **돌연변이**, 방사선에 의한 DNA 손상 등이 있다.

암세포의 특징

- 비정상적인 자가 증식을 한다.
- 원래의 정상조직 기능과 분화 특성을 상실한다.
- 세포의 모양이 불규칙하고 핵의 크기가 다양하다.
- 빠른 분열로 멈추지 않고 성장하여 주변조직을 파괴한다.
- 신체의 다른 조직으로 전이가 가능하다.
- 자신의 성장을 위해 영양분을 과도하게 끌어들여 주변 세포의 정상적인 성장과 기능을 방해한다.

---

1) 돌연변이

바이러스나 DNA 산화생성물과 같은 변이원성 물질에 의해 세포핵이 1개 또는 그 이상의 조절인자가 손실됨으로써 발생하며, 이것만으로는 암의 요인이 되기엔 불충분하고 암의 발생을 촉진하는 또 다른 환경적 요인에 노출되어야 비로소 암으로 발전하게 된다.

2) 화학적 발암물질

흡연이나 물, 공기, 식품의 오염, 석면, 타르, 식품첨가물 등의 환경적 요인을 화학적 발암물질로 규정한다. 이들에 노출되면 돌연변이가 유발되고 이로 인한 유전자 기능의 손상이나 잠복해 있는 바이러스의 활성을 촉진시킴으로써 암이 발생한다.

3) 방사선

X-ray나 방사능물질 등에 노출된 경우 염색체 파괴 및 부정확한 재접합에 의해 DNA손상을 일으킬 가능성이 있다. 인체가 방사선에 노출되면 방사선에 의해 세포 내에서 생성된 전기를 띤 전자가 DNA분자의 사슬을 이루는 결합에 충격을 주면 직접적인 DNA분자의 손상을 초래할 수 있고 또한 방사선에 의해 인체에서 생성된 화학적 부산물인 활성산소종(reactiveoxygene species)이 DNA를 공격하여 손상을 입히는 간접적인 효과에 의해 DNA 손상을 초래할 수 있다.

히로시마와 나가사키 원폭 피해자 및 체르노빌 원자력발전소 사고 피해자 등에서 나타났듯이 방사선이 초기의 백혈병 및 갑상선암뿐만 아니라 유방암, 폐암, 난소암 등 각종 고형암을 발생 또한 증가시키는 것으로 역학조사 결과 판명되었다.

4) 종양성 바이러스

종양성 바이러스(oncogenic virus)는 동물의 유전자 조절기능에 장애를 일으켜 암을 유발한다. 유전자의 핵산이 DNA를 가진 것과 RNA를 가진 것이 있다. 핵산이 RNA를 가지는 것으로 역전사효소를 갖는 바이러스군을 레트로바이러스(retrovirus)라 하며, 종양바이러스의 주요 부분을 형성하고 있다. 사람에게 T세포형 백혈병을 일으키는 HTLV도 이 바이러스에 포함된다. 그 외에 DNA형 바이러스에도 파필로마바이러스(papilloma virus), 아데노바이러스(adenovirus) 등 종양형성능력을 가지는 바이러스가 있다.

5) 역학적 요인

인종, 종교, 성별, 연령, 직업 등도 암 발생과 관련이 있는 것으로 나타난다. 그러나 이러한 인자들은 환경의 요인과도 상호 연관되어 영향을 미치므로 단독원인으로 판단하기에는 무리가 있다. 예를 들어, 일본인은 미국인에 비하여 대장암과 유방암의 빈도는 낮고 위암의 빈도가 높은데, 미국으로 이민 간 일본인의 질병발생 통계에서는 점차로 미국인과 유사한 발병 패턴을 나타낸다. 이로써 일본인과 미국인의 암 발생 차이는 인종적인 차이라기보다는 환경적인 영향, 특히 식생활이 큰 영향을 미쳤다는 것을 알 수 있다.

2. 발암기전

암의 발생이 일어나는 단계는 개시단계, 촉진단계, 진전단계로 나누어 설명할 수 있다(그림 13-1). 개시단계에서는 화학물질, 방사선 등의 발암물질에 의한 초기의

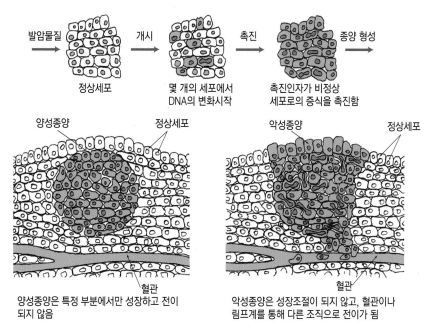

그림 **13-1** 암 발생단계
자료 : Whitney EN et al. Understanding normal and clinical nutrition, 1998

유전자 손상을 일으키는 과정으로 초기의 발암세포가 주위의 정상세포보다 증식하는 데 유리하도록 해준다. 촉진단계에서는 유전자 손상의 점차적인 증가와 변성된 세포군의 복제, 증식시기로 이 과정은 느려서 사람의 경우 수십 년이 걸리며, 종양 촉진제에 의해 가속화되기도 한다. 담배연기는 발암인자와 종양 촉진제 모두를 포함한다. 진전단계에서는 점진적으로 악성 유전자형(침투, 전이)을 가진 세포로 진화되는 단계로 악성종양을 유발한다.

Q&A

악성종양과 양성종양의 차이는 무엇일까?

악성종양은 조직에 침입한 후 신체의 다른 부위로 옮겨져서 이차 성장, 또는 전이하여 숙주의 정상조직에 대해 기계적 압력과 장애, 조직 파괴, 용혈, 감염, 빈혈, 호르몬 이상, 근육약화, 악액질 등의 변화를 일으키는 반면, 양성종양은 특정부분에만 성장하고 근처 조직을 공략하지 않는다. 즉, 전이하지 않으므로 외과적 수술로 종양 부위를 제거하면 생명에 지장을 초래하지 않으므로 예후가 좋은 편이다. 두 종양의 특성 차이는 다음 표에 정리하였다.

양성종양과 악성종양의 특성 비교

구분	양성종양	악성종양
성장속도	비교적 느림	빠름
성장형태	확대 팽창하면서 성장	주위 조직으로 침윤하면서 성장
세포의 특성	비교적 분화가 잘 되어 있고 세포가 성숙	분화가 잘 안 되어 있고 세포가 미성숙
재발률	수술로 제거하면 재발률 낮음	주위 조직으로 퍼지는 성질이 있어 수술 후 종양이 있던 조직 또는 다른 조직에 재발이 흔함
전이	없음	흔함
종양의 영향	인체에 거의 해가 없으나 주요기관에 압박을 가하거나 소화관 등이 폐쇄될 때 문제가 됨	수술, 방사선요법, 화학요법, 면역요법 등으로 치료하지 않으면 사망
예후	좋음	진단 시기, 분화 정도, 전이 여부에 따라 다름

3. 증상과 진단

1) 임상증상

암은 대체로 초기증상이 나타나지 않아 조기발견이 용이하지 않다. 암의 종류별 임상증상은 표 13-1과 같다.

표 **13-1** 암 종류별 증상

암 종류	증상
간암	초기에는 특별한 자각증세가 없으나, 암이 진전됨에 따라 서서히 식욕부진과 체중감소가 나타나고, 간의 팽대로 인해 상복부에 딱딱한 덩어리가 만져짐
위암	• 초기에는 거의 증상이 없으나 암이 진행되면 구토, 연하곤란, 토혈, 흑변, 흑색혈변, 설사, 영양실조 등이 나타남 • 40세 이상 환자에서 비특이적인 증상으로 상복부 팽만감, 불쾌감, 소화불량 및 통증과 함께 식욕부진, 체중감소, 빈혈이 나타나기도 함
폐암 (기관지암)	• 초기에는 증상 없거나 기침, 객담, 혈담, 흉통 등이 생김 • 암이 진전되면 체중감소, 호흡곤란, 쉰 목소리 등의 특징적 증세가 나타남
췌장암	• 초기에는 식욕감퇴, 이유 없는 체중감소, 오심 및 허약이 나타남 • 췌장 전체에 암이 퍼지면 상복부 및 등에 둔통이 생기고 황달과 소양증 동반
유방암	• 초기에는 주위 조직과 경계가 뚜렷이 구별되는 종류(腫瘤)가 만져짐 • 암이 진행되면 주위 조직과 유착되어 잘 움직이지 않고 피부나 흉벽에 고정되며 피부 또는 젖꼭지 함몰 • 암이 더 진행되면 피부의 궤양, 통증 및 발작 수반, 유두에서 혈성 분비물 분비
대장암, 직장암	대체로 통증은 없으나, 항문에서 출혈이 있거나 대변에 피와 점액이 섞여 나오고 심한 악취가 남
후두암	50~60대에서 가장 흔하며, 음성장애가 나타남
피부암	• 악성도가 작은 경우 : 얼굴 부위에 피부 궤양 증가, 궤양 주위에 진주색의 융기된 부분이 나타나거나, 피부의 노출 부위에 얕은 궤양과 함께 넓고 융기된 단단한 가장 자리의 형태가 나타남 • 악성도가 큰 경우 : 사지와 체간에 검은 반점이 새로 생기거나 커지고, 빛깔이 짙어지며 출혈과 함께 딱지가 생김
자궁암	• 초기에는 무증세이나 간혹 성교 후 소량의 출혈이 있음 • 차차 암의 침윤이 진행되면 성교 후 잦은 출혈과 함께 배변, 배뇨 시에도 출혈이 나타나며, 악취가 나는 대하가 생김
전립선암	• 대개는 50세 이상의 남자에게서 볼 수 있음 • 발육이 완만하기 때문에 처음에는 뚜렷한 자각증상이 없음 • 암이 진행되면 배뇨장애, 신기능장애가 일어남
방광암	• 중년 이후에 잘 발생되며 여자보다 남자에게 많음 • 초기에는 혈뇨를 보이다가 저절로 멎으며, 이런 일이 반복되는 동안에 방광염, 신우신염 발병 → 배뇨통, 빈뇨, 혈농뇨, 요통, 배뇨장애 나타남

2) 진 단

암의 성공적인 치료를 위해서는 조기발견 및 정확한 진단이 필수적이다. 암의 진단에는 기본적인 신체검사를 비롯하여 종양마커, 방사선, 내시경 등을 이용하는 방법과 최종적으로 확인하는 생검법 등이 있다. 최근에는 양전자를 방출하는 방사성 동위원소를 이용하여 암세포를 찾아내는 PET(Positron Emission Tomography) 진단방법 등도 있다(표 13-2).

표 **13-2** 암 진단과 검사방법

진단법명	검사방법
종양마커 검출법	특정 암세포의 표면에만 존재하는 항원, 효소 등의 물질로 혈액에 존재하는 종양표지자를 이용하여 특정 암의 조기 진단, 예후, 재발 여부, 항암치료에 대한 효과 측정 (예 : 간암(AFP), 대장암(CEA), 난소암(A125), 전립선암(PSA), 췌장암(CA19-9))
방사선 촬영법	초음파, 컴퓨터 단층촬영, 흉부 X-선, 유방 뢴트겐 조영법 등을 실시
방사성 동위원소 사용법	일정 장기에 선택적으로 모이는 동위원소의 양과 종류 분석
내시경검사법	작은 카메라가 달린 가느다란 튜브를 입이나 항문을 통해 장으로 삽입하는 방법
생검법(biopsy)	최종 결정적인 검사방법으로써 검사물을 채취하여 조직표본을 제작해 현미경으로 검사
양전자방출 단층촬영술(PET) 검사	새로 개발된 검사법으로 양전자를 방출하는 방사성 동위원소를 이용하여 암세포를 찾아내는 진단방법, 한 번의 검사로 머리에서 발끝까지 한꺼번에 암 발생 여부를 찾아냄

4. 암과 식사요인

1) 암을 유발하는 식사요인

전체 암 발생의 약 80~90%가 환경인자와 관련이 되며 이 중 35%가 식이와 관련이 있다(표 13-3, 13-4). 최근 위암 및 자궁암의 발생이나 이로 인한 사망률은 감

PET검사

PET검사는 암의 대사 능을 평가하여 암 진단에 이용하는 경우다. 암세포는 정상세포와 비교해서 포도당을 에너지원으로 많이 사용하는 특징이 있다. 따라서 암 진단에 가장 많이 사용하는 방사능 물질은 포도당 유도체 FDG(Fluoro-Deoxyglucose)이다. 양전자를 방출하는 방사성 물질인 FDG는 체내에 주사되었을 때 체외의 카메라를 통하여 인체 내의 포도당 대사 분포를 영상화할 수 있도록 도와준다. PET검사는 CT나 MRI와는 달리 전신에 생기는 암을 한꺼번에 찾아낼 수 있는 것이 장점이며 특히 악성림프종, 피부암, 폐암, 유방암, 뇌종양, 식도암, 갑상선암 등을 정밀하게 찾아내는 데 도움을 준다. 그러나 한국인에게 많은 위암, 대장암, 간암, 신장암이나 방광암의 경우에는 50% 내외로 진단율이 떨어진다. 최근 PET에 CT 기능까지 추가된 검사기간을 단축시키고 정확도를 높인 PET-CT가 개발되었다. PET-CT는 뛰어난 해부학적 영상과 PET의 생화학적 정보를 결합하여 암의 발생 유무와 위치, 형태 및 대사 이상 등을 정확하게 파악하여 암을 진단하는 장비이다.

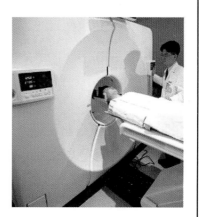

과음 및 흡연, 고지방식 등 암 유발요인을 갖고 있거나 집안에 암 가족력이 있을 경우, 체중감소와 잦은 기침 등 의심하는 증상이 있을 경우 받아볼 만하다. PET검사 비용은 고가로 알려져 있다. PET검사를 받으려면 먼저 6시간 금식 후 방사성 동위원소 물질을 주사한다. 대기실에 누운 상태로 45분~1시간 정도 안정을 취한 뒤 원통형 PET에 들어간다. 기계에서 검사에 소요되는 시간은 30분~1시간이며 아프지 않고 마취도 필요 없다. 방사성 동위원소도 반감기가 약 2시간으로 짧아 부작용도 없다.

PET 검사 장면

소하고 있는 반면, 대장암, 유방암 및 전립선암이 급격한 증가 추세에 있는 것도 서구화된 우리 식이섭취 패턴의 변화로 설명할 수 있다.

표 **13-3** 암유발과 관련된 직·간접적 식사요인

직접적 요인	간접적 요인
• 자연상태의 식품 내 발암성 물질 함유 • 보관 시 암을 유발하는 곰팡이 번식 • 가공 시 사용하는 보존료, 착색료 등 식품첨가제 • 허용치 이상의 잔류농약 • 조리 시 생성되는 발암물질 : 숯불구이나 튀김 중에 생기는 헤테로고리아민류와 훈연제품의 발암물질인 다환방향족탄화수소 등	• 체내 대사에 의해 생성되는 발암물질의 섭취 • 열량, 단순당, 지방, 단백질의 과잉섭취 • 비타민, 무기질, 식이섬유 등의 섭취 부족

표 **13-4** 부위별 암발생과 식사요인

암의 부위	위험요인	억제요인
위암	고염식, 염장어류, 다량의 쌀밥, 뜨거운 음식물, 훈제생선, 고질산 함유 음식물, 신선한 과일 및 채소와 비타민 C의 불충분한 섭취	우유 및 유제품, 신선한 녹황색 채소, 과일
대장암	고지방식, 저섬유식, 맥주(직장암), 생선과 육류를 요리할 때 생성되는 헤테로고리아민류	고섬유식(곡류, 두류 등), 양질의 단백질 식품(쇠고기, 어패류, 우유, 치즈 등)
간암	곰팡이가 핀 음식	양질의 단백질 식품, 비타민, 미량원소가 많은 식품
폐암	흡연	신선한 녹황색 채소, 비타민 A(retinoids, beta-carotene)
식도암 구강암	뜨거운 음식물, 알코올, 단백질, 흡연, 비타민과 무기질(특히 아연)이 적은 음식	녹색채소, 과일, 무기질이 많은 식품, 양질의 단백질
유방암	고지방질, 고열량식(특히 성장기로부터 사춘기에 걸쳐서)	저지방식, 저열량식, 채소 및 과일 위주의 식사

2) 암과 영양소

영양소 중에는 많이 섭취했을 때 암 발생을 촉진하는 영양소가 있는가 하면 암 발생을 억제하는 영양소도 있다. 일반적으로 고지방식이는 유방암이나 대장암 등 서구에 많은 암의 발생을 촉진시키나 항산화영양소나 섬유질의 충분한 섭취는 암의 발생을 억제시키는 효과가 있다(표 13-5).

실제로 항산화 비타민은 그 자체보다 채소와 과일 등 식품의 형태로 섭취했을 경우 항암효과가 훨씬 크다. 그 이유는 과일과 채소에는 β-카로틴, 비타민 C, 셀레늄, 식이섬유 등 발암 억제성분이 풍부할 뿐만 아니라 항암효과가 있는 것으로 알려진 플라본류, 이소시오시아네이트, 페놀류, 리모넨 등 식물성 화학물질(phytochemical)이 많이 들어 있기 때문이다.

표 **13-5** 각종 영양소가 암 발생에 미치는 영향과 관련 기전

영양소	암 발생에 미치는 영향	관련 작용
에너지	에너지 제한이 암 발생 감소	• 영양소 결핍으로 암세포 자동 사망 • 산화적 스트레스 감소에 기인
지방	• 총 지방, 특히 동물성 지방 과잉섭취는 유방암, 대장암, 직장암, 자궁내막암, 난소암, 전립선암, 담낭암 등의 발생 촉진 • ω-6 지방산 암 발생 촉진, ω-3 지방산 암 발생 억제	• 담즙분비 촉진하여 발암물질로 전환 • 지방조직에서 에스트로겐 생성을 촉진하여 자궁내막암과 유방암 발생촉진 • 프로락틴 농도 증가, 이는 황체 호르몬 분비를 촉진하여 전립선암 성장 촉진 • 지방산 종류에 따라 다른 계열의 아이코사노이드 생성
단백질	육류 과다섭취 시 유방암, 대장암, 전립선암의 발생 증가	장 내 세균에 의한 암모니아 생성이 증가되어 대장 상피세포의 수명 단축, DNA 손상 및 점막세포의 증식으로 대장암 발생 증가
항산화 비타민	• 비타민 A의 섭취 부족은 위암, 후두암, 인두암, 폐암 발생과 관련 • β-카로틴은 폐암에 대해 보호적인 효과 • 비타민 E는 육종세포의 성장 저해 • 비타민 E의 결핍 시 폐암과 유방암 증가 • 비타민 C 과잉섭취는 피부, 코, 폐, 신장, 기관지, 위암 발생 저하	• 상피조직에서의 항암효과 • β-카로틴이 비타민 C, E와의 상승작용으로 DNA산화 방지 및 백혈구를 활성화함 • 항산화제로 과산화지질 생성 억제 • 셀레늄과 상승작용을 통해 항산화제 역할 더욱 촉진 • 비타민 C는 니트로사민과 그밖의 질산 니트로조화합물 형성 억제시킴
무기질	• 셀레늄은 대장암, 직장암, 유방암의 발병률 낮음 • 칼슘은 대장암 발생률 감소	• 글루타치온 과산화효소 구성성분 • 세포분화 억제, 면역력 증진시킴 • 담즙산, 지방산과 불용성 칼슘염 형성하여 장 상피세포가 발암물질에 노출되는 기회 차단
식이 섬유	대장암 및 직장암 예방	• 대변량 및 배변횟수 증가 • 장 내 통과시간 단축시켜 장 상피세포의 발암물질과의 노출시간 감소 • 연동운동 항진으로 담즙산 배설 및 재흡수 촉진, 박테리아에 의한 이차 담즙산 생성 억제 • 유기 및 무기물질 흡착하여 체외로 배설
알코올	간, 구강, 인두, 후두 및 식도암 등 각종 장기 암 발생 증가	• 간에서 약물대사효소가 증가되어 발암물질 대사를 촉진하며, 발암물질 해독 저해 • 발암물질의 용매로 작용, 영양결핍 초래, 면역기능 억제, 상피세포기능 변화시켜 발암물질에 대해 민감하게 만듦

암을 예방하는 식품

녹황색 채소 : 식이섬유·항암 비타민 풍부, 여러 피토케미컬 등이 항암효과를 나타냄

마늘, 양파 : 유황화합물이 발암물질의 독성을 억제, 뛰어난 항산화 작용

고구마, 감자 : β-카로틴 항암작용

콩, 된장 : 피토에스트로겐이 항암작용

버섯류 : 약용버섯뿐만 아니라 식용버섯도 암 예방. 신체 면역기능 향상으로 암 진행 억제

해조류 : 푸코이단이 면역체계를 활성화시켜 암 예방

등푸른생선 : EPA, DHA 같은 ω-3 지방산이 풍부하여 항암작용

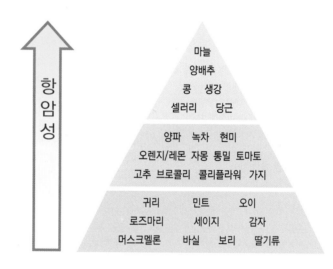

그림 **13-2** 암예방 식품 피라미드

5. 암과 영양문제

1) 암 발생으로 인한 영양문제

(1) 단백질-에너지 영양불량

두경부, 위, 췌장, 폐, 결장, 난소에 종양 있는 환자에게서 흔히 나타나며, 유방암

환자는 거의 나타나지 않는다. 또한 환자 스스로 암을 유발시킨다고 생각되는 음식을 피하고 암의 치료에 유익하다고 생각되는 음식을 과잉섭취함으로써 오히려 영양결핍이나 영양과잉을 초래할 수도 있다.

(2) 암 악액질상태

암 악액질(cancer cachexia)이란 암 환자에게 흔히 나타나는 극심한 식욕부진으로 생명에 치명적일 수 있다. 미각변화에 따른 극심한 식욕부진으로 체중감소, 근육소모, 무기력증 등이 나타나며 육체적·정신적인 모든 기능이 저하된다. 특히 소화기계 종양일 때 심하게 나타나나 유방암은 악액질이 나타나지 않는다.

종양이 생성되면 그 자체가 악액질을 일으키는 원인이 되며 종양을 제거하면 악액질 상태는 없어진다. 종양이 악액질을 일으키는 정확한 기전은 밝혀지지 않았다. 그러나 숙주의 **사이토카인** 생성이 식욕부진과 신체의 지방과 단백질 소모를 유도하는 쪽으로 대사를 변화시키는 것으로 알려지고 있다(그림 13-3).

(3) 식품섭취량 감소

암 환자는 일반적으로 단맛, 짠맛, 신맛에 대한 민감도가 저하되는 반면 쓴맛에 대한 민감도는 증가하여 쓴맛을 쉽게 느낀다. 이는 육류섭취 거부의 원인이 되기도 한다. 어떤 음식을 먹은 후에 방사선요법이나 화학요법 등으로 메스꺼움이 초래된 경험이 있다면 그 음식에 대한 거부감을 갖게 된다. 이러한 음식물 거부현상은 치료가 끝난 후에도 오랫동안 지속되어 다양한 식품의 섭취를 저해하는 요인이 된다.

(4) 심리적 스트레스

난치성 질환인 암 진단을 받으면 질병에 대한 걱정, 죽음에 대한 두려움으로 스트레스가 높아진다. 이러한 스트레스는 결국 먹는 즐거움을 저하시킬 수 있으며 이로 인한 음식물섭취 부족은 영양결핍을 초래할 수 있다. 더구나 암 치료를 위해 방사선이나 화학요법으로 치료를 하였을 경우 머리카락이 빠지거나, 수술로 인하

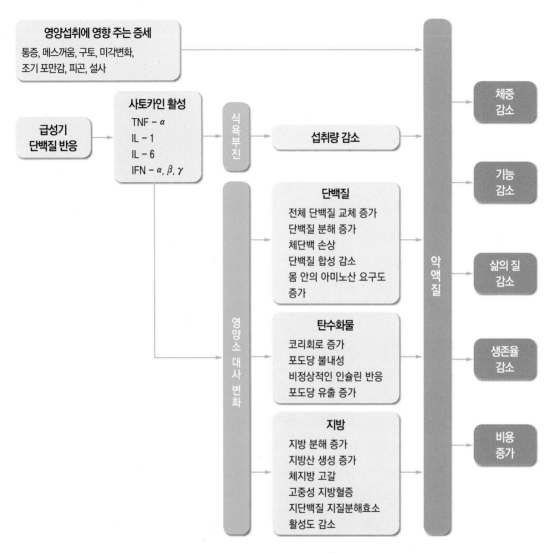

그림 **13-3** 식욕부진과 악액질 발생에 영향을 주는 요인

자료 : Yarbro et al. Cancer symptom management 3rd ed, 2004

여 신체의 일부가 절제되어 자아상이 손상되기 쉽다. 이로 인해 우울증이 오면 식욕이 떨어지고 체중감소는 심해진다.

(5) 영양소 대사 변화

대체로 식사섭취량의 감소가 체중감소의 주 요인이 되기는 하나 적절한 영양섭취에도 불구하고 종종 체중감소가 발생한다. 그 원인은 완전하게 설명할 수 없으나 종양만으로는 숙주가 수척해질 정도의 대사소모를 일으킬 수 없음을 고려해 볼 때, 종양으로 인한 당질, 단백질, 지방의 대사기전 변화가 영양필요량을 증가시키는 원인일 것으로 추정된다.

2) 암 치료법에 의한 영양문제

현재 암 치료에는 수술, 골수이식, 방사선, 화학요법, 면역요법 등이 사용된다. 암 환자의 경우 암이라는 질병 자체의 영향 이외에도 암치료에 이용되는 이런 여러 가지 방법 등으로 인해 영양상태에 지대한 영향을 끼친다. 특히, 항암치료 후에 나타나는 점막염 등은 가볍고 일시적인 영양적 장애를 일으킬 수도 있으나, 소장절제 후의 흡수불량이나 두경부 수술 후에 나타나는 저작 및 연하곤란 등과 같이 심각하고 고질적인 영양문제를 일으킬 수도 있다(표 13-7).

표 **13-6** 암 환자의 영양소 대사 변화

영양소	대사 변화
열량과 당질 대사	• 식품섭취량 감소에도 기초 대사량 증가, 열량소모 증가 • 인슐린저항성 증가, 말초의 포도당 영입과 글리코겐 합성 저하 • 종양세포는 혐기성 해당과정에 의해 에너지 생성 • 젖산에 의한 당신생합성 증가
지질 대사	지방분해가 증가되어 체지방 고갈, 혈중 지방산 농도 증가
단백질	• 단백질 합성 감소, 혈중 알부민 농도 감소, 근육 단백질 합성 감소 • 근육량 점진적인 소모 • 간에서 급성기 단백질합성 증가 • 어떤 종양은 특수 필수아미노산만 선택적으로 분해시켜 아미노산 불균형 초래
수분과 전해질	• 체액과 전해질 불균형으로 심한 설사와 구토 • 부종으로 체중감소 잘 드러나지 않는 경우 있음

표 **13-7** 영양불량상태를 야기시키는 요인

요인	예상원인
식욕부진	• 암세포에서 식욕억제 물질 발생 • 맛과 냄새 감각의 변화 • 혈당, 유리지방산, 아미노산, 식욕 호르몬의 변화로 인한 숙주 대사 변화와 식욕 감퇴 • 질병에 대한 정신적인 반응 • 사이토카인 생성
흡수불량	• 소장의 융모 형성부진 • 담즙, 췌장효소의 결핍과 불활성
칼로리 대사 변화	• 일부 암의 경우 기초 대사량 증가(급격한 체중감소 원인) • 비정상적인 숙주 대사에 의한 비효율적인 영양소 이용
당질 대사 이상	• 인슐린에 대한 민감성 손상 • 코리회로 활성 증가 • 젖산 산화에 의한 당신생 증가
단백질 대사 이상	• 단백질 대사 회전율 증가 • 골격근으로부터 당신생을 위한 아미노산 이용 • 굶는 상태에서 단백질 절약 적응기전의 부진
지질 대사 이상	• 지방조직으로 유리지방산 방출 증가 • 지방제거능력 저하

(1) 수 술

암은 초기에 발견하여 수술이 가능한 경우 절제하는 것이 가장 좋은 방법이다. 또한 수술법은 암의 전이를 막고 증세의 치료나 호전을 위해 화학요법이나 방사선치료법과 함께 병행이 가능하다. 수술에 의해 식욕부진, 구토, 메스꺼움 등의 증세가 나타날 수 있으며 따라서 수술 부위에 따라 적절한 영양공급방법을 실시한다.

(2) 골수이식

주로 백혈병, 림프종과 같은 혈액암의 경우 골수이식을 이용한다. 이 경우 환자는 고도의 화학요법과 전신 방사선치료로 인체의 면역반응을 억제하고 골수 제공자로부터 정맥으로 골수를 주입받는 것이다. 따라서 골수이식 후 식욕부진, 구토, 설사, 연하곤란, 점막염, 위염, 식도염, 미각 변화 등 부작용이 나타날 수 있다. 따라서 골수이식환자는 면역상태가 증진되고 구강섭취가 가능해질 때까지 정맥영양을 공급받아야 한다. 특히 **이식거부증**(Graft-Versus-Host Disease : GVHD)이 있는 경우가 가장 어려운 문제로 장기간의 치료와 식이처방이 중요하다.

(3) 방사선요법

방사선치료는 종양 제거를 위해 광범위하게 이용되고 있는 방법으로 단독 혹은 다른 치료와 병행하여 50% 이상 암 환자의 치료 혹은 완화과정에 사용된다. 방사선치료는 새로운 DNA 합성을 파괴함으로써 빠르게 분열하는 세포를 죽인다. 그

표 **13-8** 암 치료가 식사섭취에 미치는 영향

치료법	식사섭취에 미치는 영향	부수적 영향 및 증세
수술	• 육체적 스트레스로 인해 영양 필요량이 증가 • 뇌, 목부분 근치적 수술 • 식도절제 • 미주신경절제 • 위절제 • 소장절제 • 대장절제 • 췌장절제	• 수술 전에 체중미달, 쇠약 증세 : 고단백, 고칼로리식 처방함 • 정상적인 영양섭취에 변화를 주어 심한 영양불량, 저작과 연하곤란 유발 • 위 운동 감소, 위산 생성 감소, 누공생성, 식도협착 • 지방의 흡수불량과 설사, 위운동 감소 • 덤핑증후군(위문괄약근 절제 시) • 덤핑증후군, 저혈당, 지방과 단백질 흡수불량 • 비타민 B_{12} 결핍, 흡수불량, 담즙손실, 대사적 산독증, 신결석 위험증가, 수술 후 위산 과다분비 • 나트륨 불균형 • 수분 불균형, 당뇨병, 지방·단백질·지용성 비타민·무기질 흡수불량
화학요법	• 암세포를 파괴함으로써 필요한 신체 부분도 손상 • 화학요법 약품이 다양한 기전으로 영양불량 유발	• 메스꺼움과 구토, 식욕저하, 빈혈 • 설사와 변비, 구강, 인후 통증, 체중 증가, 점막염 • 음식에 대한 미각의 변화
방사선요법	• 구강, 목, 인후, 혀, 턱, 갑상선 부위 • 식도, 흉관, 척추 부위, 위, 간, 췌장, 담관, 소장 • 비뇨생식기, 대장, 직장	• 구내염, 구강건조증, 구강 인두궤양, 미각장애, 충치, 미각장애, 미각감퇴증, 점성타액 • 방사선성 골괴사, 누공형성, 개구장애 • 연하곤란, 식도염, 식도섬유종 또는 협착 • 메스꺼움, 구토, 위장궤양, 장염, 흡수불량, 장내누공, 천공, 섬유증, 협착, 출혈 • 만성대장염, 섬유증, 협착, 누공, 장괴사, 천공
면역요법		메스꺼움과 구토, 설사, 구강통증, 구강건조, 음식에 대한 맛의 변화, 식욕부진으로 인한 심각한 체중감소

러나 혈구나 위장점막세포와 같이 분열 속도가 빠른 정상세포도 함께 파괴한다. 치료강도나 치료 부위에 따라 생기는 부작용도 다양하다. 특히, 머리나 목, 식도의 방사선치료는 식품 섭취에 여러 가지 문제들을 야기할 수 있다. 인후의 방사선치료는 식도염의 원인이 되어 연하곤란을 초래하거나 식도협착이나 폐색으로 이어질 수도 있다. 또한 복부 방사선치료의 경우 급성위염이나 장염을 일으켜 구역질, 구토, 설사, 식욕부진을 초래하기도 하고 심할 경우 영양소의 흡수불량을 초래하거나 만성적인 형태로 진행되어 장관내벽의 궤양 생성, 염증, 폐색이나 누관 형성, 협착 등으로 영양불량을 더욱 악화시킬 수 있다.

(4) 화학요법

화학요법은 암세포의 분열을 억제함으로써 암세포를 없애는 방법으로 암종양 절제가 불가능하거나, 암이 전이되었을 때, 수술 후 재발한 암에 대한 치료 목적으로 많이 사용한다. 특히, 항암제들은 세포분열이 빠른 세포를 더 잘 파괴시키는 성질이 있기 때문에 정상세포에 비해 암세포의 파괴에 효과적이다. 그러나 항암제들은 오심, 구토, 탈모증, 피로, 조혈기능장애 등 부작용이 있으며 약물의 종류, 복용량, 복용기간, 같이 복용하는 약의 종류 및 개인에 따라 부작용의 정도에 차이가 있다.

(5) 면역요법

암 환자의 경우 백혈구 중 암세포를 죽이는 자연 살해(NK)세포의 기능이 저하되어 암증식이 더욱 촉진되는데, 면역요법은 살해세포를 활성화시켜 암세포의 증식을 막는다. 면역치료제로는 단일클론 항체(monoclonal antibody), 인터페론, 인터루킨-2 등이 있다. 최근에 개발 중인 유전자변형 T-세포치료법은 환자에게서 추출한 T-세포에 유전공학을 이용해 암세포를 식별, 추적해 파괴하는 항체를 부착해 환자에게 다시 주입하는 방식으로 현재 임상시험 중에 있다.

표 13-9 항암제 복용 시 구토 조절용 약물

분류	약물	작용기전	부작용
구토억제제 (Phenothiazines)	• Compazine(Prochloperazine) • Torecan(Thiethylperazine) • Phenergan(Promethazine) • Droperidol(Inapsine)	도파민에 의해 자극되는 뇌의 구토중추를 차단	이상운동증(dyskinesia) 근육긴장이상(dystonica), 발작, 신경마비성악성증후군
스테로이드제 (Corticosteroids)	• Dexamethasone(Hexadrol, Decadron) • Methylprednisolone(Solu–Medrol) • Tetrahydrocannabinol(Marijuana) • Metoclopramide(Reglan)	안정제 및 진토제	쿠싱증후군 졸림, 어지러움, 초조함

6. 영양치료

암의 경우에는 수술이나 방사선치료, 화학치료가 우선이고 영양치료는 이들 치료를 지원해 주는 역할을 한다. 따라서 암 환자의 영양관리는 환자 개인의 치료 특성에 따라 달라져야 하며 영양적으로 문제가 있는 환자들은 자주 상담을 통하여 영양치료의 중요한 부분이라는 것을 이해시켜야 한다. 또한 환자의 식욕부진, 미각 변화, 조기 만복감, 메스꺼움, 체중감소 및 치료방법에 따라 식사조정이 이루어져야 한다.

1) 영양치료의 목표

암 환자 영양치료의 목표는 체지방 손실을 최소화시키고 영양결핍에 의한 면역기능 저하를 방지하며 암치료에 의한 합병증을 예방하는 것이다. 성공적으로 암을 치료하기 위해 영양치료 계획을 세울 때 환자 개인의 영양상태를 판정하고 환자가 최적의 영양상태를 유지하며, 다른 의료진의 치료에 도움을 줄 수 있도록 적극적인 식사요법을 실시하는 것이다. 어떠한 형태로든 환자에게 최적의 영양소를 공급하는 것이 중요하다.

2) 식사관리

암 환자는 자세한 식사력 조사를 통하여 식습관, 칼로리와 단백질섭취상태, 특정식품에 대한 불내성, 1일 식사횟수, 미각 변화의 정도, 과거 및 현재의 치료로 인한 영향이 있는지 검토한다. 식사력에서 얻어진 정보를 이용하여 식사계획을 세운다. 1일 칼로리와 단백질섭취량은 환자 반응에 따라 조정한다. 특히, 환자의 체중이 감소되어 있는 경우 영양관리의 우선적인 목표는 더 이상의 체중감소를 방지하는 것이다.

환자가 방사선요법, 화학요법 등으로 메스꺼움 증상이 있으면 진토제를 사용(식사 30~60분 전 복용)하고 통증으로 식사가 힘든 경우 진통제 사용이 가능하다. 식사와 간식 배분 시 변화의 필요성을 환자에게 설명하고, 간식이나 후식을 먹지 않았던 환자라도 필요에 따라 식습관을 바꾸도록 유도한다. 또한 환자가 음식을 준비할 수 있는지를 고려하여 가능한 방법을 제시해 준다. 영양섭취 부족에 대해

 구토 시 허용 식품 및 제한 식품

허용 식품	제한 식품
• 토스트와 크래커 • 요구르트 셔벗 • 껍질을 벗긴 닭고기(굽거나 삶은 것) • 통조림같이 부드럽고 순한 과일, 채소 • 유동식(천천히 들이킬 것) • 얼음	• 기름진 음식(튀긴 음식) • 사탕, 쿠키, 케이크 등 너무 단 음식 • 맵고 짠 음식 • 강한 향이 있는 음식

설사 시 허용 식품 및 제한 식품

허용 식품	제한 식품
• 쌀, 국수, 곡분, 흰빵 • 포도주스, 요구르트, 익은 바나나 • 달걀(프라이한 것 제외) • 거른 채소, 껍질 제거 후 요리된 과일 또는 통조림 • 껍질 제거한 닭고기, 칠면조 고기 • 부드럽거나 간 쇠고기 • 생선, 치즈	• 기름지고 지방분이 많거나 기름에 튀긴 음식 • 생채소와 과일 • 고식이섬유 채소(브로콜리, 옥수수, 콩, 양배추, 콜리플라워 등) • 강한 향료(고춧가루, 카레)

친구, 친척들이 지나치게 강요하면 역효과를 초래하므로 조심하여야 한다.

방사선치료나 항암제치료 환자가 특정식품이나 맛, 냄새 등을 싫어하며, 특히 섭취 후에 구토나 메스꺼움을 느낀 식품을 싫어하는데, 일반적으로 육류를 싫어한다고 한다. 이런 경우 육류 대신 닭고기나 생선으로 대치한다. 식사는 가능한 한 식사처방을 충족시켜야 하며 때때로 고칼로리, 고단백 유동식 보충이 필요하다. 또는 단량체 영양액을 흡수불량의 상태에서 사용할 수 있다. 균형 잡힌 식사를 할 수 없는 환자, 특별한 영양소 결핍 환자에게는 보충제를 공급하여 일정간격으로 모니터링을 실시하고 만일 경구섭취가 힘들거나 불가능할 경우 경관급식이나 중심정맥영양을 실시한다.

치료에 긍정적인 반응을 보이는 환자들에게는 적극적으로 영양적 뒷받침을 해주는 것이 도움이 된다. 그리고 말기 환자에게는 영양소의 성분, 분량보다는 먹는 즐거움이 강조되어야 한다. 유방암 환자는 비만이 흔하며 체중 초과인 경우 골절과 같은 골격전이의 문제가 생길 수 있고 암 재발률도 높아진다. 따라서 칼로리를

암 환자의 식욕부진을 해결하는 방안

- 하루에 소량의 음식을 한두 시간마다 먹게 하라.
- 열량과 단백질 밀도가 높은 식품을 먹여라.
- 단백질과 미량영양소가 없는 식품은 피하게 하라(예 : 소다).
- 식사와 함께 음료를 마시는 것을 피하게 하라.
- 기분이 좋은 시간에 식사를 하게 하라(주로 환자는 아침에 식욕이 있다).
- 식욕이 떨어지거나 먹으려는 욕구가 없을 때는 영양보충제를 사용하라.
- 여러 가지 상업적인 영양보충액을 맛보게 하고 너무 단맛이나 쓴맛을 완화하기 위해 신선한 레몬 반 개를 이용하여 주스를 짜서 그곳에 넣어라.
- 가벼운 산책 등으로 식욕을 돋우게 하라.
- 버터, 스팀밀크파우더, 꿀 등을 첨가하여 여분의 열량을 첨가하라.
- 공복에 먹어야 하는 약이 아닐 경우 약을 고열량농축액(상업적인 영양보충액)과 함께 먹여라.
- 식사환경을 새롭게 하고 식탁에 다양한 색깔과 질감을 가진 음식을 준비하라(식품에 대한 기호도가 매일매일 바뀔 수 있다).
- 환자가 음식의 냄새를 가능한 한 미리 맡지 않도록 배려하라.

조절하여 점차적으로 체중을 감소시키면서 비만을 치료해야 한다.

7. 암 예방을 위한 식생활지침

암은 치료가 어려운 난치성 질환이므로 발병 후 치료하는 것보다 발병 이전에 예방을 하는 것이 무엇보다 중요하다. 암을 예방하기 위해서는 식생활뿐만 아니라 운동, 음주, 흡연, 스트레스 관리 등 생활 전반에 걸친 종합적 노력이 필요하다.

 암 예방을 위한 권장사항

- 편식하지 말고 영양분을 골고루 균형 있게 섭취한다.
- 표준 체중을 유지하고 과식하지 않는다.
- 지질 섭취를 줄인다.
- 채소, 과일, 정제가 된 곡류를 많이 섭취한다.
- 비타민 A, 비타민 C, 비타민 E를 적당히 섭취한다.
- 너무 짜고 매운 음식과 너무 뜨거운 음식은 피한다.
- 발암성분이 많이 포함된 숯불구이, 염장·훈제 식품의 섭취를 줄인다.
- 부패하거나 곰팡이가 생긴 음식은 피한다.
- 흡연하지 않으며 과음을 피한다.
- 태양광선, 특히 자외선에 과다하게 노출하지 않는다.
- 적당한 운동을 하되 과로는 피한다.
- 스트레스는 피하고 기쁜 마음으로 생활한다.
- 목욕이나 샤워를 자주 하여 몸을 청결하게 한다.

자료 : 대한암협회

 CANCER(암)를 예방하기 위해 CANCER를 잘 해야 한다?

- C : Cigarette stop(금연)
- N : Nutrition(적절한 영양)
- E : Exercise(규칙적인 운동)
- A : Alcohol moderation(절주)
- C : Control of stress(스트레스 조절)
- R : Regular screening(정기적인 암 검진)

사례연구

암

박 씨는 60세의 은퇴한 기자로, 수개월 전에 생긴 구강 내의 염증이 잘 낫지 않고 최근에는 급격한 체중감소와 심한 피로감이 있어 병원을 방문하게 되었다. 박 씨는 하루 한 갑 정도의 담배를 20년 이상 피워왔으며 알코올 섭취량은 주 4회 정도에 소주 반 병 이상이었다. 입원 후 정밀검사 결과 구강암으로 진단되었다. 의사는 방사선치료 전에 박 씨의 영양상태 개선을 먼저 시도하였다. 영양판정 결과 박 씨는 심각한 단백질열량 결핍으로 판정되었다. 그의 신장은 168cm이었고 체중은 49kg이었다. 검사결과 헤모글로빈은 14.8g/dL, 단백질 8.1g/dL, 알부민 3.7g/dL였다.

❶ 박 씨의 영양상태를 평가하고 이에 따르는 영양요구량을 계산하라.

❷ 암의 발생은 박 씨의 영양상태에 어떤 영향을 주었겠는가?

❸ 방사선치료는 그의 영양상태에 어떤 영향을 미칠 수 있는가?

❹ 방사선치료 후 예측되는 두경부 수술은 그의 영양상태에 어떠한 영향을 미칠 수 있는가?

❺ 박 씨가 경구로 음식을 섭취할 수 있다면 식욕부진, 오심, 구토, 구강 건조 및 통증, 저작곤란, 연하곤란을 고려하여 어떠한 식사요법이 적당하겠는가?

❻ 박 씨의 담당 임상영양사 김 양은 주기적으로 Patient-generated subjective global assessment(PS-SGA)를 사용하여 환자의 영양상태를 평가하고 있다. PS-SGA의 유용성에 관하여 설명하라.

CHAPTER 14

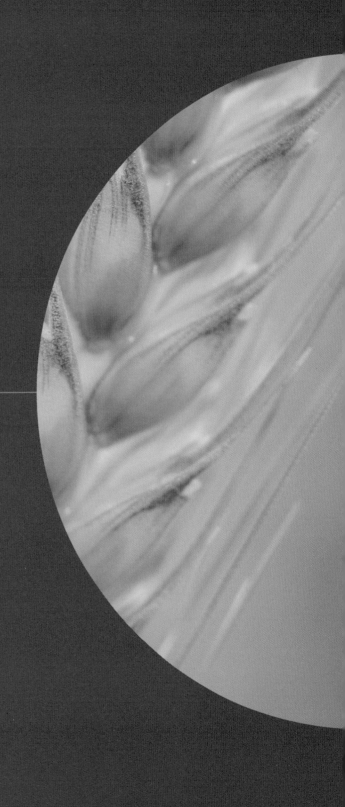

스트레스와
영양

스트레스와 영양

외상, 패혈증, 화상, 수술 등의 신체적 충격은 생리적 스트레스를 유발시킨다. 생리적 변화에 대한 대사반응은 크게 대사 항진, 단백질 분해 및 질소 배설, 포도당신생합성과 포도당 이용의 증진을 들 수 있다. 이러한 대사 항진에 대한 체내 저장 영양소의 분해가 일어날 때 적절한 영양공급을 받지 못하면 영양결핍상태가 된다. 이러한 영양결핍상태가 장기적으로 지속되면 상처 치유가 지연되고, 면역체계가 제대로 기능하지 못해 결국 질병을 악화시키며 회복을 지연시키게 된다. 이러한 상황에서 영양치료는 조직의 손상을 막고 상처 부위의 회복을 촉진시키는 중요한 역할을 한다.

용어정리

패혈증 혈액 중에 세균이 침범하여 번식하면서 생긴 독성물질에 의해 중독 증세를 나타내거나 전신에 감염증을 일으키는 질병

시상하부 간뇌의 복부로 제3 뇌실의 측벽과 저부에 있는 회백질의 부분으로 내분비 시스템의 수많은 작용들을 조절하는 뇌 부위

길항작용 생물체 내의 현상에서 두 개의 상반된 요인이 서로 작용할 때 그 효과를 상쇄하여 항상성을 유지하는 현상으로, 호르몬의 작용을 예로 들 수 있음

분지아미노산(branched chain amino acid) 간에서 대사되지 않고 바로 근육에서 에너지로 쓰일 수 있는 아미노산으로 발린, 루신, 이소루신이 해당됨

장폐색 장관이 막히는 등의 원인으로 장 내용물의 정상적인 흐름이 방해를 받아 배변과 가스가 장내에 축적되는 현상

이화작용 체내 물질을 분해하는 과정으로 이화과정을 통해 에너지를 생성하고 보존함

9의 법칙 인체를 아홉 부분으로 나누어 계산하는 것으로 정확하지는 않으나 임상에서 널리 사용하고 있음

대사성 산증(metabolic acidosis) 염기의 상실이나 중탄산 이외의 무기산과 유기산의 증가에 의하여 신체의 산-염기 평형이 산성으로 이동된 생리적인 장애상태

동화기 이화과정에서 얻은 에너지를 소비하여 구조가 간단한 영양성분에서 구조가 보다 복잡한 생체구성 고분자나 기능분자를 합성하는 시기

1. 생리적 스트레스

스트레스는 여러 가지 외부자극이 신체의 평형을 파괴하는 힘으로 작용함으로써 나타나게 되는 결과로 외상, 화상, **패혈증** 및 수술 환자 등에게서 주로 발생한다. 신체는 스트레스에 대응하기 위한 반응으로 체내 자율신경계의 조절에 의해 대사가 항진되어 기초대사량이 증가한다. 생리적 스트레스에 의해 변화되는 대사반응은 신체 구성에 변화를 가져오는데, 스트레스성 환자에게서는 세포 외액이 증가하고 지방 및 체세포 질량이 감소된다. 이러한 대사 항진과 분해현상이 증가되는 것은 외상의 정도와 상처받은 조직의 양에 비례하여 달라진다.

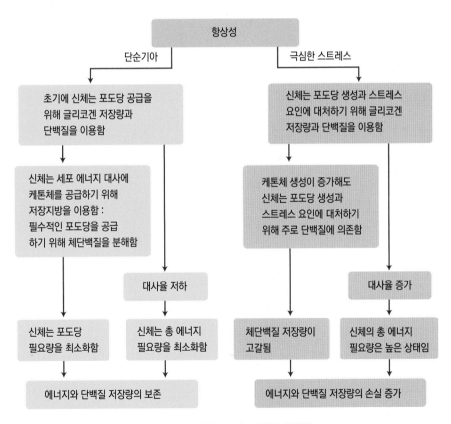

그림 **14-1** 절식과 스트레스에서의 대사반응
자료 : Whitney EN et al. Understanding Normal & Clinical Nutrition, 2008

1) 스트레스 반응의 진행과정

생리적 충격에 의한 초기반응(ebb phase)은 대개 24~48시간 동안 진행된다. 이러한 초기반응기에는 혈압, 심장 박출량 및 체온의 감소가 발생하며 결국 저혈량증 등이 발생하게 된다. 또한 대사 속도가 감소하고 저인슐린혈증과 저혈당증이 동반된다.

초기반응기가 지난 후에 적응기(flow phase)가 오게 되는데, 이 시기는 대사항진기라고 할 수 있다. 대사항진기는 보통 5~7일 정도 지속되지만 다중성 외상 또는 패혈증 등의 부작용이 발생할 경우에는 몇 주간 지속된다. 대사와 분해가 증진되고, 환자의 상태에 비례하여 체단백질이 고갈된다. 심박수와 호흡 등이 증가하고 고혈당증이 발생하며, 요 질소의 손실이 증가된다. 이러한 적응기는 표 14-1과

표 14-1 적응기의 단계

단계	기전
1단계	외상에 대한 분해반응
2단계	질소 배설과 체중감소가 서서히 줄어듦
3단계	• 합성반응이 일어남 • 단백질 저장량 회복, 에너지 섭취 증가, 생기 회복
4단계	• 체중증가, 지방조직의 복구가 일어남 • 대상 기능이 서서히 정상으로 돌아옴

표 14-2 절식과 생리적 스트레스의 대사반응 비교

대사반응	절식	스트레스	대사반응	절식	스트레스
기초대사량	감소	증가	케톤체 합성	증가	감소
글루카곤	증가	증가	혈청 지질 농도	증가	크게 증가
인슐린	감소	증가	체단백	보존	분해
당신생	증가	크게 증가	내장단백	보존	분해
혈당	감소	증가	주요 에너지	지방	복합

자료 : Matarese LE et al, Contemporary Nutrition Support Practice, 1998

같이 4단계로 구분된다. 생리적 스트레스로 인한 대사는 스트레스가 가해지지 않은 기아(starvation)와는 다른 양상을 보인다.

2) 스트레스 관련 호르몬

신체가 출혈, 외상, 심한 질병 등으로 인해 강한 스트레스를 받을 경우 즉각적인 방어기전으로 각종 호르몬을 분비하여 혈액을 통해 각 기관 및 장기에 도달하게 함으로써 조직 손상을 극소화시키는 반응을 한다. 이러한 생리적 스트레스에 대한 대사적 반응은 중추신경계의 활성화와 이에 기인한 **시상하부**-뇌하수체-부신 등의 경로와 자율신경계의 활성화에 의해 시작된다.

생리적 스트레스에 대한 신체 대사과정에 직접 관여하는 중요 호르몬은 인슐린(insulin), 글루카곤(glucagon), 부신수질 호르몬(catecholamine), 부신피질 호르몬(glucocorticoids), 성장호르몬(growth hormone)으로서 이들의 기능은 다음과 같다.

(1) 카테콜아민

자율신경계 중 교감신경계는 신체적 손상에 의한 생리적 스트레스로 인해 나타나는 반응인 혈압의 상승, 심박수의 증가 등과 관련된다. 교감신경계의 말단에서 나오는 신경전달체 중의 하나가 카테콜아민(catecholamine)으로서 부신수질에서 분비된다. 카테콜아민은 포도당신생합성과 간 글리코겐의 분해를 증가시키고 인슐린의 분비를 저해한다. 또한 근육에서의 포도당 이용률을 저하시키고 대사 속도와 열 발산을 촉진시킨다. 지방 분해도 증가시키며 뇌하수체로부터 부신피질자극 호르몬의 분비를 촉진시켜 글루코코티코이드(glucocorticoid)의 생성을 유도한다.

(2) 코티솔

스트레스 반응에 의한 신경전달은 시상하부에 도달하여 뇌하수체 전엽에서 부신피질자극 호르몬의 분비를 촉진한다. 코티솔(cortisol)은 부신피질자극 호르몬에 의해 부신피질로부터 분비되는 글루코코티코이드이다. 코티솔은 단백질 합성을 저해시키고, 골격근으로부터 아미노산의 이동을 도와주며, 포도당신생합성을 증진시킨다. 또한 글루카곤을 유리시키며, 지방 분해를 촉진시키고, 인슐린 분비를 억제한다.

(3) 글루카곤

글루카곤은 포도당신생합성, 단백질 및 지방의 분해를 촉진하여 저혈당증을 예방하고, 인슐린의 작용에 대해 **길항작용**을 한다. 특히, 인슐린과 글루카곤의 비율이 중요한데, 인슐린의 농도가 높을수록 단백질의 합성은 증가된다. 스트레스를 받으면 글루카곤의 분비는 촉진되고 인슐린의 분비는 억제되어 포도당신생합성과 단백질 분해가 증가하게 된다.

(4) 알도스테론

알도스테론(aldosterone)은 부신피질자극 호르몬에 의해 부신피질로부터 분비되는 중요한 호르몬이다. 알도스테론은 저염증(hyponatremia), 카테콜아민, 흥분, 수술, 외상, 저혈류량 등에 의해 분비가 촉진된다. 알도스테론은 신장에서 나트륨과 염소의 재흡수를 촉진하며, 증가된 혈청 염소와 나트륨은 항이뇨호르몬의 생성을 촉진한다. 알도스테론의 분비는 결국 나트륨과 수분을 보유시켜 세포 외액을 증가시키고, 칼슘의 배설을 증진시킨다.

(5) 항이뇨호르몬

항이뇨호르몬(Antiuretic Hormone : ADH)은 뇌하수체 후엽에서 분비되는데, 저혈당, 저혈량, 고삼투질, 외상 등 비특이적 스트레스 자극에 의해 분비가 촉진된다. 항이뇨호르몬은 신장에서 수분이 제거되는 것을 저해하고 요 배설량을 감소시켜 세포 내 체액량을 증가시키고 삼투질 농도를 감소시킨다.

표 **14-3** 스트레스 상태에서 체내 호르몬의 변화

호르몬	농도 변화	대사적 변화
카테콜아민	증가	• 글루카곤의 분비 증가 • 인슐린/글루카곤의 비율 감소 • 글리코겐의 분해 증가 • 아미노산으로부터 포도당의 합성 증가 • 유리지방산의 이동 증가
코티솔	증가	• 유리지방산의 이동 증가 • 아미노산으로부터 포도당의 합성 증가
글루카곤	증가	• 아미노산으로부터 포도당의 합성 증가 • 인슐린/글루카곤의 비율 감소 • 글리코겐의 분해 증가 • 포도당, 아미노산, 지방산의 저장량 감소
항이뇨호르몬	증가	수분 보유량 증가
알도스테론	증가	나트륨 보유량 증가

자료 : Whitney EN et al, Understanding Normal & Clinical Nutrition, 2008

2. 스트레스 상태의 영양소 대사

1) 에너지 대사

생리적 스트레스 상태에서는 거의 모든 조직에서 산소의 소비가 증가하고, 기초대사량이 증진된다. 대사가 항진된 상태에서는 상처 부위에 혈류량과 산소 소비 속도가 증가한다. 스트레스성 환자에게서는 고혈당증이 발생되는데, 간에서 글리코겐의 분해가 빠르게 일어난다.

대사가 항진된 상태에서 가장 먼저 소비되는 체내 저장 영양소인 글리코겐은 빠르게 고갈되며 중성지방도 빠른 속도로 분해된다. 체단백질은 간의 포도당신생합성에 대한 기질로 작용하기 위한 아미노산을 유리시키기 위해 분해된다. 지방산이 주된 에너지원이지만 뇌, 신경계 및 적혈구 세포는 포도당을 이용한다.

또한 상처 부위도 광범위하게 에너지원으로 포도당을 이용한다. 증가된 포도당

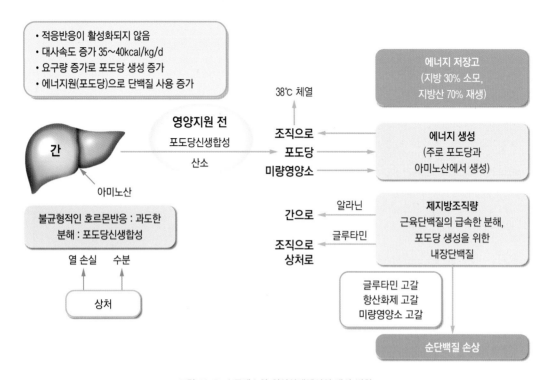

그림 **14-2** 스트레스와 외상상태에서의 대사 변화
자료 : Diaz JJ et al. Critical Care Nutrition Practice Management Guidelines, 2004

요구량에 대한 일차적인 포도당 공급은 간에서의 포도당신생합성에 의해 충당되며, 일부에서는 신장에서도 합성된다. 근육조직에서는 포도당신생합성을 수행할 수 없지만 포도당신생합성에 기질로 작용하는 아미노산을 제공한다.

2) 탄수화물 대사

스트레스 반응 동안에는 에피네프린에 의해 인슐린 분비가 저해되고 반대로 글루카곤의 분비는 증가하여 간에서의 포도당 생성 속도는 크게 증가한다. 스트레스 반응이 일어나는 동안 젖산과 알라닌(alanine)은 포도당신생합성의 주요 기질로 작용한다. 이러한 기전을 통해 간에서의 포도당 생성이 급격히 증가하고 결국 고혈당증과 스트레스성 당뇨병이라는 가성 당뇨상태(pseudo-diabetic state)에 이른다.

스트레스 동안 인슐린 저항성의 증가로 인해 휴면 골격근과 간에서는 포도당이 거의 이용되지 못하고, 대신 이 조직에서는 지방이 주요 에너지원으로 작용한다. 따라서 손상이나 패혈증이 있는 사람에게는 지방이 주요 에너지원의 역할을 한다. 포도당은 산화에 의해 이산화탄소와 물로 전환되는 반응으로 진행되는 것이 아니라, 혐기적 대사인 젖산반응계에 의해 대사되어 대사증을 유발한다. 젖산의 생성은 대사항진증의 정도에 비례하며, 지속적으로 산소의 소비 속도, 인슐린 저항성 및 요 중 요소질소 배설의 증가가 일어난다. 뇌, 중추신경계, 백혈구, 적혈구, 신장, 골수 및 심근에서는 포도당에 대한 요구가 지속적으로 일어나며, 상처, 화상 조직, 염증조직 등에서도 포도당이 요구된다. 이렇게 요구되는 포도당은 간에서의 포도당신생합성에 의해 충당된다.

3) 지방 대사

손상 또는 스트레스에 의해 지방의 분해가 가속되는데, 지방산은 빠른 속도로 분해되어 혈중 지방산 농도가 증가된다. 특히, 지방산 분해에는 카테콜아민이 중요한 역할을 하며 카테콜아민의 증가와 인슐린 분비의 감소에 의해 중성지방이 지방산과 케톤체 등으로 분해된다. 지방은 대사 항진 환자에서 주요 에너지원으로 작용하며, 필요로 하는 열량의 약 80%를 제공하지만 포도당만을 필요로 하는 조직에서는 사용되지 못한다.

지방산의 산화는 스트레스와 패혈증이 지속되는 동안 근육에서 아미노산의 유리를 최소화함으로써 단백질이 보존되도록 도와준다. 지방조직에서 유리된 지방산은 산화를 초과하는 양으로 분비되며 혈장 지방산은 간에서 중성지방으로 재에스테르화된다. 이후에 중성지방은 혈액으로 분비되어 거기서 지단백질가수분해효소(LPL)에 의해 분해되어 지방산으로 전환되며, 전환된 지방산은 지방조직에서 대사되어 중성지방으로 재합성된다. 조직 손상, 패혈증 등의 생리적 스트레스가 있는 환자는 지방산에서 중성지방으로 전환되는 회전 속도가 크게 증가하는데, 이러한 증가로 인해 결과적으로 열 발산에 의한 발열이 일어난다.

4) 단백질 대사

상처 등 손상에 의한 생리적 소모성 대사의 전형적인 현상은 골격근 단백질 분해의 증가에 의해 아미노산이 유리되는데, 단백질 분해의 증가는 손상된 조직량에 비례한다. 스트레스를 받는 동안에는 단백질 합성보다 단백질 분해 속도가 매우 빠르다. 코티솔에 의해 이동된 골격근 유래 아미노산들은 상처치료의 주요 기질인 포도당을 생합성하는데 이용되고, 감염에 저항하기 위한 면역글로불린, 백혈구, 혈액 손실을 보충하기 위한 헤모글로빈 및 알부민, 단백질 합성에 필요한 효소 등이 급성기 단백질의 합성에 이용된다.

스트레스 환자의 골격근에서는 **분지아미노산**(BCAA)의 산화속도가 증가되는데, 분지아미노산은 일차적으로 골격근 같은 간세포 외의 조직에서 산화되는 유일한 아미노산으로 질소와 포도당신생합성의 기질로서 탄소를 제공한다. 또한 간과 근육에서 단백질 분해를 저해하고, 단백질 합성을 증진시키는 역할을 하는데, 이들 분지아미노산이 탈아미노화되어 생성된 케토산들은 TCA 회로의 중간체로서의 역할을 한다. 유리된 아미노기들은 피루브산(pyruvate)과 글루탐산(glutamic

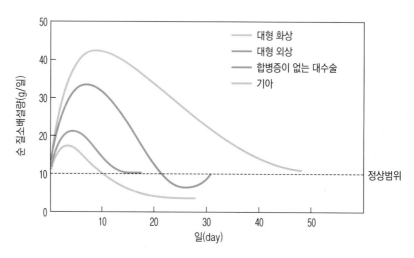

그림 **14-3** 스트레스로 인한 질소 배설 증가량

자료 : Diaz JJ et al. Critical Care Nutrition Practice Management Guidelines, 2004 acid)에 결합하여 알라닌과 글루타민을 형성한다. 이들 두 아미노산은 골격근으로부터 유리되는 아미노산 질소의 50~75%를 차지하는데, 알라닌은 포도당 전구체 및 에너지원으로 작용하고, 글루타민은 포도당신생합성의 기질로 작용한다. 또한 산염기 평형능력을 부여하고, 장관에서의 산화적 연료를 제공하는데, 조직 손상 시에 장과 신장에서의 글루타민 소비는 매우 증가한다. 간은 다양한 대사기능 역할을 지니고 있지만 생리적 스트레스 동안에 급성기 단백질의 혈장 농도를 증가시킨다.

골격근이 고갈되면 내장기관이 분해되어 아미노산을 제공하는데, 그 결과로 기관의 무게와 기능이 저하되지만 뇌에서는 이러한 분해가 일어나지 않는다. 이러한 분해 결과 신장에서 배설되는 3-메틸히스티딘(3-methylhistidine)과 크레아티닌(creatinine)의 양이 증가한다. 심각한 단백질 고갈은 요 중 요소질소의 최소 배설

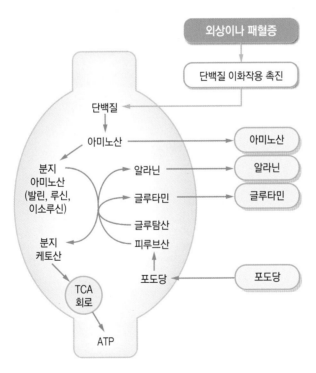

그림 **14-4** 외상 및 패혈증에서의 단백질 대사

량과 관계가 깊다. 결과적으로 단백질 분해는 감염, 패혈증, 손상된 상처 치료, 기관 손실 및 사망에 앞서 체중 손실, 근육 소비 등을 유발한다.

5) 무기질 및 비타민 대사

생리적 스트레스 동안 인, 황 칼슘 등의 무기질이 요 중으로 배설되는데, 수분과 무기질, 특히 인, 마그네슘, 칼륨의 손실은 **장피부루**(enterocutaneous fistula) 등의 부작용을 가져온다. 화상의 경우 칼슘 손실이 가장 잘 알려진 부작용인데, 칼슘의 손실은 결국 뼈 칼슘의 손실 및 골다공증으로 진행된다. 혈청 칼슘 농도는 알부민 농도 및 혈액 pH에 의해 영향을 받기 때문에 이온화된 칼슘은 칼슘 평형의 가장 정확한 척도이다. 글루코코티코이드는 비타민 D 활성에 저해작용을 하기 때문에 칼슘 흡수를 감소시키는데, 결국 스트레스 동안 코티솔 호르몬의 유리가 증가되기 때문에 칼슘의 배설량이 증가하게 된다.

심하게 아픈 환자에게서 철분 대사의 변화가 오는데, 혈액의 철분 농도는 감소하지만 골수는 스트레스 동안 철분에 민감하게 반응하지 않는다. 철분은 미생물의 성장을 위한 필수 영양소이기 때문에 철분 공급은 감염을 악화시킬 수 있다.

아연은 스트레스 동안 간에서 이용되는데, 심하게 아픈 환자들에서 증가된 대사체계의 활성에 필수적이다. 아연은 인슐린의 분비에 관여하며, 결핍되면 상처 치유에 손상을 가져오고 감염을 심화시킬 수 있다.

크롬은 포도당 이용에 손상을 가져오고, 구리는 스트레스 동안 간에서 이용되어 각종 대사체계에 필수적으로 작용한다. 구리 결핍은 철분 대사와 관련된 대사체계에 영향을 미치고, 상처 치유에 손상을 가져온다. 망간의 결핍은 포도당 이용에 손상을 가져오며 비타민 대사에서의 변화를 일으킨다.

3. 영양치료

스트레스 동안의 환자들은 분해반응 증가, 대사 항진 및 손상의 정도 등에 의해 에너지와 단백질의 요구량이 증가한다. 또한 임상적인 검사와 치료는 대사 활성을 증가시킴으로써 에너지 요구량을 증가시킨다. 화상, 외상 등의 스트레스성 환자에서 영양공급의 목적은 체중과 기관 기능을 유지하고 질소 손실을 최소화하기 위해 적절한 에너지와 단백질을 공급하는 것이다. 이러한 영양공급에서는 먼저 총 에너지 또는 포도당의 과다 공급을 피하고, 에너지원으로서 어느 정도의 지방을 사용하며, 질소 공급량을 늘리고 비단백 에너지/질소 비를 낮추어야 한다.

1) 에너지

에너지 요구량은 두 가지의 방법을 이용하는데, 간접적으로는 열량계를 이용하여 휴식에너지소비량(resting energy expenditure)을 측정하는 것이 가장 신뢰할 수 있는 방법이지만, 실제 이용하는 데 어려움이 있다. 또 하나의 방법은 **해리스-베네딕트(Harris-Benedict)** 식을 이용하는 것이다. 즉 총 에너지 요구량은 성별에 따른 기초에너지소비량(Basal Energy Expenditure : BEE)×활동계수×손상계수(injury factor)로 계산된다.

일반적으로 하루에 kg 체중당 30~35 비단백 에너지(30~35nonprotein kcal/kg/일)

표 **14-4** 스트레스 시 기초에너지소비량(BEE) 측정을 위한 해리스-베네딕트 식

구분	식
여자	BEE = 655 + (9.6 x 체중^2(kg)) + (1.8 x 신장(cm)) − (4.7 x 연령(세))
남자	BEE = 66.5 + (13.8 x 체중^2(kg)) + (5 x 신장(cm)) − (6.8 x 연령(세))
스트레스 시의 증가량	• 대부분의 스트레스 : 0~20% • 뇌 손상 : 30~50%

활동계수 : 누워서 생활할 때 : 1.2, 일반 활동 : 1.3

손상계수 : 작은 수술-1.2, 골격 손상-1.35, 패혈증-1.6, 심한 화상-2.1

2) 탄수화물

탄수화물은 중환자의 경우 4~5mg/kg/min의 속도로 공급되는데, 당뇨 또는 고혈당증이 있는 환자들에게는 그다지 바람직하지 않다. 최대 포도당 대사속도는 5~7mg/kg/min이며, 스트레스 환자는 하루에 약 150~200g의 포도당을 제공받아야 한다. 그러나 7mg/kg/min 이상의 초과적인 탄수화물 공급은 저장지방으로 전환되는데, 이것은 결국 산소 소비량과 이산화탄소 생성량을 증가시킨다. 또한 고혈당증이 악화되고 지방간 병변이 발생할 수 있다. 인슐린은 혈당 농도가 220mg/dL을 넘지 않게 유지될 수 있도록 제공되어야 하며 보통 비단백 에너지 중 50~70%는 탄수화물로부터 공급하도록 권장된다.

3) 단백질

영양공급의 목적은 합성 대사를 촉진하기 위해 충분한 단백질을 공급하는 것과 함께 적절한 에너지를 공급하여 단백질이 에너지원으로 사용되지 않도록 하는 것이다. 스트레스 시에 질소 배설은 환자의 상태에 따라 다르기 때문에 단백질과 에너지를 공급하기 위해 반드시 질소 균형이 측정되어야 한다.

단백질 요구량은 표준값을 사용한 계산과 질소 균형을 측정하여 계산하는 두 가지 방법이 있다. 질소 균형 측정은 정밀하기는 하지만 많은 시간과 비용이 요구된다. 질소 배설은 일반적으로 24시간 소변 시료를 채취하여 요소 함량을 측정하고 대변과 기타 조직에서 손실된 질소와 비요소(non-urea) 질소를 보정하기 위하여 4를 곱하여 얻는다.

일반적으로 질소 대비 에너지는 100~200kcal/g, 또는 질소 대비 비단백 에너지는 75~175kcal/g이면 적당하다. 심하지 않은 환자의 경우 대개는 하루에 kg 체중당 1~1.5g의 단백질이 요구되고, 심한 스트레스 환자의 경우는 1.5~2g이 요구된다.

소모성 스트레스 환자의 적절한 단백질 섭취량은 총 에너지의 14~20%이며, 이러한 수준은 kg 체중당 40~45kcal의 에너지를 공급받을 경우 양의 질소 균형을

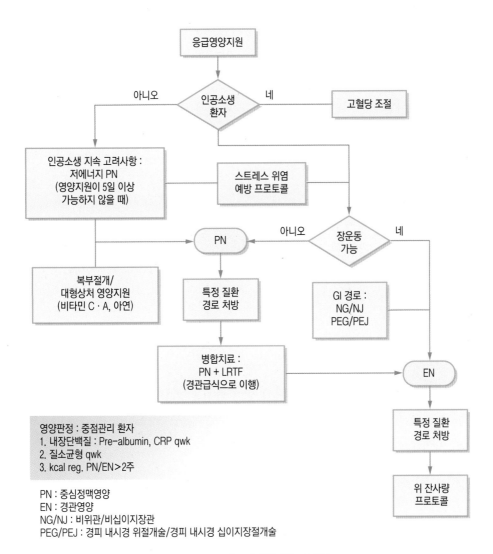

그림 **14-5** 스트레스 시 영양지원 프로토콜

자료 : Diaz JJ et al. Critical Care Nutrition Practice Management Guidelines, 2004

이룰 수 있고, 제지방 체중과 단백질 보유량을 회복시킬 수 있다. 또한 이 정도의 단백질 섭취는 kcal/질소 비율이 100~150 : 1 정도를 나타낸다. 따라서 단백질 요구량은 전체 에너지 요구량을 150으로 나누어서 얻은 질소량에 6.25를 곱해서 필요한 단백질 요구량을 산출할 수 있다. 양의 질소 균형을 이룰 경우 얻어지는 초기의 체중 증가는 수분 저류를 반영하는 것이다. 초기의 체중 증가 후에 지속적인 양의 질소 균형을 유지하여도 체중 증가는 초기만큼 많지 않은데, 이것은 자발적인 이뇨작용으로 수분 농도가 감소되고 있기 때문이다.

감염증이 지속되고 있는 스트레스 환자에게 글루타민의 공급은 질소 균형을 개선시키고, 사망률과 이환율을 감소시킨다. 따라서 글루타민은 감염, 조직 손상 등의 스트레스 환자들에게서 조건 필수영양소로 간주된다.

4) 지 방

지방의 경우 필수지방산 결핍을 예방하기 위하여 적어도 전체 열량의 2~4%는 리놀레산(linoleic acid)으로 공급받아야 하는데, 필수지방산 결핍은 포도당 공급에 따른 인슐린 농도의 상승으로 인해 더욱 빨라진다.

5) 비타민과 무기질

아연과 비타민 A 및 C가 상처 치료와 면역 활성에 중요한 역할을 한다. 비타민 C는 콜라겐의 합성에 중요하므로 결핍 시에 상처치료가 지연될 수 있다. 비타민 A는 상피세포의 증식을 돕는 역할을 하기 때문에 결핍 시 상처치료가 지연될 수 있다. 일반적으로 중환자의 경우 철분의 공급이 제한되는데, 이는 철분 보충은 경우에 따라 미생물의 증식을 도와 감염을 심화시킬 수 있기 때문이다.

4. 수 술

외상은 대개 장골 골절, 골반 및 척추 골절이나 머리, 복부 등의 부상을 말한다. 외상으로 인한 스트레스 후 위 기능은 1~2일간, 대장 기능은 3~5일간 저하되나 소장 기능은 비교적 정상을 유지하기 때문에 소장을 이용한 조기 경장영양방법이 바람직하다.

1) 영양치료 목표

영양치료는 혈류역학적 기능, 대사적 기능과 산·염기 및 수분 균형 등을 정상화하는 것을 목표로 한다. 제지방량(lean body mass)의 손실을 최소화하고 소화·흡수기능을 파악하여 가장 효과적인 영양공급방법을 사용한다. 포도당 항상성을 유지하기 위한 영양공급을 해야 하지만 에너지와 수분의 과잉 공급은 좋지 않다.

2) 수술 전 영양치료

수술 전 환자의 영양관리는 환자의 영양상태와 수술의 종류에 따라 다르다. 영양상태가 양호한 환자는 심한 영양불량 환자보다 큰 수술을 더 잘 견디어 낼 수 있으며, 영양불량이 있는 경우는 수술 후 여러 가지 합병증을 일으키기 쉽고, 사망에 이르는 경우도 많다.

수술 전후에는 식욕부진, 구토, 소화불량, 출혈 등으로 인해 영양불량이 오는 경우가 흔하며, 이러한 영양불량으로 인해 상처의 치유가 지연되고, 수술 봉합 부위의 봉합부전, 상처 감염 등으로 인한 합병증이 일어날 수 있다.

수술로 인한 질병의 이환율은 1차 질환의 범위 및 시행된 처치의 종류에 따라 다른데, 심한 영양결핍은 수술 후 이환율과 사망률을 증가시키므로 수술 전의 영양관리는 매우 중요하다. 수술 전 혈청 알부민 수준은 수술 후 사망률의 강력한 예측인자로 간주된다.

(1) 영양관리

수술 전 환자가 식사를 할 수 없거나 영양상태가 불량한 환자들에게 수술 전 영양지원을 하면 수술 후 합병증 발생률 및 사망률이 효과적으로 감소된다. 그러나 수술 전에 정맥영양을 하는 것은 심한 영양결핍증을 보이는 환자들로 제한해야 한다. 대수술을 앞두고 있는 심한 영양결핍증 환자에게는 입원 1~3일 이내에 영양지원을 시작하여 약 7~10일간 적절한 영양공급을 한 후에 수술하는 것이 좋다.

일반 수술인 경우에는 적어도 수술 전 6~8시간 동안은 금식해야 하며, 응급수술 시 환자가 수술 직전에 식사를 한 경우에는 위 속으로 흡입관을 삽입하여 위 내용물을 제거하여야 한다. 소화관 내에 음식이 남아 있으면 감염을 일으키는 결장 내 세균이 증가되므로, 복부나 위장관 수술 시에는 수술 후의 감염 방지를 위하여 소화관 내 음식물을 완전히 비워야 한다. 이를 위해 2~3일간 저잔사식이나 무잔사식(residue-free diet)을 계속하여 수술 후 생기는 가스로 인한 팽만감을 막으며, 수술하기 몇 시간 전에는 관장을 한다.

(2) 영양요구량

① 에너지

수술을 위해서는 충분한 에너지 공급이 필수적이다. 적당량의 탄수화물 공급은 조직 합성에 필요한 단백질이 에너지원으로 사용되는 것을 방지할 뿐만 아니라 대사 항진으로 인해 증가된 에너지 요구량을 충족시킬 수 있다. 특히, 포도당은

표 **14-5** 임상상태에 따른 에너지 필요량

임상상태	이화작용의 정도	기초대사율 상승도(%)	총 에너지 필요량(kcal)
침대에 누워 있음	1°(정상)	없음	1,800
간단한 수술	2°(가벼움)	0~20	1,800~2,200
복잡한 부상	3°(중정도)	20~50	2,200~2,700
급성감염	4°(심함)	50~125	2,700~4,000 또는 그 이상

자료 : 이정윤 등, 식사요법, 1998

수술 후 케톤증과 구토 방지에 도움을 주고, 간에 글리코겐 저장량을 증가시켜 간 기능을 보호해 준다. 영양불량인 환자는 수술하기 전 에너지 공급량을 평상시보다 30~50% 더 증가시키는 것이 좋다.

② 단백질

수술 환자에게 가장 부족하기 쉬운 영양소는 단백질이며 체내 단백질 대사상태가 수술 시 위험을 감소시키는 데 매우 중요하다. 수술 도중 혈액 손실이나 수술 후 대사항진으로 인한 체조직 분해에 대비하여 체내에 단백질을 충분히 보유해야 한다. 또한 세균에 대한 감염 예방과 조속한 상처 회복을 위해서는 충분한 단백질이 공급되어야 한다. 그러므로 수술 전 1~2주 동안 단백질을 1일 100g 정도 공급하여 혈청 단백질 수준을 최저 6.0~6.5g/dL 이상이 되도록 한다.

③ 비타민과 무기질

비타민은 상처 회복에 중요한 역할을 한다. 특히, 비타민 C는 콜라겐(collagen) 합성에 필수적이다. 그리고 비타민 K는 프로트롬빈과 기타 다른 혈액응고 요소의 합성에 필수적이므로 비타민 K 결핍은 상처 시 과다한 출혈을 초래하고 감염을 유발시킬 수 있다. 에너지 및 단백질 섭취의 증가에 따라 비타민 B 복합체의 섭취가 증가되어야 하며 이 밖에도 수분 및 전해질의 균형을 유지하여야 한다.

④ 수 분

환자가 탈수상태일 때는 수술을 하지 말아야 한다. 응급 환자가 구강으로 수분을 공급받을 시간이 없거나 환자가 구강 섭취가 불가능할 때는 정맥주사를 통하여 충분한 양의 전해질과 수분을 공급하여야 한다.

3) 수술 후 영양치료

수술 후 영양관리는 수술의 종류, 수술받은 환자의 건강상태에 따라 다르다. 수술로 인해 체내의 혈액, 수분, 전해질이 체외로 손실되고, 구토와 상처로 소실되는 체액으로 인해 수분과 전해질 손실은 더 커진다. 이로 인한 탈수와 쇼크를 방지하기 위해 정맥주사, 피하주사, 직장 주입법을 통해 수분과 전해질을 공급한다.

(1) 영양관리

일반적으로 수술 직후 공급되는 정맥 수액은 수분 및 전해질 공급을 목적으로 하는 것이다. 따라서 수술 후 금식기간 동안에 발생되는 영양적 손실을 줄이기 위해서는 영양지원이 필요하다. 수술 후 일주일 이상 경구식사가 불가능할 것으로 예상되는 경우에는 가벼운 영양결핍 상태에서도 영양지원을 하는 것이 바람직하며, 심한 영양결핍 상태에서는 수술 후 1~2일 이내에 즉시 영양지원을 시작하는 것이 바람직하다.

일반적으로 수술 직후에는 위의 기능부진으로 경구 섭취나 위 관급식이 불가능하나 소장의 소화흡수 및 운동기능은 정상이기 때문에 유문부를 지나 관을 넣음으로써 소장을 통한 영양소 공급이 가능하다. 또한 수술 후 되도록 빨리 영양공급을 하는 것이 합병증을 감소시키고 수술 후 **장폐색**을 예방할 수 있다.

수술 후 위장관의 상태에 따라 음식물 섭취 여부가 결정되는데, 장에서 소리가 다시 들리거나 가스가 나오기까지 24~48시간 정도 기다려야 한다. 일반적으로 맑은 유동식으로 시작해서 유동식, 연식, 일반식으로 진전시킨다.

(2) 영양요구량

① 에너지

수술의 종류에 따라 에너지 필요량이 달라지는데, 합병증이 없는 수술 환자의 경우 에너지 필요량은 정상 필요량의 10% 정도를 증가시키며, 복합 골절, 외상 등의 수술인 경우에는 10~25% 더 증가시켜야 한다.

기초에너지소비량은 기초대사량과 비슷하므로 수술의 종류에 따른 기초대사량의 상승 비율을 고려하여 에너지를 산출하기도 한다. 증가된 에너지 필요량을 당질과 지방으로 충분하게 공급하지 않으면 단백질이 대신 손실되어 수술 후 질소 손실량을 보충하기 어렵고, 상처의 회복이 지연되므로 충분한 에너지를 공급하여야 한다.

② 단백질

수술 후 이화작용이 급격히 항진되면 혈청 단백질 농도가 저하되고, 소변으로의 질소 배설이 증가하므로 수술 후 일주일 정도 음의 질소평형이 지속된다. 수술 일주일 후에는 질소평형이 음의 상태에서 전환되고, 수술 후 2~5주 동안은 합성반응기로 체조직이 보수되어 상처가 치유되며, 그 후 피하지방이 증가되어 수술 전의 체중으로 회복된다. 그러나 수술 후 저단백혈증이 있으면 상처 회복이 지연되고, 감염에 의한 합병증의 위험, 수술 봉합부분의 부종으로 봉합의 안전을 기할 수 없다. 따라서 상처의 빠른 회복과 출혈로 인한 적혈구 회복, 빈혈 예방, 항체와 효소의 생성을 위해서는 단백질 공급을 충분히 해야 한다. 일반적으로 수술 후 공급되는 단백질은 체중 kg당 1~2g이다.

③ 비타민과 무기질

영양상태가 양호한 환자의 경우, 간단한 수술 후에는 비타민 보충이 필요하지 않으나 큰 수술을 한 후, 장기간의 질병으로 인해 쇠약한 경우, 수술 전후 장기간 동안 단식을 한 경우에는 권장량의 2~3배 정도 비타민을 다량 공급하여야 한다.

비타민 C는 빠른 상처 치유에 필요하므로 수술 후 환자의 비타민 C 상태를 평가하여야만 한다. 그러나 비타민 C를 과잉으로 섭취할 경우 설사, 신결석, 혈청 비타민 B_{12}의 농도가 저하되므로 수술 후 적절한 혈장 농도를 유지하기 위해서는 비타민 C를 100~300mg 정도 섭취해야 한다. 비타민 A는 상피조직의 구성에 필요한 것으로 결핍 시 상처 회복이 지연되며, 비타민 K가 결핍될 경우 프로트롬빈 농도를 감소시켜 혈액 응고를 지연시키므로 수술 시 특히 주의해야 한다. 티아민, 리보플라빈, 니아신의 비타민 B 복합체는 당질과 단백질 대사에 필요한 조효소로 외상 후 부족하기 쉽다. 아연은 아미노산 대사와 콜라겐 전구체의 합성에 필요하므로 환자에게 충분히 공급하여 상처 치유를 돕도록 한다.

④ 수분

수술하는 동안에는 혈액, 수분, 전해질이 손실되는데, 특히 소변량이 감소되고 소변 중의 나트륨, 염소의 배설이 저하되며 칼륨의 배설은 더욱 증가한다. 그러므로 수술 직후 탈수와 쇼크 상태를 방지하기 위해서는 수분과 전해질의 균형이 적절히 유지되어야 한다.

수술 후 환자는 구강으로 다량의 물을 섭취하지 못하므로 정맥주사, 피하주사 또는 직장으로 수분을 공급해야 한다. 그러나 마취가 풀린 직후 구강으로 수분을 공급할 수 있는 경우도 있으므로 환자의 상태에 따라 수분 공급의 방법이 달라야 한다.

5. 화 상

화상이란 열, 방사선, 전기, 화학물질에 의해 피부 및 다른 기관들이 손상을 입는 질환으로 가정에서 끓는 물, 불장난 등으로 인한 화염 또는 그을림에 의한 화상이 가장 많으며, 직업상의 사고로 화상을 당하는 경우도 많다.

1) 화상의 분류

화상을 분류하는 것은 화상을 치료하고 예후에 대한 대책을 세우는 데 있어 매우 중요하다. 화상 깊이에 대한 정확한 판정은 치유기간, 입원 여부, 후유증 및 정도를 예측할 수 있게 한다. 일반적으로 화상의 정도는 깊이에 따라 1~4도로 나누어진다.

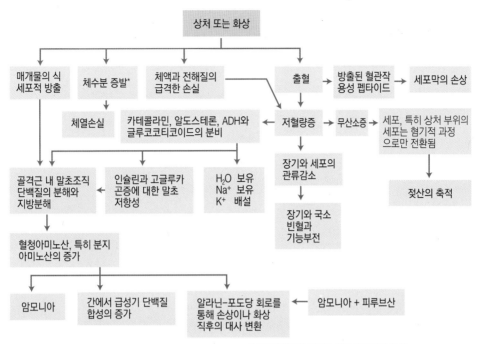

그림 **14-6** 화상 직후 체내 대사적 변화
자료 : Mahan LK et al. Krause's Food, Nutrition & Diet Theraphy, 2000

(1) 화상의 깊이

① 1도 화상

해변에서 강한 태양광선을 쪼이거나 뜨거운 액체에 순간적으로 접촉했을 때 발생한다. 동통, 발적현상, 부종이 동반되나 피부의 감염 방어능력은 손상을 받지 않으므로 상처가 감염되는 일은 없다.

② 2도 화상

피부의 상피층과 진피층 일부에 상해를 받은 것이다. 진피의 일부만이 손상된 화상은 약 2주일 정도면 상피가 재생되어 흔적 없이 낫게 된다.

③ 3도 화상

피전층이 손상된 경우로 피부가 건조해지며 흰색 또는 검은색으로 변한다. 피부 감각을 상실하여 핀으로 찔러도 통증을 느끼지 못한다.

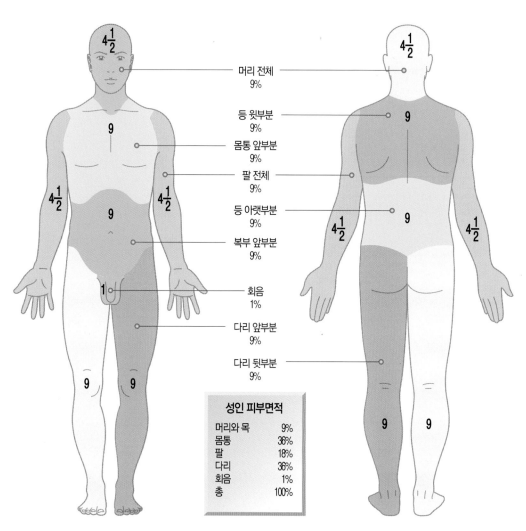

그림 14-7 체표면적을 추정하는 9의 법칙
자료 : Nucleus Medical Art, 2006 ; www.nucleusinc.com

④ 4도 화상

최근에 사용되는 용어로 피부의 전층과 함께 피하의 근육, 힘줄, 신경 또는 골조
직까지 손상된 경우이다.

(2) 화상의 넓이

체표면적에 대한 화상면적의 비율을 추정함으로써 체액 손실에 의한 수액 공급의
여부와 용량을 결정할 수 있다. 화상의 넓이를 측정하는 방법으로는 체표면적에
대한 화상범위의 백분율로 표시하며, 9의 법칙이 계산하기 쉽고 간단하여 많이 이
용된다. **9의 법칙**이란 인체를 9부분으로 나누어 계산하는 것으로 나이가 증가할
수록 다리의 비율을 높여 사용하는데, 정확한 방법은 아니나 임상에서 널리 이용
되고 있다.

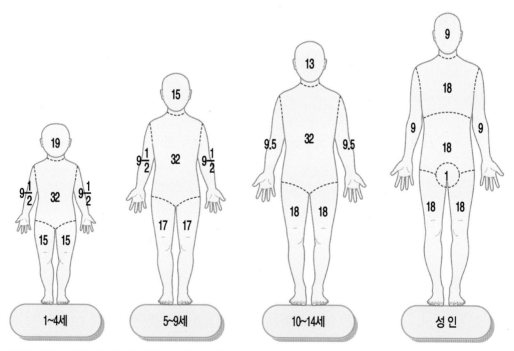

*화상의 면적을 알아보는 데 쓰는 9의 법칙(숫자는 화상을 입은 피부 표면적의 백분율[%]임)

그림 **14-8** 체표면적을 추정하는 연령별 9의 법칙

2) 영양치료

화상은 손상된 체표면적의 크기와 피부조직의 깊이에 따라서 치료계획이 결정된다. 화상 환자는 대사항진으로 체단백의 이화작용과 요 질소 배설이 증가되므로 체단백질의 분해를 최소화하도록 영양처방을 한다. 또한 단백질과 체액의 손실이 증가하여 수분 및 전해질의 불균형을 초래할 수 있으므로 손실된 체단백질과 혈장단백질을 보충한다. 이때 손실된 수분 및 전해질을 신속하게 공급하지 않으면 심한 체액 손실로 저혈량증과 대사성 산증(metabolic acidosis)이 초래되므로 적절한 영양관리가 필요하다.

(1) 에너지

화상으로 인한 신경 호르몬의 변화는 대사항진을 유발하여 에너지 요구량을 증가시킨다. 그러나 임상연구에 의하면 대사항진으로 에너지 요구량이 증가하는 대신 활동량이 감소되므로 실제 에너지 요구량은 과거에 생각했던 것만큼 그다지 많지는 않다. 불충분한 에너지 공급은 상처회복을 지연시키고 면역기능을 저하시키는 반면에 과다한 에너지 공급은 고혈당, 지방간, CO_2 생성 증가 등을 초래할 수 있기 때문에 적절한 에너지 공급이 필수적이다.

화상 환자의 에너지 요구량은 화상의 크기에 따라 다르며, 가장 보편적으로 많이 이용되는 에너지 요구량 계산법은 **커리(Currei) 공식**이다. 표 14-6은 연령별

표 **14-6** 커리(Currei) 공식을 통한 연령별 에너지 요구량 결정 공식

성별	연령(세)	에너지 요구량
남녀 모두 적용	< 1	기초량* + (15 × 화상 부위의 체표면적 백분율)
	1~3	기초량* + (25 × 화상 부위의 체표면적 백분율)
	4~15	기초량* + (40 × 화상 부위의 체표면적 백분율)
	16~59	25kcal × 평소체중(kg) + (40kcal × 화상 부위의 체표면적 백분율)
	> 60	기초량* + (65 × 화상 부위의 체표면적 백분율)

* 기초량 = 연령별 체중 kg당 에너지 권장량 × 화상 전의 체중

에너지 필요량을 결정하는 공식이다.

(2) 탄수화물

탄수화물은 단백질 절약효과가 있기 때문에 화상 환자의 에너지 급원으로 매우 중요하다. 그러나 과다한 탄수화물 공급은 지질 합성을 초래하여 CO_2 생성을 증가시킬 뿐만 아니라 대사적 스트레스로 인한 고혈당을 악화시킬 수 있기 때문에 총 에너지의 60~65%로 제한하는 것이 좋다. 한편, 혈당을 조절하고 세포 내로 포도당 흡수를 극대화하기 위하여 인슐린 주사가 필요할 수 있다.

(3) 단백질

화상 후 일주일 동안은 이화작용의 촉진으로 인하여 소변 중 질소 배설량이 증가하지만, 일주일 후부터는 이화작용의 정도가 줄어들고 **동화기**로 전환되기 시작한다.

화상 면적이 클수록 소변 배설이나 상처를 통한 질소 손실이 크고 상처 치유를 위한 단백질 요구량이 증가된다. 일반적으로 화상 부위가 체표면적의 20% 미만인 경우는 체중 1kg당 1.5g, 화상 부위가 체표면적의 20% 이상인 경우는 2g을 공급하며, 30% 이상인 경우는 에너지 : 질소 비율을 100 : 1에 가깝게 하여 더 많은 양의 단백질을 공급한다. 가장 보편적인 단백질 요구량 계산법은 다음과 같다.

단백질 1g × 정상 체중 kg + 3g 단백질 × 화상 부위의 체표면적 백분율

(4) 지 방

화상 환자의 영양상태를 유지하기 위하여 지방을 사용하는 것은 많은 논란이 되어 왔다. 왜냐하면 지방은 많은 양의 에너지를 공급하지만 과잉의 지방은 고지혈증, 지방간을 초래하고, 면역반응을 악화시켜 감염에 대한 민감도를 증가시키며 감염에 대한 이환율을 증가시킬 수 있기 때문이다. 그러나 $\omega-3$ 지방산이 많은 식품은 면역반응을 향상시켜 주는 동시에 관급식 내성(tube feeding tolerance)

을 유지시켜 주므로 식사 내 지방의 구성이 중요하다. 따라서 일반적으로 지방을 총 에너지의 15~20% 정도로 공급한다.

(5) 비타민과 무기질

화상 환자의 경우 비타민의 필요량은 증가하지만 정확한 필요량은 아직 설정되어 있지 않다. 화상 시 많은 양의 체액 손실과 세포 파괴로 환자에게 저나트륨혈증이 보이며, 화상 면적이 30% 이상인 환자에서는 혈청 내 칼슘 수준이 저하되는데, 환자가 움직이지 못할 경우에 더욱 많이 나타난다. 칼슘 보충과 약간의 운동으로 이러한 감소를 줄일 수 있으며, 조속한 상처 회복을 위해 비타민 E, 비타민 A, 아연 등의 보충이 필요하다.

(6) 수분과 전해질

화상 부위를 통해 많은 양의 수분과 전해질이 손실되므로 24~48시간 동안 가장 먼저 고려해야 하는 것은 수분과 전해질의 보충이다. 심한 화상 시 처음 몇 시간 동안은 수분과 전해질의 손실이 적혈구 손실보다 훨씬 많아 헤모글로빈과 헤마토크리트의 수준이 화상 후 24~48시간 이내에 크게 증가하므로 회생액 (resuscitation fluid)을 공급한다.

회생액은 순환체액량을 유지하고 허혈 방지에도 필수적이다. 회생액의 절반은 혈관 내 수분과 전해질 손실이 가장 큰 8시간 내에 공급해야 한다. 회생액의 공급이 끝나면 체내 일정량의 수분이 보유되도록 하고, 화상 부위를 통해 증발되는 수분 손실량을 보충하기 위해 충분한 양의 수분을 공급하여야 한다. 일반적으로 1일 7~10L의 수분을 공급하며, 충분한 수분과 전해질을 공급하여 혈액의 정상적인 순환을 유지시켜 주고, 급성신부전을 예방한다.

사례연구

화상

48세 언론인인 박 씨는 심한 화상을 입어 응급실을 통해 입원하였다. 그는 건물 화재로 인해 전신의 40% 이상 심한 화상을 입었다. 입원 시 그의 신장은 175cm였고, 체중은 90kg이었다. 주치의는 혈청 단백질을 포함한 검사를 지시하였으며, 현재 검사 결과는 아직 나오지 않고 있다.

❶ 박 씨의 화상 직후의 영양 필요량을 계산하라.

❷ 심한 외상을 입은 경우 체내 호르몬의 변화에 대하여 기술하라.

❸ 박 씨의 경우, 조기 경장영양 시도의 장점에 대하여 기술하라. 또한 이러한 장점은 심한 화상 이후 어떤 점에서 특히 중요할 수 있는가?

부록

1. 한국인 영양소 섭취기준(2015)

에너지와 다량영양소

성별	연령	에너지(kcal/일)				탄수화물(g/일)				지방(g/일)				n-6계 지방산(g/일)			
		필요추정량	권장섭취량	충분섭취량	상한섭취량	평균필요량	권장섭취량	충분섭취량	상한섭취량	평균필요량	권장섭취량	충분섭취량	상한섭취량	평균필요량	권장섭취량	충분섭취량	상한섭취량
영아	0~5(개월)	550						60				25				2.0	
	6~11	700						90				25				4.0	
유아	1~2(세)	1,000															
	3~5	1,400															
남자	6~8(세)	1,700															
	9~11	2,100															
	12~14	2,500															
	15~18	2,700															
	19~29	2,600															
	30~49	2,400															
	50~64	2,200															
	65~74	2,000															
	75 이상	2,000															
여자	6~8(세)	1,500															
	9~11	1,800															
	12~14	2,000															
	15~18	2,000															
	19~29	2,100															
	30~49	1,900															
	50~64	1,800															
	65~74	1,600															
	75 이상	1,600															
임신부		+0															
		+340															
		+450															
수유부		+320															

성별	연령	n-3계 지방산(g/일)				단백질(g/일)				식이섬유(g/일)				수분(mL/일)				
		필요추정량	권장섭취량	충분섭취량	상한섭취량	평균필요량	권장섭취량	충분섭취량	상한섭취량	평균필요량	권장섭취량	충분섭취량	상한섭취량	평균필요량	권장섭취량	충분섭취량 액체	충분섭취량 총수분	상한섭취량
영아	0~5(개월)			0.3				10								700	700	
	6~11			0.8		10	15									500	700	
유아	1~2(세)					12	15					10				800	1,100	
	3~5					15	20					15				1,100	1,500	
남자	6~8(세)					25	30					20				900	1,800	
	9~11					35	40					20				1,000	2,100	
	12~14					45	55					25				1,000	2,300	
	15~18					50	65					25				1,200	2,600	
	19~29					50	65					25				1,200	2,600	
	30~49					50	60					25				1,200	2,500	
	50~64					50	60					25				1,000	2,200	
	65~74					45	55					25				1,000	2,100	
	75 이상					45	55					25				1,000	2,100	
여자	6~8(세)					20	25					20				900	1,700	
	9~11					30	40					20				900	1,900	
	12~14					40	50					20				900	2,000	
	15~18					40	50					20				900	2,000	
	19~29					45	55					20				1,000	2,100	
	30~49					40	50					20				1,000	2,000	
	50~64					40	50					20				900	1,900	
	65~74					40	45					20				900	1,800	
	75 이상					40	45					20				900	1,800	
임신부[1]						+12	+15											
						+25	+30					+5					+200	
수유부						+20	+25					+5					+500	+700

1) 에너지, 단백질 : 임신 1, 2, 3분기별 부가량

성별	연령	메티오닌+시스테인(g/일)				류신(g/일)				이소류신(g/일)				발린(g/일)				라이신(g/일)			
		필요추정량	권장섭취량	충분섭취량	상한섭취량	평균필요량	권장섭취량	충분섭취량	상한섭취량	평균필요량	권장섭취량	충분섭취량	상한섭취량	평균필요량	권장섭취량	충분섭취량	상한섭취량	평균필요량	권장섭취량	충분섭취량	상한섭취량
영아	0~5(개월)			0.4				1.0				0.6				0.6				0.7	
	6~11	0.3	0.4			0.6	0.8			0.3	0.4			0.3	0.5			0.6	0.8		
유아	1~2(세)	0.3	0.4			0.6	0.8			0.3	0.4			0.4	0.5			0.6	0.7		
	3~5	0.3	0.4			0.7	0.9			0.3	0.4			0.4	0.5			0.6	0.8		
남자	6~8(세)	0.5	0.6			1.1	1.3			0.5	0.6			0.6	0.7			1.0	1.2		
	9~11	0.7	0.8			1.5	1.9			0.7	0.8			0.9	1.1			1.4	1.8		
	12~14	1.0	1.2			2.1	2.6			1.0	1.2			1.2	1.5			2.0	2.4		
	15~18	1.1	1.3			2.4	3.0			1.1	1.3			1.4	1.7			2.2	2.7		
	19~29	1.0	1.3			2.3	2.9			1.0	1.3			1.3	1.6			2.4	3.0		
	30~49	1.0	1.3			2.3	2.9			1.0	1.3			1.3	1.6			2.3	2.9		
	50~64	1.0	1.2			2.2	2.7			1.0	1.2			1.2	1.5			2.2	2.8		
	65~74	0.9	1.2			2.1	2.6			0.9	1.2			1.2	1.5			2.1	2.7		
	75 이상	0.9	1.1			2.0	2.6			0.9	1.1			1.1	1.4			2.1	2.6		
여자	6~8(세)	0.5	0.6			1.0	1.2			0.5	0.6			0.6	0.7			0.9	1.2		
	9~11	0.6	0.7			1.4	1.7			0.6	0.7			0.8	1.0			1.2	1.5		
	12~14	0.8	1.0			1.8	2.3			0.8	1.0			1.1	1.3			1.7	2.1		
	15~18	0.8	1.0			1.9	2.3			0.8	1.0			1.1	1.3			1.7	2.1		
	19~29	0.8	1.1			1.9	2.4			0.8	1.1			1.1	1.3			2.0	2.5		
	30~49	0.8	1.0			1.8	2.3			0.8	1.0			1.0	1.3			1.9	2.4		
	50~64	0.8	1.0			1.8	2.2			0.8	1.0			1.0	1.2			1.8	2.3		
	65~74	0.7	0.9			1.7	2.1			0.7	0.9			0.9	1.2			1.7	2.2		
	75 이상	0.7	0.9			1.6	2.0			0.7	0.9			0.9	1.1			1.6	2.0		
임신부		0.3	0.3			0.6	0.7			0.3	0.3			0.3	0.4			0.3	0.4		
수유부		0.3	0.4			0.9	1.1			0.5	0.6			0.5	0.6			0.4	0.4		

성별	연령	페닐알라닌+티로신(g/일)				트레오닌(g/일)				트립토판(g/일)				히스티딘(g/일)			
		필요추정량	권장섭취량	충분섭취량	상한섭취량	평균필요량	권장섭취량	충분섭취량	상한섭취량	평균필요량	권장섭취량	충분섭취량	상한섭취량	평균필요량	권장섭취량	충분섭취량	상한섭취량
영아	0~5(개월)			0.9				0.5				0.2				0.1	
	6~11	0.5	0.7			0.3	0.4			0.1	0.1			0.2	0.3		
유아	1~2(세)	0.5	0.7			0.3	0.4			0.1	0.1			0.2	0.3		
	3~5	0.6	0.7			0.3	0.4			0.1	0.1			0.2	0.3		
남자	6~8(세)	0.9	1.1			0.5	0.6			0.1	0.2			0.3	0.4		
	9~11	1.3	1.6			0.7	0.9			0.2	0.2			0.5	0.6		
	12~14	1.7	2.2			1.0	1.3			0.3	0.3			0.7	0.9		
	15~18	2.0	2.4			1.1	1.4			0.3	0.4			0.8	0.9		
	19~29	2.7	3.4			1.1	1.4			0.3	0.3			0.8	1.0		
	30~49	2.7	3.3			1.1	1.3			0.3	0.3			0.7	0.9		
	50~64	2.6	3.2			1.0	1.3			0.3	0.3			0.7	0.9		
	65~74	2.4	3.1			1.0	1.2			0.2	0.3			0.7	0.9		
	75 이상	2.4	3.0			1.0	1.2			0.2	0.3			0.7	0.8		
여자	6~8(세)	0.8	1.0			0.5	0.6			0.1	0.2			0.3	0.4		
	9~11	1.1	1.4			0.6	0.8			0.2	0.2			0.4	0.5		
	12~14	1.5	1.8			0.9	1.1			0.2	0.3			0.6	0.7		
	15~18	1.5	1.9			0.9	1.1			0.2	0.3			0.6	0.7		
	19~29	2.2	2.8			0.9	1.1			0.2	0.3			0.6	0.8		
	30~49	2.2	2.7			0.9	1.1			0.2	0.3			0.6	0.8		
	50~64	2.1	2.6			0.8	1.0			0.2	0.3			0.6	0.7		
	65~74	2.0	2.5			0.8	1.0			0.2	0.2			0.5	0.7		
	75 이상	1.9	2.3			0.7	0.9			0.2	0.2			0.5	0.7		
임신부		0.8	1.0			0.3	0.4			0.1	0.1			0.2	0.2		
수유부		1.5	1.9			0.4	0.6			0.2	0.2			0.2	0.3		

지용성 비타민

성별	연령	비타민 A(μg RE/일)				비타민 D(μg/일)				비타민 E(mg α-TE/일)				비타민 K(μg/일)			
		평균 필요량	권장 섭취량	충분 섭취량	상한 섭취량	평균 필요량	권장 섭취량	충분 섭취량	상한 섭취량	평균 필요량	권장 섭취량	충분 섭취량	상한 섭취량	평균 필요량	권장 섭취량	충분 섭취량	상한 섭취량
영아	0~5(개월)			350	600			5	25			3				4	
	6~11			450	600			5	25			4				7	
유아	1~2(세)	200	300		600			5	30			5	200			25	
	3~5	230	350		700			5	35			6	250			30	
남자	6~8(세)	320	450		1,000			5	40			7	300			45	
	9~11	420	600		1,500			5	60			9	400			55	
	12~14	540	750		2,100			10	100			10	400			70	
	15~18	620	850		2,300			10	100			11	500			80	
	19~29	570	800		3,000			10	100			12	540			75	
	30~49	550	750		3,000			10	100			12	540			75	
	50~64	530	750		3,000			10	100			12	540			75	
	65~74	500	700		3,000			15	100			12	540			75	
	75 이상	500	700		3,000			15	100			12	540			75	
여자	6~8(세)	290	400		1,000			5	40			7	300			45	
	9~11	380	550		1,500			5	60			9	400			55	
	12~14	470	650		2,100			10	100			10	400			65	
	15~18	440	600		2,300			10	100			11	500			65	
	19~29	460	650		3,000			10	100			12	540			65	
	30~49	450	650		3,000			10	100			12	540			65	
	50~64	430	600		3,000			10	100			12	540			65	
	65~74	410	550		3,000			15	100			12	540			65	
	75 이상	410	550		3,000			15	100			12	540			65	
임신부		+50	+70		3,000			+0	100			+0	540			+0	
수유부		+350	+490		3,000			+0	100			+3	540			+0	

수용성 비타민

성별	연령	비타민 C(mg/일)				티아민(mg/일)				리보플라빈(mg/일)				니아신(mg NE/일)[1]				
		평균 필요량	권장 섭취량	충분 섭취량	상한 섭취량	평균 필요량	권장 섭취량	충분 섭취량	상한 섭취량	평균 필요량	권장 섭취량	충분 섭취량	상한 섭취량	평균 필요량	권장 섭취량	충분 섭취량	상한 섭취량[2]	상한 섭취량[3]
영아	0~5(개월)			35				0.2				0.3				2		
	6~11			45				0.3				0.4				3		
유아	1~2(세)	30	35		350	0.4	0.5			0.5	0.5			4	6		10	180
	3~5	30	40		500	0.4	0.5			0.6	0.6			5	7		10	250
남자	6~8(세)	40	55		700	0.6	0.7			0.7	0.9			7	9		15	350
	9~11	55	70		1,000	0.7	0.9			1.0	1.2			9	12		20	500
	12~14	70	90		1,400	1.0	1.1			1.2	1.5			11	15		25	700
	15~18	80	105		1,500	1.1	1.3			1.4	1.7			13	17		30	800
	19~29	75	100		2,000	1.0	1.2			1.3	1.5			12	16		35	1,000
	30~49	75	100		2,000	1.0	1.2			1.3	1.5			12	16		35	1,000
	50~64	75	100		2,000	1.0	1.2			1.3	1.5			12	16		35	1,000
	65~74	75	100		2,000	1.0	1.2			1.3	1.5			12	16		35	1,000
	75 이상	75	100		2,000	1.0	1.2			1.3	1.5			12	16		35	1,000
여자	6~8(세)	45	60		700	0.6	0.7			0.6	0.8			7	9		15	350
	9~11	60	80		1,000	0.7	0.9			0.8	1.0			9	12		20	500
	12~14	75	100		1,400	0.9	1.1			1.0	1.2			11	15		25	700
	15~18	70	95		1,500	0.9	1.2			1.0	1.2			11	14		30	800
	19~29	75	100		2,000	0.9	1.1			1.0	1.2			11	14		35	1,000
	30~49	75	100		2,000	0.9	1.1			1.0	1.2			11	14		35	1,000
	50~64	75	100		2,000	0.9	1.1			1.0	1.2			11	14		35	1,000
	65~74	75	100		2,000	0.9	1.1			1.0	1.2			11	14		35	1,000
	75 이상	75	100		2,000	0.9	1.1			1.0	1.2			11	14		35	1,000
임신부		+10	+10		2,000	+0.4	+0.4			+0.3	+0.4			+3	+4		35	1,000
수유부		+35	+40		2,000	+0.3	+0.4			+0.4	+0.5			+2	+3		35	1,000

성별	연령	비타민 B₆(mg/일)				엽산(μgDFE/일)[3]				비타민 B₁₂(μg/일)				판토텐산(mg/일)				비오틴(μg/일)			
		평균 필요량	권장 섭취량	충분 섭취량	상한 섭취량	평균 필요량	권장 섭취량	충분 섭취량	상한 섭취량	평균 필요량	권장 섭취량	충분 섭취량	상한 섭취량	평균 필요량	권장 섭취량	충분 섭취량	상한 섭취량	평균 필요량	권장 섭취량	충분 섭취량	상한 섭취량
영아	0~5(개월)			0.1				65				0.3				1.7				5	
	6~11			0.3				80				0.5				1.9				7	
유아	1~2(세)	0.5	0.6		25	120	150		300	0.8	0.9					2				9	
	3~5	0.6	0.7		35	150	180		400	0.9	1.1					2				11	
남자	6~8(세)	0.7	0.9		45	180	220		500	1.1	1.3					3				15	
	9~11	0.9	1.1		55	250	300		600	1.5	1.7					4				20	
	12~14	1.3	1.5		60	300	360		800	1.9	2.3					5				25	
	15~18	1.3	1.5		65	320	400		900	2.2	2.7					5				30	
	19~29	1.3	1.5		100	320	400		1,000	2.0	2.4					5				30	
	30~49	1.3	1.5		100	320	400		1,000	2.0	2.4					5				30	
	50~64	1.3	1.5		100	320	400		1,000	2.0	2.4					5				30	
	65~74	1.3	1.5		100	320	400		1,000	2.0	2.4					5				30	
	75 이상	1.3	1.5		100	320	400		1,000	2.0	2.4					5				30	
여자	6~8(세)	0.7	0.9		45	180	220		500	1.1	1.3					3				15	
	9~11	0.9	1.1		55	250	300		600	1.5	1.7					4				20	
	12~14	1.2	1.4		60	300	360		800	1.9	2.3					5				25	
	15~18	1.2	1.4		65	320	400		900	2.0	2.4					5				30	
	19~29	1.2	1.4		100	320	400		1,000	2.0	2.4					5				30	
	30~49	1.2	1.4		100	320	400		1,000	2.0	2.4					5				30	
	50~64	1.2	1.4		100	320	400		1,000	2.0	2.4					5				30	
	65~74	1.2	1.4		100	320	400		1,000	2.0	2.4					5				30	
	75 이상	1.2	1.4		100	320	400		1,000	2.0	2.4					5				30	
임신부		+0.7	+0.8		100	+200	+200		1,000	+0.2	+0.2					+1				+0	
수유부		+0.7	+0.8		100	+130	+150		1,000	+0.3	+0.4					+2				+5	

1) 1mg NE(니아신 당량) = 1mg 니아신 = 60mg 트립토판 2) 니코틴산/니코틴아미드 3) Dietary Folate Equivalents, 가임기 여성의 경우 400μg/일의 엽산보충제 섭취를 권장함, 엽산의 상한섭취량은 보충제 또는 강화식품의 형태로 섭취한 μg/일에 해당됨.

다량 무기질

성별	연령	칼슘(mg/일)				인(mg/일)				나트륨(g/일)				
		평균필요량	권장섭취량	충분섭취량	상한섭취량	평균필요량	권장섭취량	충분섭취량	상한섭취량	평균필요량	권장섭취량	충분섭취량	상한섭취량	목표섭취량
영아	0~5(개월)			230	1,000			100				120		
	6~11			300	1,500			300				370		
유아	1~2(세)	390	500		2,500	380	450		3,000			900		
	3~5	470	600		2,500	460	550		3,000			1,000		
남자	6~8(세)	580	700		2,500	490	600		3,000			1,200		
	9~11	650	800		3,000	1,000	1,200		3,500			1,400		2,000
	12~14	800	1,000		3,000	1,000	1,200		3,500			1,500		2,000
	15~18	720	900		3,000	1,000	1,200		3,500			1,500		2,000
	19~29	650	800		2,500	580	700		3,500			1,500		2,000
	30~49	630	800		2,500	580	700		3,500			1,500		2,000
	50~64	600	750		2,000	580	700		3,500			1,500		2,000
	65~74	570	700		2,000	580	700		3,500			1,300		2,000
	75 이상	570	700		2,000	580	700		3,000			1,100		2,000
여자	6~8(세)	580	700		2,500	450	550		3,000			1,200		2,000
	9~11	650	800		3,000	1,000	1,200		3,500			1,400		2,000
	12~14	740	900		3,000	1,000	1,200		3,500			1,500		2,000
	15~18	660	800		3,000	1,000	1,200		3,500			1,500		2,000
	19~29	530	700		2,500	580	700		3,500			1,500		2,000
	30~49	510	700		2,500	580	700		3,500			1,500		2,000
	50~64	580	800		2,000	580	700		3,500			1,500		2,000
	65~74	560	800		2,000	580	700		3,500			1,300		2,000
	75 이상	560	800		2,000	580	700		3,000			1,100		2,000
임신부		+0	+0		2,500	+0	+0		3,000			1,500		2,000
수유부		+0	+0		2,500	+0	+0		3,500			1,500		2,000

성별	연령	염소(mg/일)				칼륨(mg/일)				마그네슘(mg/일)			
		평균필요량	권장섭취량	충분섭취량	상한섭취량	평균필요량	권장섭취량	충분섭취량	상한섭취량	평균필요량	권장섭취량	충분섭취량	상한섭취량[1]
영아	0~5(개월)			180				400				30	
	6~11			580				700				55	
유아	1~2(세)			1,300				2,000		65	80		65
	3~5			1,500				2,300		85	100		90
남자	6~8(세)			1,900				2,600		135	160		130
	9~11			2,100				3,000		190	230		180
	12~14			2,300				3,500		265	320		250
	15~18			2,300				3,500		335	400		350
	19~29			2,300				3,500		295	350		350
	30~49			2,300				3,500		305	370		350
	50~64			2,300				3,500		305	370		350
	65~74			2,000				3,500		305	370		350
	75 이상			1,700				3,500		305	370		350
여자	6~8(세)			1,900				2,600		125	150		130
	9~11			2,100				3,000		180	210		180
	12~14			2,300				3,500		245	290		250
	15~18			2,300				3,500		285	340		350
	19~29			2,300				3,500		235	280		350
	30~49			2,300				3,500		235	280		350
	50~64			2,300				3,500		235	280		350
	65~74			2,000				3,500		235	280		350
	75 이상			1,700				3,500		235	280		350
임신부				2,300				+0		+32	+40		350
수유부				2,300				+400		+0	+0		350

1) 식품외 급원의 마그네슘에만 해당

미량 무기질

성별	연령	철(mg/일)				아연(mg/일)				구리(µg/일)				불(mg/일)			
		평균필요량	권장섭취량	충분섭취량	상한섭취량	평균필요량	권장섭취량	충분섭취량	상한섭취량	평균필요량	권장섭취량	충분섭취량	상한섭취량	평균필요량	권장섭취량	충분섭취량	상한섭취량
영아	0~5(개월)			0.3	40			2				240				0.01	0.6
	6~11	5	6		40	2	3					310				0.5	0.9
유아	1~2(세)	4	6		40	2	3		6	220	280		1,500			0.6	1.2
	3~5	5	6		40	3	4		9	250	320		2,000			0.8	1.7
남자	6~8(세)	7	9		40	5	6		13	340	440		3,000			1.0	2.5
	9~11	8	10		40	7	8		20	440	580		5,000			2.0	10.0
	12~14	11	14		40	7	8		30	570	740		7,000			2.5	10.0
	15~18	11	14		45	8	10		35	650	840		7,000			3.0	10.0
	19~29	8	10		45	8	10		35	600	800		10,000			3.5	10.0
	30~49	8	10		45	8	10		35	600	800		10,000			3.0	10.0
	50~64	7	10		45	8	9		35	600	800		10,000			3.0	10.0
	65~74	7	9		45	7	9		35	600	800		10,000			3.0	10.0
	75 이상	7	9		45	7	9		35	600	800		10,000			3.0	10.0
여자	6~8(세)	6	8		40	4	5		13	340	440		3,000			1.0	2.5
	9~11	7	10		40	6	8		20	440	580		5,000			2.0	10.0
	12~14	13	16		40	6	8		25	570	740		7,000			2.5	10.0
	15~18	11	14		45	7	9		30	650	840		7,000			2.5	10.0
	19~29	11	14		45	7	8		35	600	800		10,000			3.0	10.0
	30~49	11	14		45	7	8		35	600	800		10,000			2.5	10.0
	50~64	6	8		45	6	7		35	600	800		10,000			2.5	10.0
	65~74	6	8		45	6	7		35	600	800		10,000			2.5	10.0
	75 이상	5	7		45	6	7		35	600	800		10,000			2.5	10.0
임신부		+8	+10		45	+2.0	+2.5		35	+100	+130		10,000			+0	10.0
수유부		+0	+0		45	+4.0	+5.0		35	+370	+480		10,000			+0	10.0

성별	연령	망간(mg/일)				요오드(µg/일)				셀레늄(µg/일)				몰리브덴(µg/일)				크롬(µg/일)			
		평균필요량	권장섭취량	충분섭취량	상한섭취량	평균필요량	권장섭취량	충분섭취량	상한섭취량	평균필요량	권장섭취량	충분섭취량	상한섭취량	평균필요량	권장섭취량	충분섭취량	상한섭취량	평균필요량	권장섭취량	충분섭취량	상한섭취량
영아	0~5(개월)			0.01				130	250			9	45							0.2	
	6~11			0.8				170	250			11	65							5.0	
유아	1~2(세)			1.5	2.0	55	80		300	19	23		75				100			12	
	3~5			2.0	3.0	65	90		300	22	25		100				100			12	
남자	6~8(세)			2.5	4.0	75	100		500	30	35		150				200			20	
	9~11			3.0	5.0	85	110		500	39	45		200				300			25	
	12~14			4.0	7.0	90	130		1,800	49	60		300				400			35	
	15~18			4.0	9.0	95	130		2,200	55	65		300				500			40	
	19~29			4.0	11.0	95	150		2,400	50	60		400	25	30		550			35	
	30~49			4.0	11.0	95	150		2,400	50	60		400	20	25		550			35	
	50~64			4.0	11.0	95	150		2,400	50	60		400	20	25		550			35	
	65~74			4.0	11.0	95	150		2,400	50	60		400	20	25		550			35	
	75 이상			4.0	11.0	95	150		2,400	50	60		400	20	25		550			35	
여자	6~8(세)			2.5	4.0	75	100		500	30	35		150				200			15	
	9~11			3.0	5.0	85	110		500	39	45		200				300			20	
	12~14			3.5	7.0	90	130		2,000	49	60		300				400			25	
	15~18			3.5	9.0	95	130		2,200	55	65		300				400			25	
	19~29			3.5	11.0	95	150		2,400	50	60		400	20	25		450			25	
	30~49			3.5	11.0	95	150		2,400	50	60		400	20	25		450			25	
	50~64			3.5	11.0	95	150		2,400	50	60		400	20	25		450			25	
	65~74			3.5	11.0	95	150		2,400	50	60		400	20	25		450			25	
	75 이상			3.5	11.0	95	150		2,400	50	60		400	20	25		450			25	
임신부				+0	11.0	+65	+90			+3	+4		400				450			+5	
수유부				+0	11.0	+130	+190			+9	+10		400				450			+20	

연령·성별 에너지 필요추정량 산출

연령		에너지 필요추정량(EER)	
		총 에너지 소비량(TTE)	생애주기별 부가량[1]
영아	0~5(개월)	89 × 체중(kg) − 100	+ 115.5
	6~11		+22
유아	1~2(세)	남자 : 88.5 − 61.9 × 연령(세) + PA[26.7 × 체중(kg) + 903 × 신장(m)] PA = 1.0(비활동적), 1.13(저활동적), 1.26(활동적), 1.42(매우 활동적) 여자 : 135.3 − 30.8 × 연령(세) + PA[10.0 × 체중(kg) + 934 × 신장(m)] PA = 1.0(비활동적), 1.16(저활동적), 1.31(활동적), 1.56(매우 활동적)	+20
	3~5		+20
아동	6~8		+20
	9~11		+25
청소년	12~14		+25
	15~18		+25
성인	19 이상	남자 : 662−9.53 × 연령(세) + PA[15.91 × 체중(kg) + 539.6 × 신장(m)] PA = 1.0(비활동적), 1.11(저활동적), 1.25(활동적), 1.48(매우 활동적) 여자 : 354 − 6.91 × 연령(세) + PA[9.36 × 체중(kg) + 726 × 신장(m)] PA = 1.0(비활동적), 1.12(저활동적), 1.27(활동적), 1.45(매우 활동적)	임신부 — 1분기 : +0 2분기 : +340 3분기 : +450 수유부 — +320

1) 성장 및 대사변화에 따른 에너지 추가필요량

에너지적정비율

보건복지부, 2015

영양소		에너지적정비율			
		1~2세	3~18세	19세 이상	비고
탄수화물		55~65%	55~65%	55~65%	
단백질		7~20%	7~20%	7~20%	
지질	총지방	20~35%	15~30%	15~30%	
	n−6계 지방산	4~10%	4~10%	4~10%	
	n−3계 지방산	1% 내외	1% 내외	1% 내외	
	포화지방산	–	8% 미만	7% 미만	
	트랜스지방산	–	1% 미만	1% 미만	
	콜레스테롤	–	–	300 mg/일 미만	목표섭취량

당류

보건복지부, 2015

총 당류 섭취량을 총 에너지 섭취량의 10~20%로 제한하고, 특히 식품의 조리 및 가공 시 첨가되는 첨가당은 총 에너지 섭취량의 10% 이내로 섭취하도록 한다. 첨가당의 주요 급원으로는 설탕, 액상과당, 물엿, 당밀, 꿀, 시럽, 농축과일주스 등이 있다.

2. 식품교환표

1) 곡류군

1교환단위의 양

(당질 : 23g, 단백질 : 2g, 열량 : 100kcal)

식품명	무게(g)	목측량
밥/죽류		
쌀밥	70	1/3공기(소)
쌀죽	140	2/3공기(소)
알곡류 및 가루제품		
미숫가루	30	1/4컵
밀가루	30	5큰스푼
백미, 쌀보리, 현미	30	3큰스푼
국수류		
(건)냉면, (건)당면	30	
(건)국수, 스파게티, 쌀국수	30	—
(삶은)국수, 스파게티, 쌀국수	90	
감자류		
감자	140	중 1개
고구마	70	중 1/2개
찰옥수수	70	1/2개
떡류		
가래떡	50	썬 것 11~12개
인절미	50	3개
절편	50	1개(5.5×5×1.5cm)
빵류		
식빵	35	1쪽(11×10×1.5cm)
모닝빵	35	중 1개
바게뜨빵	35	중 2쪽
묵류		
도토리묵	200	1/2모(6×7×4.5cm)
기타		
강냉이(옥수수)	30	1.5공기(소)
마	100	
밤	60	대 3개
콘플레이크	30	3/4컵
크래커	20	5개

2) 어육류군

저지방 1교환단위의 양

(단백질 : 8g, 지방 : 2g, 열량 : 50kcal)

식품명	무게(g)	목측량
고기류		
닭고기 (껍질, 기름기 제거 살코기)	40	소 1토막(탁구공 크기)
돼지고기(기름기 전혀 없는 살코기)	40	로스용 1장(12×10.3cm)
쇠고기(사태, 홍두깨)	40	로스용 1장(12×10.3cm)
오리고기	40	
생선류		
가자미, 광어, 대구, 동태, 병어,	50	소 1토막
연어, 조기, 참치, 코다리, 한치	50	소 1토막
건어물류 및 가공품		
건오징어채 ◖	15	
게맛살	50	
굴비	15	1/2토막
멸치	15	잔 것 1/4컵
뱅어포	15	1장
기타해산물		
굴	70	1/3컵
꽃게	70	소 1마리
낙지 ◖	100	1/2컵
물오징어 ◖	50	몸통 1/3등분
중하 ◖	50	3마리
조갯살	70	1/3컵

◖ 콜레스테롤 많은 식품

중지방 1교환단위의 양

(단백질 : 8g, 지방 : 5g, 열량 : 75kcal)

식품명	무게(g)	목측량
고기류		
돼지고기(안심)	40	로스용 1장(12×10.3cm)
햄	40	2장(8×6×0.8cm)
쇠고기(안심, 등심, 양지)	40	로스용 1장(12×10.3cm)
생선류		
갈치, 고등어, 꽁치, 삼치, 임연수어,	50	소 1토막
청어, 훈제연어, 장어 ◐	50	소 1토막
가공품		
어묵(튀긴것)	50	1장(15.5×10cm)
알류		
계란 ◐	55	중 1개
메추리알 ◐	40	5개
콩류 및 가공품		
검정콩	20	2큰술
낫또	40	작은포장단위 1개
두부	80	1/5모(420g 포장두부)
연두부	150	1/2개
순두부	200	1/2봉(지름 5×10cm)

◐ 콜레스테롤 많은 식품

고지방 1교환단위의 양

(단백질 : 8g, 지방 : 8g, 열량 : 100kcal)

식품명	무게(g)	목측량
고기류 및 가공품		
개고기	40	
닭고기(껍질 포함)*	40	닭다리 1개
갈비(소갈비*, 돼지갈비)	40	소 1토막
비엔나소시지*	40	5개
베이컨*	40	1¼ 장
삼겹살*	40	
생선류 및 가공품		
꽁치통조림, 참치통조림	50	1/3컵
치즈	30	1.5장

*포화지방산 많은 식품

3) 채소군

1교환단위의 양

식품명	무게(g)	목측량
고사리(익힌것), 근대, 돌미나리, 부추	70	익혀서 1/3컵
숙주, 시금치, 쑥갓, 아욱	70	익혀서 1/3컵
적양배추, 브로콜리, 상추, 양배추, 배추	70	-
양파, 양상치, 치커리, 풋고추, 단무지	70	-
가지	70	지름 3cm×길이 10cm
오이	70	중 1/3개
애호박	70	지름 6.5cm×두께 2.5cm
파프리카	70	대 1개
피망	70	중 2개
무	70	지름 8cm×길이 1.5cm
콩나물	70	익혀서 2/5컵
고춧잎, 당근	70	-
깻잎	40	20장
더덕, 도라지	40	-
단호박, 연근, 우엉, 쑥	40	-
곤약	70	-
김	2	1장
미역(생것), 파래(생것)	70	-
버섯류(생것)	50	-
깍두기	50	10개(1.5cm 크기)
배추김치	50	6~7개
총각김치	50	2개
나박김치, 동치미	70	-

4) 지방군

1교환단위의 양 (지방 : 5g, 열량 : 45kcal)

식품명	무게(g)	목측량
견과류		
참깨	8	1큰스푼
땅콩 ◆	8	8개
아몬드 ◆	8	7개
잣	8	50알(1큰스푼)
호두	8	중 1.5개
고체성 기름		
땅콩버터	8	
버터*, 마가린	5	1작은스푼
드레싱		
마요네즈	5	1작은스푼
사우전드 드레싱, 프렌치 드레싱	10	2작은스푼
식물성 기름		
들기름, 참기름	5	1작은스푼
올리브유 ◆, 홍화씨유 ◆, 카놀라유 ◆	5	1작은스푼
콩기름, 포도씨유, 해바라기씨유	5	1작은스푼

◆ 단일 포화지방산이 많은 식품

* 포화지방산이 많은 식품

5) 우유군

저지방우유군 1교환단위의 양 (당질 : 10g, 단백질 : 6g, 지방 : 2g, 열량 : 80kcal)

식품명	무게(g)	목측량
저지방우유(2%)	200	1컵(1팩)

일반우유군 1교환단위의 양 (당질 : 10g, 단백질 : 6g, 지방 : 7g, 열량 : 125kcal)

식품명	무게(g)	목측량
두유	200	1컵(1팩)
일반우유	200	1컵(1팩)
전지분유, 조제분유	25	5큰스푼

6) 과일군

1교환단위의 양 (당질 : 12g, 열량 : 50kcal)

식품명	무게(g)	목측량
단감	50	중 1/3개
귤	120	–
오렌지	100	대 1/2개
한라봉	100	–
귤(통조림)	70	–
딸기	150	중 7개
메론	120	–
바나나(생)	50	중 1/2개
배	110	대 1/4개
황도복숭아	150	중 1/2개
천도복숭아	150	소 2개
복숭아 통조림	60	반절 1쪽
사과	80	중 1/3개
수박	150	중 1쪽
자두	150	특대 1개
참외	150	중 1/2개
키위	80	중 1개
방울토마토	300	–
토마토	350	소 2개
파인애플	200	–
파인애플(통조림)	70	–
포도	80	소 19알
건포도	15	–
배주스, 포도주스	80	–
사과주스, 오렌지주스, 토마토주스	100	1/2 컵

3. 시판용경장영양액영양성분표

제품명(제조원) 성분명	뉴케어구수한 맛/ 딸기맛(대상)	뉴케어300TF (대상)	뉴케어 FIBER (대상)	뉴케어DM (대상)	뉴케어HP (대상)
열량농도	1.0	1.0	1.0	1.0	1.0
C : P : F	59 : 14 : 27	57 : 16 : 27	53 : 16 : 31	49 : 20 : 31	47 : 26 : 27
단백질(g)	35	40	40	50	65
지방(g)	30	30	35	35	30
당질(g)	150	145	145	125	120
kcal/N	178.6	156.3	156	125	96.2
NPC/N	153.6	131.3	131	100	71.2
단백질 급원/대두(%)	카제인/33	카제인/30	카제인/17	카제인/23	카제인/31
지방 급원/MCT(%)	옥수수유/0	채종유/20	채종유/21	채종유/16	채종유/25
덱스트린(%)	0	90	79	68	66
과당(%)/설탕(%)	-/17	/-	-/-	8/-	-/25
식이섬유(g)	6	4	23	12	4
수분(mL)	806.5	821	822	830	832
삼투압(mOsm/kg)	430	300	300	310	390
점도(cp)	9.6	13.2	30.3	15.1	13.4
pH	6.5	6.5	6.5	6.5	6.5
RSL(mOsm/L)	275	324	329	388	472
비타민 B_1(mg)	1.3	1.3	1.3	1.3	1.3
비타민 B_2(mg)	1.5	1.5	1.5	1.5	1.5
비타민 B_6(mg)	1.4	1.4	1.4	1.4	1.4
비타민 B_{12}(μg)	2.4	2.4	2.4	2.4	2.4
비타민 C(mg)	140	140	140	140	140
비오틴(μg)	30	30	30	30	30
나이아신(mg)	16	16	16	16	16
엽산(μg DFE)	400	400	400	400	400
판토텐산(mg)	5	5	5	5	5
콜린(μg)	–	900	900	900	900
비타민 A(μg RE)	750	750	750	750	750
비타민 D(μg)	5	5	5	5	5
비타민 E(mg α-TE)	10	10	10	10	10
비타민 K(μg)	75	75	75	75	75
칼슘(mg)	770	770	770	770	770
인(mg)	700	700	700	700	700
마그네슘(mg)	340	340	340	340	340
아연(mg)	12	12	12	12	12
철(mg)	12	12	12	12	12
나트륨(mg)	650	800	850	950	900
칼륨(mg)	1,050	1,150	1,250	1,200	1,200
망간(μg)	2,000	2,000	2,000	2,000	2,000
구리(μg)	800	800	800	800	800
요오드(μg)	–	150	150	150	150
DRI 적정량(kcal)	1,000	1,000	1,000	1,000	1,000

제품명(제조원) 성분명	메티푸드 스탠다드 (한국메디칼푸드)	메디푸드 엘디 (한국메디칼푸드)	메디푸드 글루트롤 (한국메디칼푸드)	메디푸드 1.5 (한국메디칼푸드)	네오케이트 (한국메디칼푸드)
열량농도	1.0	1.0	1.0	1.5	0.7 (권장 농도 : 15% 조유)
C : P : F	58 : 15 : 27	58 : 15 : 27	40 : 17 : 43	57 : 16 : 27	45 : 11 : 44
단백질(g)	40	40	45	60	19.5
지방(g)	30	30	50	45	35
당질(g)	160	160	137.5	215	81
kcal/N	156	156	139	156	228
NPC/N	131	131	114	131	203
단백질 급원/대두(%)	카제인/0	카제인/0	카제인/0	카제인/0	100%아미노산
지방 급원/MCT(%)	카놀라유/20	카놀라유/20	카놀라유/0	카놀라유/20	잇꽃유, 코코넛유, 대두유/5
덱스트린(%)	94	100	88.4	100	
과당(%)/설탕(%)	-/6	-/-	9.7/-	-/-	-/7
식이섬유(g)	13	15	35	15	-
수분(mL)	755	755	737	647	-
삼투압(mOsm/kg)	400	300	330	460(농축)	360
점도(cp)	10.9	17.2	12.8	-	-
pH	6.5	6.4	6.5	6.5	-
RSL(mOsm/L)	322	311	337	445	172
비타민 B₁(mg)	2.2	2.2	1.4	2.2	0.6
비타민 B₂(mg)	2.5	2.5	1.5	2.5	0.9
비타민 B₆(mg)	2.6	2.5	1.6	2.5	0.8
비타민 B₁₂(μg)	8.6	8.6	4.9	8.6	1.9
비타민 C(mg)	175	175	375	175	60
비오틴(μg)	170	170	227	170	39
나이아신(mg)	17	17	16.5	17	6.8
엽산(μg DFE)	250	250	300	250	57
판토텐산(mg)	7	7	8	7	4
콜린(μg)	285	292.5	1,205	330	75
비타민 A(μg RE)	845	845	1,500	845	790
비타민 D(μg)	5	5	6.3	5	13
비타민 E(mg α-TE)	25	25	107.5	25	5
비타민 K(μg)	137.5	137.5	49.5	137.5	31.5
칼슘(mg)	710	807.5	720	870	488
인(mg)	710	735	697.5	870	345
마그네슘(mg)	208.5	220	220	220	51
아연(mg)	12	11.5	12	12	7.5
철(mg)	12.3	11	12	13	10.5
나트륨(mg)	800	575	1,000	720	180
칼륨(mg)	1,105	1,542.5	1,300	1,542.5	630
망간(μg)	2,450	2,750	2,100	3,200	600
구리(μg)	1,000	1,100	1,200	1,250	600
요오드(μg)	98	85	62.5	115	70.5
DRI 적정량(kcal)	1,000	1,000	1,000	1,000	-

제품명(제조원) 성분명	엘레멘탈028 (한국메디칼푸드)	모노웰 (한국메디칼푸드)	그린비아MC (정식품)	그린비아TF (정식품)	그린비아DM (정식품)
열량농도	1.0 (23.4% 조유 시)	1.0 (22% 조유 시)	1.0	1.0	1.0
C : P : F	51 : 12 : 37	50 : 16 : 34	58 : 15 : 27	65 : 15 : 20	45 : 20 : 35
단백질(g)	29	40	37.5	37.5	50
지방(g)	41	38	30	22.2	38.9
당질(g)	129	126	148.7	170	125
kcal/N	216	156	166	167	125
NPC/N	191	131	141	142	100
단백질 급원/대두(%)	100%아미노산	100%아미노산	카제인/65	카제인/75	카제인/75
지방 급원/MCT(%)	코코넛유, 카놀라유, 잇꽃유/35	카놀라유/28	대두유/15	대두유/20	해바라기유, 대두유/0
덱스트린(%)	–	80	81	97.9	77
과당(%)/설탕(%)	–/5.5	–/9	–/19	2.1/–	2/–
식이섬유(g)	–	–	7.3	15	25
수분(mL)	–	–	827	837	841
삼투압(mOsm/kg)	821	550	460	300	320
점도(cp)	–	–	8	12	16
pH	4.7 (orange flavor)	6.3	6.9	6.8	6.7
RSL(mOsm/L)	275.4	303	316	297	375
비타민 B$_1$(mg)	1.4	1.4	1.2	1.2	1.2
비타민 B$_2$(mg)	1.4	1.6	1.5	1.5	1.5
비타민 B$_6$(mg)	1.9	1.5	1.5	1.5	1.5
비타민 B$_{12}$(μg)	4	3.8	2.4	2.4	2.4
비타민 C(mg)	66	77	100	100	100
비오틴(μg)	42	40	30	30	30
나이아신(mg)	9.8	18.7	16	16	16
엽산(μg)	195	275	400	400	400
판토텐산(mg)	4.7	4.3	5	5	5
콜린(μg)	214	202	305	365	343.8
비타민 A(μg RE)	772	771	750	750	750
비타민 D(μg)	5.9	5.6	5	5	5
비타민 E(mg α–TE)	14	11	10	10	10
비타민 K(μg)	59	55	75	75	48.8
칼슘(mg)	573	770	700	465	700
인(mg)	468	550	700	700	700
마그네슘(mg)	191	176	220	220	289
아연(mg)	9.8	9.4	10	10	10
철(mg)	9.8	9.4	10	10	10
나트륨(mg)	714	657	800	700	775
칼륨(mg)	1,090	1,025	1,350	1,200	1,300
망간(μg)	1,400	2,200	3,500	2,300	2,300
구리(μg)	900	1,000	800	500	500
요오드(μg)	78	77	–	97.5	97.5
DRI 적정량(kcal)	–	–	1,000	1,000	1,000

제품명(제조원) 성분명	그린비아HP (정식품)	그린비아FIBER (정식품)	그린비아RD+ (정식품)	그린비아RD (정식품)	케어웰 (한국엔테랄푸드)
열량농도	1.0	1.0	2.0	2.0	1.0
C : P : F	50 : 25 : 20	55 : 17.5 : 27.5	58 : 12 : 30	64 : 6 : 30	54 : 16 : 30
단백질(g)	62.5	43.8	60	30	40.5
지방(g)	22.2	27.8	66.7	66.7	33.5
당질(g)	141.6	156.3	290	320	142
kcal/N	100	142	215	423	156.5
NPC/N	75	117	190	398	130.7
단백질 급원/대두(%)	카제인/65	카제인/65	카제인/0	카제인/0	유단백농축물, 카제인/0
지방 급원/MCT(%)	대두유/20	대두유/20	해바라기유/20	해바라기유/20	카놀라유/20
덱스트린(%)	88	96.2	95	95	87
과당(%)/설탕(%)	–/12	–/–	–/5	–/5	–/5.9
식이섬유(g)	8.1	25	–	–	7.1
수분(mL)	826	825	684	681	875
삼투압(mOsm/kg)	390	305	950(농축)	890(농축)	400
점도(cp)	14	30	50	25	16
pH	6.9	6.9	6.5	6.5	6.7
RSL(mOsm/L)	463	343	402	215	342
비타민 B_1(mg)	1.2	1.2	1.3	1.3	1.6
비타민 B_2(mg)	1.5	1.5	1.6	1.6	1.7
비타민 B_6(mg)	1.5	1.5	5	5	2.1
비타민 B_{12}(μg)	2.4	2.4	2	2	4.7
비타민 C(mg)	100	100	100	100	215
비오틴(μg)	30	30	50	50	145
나이아신(mg)	16	16	17	17	23.5
엽산(μg)	400	400	500	500	200
판토텐산(mg)	5	5	6	6	7.1
콜린(μg)	365	550	–	–	270
비타민 A(μg RE)	750	750	350	350	705
비타민 D(μg)	5	5	5	5	5.0
비타민 E(mg α-TE)	10	10	10	10	19.1
비타민 K(μg)	75	75	–	–	120
칼슘(mg)	700	700	1,200	1,200	750
인(mg)	700	700	500	350	680
마그네슘(mg)	220	290	200	200	200
아연(mg)	10	10	15	15	11.8
철(mg)	10	10	12	12	16.5
나트륨(mg)	925	750	800	425	750
칼륨(mg)	1,550	1,250	800	800	1,060
망간(μg)	3,500	3,500	–	–	2,350
구리(μg)	800	800	–	–	965
요오드(μg)	150	150	–	–	95
DRI 적정량(kcal)	1,000	1,000	2,000	2,000	1,500

제품명(제조원) 성분명	케어웰300 (한국엔테랄푸드)	케어웰DM (한국엔테랄푸드)	제비티 (애보트)	글루서나 (애보트)
열량농도	1.0	1.0	1.1	1.0
C : P : F	54 : 16 : 30	50 : 21 : 29	52.9 : 19.7 : 30.4	33.4 : 16.9 : 49.7
단백질(g)	41.3	52	44	42
지방(g)	29.4	32	36	55
당질(g)	154.5	155	148	97
kcal/N	153	120	149	154
NPC/N	127	94	125	128
단백질 급원/대두(%)	유단백농축물, 카제인/0	유단백농축물, 카제인/0	카제인/0	카제인/0
지방 급원/MCT(%)	카놀라유/20	카놀라유/0	잇꽃유, 카놀라유/20	잇꽃유, 카놀라유/0
덱스트린(%)	87	69	65	62
과당(%)/설탕(%)	-/-	10/-	-/-	19/-
식이섬유(g)	17.5	35	14.4	14
수분(mL)	870	865	835	839
삼투압(mOsm/kg)	300	400	310	375
점도(cp)	21	15	70	45
pH	6.6	6.6	6.6	6.6
RSL(mOsm/L)	345	370	350	359
비타민 B_1(mg)	2.2	1.6	1.7	1.6
비타민 B_2(mg)	2.4	1.7	1.9	1.8
비타민 B_6(mg)	2.4	2.4	2.3	2.1
비타민 B_{12}(μg)	8.4	5.7	7	6
비타민 C(mg)	240	390	228	213
비오틴(μg)	170	285	340	317
나이아신(mg)	24	19.5	31.1	28.7
엽산(μg DFE)	245	180	460	430
판토텐산(mg)	7	9	11.4	10.6
콜린(μg)	290	1,300	452	421
비타민 A(μg RE)	830	1,820	1,140	1,065
비타민 D(μg)	6.1	6.3	7.7	7
비타민 E(mg α-TE)	21.6	65	34	21.5
비타민 K(μg)	132	90	55	59
칼슘(mg)	790	855	910	710
인(mg)	720	780	760	710
마그네슘(mg)	215	260	302	285
아연(mg)	11.3	13	17	16
철(mg)	16.8	11.7	13.7	12.8
나트륨(mg)	1,200	700	740	830
칼륨(mg)	1,510	975	1,240	1,400
망간(μg)	2,750	2,350	3,800	3,500
구리(μg)	1,080	1,300	1,500	1,400
요오드(μg)	84	65	113	106
DRI 적정량(kcal)	1,500	1,800	1,000	1,000

제품명(제조원) 성분명	페디아슈어* (애보트)	페디아슈어 골드* (애보트)	메디웰 구수한맛 (엠디엘)	메디웰화이버 (엠디엘)	메디웰프로틴1.5 (엠디엘)
열량농도	1.0	1.0	1.0	1.0	1.5
C : P : F	43 : 12 : 45	43 : 12 : 45	55 : 16 : 29	51 : 18 : 31	50 : 18 : 32
단백질(g)	30	30	40	45	70
지방(g)	49.8	49.9	35	30	50
당질(g)	109.5	106.7	140	140	195
kcal/N	208	208	156	139	144
NPC/N	183	183	131	114	119
단백질 급원/대두(%)	카제인, 유청단백질/6	카제인, 유청단백질/6	카제인/0	카제인/0	카제인/0
지방 급원/MCT(%)	해바라기유, 대두유/4	해바라기유, 대두유/3.6	대두유/20	카놀라유/20	대두유/10
덱스트린(%)	–	–	76	93	95
과당(%)/설탕(%)	–/3.5	–/2.9	–/17	–/–	–/–
식이섬유(g)	–	–	10	20	10
수분(mL)	852.9	852	840	835	750
삼투압(mOsm/kg)	–	–	430	310	500(농축)
점도(cp)	–	–	10	10	15
pH	–	–	6.4	6.4	6.4
RSL(mOsm/L)	–	–	336.8	356.3	489.3
비타민 B$_1$(mg)	2.7	1.6	1.5	1.5	2.5
비타민 B$_2$(mg)	2.1	2	2	2	2.5
비타민 B$_6$(mg)	2.6	1.2	2	2	3.5
비타민 B$_{12}$(μg)	7.5	3	3	3	4.5
비타민 C(mg)	115	100	100	100	200
비오틴(μg)	320	37	40	40	60
나이아신(mg)	20	18	16	16	24
엽산(μg)	420	200	425	425	600
판토텐산(mg)	110	7.1	7	7	10.5
콜린(μg)	300	300	475	475	710
비타민 A(μg RE)	774	810	1,000	1,000	1,500
비타민 D(μg)	14	20	7	7	10.5
비타민 E(mg α-TE)	15.4	12	10.5	10.5	15
비타민 K(μg)	40	41	80	80	115
칼슘(mg)	1,010	1,220	800	800	1,050
인(mg)	800	680	700	700	1,000
마그네슘(mg)	200	200	300	300	375
아연(mg)	12	12	12	12	18
철(mg)	14	18	10	10	15
나트륨(mg)	460	460	900	750	1,000
칼륨(mg)	1,300	1,300	1,600	1,400	2,100
망간(μg)	2,500	2,400	3,500	3,500	5,250
구리(μg)	1,000	1,010	800	800	1,200
요오드(μg)	96	97	150	150	225
DRI 적정량(kcal)	500	500	1,000	1,000	–

국내문헌

단행본

강북삼성병원. 식사처방지침서. 2000.

경희대학교 임상영양연구소. 임상식사지침서. 효일문화사, 1999.

구재옥·이연숙·손숙미·서정숙·김원경. 식사요법. 한국방송통신대학교 출판부, 2011.

구재옥·김원경·서정숙·손숙미·이연숙. 식사요법 원리와 실습. 교문사, 2017.

권순자·이정원·구난숙·신말식·서정숙·우미경·송미영. 웰빙식생활. 교문사, 2012.

김영설. 비만치료 매뉴얼. 도서출판 한의학, 2003.

김영혜 편. 보건의료인을 위한 임상영양가이드. 퍼블애드, 2000.

대한당뇨병학회. 당뇨병 식품교환표 활용지침, 2010.

대한비만학회. 비만치료지침. 도서출판 한의학, 2003.

대한영양사협회. 영양상담지침서. 2009.

대한영양사협회. 임상영양관리지침서. 제3판. I, II권. (주)메드랑, 2010.

모수미·구재옥·손숙미·서정숙·윤은영·이수경·김원경. 식사요법(2개정판). 교문사, 2003.

박용우 외. 영양치료가이드. 한미의학, 2003.

서울대학교병원 신장내과 편. 임상신장학 입문. 신흥메드싸이언스, 2002.

서울중앙병원. 임상영양가이드. (주)퍼블에드, 2000.

손숙미·이종호·임경숙·조윤옥. 다이어트와 체형관리. 교문사, 2004.

승정자·노숙령·한경희·김영희·홍원주·김순경·김명희·이현옥·김애정·한은경·최미경·이윤신. 임상영양학. 신광출판사, 2000.

승정자·김명희·김미현·김보영·김순경·김애정·김영희·노숙령·성미경·이영근·이지선·정복미·최미경·최선혜·한경희·홍정임. 식사요법 이론 및 실습. 광문각, 2007.

이기완·명춘옥·박영심·남혜원. 식사요법. 수문사, 2003.

이명천·김기진·김미혜·박현·이대택·차광석 공역. 스포츠영양학. 라이프사이언스, 2001.

이미숙·이선영·김현아·정상진·김원경·김현주. 임상영양학. 파워북, 2010.

이병두. 당뇨병 약물치료의 실제, 5회 인제대학교 상계백병원 연수강좌. 신우기획, 1999.

이연숙·구재옥·임현숙·강영희·권종숙. 이해하기 쉬운 인체 생리학. 파워북, 2009.

이영호. 식사장애. 가톨릭대학교 비만관리 전문인 과정, 2004.

이정원·이미숙·김정희·손숙미·이보숙. 영양판정(수정증보판). 교문사, 2003.

이정윤 외. 식사요법. 광문각, 1998.

장유경·권종숙·조여원·김영혜. 임상영양학. 신광출판사, 2001.

조여원·정구명 역. 임상영양치료 사례연구집. 라이프사이언스, 2003.

최혜미 외. 교양인을 위한 21세기 영양과 건강이야기. 라이프사이언스, 2002.

통계청. 2009년 사망원인통계, 2010.

한국영양학회. 한국인 영양섭취기준, 2005.

한국영양학회. 한국인 영양섭취기준, 2010.

한국영양학회. 한국인 영양소 섭취기준, 2015.

한국영양학회/보건복지가족부/질병관리본부. 한국인 영양섭취기준, 개정판. 도서출판 아름기획, 2010.

한국영양학회, ILSI-Korea 역. 영양학의 최신정보, 7차 개정판. Present knowledge in Nutrition, 7th ed. ziegler EE, Filer LJ eds. ILSI 출판사, 2003.

한국지질·동맥경화학회. 고지혈증 치료지침 제정위원회. 고지혈증과 동맥경화. 도서출판 한의학, 2003.

한국지질·동맥경화학회. 이상지질혈증 치료지침 제정위원회. 이상지질혈증 치료지침, 3판 수정보완판. 청운, 2015.

논 문

박용우. 섭식장애. 가정의학회지, 21(3): 315~323, 2000.

박혜순·이현옥·승정자. 일부도시지역 여대생들의 신체상과 섭식장애 및 영양섭취양상. 대한지역사회영양학회지, 2(4): 505~514, 1997.

성효실·이윤심·신해철·손헌수. 생리적 스트레스에서의 신체 반응기작과 영양관리(1), Enteral Nutrition 3: 2001.

손숙미·박희진. 부천 초등학교 비만아의 영양실태 및 부모 참여 여부에 따른 교육 후 효과. 대한지역사회영양학회 춘계 학술대회초록집, 2001.

국외문헌

단행본

ASPEN. The ASPEN Nutrition Support Core Curriculum: a Case-based Approach-the Adult Patient, 2007.

Billon W. Clinical Nutrition Case Studies, 3rd ed. West/Wadsworth, Belmant, CA, 1999.

Diaz JJ, Pousman. R, Mills B, Binkley J, O'Neill, Jensen G. Critical Care Nutrition Practice Management Guidelines, 2004.

Gropper SS, Smith JL, Groff JL. Advanced Nutrition and Human Metabolism 4th ed. Thomson/Wadsworth, Belmont, CA, 2009.

Kopple JD, Massry SG. ed. Nutritional Management of Renal Disease. Williams & Wilkins, IL, 1997.

Lee RD, Nieman DC. Nutritional Assessment, 2nd ed. Mosby, St Louis, IL, 1996.

Lee RD, Nieman DC. Nutritional Assessment, 4nd ed. McGrawHill, IL, 2007.

Mahan LK, Escott-Stump S. Krause's Food & Nutrition Therapy. 12th ed. W. B. Saunders Elservier, Philadelphia, PA, 2008.

McArdle WD, Katch FI, Katch VL. Essentials of Exercise Physiology. Lippincott Williams & Wilkins. Philadelphia, PA, 2000.

Neighbors M, Tannehill-Jones R. Human Diseases. Delmar, London, 2000.

Nelms M, Sucher K, Long S. Nutrition Therapy and Pathophysiology. Thomson. Belmont, CA, 2008.

Norman GR, Streiner DL. Biostatistics; the Bare Essentials. Mosby, St Louis, IL, 1994.

Rolfes SR, Pinna K, Whitney EN. Understanding Normal and Clinical Nutrition. 9th ed. Wadsworth. Belmont, CA 2012.

Rosenbloom CA. Sports Nutrition, 3rd ed., The American Dietetic Association, Chicago, IL, 2000.

Standing committee on the scientific evaluation of dietary reference intakes, Food and Nutrition Board, Institute of Medicine. Dietary Reference Intakes. National Academy Press, Washington DC, 1997.

Townsend CE, Roth RA. Nutrition and Diet Therapy 9th ed. Thomson Delmar Learning, Stamford, CT, 2007.

Wadden TA, Dsei S. The Treatment Of obesity: An Overview, in: Wadden TA, Stunkard AJ. eds, Handbook of Obesity Treatment, The Guilford press, New York, 2004.

Wardlaw GM. Perspectives in Nutrition, 6th ed., McGraw-Hill, New York 2004.

Whitney EN, DeBruyne LK, Pinna K, Rolfes SR. Nutrition for Health and Health Care. 3rd ed. Thomson. Belmont, CA 2006.

Whitney EN, Cataldo CB, Rolfes SR. Understanding Normal and Clinical Nutrition. 6th ed. Wadsworth/Thomson Learning, Belmont, CA, 2002.

Zeman FJ, Ney DM. Clinical Nutrition and dietetics, 2nd ed., Macmillan publishing Co., NY, 1991.

논 문

Barr SI, Murphy SP, Poos MI. Interpreting and using the dietary reference intakes in dietary assessment of individuals and groups. J Am Dietetic Assoc 102(6):780~788, 2002.

Beisel WR. Single nutrients and immunity. Am J Clin Nutr 35(suppl) : 417~69, 1982.

Carriquiry AL. Assessing the prevalence of nutrient inadequacy, Public Health Nutr 2:23~33, 1999.

Gard MCE, Freeman CP. The dismantling of a myth: a review of eating disorders and socioeconomic status. Int J Eat Disord 20: 1~12, 1996.

Karroll JK, Herrick B, Gipson T, Lee SP. Acute pancreatitis: Diagnosis, prognosis, and treatment. Am Fam Physician 75 : 1513~1520, 2007.

Semba Rd. Vitamin A, immunity, and infection. Clin Infect Dis 19 : 489~99, 1994.

Suitor CW, Gleason PM. Using dietary reference intake-based methods to estimate the prevalence of inadequate nutrient intake among school aged children. J Am Dietetic Assoc 102(4):530~536, 2002.

웹사이트

http://www.nhbi.gov/guidelines/cholesterol/atplll-rpt.html

http://en.wikipedia.org

http://www.diabetes.or.kr

http://www.glycemicindex.com

http://www.nhbi.gov/guidelines/cholesterol/atplll-rpt.html

저자소개

손숙미
서울대학교 가정대학 식품영양학과(학사)
서울대학교 대학원 영양학 전공(석사)
미국 노스캐롤라이나대학교 영양학 전공(박사)
미국 코넬대학교 방문교수
현재 가톨릭대학교 식품영양학과 교수
저서 다이어트와 건강(2010),
　　　영양학의 최신정보(2003),
　　　식사요법 3판(2017), 영양판정 4판(2016),
　　　지역사회영양학 제2개정판(2011),
　　　영양교육 및 상담의 실제 제3판(2015) 등

김정희
서울대학교 가정대학 식품영양학과(학사)
서울대학교 대학원 영양학 전공(석사)
미국 위스콘신주립대학교 영양학 전공(박사)
현재 서울여자대학교 식품영양학과 교수
저서 생활주기 영양학 제4개정판(2006),
　　　영양판정 개정판(2006),
　　　21세기 영양학 개정판(2006),
　　　21세기 영양과 건강이야기(2002),
　　　현대인과 영양(1998) 등

서정숙
서울대학교 가정대학 식품영양학과(학사)
서울대학교 대학원 식품영양학 전공(석사)
서울대학교 대학원 영양학 전공(박사)
미국 위스콘신주립대학교 영양학 전공(박사 후 연수)
미국 캘리포니아대학교 방문교수
현재 영남대학교 식품영양학과 교수
저서 영양교육과 상담 개정3판(2013),
　　　식사요법(2002), 지역사회영양학(2017),
　　　영양판정(2017) 등

임현숙
서울대학교 사범대학 가정교육과(학사)
서울대학교 교육대학원 식품영양학 전공(석사)
서울대학교 대학원 영양학 전공(박사)
미국 일리노이대학교 및 펜실베이니아주립대학교 방문교수
현재 전남대학교 식품영양과학부 명예교수
저서 생애주기영양학(2011),
　　　이해하기 쉬운 영양학(2010),
　　　이해하기 쉬운 인체생리학(2010),
　　　영양학(2005) 등

이종호
연세대학교 가정대학 식생활학과(학사)
연세대학교 대학원 영양학 전공(석사)
미국 오리건주립대학교 임상영양학 전공(박사)
현재 연세대학교 식품영양학과 교수
저서 다이어트와 건강 2판(2017),
　　　영양 · 건강(2010), 임상비만학 제3판(2008),
　　　실전비만학 – 성인 & 소아(2008),
　　　고급영양학(2006),
　　　내분비 대사학 강의 제3개정판(1997) 등

손정민
서울대학교 가정대학 식품영양학과(학사)
미국 유타대학교 영양학 전공(석사)
서울여자대학교 대학원 영양학 전공(박사)
현재 원광대학교 식품영양학과 교수
저서 지역사회영양학(2011), 병태생리학(2013),
　　　영양연구방법론(2017) 등

3판 임상영양학

2006년 5월 15일 초판 발행 | 2010년 1월 22일 5쇄 발행 | 2011년 8월 30일 개정판 발행
2012년 8월 17일 개정판 2쇄 발행 | 2018년 3월 2일 3판 발행 | 2022년 2월 25일 3판 3쇄 발행

지은이 손숙미 외 | **펴낸이** 류원식 | **펴낸곳 교문사**

편집팀장 김경수 | **책임진행** 모은영 | **디자인** 김경아, 신나리 | **본문편집** 우은영

주소 (10881) 경기도 파주시 문발로 116 | **전화** 031-955-6111 | **팩스** 031-955-0955
홈페이지 www.gyomoon.com | **E-mail** genie@gyomoon.com
등록 1960. 10. 28. 제406-2006-000035호
ISBN 978-89-363-1728-7(93590) | **값** 25,400원